Interdisziplinäre Perspektiven zur Zukunft der Wertschöpfung

Tobias Redlich · Manuel Moritz
Jens P. Wulfsberg
(Hrsg.)

Interdisziplinäre Perspektiven zur Zukunft der Wertschöpfung

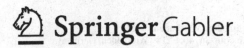

🦅 Springer Gabler

Herausgeber
Tobias Redlich
Hamburg, Deutschland

Jens P. Wulfsberg
Hamburg, Deutschland

Manuel Moritz
Hamburg, Deutschland

ISBN 978-3-658-20264-4   ISBN 978-3-658-20265-1   (eBook)
https://doi.org/10.1007/978-3-658-20265-1

Die Deutsche Nationalbibliothek verzeichnet diese Publikation in der Deutschen National-
bibliografie; detaillierte bibliografische Daten sind im Internet über http://dnb.d-nb.de abrufbar.

Springer Gabler
© Springer Fachmedien Wiesbaden GmbH 2018

Gedruckt auf säurefreiem und chlorfrei gebleichtem Papier

Springer Gabler ist Teil von Springer Nature
Die eingetragene Gesellschaft ist Springer Fachmedien Wiesbaden GmbH
Die Anschrift der Gesellschaft ist: Abraham-Lincoln-Str. 46, 65189 Wiesbaden, Germany

Vorwort

Wie sieht die Zukunft der Wertschöpfung aus? Lässt sich eine „Demokratisierung" der Wertschöpfung beobachten? Befinden wir uns inmitten eines Paradigmenwechsels von der Industriellen Produktion hin zur Bottom-up-Ökonomie? Und wenn ja, was bedeutet das für die Gesellschaft?

Auf Grund der umfassenden Auswirkungen der gegenwärtigen Entwicklungen auf weite Teile der Gesellschaft sind einzelne Fachdisziplinen kaum in der Lage, diese Fragen hinreichend zu beantworten. Vielmehr bedarf eines interdisziplinären Ansatzes, um die gesellschaftlichen Chancen und Herausforderungen zu diskutieren und ganzheitliche Lösungsansätze zu erarbeiten. Zu diesem Zweck wurde das Format „Interdisziplinäre Konferenz zur Zukunft der Wertschöpfung" initiiert als Auftakt zu einer fachübergreifenden wissenschaftlichen Debatte, zu der wir Sie sehr herzlich einladen.

Der vorliegende Sammelband beinhaltet ausgewählte Beiträge von Wissenschaftlern/innen aus den Technik-, Wirtschafts-, Sozial- und Rechtswissenschaften und gibt thematisch eingeordnet einen Überblick über aktuelle Forschungsschwerpunkte in den jeweiligen Fachgebieten. Die akademische Qualitätssicherung erfolgte mit Hilfe eines Peer-Review-Verfahrens. Wir danken allen Mitwirkenden, die zum Gelingen dieses Werkes beigetragen haben, insbesondere den Reviewern sowie den Mitgliedern des Wissenschaftlichen Beirats.

Hamburg, im Dezember 2017

Tobias Redlich
Manuel Moritz
Jens P. Wulfsberg

Inhalt

Die Zukunft der Wertschöpfung – dezentral, vernetzt und kollaborativ

Tobias Redlich und Manuel Moritz

Laboratorium Fertigungstechnik
Helmut-Schmidt-Universität Hamburg

Will man über die Zukunft der Wertschöpfung diskutieren, kommt man nicht umhin, sich zunächst mit der Frage auseinanderzusetzen, was Wertschöpfung heute eigentlich bedeutet. Von welchem Wert reden wir? Und wer schöpft oder vielleicht treffender schafft Wert? Traditionell verankert ist das Konzept der Wertschöpfung in den Wirtschaftswissenschaften. Die Betriebswirtschaftslehre versteht Wertschöpfung als Raison d'Être eines Unternehmens. Ziel ist es, durch den Einsatz von Ressourcen wie z. B. Wissen, Mitarbeiter, Maschinen und Rohstoffe einen Mehrwert zu schaffen und diesen durch den Verkauf von Produkten oder Dienstleistungen zu realisieren. Vereinfacht gesagt: Wertschöpfung ist gleich Umsatz minus Vorleistungen. Auf volkswirtschaftlicher Ebene wird Wertschöpfung im Rahmen der Inlandsproduktberechnung als Leistungsmaßstab definiert, indem alle Beiträge der Wirtschaftssubjekte einer Volkswirtschaft aufsummiert und die Vorleistungen abgezogen werden. Der Wert in Bezug auf Wertschöpfung wird also immer durch Preise für Produkte oder Dienstleistungen repräsentiert und erfasst. (u. a. Alisch, 2005; Wunderer & Jaritz, 1999)

Doch wie verhält es sich zum Beispiel mit *Wikipedia*? Hunderttausende Freiwillige auf der ganzen Welt helfen unentgeltlich und selbst organisiert mit, indem sie Artikel erstellen, verbessern, aktualisieren und übersetzen. Jeden Monat kommen etwa 20.000 neue Artikel hinzu. Streng genommen wird kein Wert geschöpft, weil sich dieser nicht (in Form von gezahlten Preisen) erfassen lässt. Es werden weder Gehälter oder andere Vorleistungen (abgesehen von vernachlässigbaren geringen Betriebskosten) bezahlt noch wird Umsatz durch den Verkauf der Erzeugnisse erzielt. Folglich hat das „Unternehmen" *Wikipedia* auch keinen Einfluss auf die Wertschöpfung einer Volkswirtschaft. Und doch würde wohl niemand den gesellschaftlichen Wert von *Wikipedia* oder seinen umwälzenden Charakter und nachhaltigen Einfluss auf etablierte Branchen und deren Geschäftsmodelle in Frage stellen. *Wikipedia* als System und Prozess entzieht sich dem klassischen Verständnis von Wertschöpfung.

Ähnliche Entwicklungen können wir auch in anderen Bereichen beobachten. Das Internet etwa und viele damit verbundene Technologien und Softwareanwendungen würde es in der heutigen Form nicht geben ohne die freiwillige und unentgeltliche Mitarbeit unzähliger Open-Source-Software-Entwickler und -Programmierer, die gemeinsam in Online-Communities Wert schöpfen. Auch hier ist der Einfluss auf ganze Industriezweige im Bereich der Informations- und Kommunikationstechnologien gewaltig und folglich finden auch hier wertschöpfende Prozesse mit gesellschaftlicher Relevanz statt. (u. a. Weber, 2004; von Hippel & von Krogh 2003; Lakhani & von Hippel, 2003)

Wie ist es jedoch im Bereich physischer Güter, deren Entwicklung zwar ebenfalls zunehmend digital erfolgt, für deren Herstellung jedoch auch weiterhin der Einsatz von Rohstoffen und Maschinen erforderlich ist? (Anderson, 2010) Auch hier finden wir Beispiele, wo gemeinsames Schaffen von nicht-kommerziellen Akteuren erheblichen Einfluss auf industrielle Wertschöpfung hat. (u. a. Shah, 2005; Raasch, 2009) 2005 startete das Open-Source-Projekt *RepRap* mit dem Ziel, einen günstigen 3D-Drucker zu entwickeln, der einen Großteil seiner Komponenten selbst replizieren kann. Auf Grund der Offenheit der Dokumentation und der Möglichkeit zur kostenfreien Herstellung, Nutzung und Weiterentwicklung der Komponenten durch entsprechende Open-Source-Lizenzen fanden sich schnell interessierte Bastler und Wissenschaftler aus der ganzen Welt zu einer Online-Community zusammen, die gemeinsam das Projekt vorantrieb. Ausgehend vom ersten Prototyp wurden verschiedene Versionen des 3D-Druckers parallel weiterentwickelt. Auf Grund einer steigenden Nachfrage nach Desktop-3D-Druckern gründete sich schließlich das Unternehmen *MakerBot*, das eine kommerzielle (und proprietäre) Version des *RepRap* entwickelte und schließlich den Verkauf von Bausätzen und Ready-to-use-Druckern startete. Innerhalb von 3 Jahren wurden 22.000 Drucker verkauft. Weitere Unternehmen folgten, als die Nachfrage weiter anstieg, darunter auch einige, die weiterhin mit Open-Source-Prinzipien (Kollaboration, Wissen teilen, Offenheit) agieren und deren Produktdokumentation zur kostenfreien Nutzung zur Verfügung stehen.

Parallel dazu entwickelte sich die so genannte *Maker*-Bewegung: Menschen vernetzen sich in themenspezifischen Online-Communities und arbeiten gemeinsam an Projekten aus verschiedensten Technologiebereichen. (u. a. Cavalcanti, 2013) Eine wichtige Rolle nehmen hierbei offene Werkstätten ein, so genannte *FabLabs* und *Makerspaces*, die wir überall auf der Welt finden und wo prinzipiell jeder (Privatpersonen, Startups, Wissenschaftler etc.) Zugang zu günstigen und einfach zu bedienenden Produktionsmitteln und dem entsprechenden Wissen erhält, um sich auszutauschen, zu lernen und selbst eigene oder fremde Designs in physische Produkte zu überführen. (Walter-Herrmann & Büching, 2014)

Fassen wir zusammen: Weltweit können wir beobachten, wie Menschen sich vernetzen und (weitestgehend) frei von Hierarchie und Markt und in der Regel unentgeltlich mit oder ohne Unternehmensbeteiligung gemeinsam Wert schöpfen (auch bekannt als *commons-based peer production*). (Benkler, 2002) Neue Wertschöpfungsmuster sind dadurch entstanden, die entgegen traditioneller Konzepte auf **Offenheit** basieren und **kollaborativer** sowie **dezentraler** Natur sind (zusammengefasst im Konzept der *Bottom-up-Ökonomie*). (Redlich, 2011)

Wir sehen ein neues erstarktes Selbstverständnis von Konsumenten, die zunehmend auch zu Produzenten, so genannten *prosumern* (Toffler, 1983), werden können und nicht mehr zwingend auf Unternehmen angewiesen sind. (u. a. von Hippel, 2017) Die professionelle und nicht-professionelle Sphäre verschwimmen. Somit verändert sich auch die Rolle von Unternehmen: Vom ehemals zentralen und beherrschenden Akteur degradiert zu einem untergeordneten Teil eines Systems. Sharing-Plattformen ermöglichen Privatpersonen, selbst als Wertschöpfungsakteure tätig zu werden (*sharing economy*). (u. a. Hamari et al., 2016) Wenn überhaupt noch erforderlich, werden Unternehmen zur effizienten und kommodisierten Produktion kollaborativ erstellter Artefakte oder zur Bereitstellung einer Infrastruktur benötigt.

In hochtechnologisierten Bereichen, wo Unternehmen auch weiterhin (noch) eine wichtige Rolle spielen, führt die partnerschaftliche Einbindung von Communities und externen Akteuren (*co-creation*) in die industrielle Wertschöpfung zu Wettbewerbsvorteilen durch neue und bessere Produkte. (u. a. Reichwald & Piller, 2006; Prahalad & Ramaswamy, 2004) Über alle Stufen des Wertschöpfungsprozesses eines Unternehmens von der Ideenfindung, über Forschung und Entwicklung bis hin zu Produktion und Vertrieb können unternehmensexterne Akteure wertvolle Beiträge leisten (*open innovation*). (u. a. Chesbrough, 2006; Enkel et al. 2009)

Diese neuen Wertschöpfungsmuster bieten große Potenziale für gesellschaftliche Teilhabe an (lokaler) Produktion, für einen Zugang zu Wissen und Technologie, für eine verringerte Abhängigkeit von Ressourcen (insbesondere in Entwicklungsländern) sowie für soziale und ökologische Nachhaltigkeit. (u. a. Pearce et al., 2010; von Hippel et al., 2003) Sie werfen jedoch auch Fragen hinsichtlich rechtlicher und gesellschaftlicher Rahmenbedingungen auf, deren Behandlung einer ganzheitliche Perspektive bedarf.

Einfach gesagt: Ein interdisziplinärer Ansatz ist erforderlich, der die verschiedenen Sichtweisen aus Technik, Gesellschaft und Recht über wirtschaftliche Perspektiven hinaus vereint. In diesem Sammelband werden erstmals Chancen und Herausforderungen der Zukunft der Wertschöpfung im Rahmen eines interdisziplinären Diskurses bearbeitet und aktuelle Forschungsergebnisse aus verschiedenen Wissenschaftsgebieten thematisch eingeordnet präsentiert.

In **Teil 1: Wertschöpfung weiterdenken: Artefakte, Prozesse und Strukturen** werden übergeordnete Fragen zu Wertschöpfung behandelt. *Stengel* diskutiert die Transformation der Ökonomie durch eine zunehmende Digitalisierung hin zu einer postkapitalistischen Struktur. *Peuckert* geht der Frage nach, inwiefern kollaborative Wertschöpfung die Innovationslandschaft verändert. *Thoma* argumentiert, dass Innovationsnetzwerke als neue Form der Zusammenarbeit maßgeblichen Einfluss bei der Wertschöpfung haben und folglich die Gestaltung von Netzwerken eine zentrale Rolle spielt. *Erdmann et al.* zeigen auf, welche Rolle und welchen Einfluss offene Werkstätten als Orte kollaborativer Wertschöpfung in Zukunft haben könnten. *Bogner et al.* beschäftigen sich mit dem Wandel von Wertschöpfungsketten bei zunehmend indivudalisierten Produkten.

In **Teil 2: Digitale Technologien als Treiber und Befähiger** stehen relevante Technologien sowie deren gesellschaftlichen Auswirkungen im Fokus. *Buxbaum-Conradi et al.* untersuchen FabLabs in Deutschland und arabischen Ländern hinsichtlich des Einflusses lokaler soziokultureller und sozioökonomischer Einbettung auf die Potenzialentfaltung. *Tech et al.* beschreiben die Potenziale, die sich aus der Blockchain-Technologie in Verbindung mit kollaborativer Entwicklung in Open-Source-Hardware-Communities ergeben am Beispiel der Analyse eines Open-Source-Sensornetzwerkes. *Hopf et al.* zeigen auf, wie mit Hilfe von Blockchain-Technologien hierarchische durch dezentrale marktbasierte Organisationsformen ersetzt werden und Transaktionskosten massiv reduziert werden können. *Bonvoisin et al.* untersucht eine Vielzahl von Open-Source-Hardware-Projekten und deren Dokumentation hinsichtlich Transparenz, Zugänglichkeit und Reproduzierbarkeit. *Blanke-Roeser* diskutiert die rechtlichen Herausforderungen, die sich für das Patentwesen aus der Verbreitung des 3D-Drucks und dadurch bedingten potenziellen Rechtsverletzungen durch Anwender ergeben. *Appl et al.* beschäftigen sich mit dem Urheberrecht und seinen Grenzen in der Anwendung in Bezug zu User-Generated-Content auf Plattformen wie YouTube.

Teil 3: Leben und Lernen in der Arbeitswelt von morgen beschäftigt sich mit den Auswirkungen auf die Arbeitswelt. *Luthiger* unterstützt mit Ergebnissen aus einer Studie über die Motivation von Open-Source-Entwicklern die These, dass Motivation und Engagement von Mitarbeitern zu den entscheidenden Faktoren in einer Wissensgesellschaft werden. *Bialeck et al.* diskutieren die Folgen für die betriebliche Mitbestimmung bei einer zunehmenden Entgrenzung und Entbetrieblichung von Arbeitsverhältnissen z. B. durch Crowdsourcing. *Juraschek et al.* entdecken das urbane Umfeld als wichtigen Standort für Wertschöpfung und beschreiben Urbane Produktion als Konzept für eine nachhaltige Wirtschaft. *Koch* erläutert die Herausforderungen bei der Entwicklung und Implementierung von Open-Source-Software in einer Bildungsinstitution. *Ribbat et al.* analysieren die Wertschöpfung auf organisationaler Ebene und argumentieren, dass arbeitsintegriertes Lernen entscheidend zur Arbeitsfähigkeit in einer sich schnell wandelnden Berfuswelt beiträgt. *Meise et al.* zeigen die Herausforderungen des interdisziplinären Projektmanagements am Beispiel eines Forschungsverbundes auf und leiten entsprechende Handlungsempfehlungen ab. *Thiem et al.* nehmen eine theoretische Einordnung des Phänomens Crowdsourcing als Sozialtechnologie vor. *Bechtolf et al.* untersuchen Crowdsourcing aus arbeitsrechtlicher Perspektive und zeigen die Grenzen und Möglichkeiten des bestehenden Rechts auf.

In **Teil 4: Kollaborative Wertschöpfung als Chance für soziale, ökonomische und ökologische Nachhaltigkeit** werden verschiedene Ausprägungen kollaborativer Wertschöpfung vorgestellt und kritisch diskutiert. Am Beispiel eines CityScience-Projektes beschreiben *Hälker et al.*, wie neue Formen partizipativer und kollaborativer Stadtentwicklung mit Hilfe digitaler Technologien ermöglicht werden. *Schrape* untersucht bestehende Open-Source-Software-Communities hinsichtlich des Einflusses korporativer Akteure auf die Arbeit der Entwickler. *Vorbach et al.* analysieren bestehende Co-Creation-Konzepte und vereinen diese in einem neuen konzeptionellen Rahmen. *Moritz et al.* finden heraus, dass Kollaboration und Wettbewerb in Innovationswettbewerben zeitgleich auftreten können und argumentieren, dass beide Elemente zum Erfolg eines solchen Wettbewerbs beitragen. *Fankhänel* untersucht die Sharing-Economy-Landschaft in Deutschland, typisiert die Angebote entlang ihrer Ausprägungen und ordnet sie in verschiedene Wertschöpfungskategorien ein. *Baumgartner* beschreibt, wie nachhaltiges Produktmanagement in einer Circular Economy zu einem wettebwerbsfähigen Wirtschaftssystem beitragen können. *Merletti* untersucht Kooperation als zentrales soziales Verhaltensphänomen und schlägt eine neue Definition vor.

Literaturverzeichnis

Alisch, K. et al. (Hrsg.) (2004). *Gabler Wirtschaftslexikon*. Wiesbaden: Gabler.

Anderson, C. (2010). In the Next Industrial Revolution, Atoms Are the New Bits. *Wired magazine*.

Benkler, Y. (2002). Coase's Penguin, or, Linux and " The Nature of the Firm". *Yale Law Journal*, 369–446.

Cavalcanti, G. (2013). Is it a Hackerspace, Makerspace, TechShop, or FabLab. *Make*.

Chesbrough, H. W. (2006). *Open innovation: The new imperative for creating and profiting from technology*. Cambridge: Harvard Business Press.

Hamari, J.; Sjöklint, M. & Ukkonen, A. (2016). The sharing economy: Why people participate in collaborative consumption. *Journal of the Association for Information Science and Technology*, 67(9), 2047–2059.

Lakhani, K. R. & von Hippel, E. (2003). How open source software works: "free" user-to-user assistance. *Research policy*, 32(6), 923–943.

Pearce, J. M., et al. (2010). 3-D printing of open source appropriate technologies for self-directed sustainable development. *Journal of Sustainable Development*, 3(4), 17.

Prahalad, C. K. & Ramaswamy, V. (2004). Co-creation experiences: The next practice in value creation. *Journal of interactive marketing*, 18(3), 5–14.

Raasch, C., Herstatt, C. & Balka, C. (2009). On the open design of tangible goods. *R&D Management*, 39(4), 382–393.

Redlich, T. (2011). *Wertschöpfung in der Bottom-up-Ökonomie*. Heidelberg: Springer.

Reichwald, R. & Piller, F. (2006). *Open Innovation, Individualisierung und neue Formen der Arbeitsteilung*. Wiesbaden: Gabler.

Shah, S. K. (2005). *Open beyond software*. http://dx.doi.org/10.2139/ssrn.789805

Toffler, A. (1983). *The third wave*. New York: Bentham.

von Hippel, E. & von Krogh, G. (2003). Open source software and the „private-collective" innovation model: Issues for organization science. *Organization science*, 14(2), 209–223.

von Hippel, E. (2016). *Free innovation*. Boston: MIT press.

Walter-Herrmann, J. & Büching, C. (Hrsg.) (2014). *FabLab: Of machines, makers and inventors*. Bielefeld: transcript.

Weber, S. (2004). *The success of open source*. Cambridge: Harvard University Press.

Wunderer, R. & Jaritz, A. (1999). *Unternehmerisches Personalcontrolling: Evaluation der Wertschöpfung im Personalmanagement*. Neuwied: Luchte

Teil 1:

Wertschöpfung weiterdenken:
Artefakte, Prozesse und Strukturen

Die Neuerfindung der Ökonomie

Oliver Stengel

Lehr-\& Forschungslabor Nachhaltige Entwicklung
Hochschule Bochum

Zusammenfassung

Die Digitalisierung transformiert die Ökonomie auf vier Ebenen: Sie verringert die Anzahl der benötigten Arbeiternehmenden, sie senkt die Preise vieler Güter, sie ermöglicht die Produktion von zunehmend mehr Dingen ohne Unternehmen und sie erleichtert es, Dinge nutzen zu können, ohne sie besitzen zu müssen. Diese Veränderungen begünstigen die Entstehung einer postkapitalistischen Ökonomie in den nächsten Jahrzehnten. Ihre Umrisse zeichnen sich bereits in der Gegenwart ab.

1   Einleitung

Während des Steinzeit- und Agrarzeitalters – die längste Zeit der menschlichen Geschichte also – war Ökonomie vor allem Subsistenzwirtschaft, in der man zu produzieren versuchte, was man brauchte und in diesem Sinne auch Handel trieb. Parallel dazu fand sich, was Max Weber „Abenteurerkapitalismus" nannte, eine auf den einmaligen Gewinn hin ausgerichtete Wirtschaftsweise, die sich oft auch durch den Einsatz von Gewalt auszeichnete (Weber, 1991, S. 15). Erst in der Moderne trat das rationale, systematische Streben nach immer erneutem Gewinn auf, das kennzeichnend für den Kapitalismus und das Industriezeitalter wurde. Und im Industriezeitalter entwickelte sich die ebenfalls rationale Planwirtschaft, in der nicht Unternehmen, sondern der Staat Bedürfnisse ermittelten und festlegten, durch welche und wie viele Güter sie zu befriedigen sind. Mit dem Niedergang der Sowjetunion war die kurze Zeit der Planwirtschaft zu Ende. Nun nagt die digitale Revolution am Kapitalismus: Durch sie transformiert sich der Kapitalismus auf vier Ebenen: Sie verringert die Anzahl der benötigten Arbeiternehmenden, sie senkt die Preise vieler Güter, sie ermöglicht die Produktion von zunehmend mehr Dingen ohne Unternehmen und sie erleichtert es Dinge nutzen zu können, ohne sie besitzen zu müssen.

Diese Veränderungen begünstigen in den nächsten Jahrzehnten die Entstehung einer postkapitalistischen Ökonomie. Der Prozess, der ggw. „Industrialisierung 4.0" genannt wird, mündet in eine Ökonomie 4.0, denn nach Subsistenz- und Abenteurerökonomie, nach Kapitalismus und Planwirtschaft gründet sich im beginnenden Digitalzeitalter eine vierte Wirtschaftsweise. Zunächst in westlichen Gesellschaften, und nach dem Ende der Planwirtschaft auch weltweit, galt der Kapitalismus den meisten als alternativlos, als das Ende der Wirtschaftsgeschichte. Diese Ansicht ändert sich gerade.

In der zweiten Hälfte des 20. Jahrhunderts zeichnete sich der Kapitalismus noch viele Jahrzehnte durch theoretische Stabilität aus: Von 1950 an war etwa 30 Jahre lang der Keynesianismus das vorherrschende kapitalistische Paradigma. Dann, um 1980, wurde er vom Neoliberalismus abgelöst. Rund 25 Jahre konnte diese theoretische Schule ihre Dominanz behaupten. Seit 2005 aber ist eine Veränderung eingetreten und die theoretische Lage konfus geworden: 2005 startete eine internationale *Degrowth*-Diskussion, die den Sinn wirtschaftlichen Wachstums, seit jeher eine nahezu unhinterfragte Selbstverständlichkeit, zu hinterfragen begann. Theoretiker wie Niko Paech (2005), Serge Latouche (2006) oder Tim Jackson (2009) stellten nun die DNA des kapitalistischen Wirtschaftssystems zur Diskussion. 2009 veröffentlichte die UNEP (2009) ihr *Green Growth*-Konzept, das Ökologie und Ökonomie versöhnen sollte (vgl. OECD, 2012; Fücks, 2013). Im Jahr 2010 wurde die *Share Economy* prominent und wenngleich sie in den Folgejahren vom Kapitalismus annektiert wurde, konnte sich eine kollaborative und nichtkommerzielle Variante erhalten (Botsman & Rogers 2010; Aigrain, 2012).

Zudem schlugen Christian Felber (2010), Michael E. Porter (2011) und Pavan Sukhdev (2012) in den folgenden Jahren eine neue DNA für Unternehmen vor: Das Ziel von Unternehmen sei es nicht mehr, nur noch Profit zu generieren, sondern auch zum gesellschaftlichen Mehrwert beizutragen. Statt der Shareholder Value-Strategie, die bei den Neoliberalen noch im Vordergrund stand, sollte nun die *Shared Value*-Strategie das Leitprinzip für Unternehmen werden. Waren Green Growth und Shared Value noch wachstumskompatible Theorien, gingen vermehrt nach 2010 *Postgrowth*-Theoretiker davon aus, dass das Wirtschaftswachstum der Vergangenheit trotz Wachstumspolitiken in den nächsten Jahrzehnten nicht mehr realisiert werden kann – und tatsächlich sind die Wachstumsraten in den klassischen Industrienationen in den letzten Jahren sehr bescheiden gewesen (Reuter, 2007 Summers, 2014 Gordon, 2016). Die normative Degrowth-Debatte könnte also von der empirischen Postgrowth-Entwicklung eingeholt worden sein.

Bemerkenswert ist, dass die wirtschaftliche Stagnation in einer Zeit auftritt, in der nennenswertes ökonomisches Wachstum trotz des Green Growth-Paradigmas (Investitionen in grüne Technologien hätten das Wachstum stimulieren sollen), trotz der seit 2010 niedrigen Zinssätze in den USA und in der Eurozone (niedrige Zinsen hätten zu Investitionen ermutigen sollen) und trotz der IT-Revolution (sie hätte den sechsten Kondratieff-Zyklus auslösen sollen) ausgeblieben ist. In dieser Phase der Neuen Unübersichtlichkeit argumentieren manche Theoretiker seit 2014, *nicht trotz, sondern wegen* der IT-Revolution sind die klassischen kapitalistischen Gesellschaften in eine Postwachstumsphase eingetreten. Und nicht nur das: Sie werden darüber hinaus in eine Phase des *Postkapitalismus* eintreten (Rifkin, 2014; Mason, 2015; Stengel, 2016).

Dieser neue theoretische Zweig ist denn auch der vorläufige Höhepunkt in der turbulenten internationalen Kapitalismus-Debatte der letzten zehn Jahre, in der die genannten Strömungen bis heute parallel verlaufen. Sie scheinen Indikatoren einer Übergangsphase sein, in welcher die hergebrachte Ordnung ihre Legitimation sukzessive einbüßt, weil sie zunehmend weniger an die sich wandelnden ökologischen und technologischen Randbedingungen angepasst ist. Kernannahmen des Postkapitalismus werden auf den folgenden Seiten vorgestellt.

2 Die schleichende Demokratisierung der Produktionsmittel

Bekanntlich waren Marx und Engels (1867) die ersten postkapitalistischen Theoretiker und leidenschaftliche Kritiker des Eigentums waren sie in diesem Zusammenhang ebenfalls. Ihre Kritik zielte aber nicht auf das persönliche Eigentum, sondern vor allem auf das Eigentum an Produktionsmitteln (Maschinen, Geräte, Werkzeuge). Dieses war für die beiden das Instrument, welches die historischen Herrschaftsverhältnisse – zuletzt zwischen Kapitalisten und Lohnarbeitern – begründete. Eine gerechte Gesellschaft war für Marx und Engels folglich eine, die auf dem kollektiven Eigentum an Produktionsmitteln basierte. Digitale Produktionsmittel – allen voran 3D-Drucker – kündigen zwar keine Eigentumsverhältnisse auf, aber sie können das Verhältnis zwischen Kapitalisten und Lohnarbeitern grundlegend verändern. Denn dieses Verhältnis löst sich sukzessive auf, wenn die Unterscheidung zwischen Produzent und Konsument zu verschwimmen beginnt – und genau dies gilt künftig für eine zunehmend größere Anzahl von Produkten.

Sie werden immer seltener von Produzenten bzw. Unternehmen hergestellt, sondern vermehrt von Konsumenten bzw. Peer Producer oder „Prosumenten". Bislang operieren sie auf drei Arten:

1. sie entwerfen eine eigene 3D-Datei eines Objektes oder scannen ein Objekt mit einem (bald in einem Smartphone integriertem) 3D-Scaner, erhalten eine CAD-Datei, verändern die Daten je nach Bedarf und drucken das Produkt aus.

2. sie stellen die 3D-Daten eines Objektes auf Online-Plattformen (z. B. thingiverse.com) allen Menschen kostenlos zur Verfügung, damit diese sich die Daten runterladen, ggf. anpassen, an einen 3D-Drucker senden und das Produkt drucken und nutzen können.

3. sie erstellen im Open Source-Verfahren gemeinsam mit anderen ein Objekt, so wie Programmierer aus aller Welt gemeinsam das Betriebssystem Linux u. a. Software konzipieren, und stellen das Produkt online, auf dass es unentgeltlich von jedermann genutzt werden kann.

Freilich muss noch ein verlässliches Verfahren gefunden werden, von einer Community hergestellte Designs auf ihre Umweltverträglichkeit, Stabilität und Sicherheit für die menschliche Gesundheit zu überprüfen. In CAD-Programmen integrierte Funktionen können manche der erforderlichen Prüfungen aber bereits in der Gegenwart vornehmen: So bietet das CAD-Programm Solidworks die Option, eine Lebenszyklusanalyse zur Umweltverträglichkeit der geplanten Konstruktion oder ihrer einzelnen Bauteile durchzuführen und hilft ggf. bei der Suche nach umweltverträglicheren Werkstoffen. Weiter integrierte Funktionen simulieren die Stabilität der Konstruktionen, z. B. die Statik von Gebäudeentwürfen. Zusätzlich etabliert sich ein Peer Review-Verfahren, bei dem sich die Beteiligten gegenseitig beraten.

Kann diese Hürde genommen werden, müssen Produkte künftig nicht mehr ausschließlich von Unternehmen zentralisiert hergestellt werden, sondern dezentral durch eine Crowd. Auf diese Weise würde sich die Produktion demokratisieren. Das funktioniert bislang nur bei einer überschaubaren Anzahl von Produkten, ihre Anzahl aber wird in den 2020ern deutlich zunehmen, ihre Komplexität ebenfalls und von Häusern und Autos bis zu Objekten mit Nanostrukturen reichen. Zunehmend mehr Materialien können schon gegenwärtig gedruckt werden, Schaltkreise und Motoren ebenfalls und der 3D-Druck für Nanostrukturen macht ebenso Fortschritte. Nicht zuletzt ist die Maker-Szene ausgesprochen dynamisch und es ist nicht zu erwarten, dass diese Dynamik kurz oder mittelfristig abnehmen wird.

Im Gegenteil, Neil Gershenfeld, FabLab-Pionier vom MIT, hat angedeutet, wohin die Entwicklung langfristig tendiert: In die Entwicklung von 3D-Assemblern (Gershenfeld, 2012). Diese fügen ein Produkt – etwa ein Elektroauto oder ein Smartphone – mit hoher Geschwindigkeit und inklusive aller Elektronik und Sensoren in einem Arbeitsprozess zusammen, so dass man es nach der Fertigstellung umgehend nutzen kann. Die zur Realisierung eines Produktes notwendigen Drucker oder Assembler müssen nicht zwingend gekauft und besessen werden, man kann sie in speziellen Centern (die man sich das Prinzip betreffend wie Copy Shops vorstellen kann) nutzen.

Parallel entwickelt sich die Option, eine zunehmend größere Anzahl von Dingen ohne Designer (bzw. ohne Crowd) herzustellen: Generative Algorithmen ermöglichen einen Gestaltungsprozess, bei dem Ergebnisse nicht mehr durch einen Designer erdacht, sondern durch einen programmierten Algorithmus erzeugt werden (Stengel & Ameli, 2017). Das sog. Generative Design verändert nicht nur den Prozess des Gestaltens, sondern auch die Rolle des Designers. Dessen Rolle reduziert sich auf die Festlegung verschiedener Zielparameter als Input und die Bewertung des generierten Outputs. Angewandt wird dieses Verfahren z. B. in der Architektur, um materialeffiziente Gebäude zu entwerfen (Sarwate & Patil, 2016), aber auch bei der Herstellung von Schuhen oder Bauteilen für Flugzeuge. Der Algorithmus testet dabei in kurzer Zeit iterativ Tausende mögliche Designs, bevor er die jeweils passendsten Entwürfe vorschlägt. Der Herstellungsprozess wird auf diese Weise schneller, einfacher und günstiger. Eine Tätigkeit – das Entwerfen von Gebrauchsgegenständen –, die zuvor lediglich Experten vorbehalten war, demokratisiert sich (vgl. Susskind & Susskind, 2015). Damit wird die ehemals feste Kopplung zwischen Produkten und Unternehmen sukzessive lose (Kirchner & Beyer, 2016).

3   Schrumpfende Grenzkosten und Gewinne

Durch die Digitalisierung tendieren die Grenzkosten, so Rifkins These (2014), in den kommenden Jahrzehnten für immer mehr Güter gegen null. Denn einmal produziert verursachen sie fast keine Kosten mehr und gehen die Grenzkosten für viele Produkte gegen null, geht auch ihre Gewinnspanne und Kapitalakkumulation gegen null. Kapitalistisches Wirtschaften wird folglich entbehrlich, es überwindet sich gewissermaßen selbst. Etwa 150 Jahre nachdem Marx und Engels ihren ersten Band vom „Kapital" veröffentlicht hatten, scheint die Idee des längerfristigen tendenziellen Falls der Profitrate wieder aktuell zu werden.

Dezentralisierte Produktionsverfahren treiben diese Entwicklung mit Elan voran. Denn durch die auf digitalisierte Konstruktionsdaten und 3D-Druckern basierende Produktion einer Bottom-up-Ökonomie können Kosten für den Bau und die Instandhaltung von Fabrikanlagen und Manufakturen, für Personal sowie für die Ausstattung und Verwaltung des Personals, für Logistik (Transport und Lagerhaltung), Zölle, Marketing, Filialmiete und Verpackungsmaterial erheblich reduziert oder gar eliminiert werden. Ein beträchtlicher Teil der industriellen Infrastruktur wird nach und nach redundant, was eine *große Vereinfachung* (im Sinne einer geringer werdenden Komplexität) der Ökonomie zur Folge hat.

Gegenwärtig lässt sie sich in den USA daran ablesen, dass die Anzahl der Fabriken abnimmt sowie die Anzahl der Beschäftigten pro Fabrik (Levinson, 2016, S. 15). Sie lässt sich auch daran ablesen, dass Local Motors Autos in „Microfactories" und Adidas, Nike oder Under Amour Schuhe in „Speedfactories" herstellen, in denen viele Arbeiter durch 3D-Drucker ersetzt wurden. Adidas ging 2017 noch einen Schritt weiter, indem es zeitweise eine Storefactory in Berlin testete: Das digitale Design eines im Laden ausgewählten Kleidungsstückes wurde an die jeweiligen Körpermaße angepasst und vor Ort ausgedruckt. Fabriken, die Kleidungsstücke in entfernten Ländern herstellen und von dort verschiffen, wird es bald nicht mehr geben – und Firmen wie Adidas womöglich auch nicht mehr, da viele von Peers produzierte Designs online verfügbar sein und ausgedruckt werden können. Und was für Kleidungsstücke gilt, gilt prinzipiell auch für eine stattliche Reihe weiterer Produkte.

Eine solchermaßen automatisierte Produktion impliziert auch die Entflechtung von Wertschöpfungsketten, die nicht selten mehrere Kontinente und Länder umfassen. Outsourcing – die Auslagerung von Arbeitsprozessen in Niedriglohnländer – kennzeichnete die ökonomische Globalisierung seit den 1980ern und sie war gleichbedeutend mit einer ökonomischen Umverteilung von Nord nach Süd. Dieses Programm läuft aus, wenn sich das Re-Outsourcing – die Rückverlagerung der Produktion ins Inland – durchsetzt: Wird die Produktion weitgehend automatisiert, kann sie unter Wettbewerbsbedingungen auch in Hochlohnländern erfolgen. Die Wertschöpfungskette vereinfacht sich dadurch auf den Abbau und Transport der jeweiligen Materialien, aus denen sie bestehen.

4 Die Erosion der Lohnarbeit

Etwa 58 Millionen Menschen arbeiten weltweit in der Textilindustrie (FashionUnited, 2016). Wie lange werden sie dort noch arbeiten, wenn das Re-Outsourcing weiter fortschreitet? Das Int. Labour Office schätzt, dass 40 Millionen Arbeitsplätze allein in den ASEAN-Staaten hochgradig durch Automatisierungsprozesse bedroht sind, davon 9 Millionen in der Textilindustrie (Chang et al., 2016).

Mit der Digitalisierung schreitet auch die Automatisierung der Wirtschaft voran und mit ihr (a) der Nettoverlust von Arbeitsplätzen und (b) die in noch bestehenden Arbeitsplätzen auszuführenden Tätigkeiten. Beide Entwicklungen münden in Lohneinbußen und den Niedergang der Mittelschicht. Sie verringern die durchschnittliche Kaufkraft, veranlassen Unternehmen zu verringerten Investitionen, resultieren in Steuereinbußen für den Staat und in der Auflösung des Rentensystems.

Das World Economic Forum prognostiziert, dass bis Anfang der 2020er in den 15 wichtigsten Wirtschaftsnationen sieben Millionen Arbeitsplätze im Vollzuge der Digitalisierung wegfallen, indes zwei Millionen neue geschaffen werden, sodass der Nettoverlust fünf Millionen Stellen betrifft (WEF, 2016). Die Studie mag unscharf und ihre Zahlen nicht exakt sein, sie zeigt jedoch einen mittel- und erst Recht einen langfristigen Trend auf: Die digitale Ökonomie wird neue Arbeitsplätze hervorbringen, mehr Arbeitsplätze werden in ihr jedoch abgebaut.

Auch hierfür finden sich Indizien: Seit den 1980ern ist die Zahl der Arbeitnehmer im Bereich neuer Technologien in OECD-Ländern rückläufig: In den 1990ern arbeiteten noch 8,2 % aller Beschäftigten in den USA in neuen Jobs, die in dieser Dekade entstanden. In den 2000ern waren es 4,4 %. In UK waren 2014 lediglich 6 % aller Beschäftigten in Berufen angestellt, die seit den 1990ern geschaffen wurden (Berger & Frey, 2016, S. 26 f.). Wie hoch wird der Anteil derer sein, die in Berufen arbeiten, welche in den 2020ern entstehen? Durch das Re-Outsourcing werden einige Jobs in die klassischen Industriestaaten zurückverlagert, doch die Automatisierung wird auch ihren Arbeitsmarkt schrittweise verkleinern.

Für die zunehmende Redundanz menschlicher Arbeitskraft spricht, dass die Kosten für Prozessoren, Roboter und weitere Automatisierungsverfahren sinken und sich rasch amortisieren; ökonomische Kosten in Form von Wettbewerbsnachteilen dagegen künftig dann entstehen, wenn sich ein Unternehmen der Automatisierung verwehrt, die Konkurrenz jedoch nicht.

Die Bundesarbeitsministerin mochte die „verkackte Grundthese vom Ende der Arbeit"
auf der re:publica 2017 nicht wahrhaben wollen (Schlenk, 2017), doch war es wohl nicht
die Stimme der ökonomischen Rationalität, die aus ihr sprach. Kostet ein Bot fünf Euro
die Stunde, ein Arbeitnehmer dagegen vierzig, wird der Arbeitnehmer entweder für weniger Geld arbeiten oder das Unternehmen mittelfristig verlassen müssen.

Das McKinsey Global Institute (2017, im Original nicht kursiv) weist darauf hin, dass
beinahe "half the activities people are paid almost $16 trillion in wages to do in the
global economy have the potential to be automated by adapting *currently demonstrated
technology*". Das ist zwar eine theoretische Einschätzung, denn die Praxis hinkt dem
theoretisch Möglichen ggw. deutlich hinterher. Aber wie lange noch? Und wie hoch
wird der Anteil der Tätigkeiten sein, die in zwanzig Jahren weiterer Entwicklung durch
Algorithmen oder selbstlernende KIs ausgeführt werden können?

Der ggw. noch eher schleppende Einsatz von Automatisierungstechnologie gibt zugleich eine Antwort auf die Frage des Ökonoms David Autor (2015): „Why are there
still so many jobs?". Tatsächlich sind die Arbeitslosenraten etwa in den USA, UK, Japan
und Deutschland derzeit niedrig und doch hat sich die Berufslandschaft dieser Länder
bereits verändert – obwohl die Automatisierung der Berufslandschaft erst in den Anfän-
gen steckt: Teilzeitstellen, Leiharbeit, Freelancer und Crowdworker prägen das Bild.
Diese Stellen sind oft schlecht bezahlt, kurz befristet und oft nicht sozialversichert (Leimeister et al., 2016). Alles in allem schrumpft trotz scheinbar hoher Beschäftigung die
für den Erhalt des Kapitalismus notwendige Mittelschicht mit dem technologischen
Fortschritt – und damit jedes Jahr etwas mehr.

Tyler Cowen (2013) sieht darum eine aristokratische Gesellschaft aufdämmern, in
der eine kleine, aber wohlhabende Oberschicht einer großen Mehrheit gegenübersteht,
die mit stagnierenden oder rückläufigen Einkommen auskommen müssen. Eine dermaßen ungleiche und nicht göttliche legitimierte Gesellschaft kann, wenn überhaupt, nur
stabil sein, wenn die Preise für viele notwendigen Dinge lächerlich günstig sind. Neue
Produktionsmittel und eine dezentrale und damit demokratisierte Bottom-up-Ökonomie
mögen dazu beitragen, ob sie aber die Re-Aristokratisierung der Gesellschaft stützen
wird, ist eine andere Frage. „Wie die technologisierte Zukunft auch im Einzelnen aussehen mag", meint der Soziologe Randall Collins (2013, S. 87), „der strukturelle Trend
– die technologische Arbeitslosigkeit – treibt zur Krise des Kapitalismus, über alle kurzfristigen, zyklischen oder zufälligen Krisen hinweg. Diese Tendenz zur zunehmenden
Ungleichheit wird auch die Konsummärke untergraben und dem Kapitalismus am Ende

die Luft abschnüren. Alles in allem wird der einzige Weg, die Krise zu bewältigen, seine Ersetzung durch ein nichtkapitalistisches System sein".

5 Jenseits des Kapitalismus

Einerseits weist der Trend in Richtung ansteigender Jobverluste dahin, dass ein größer werdendes Spektrum an Berufen oder an Tätigkeiten in noch verbleibenden Berufen durch Bots, Algorithmen oder KIs in Berufe übernommen werden kann (weswegen die volkswirtschaftliche Kaufkraft schrumpfen sollte). Andererseits werden die Preise für viele Produkte günstiger, können sie dezentral entworfen werden (weswegen die volkswirtschaftliche Kaufkraft steigen sollte). Was folgt daraus für die Zukunft des Kapitalismus?

Lohnarbeit und Einkommen werden langfristig betrachtet tendenziell irrelevant. Zu tun wird es auch in Zukunft genug geben, aber immer weniger wird es als Lohnarbeit getan werden. Kurz- und mittelfristig ist jedoch ein Einkommen notwendig und wenn Arbeit die primäre Quelle dieses Einkommens ist und der Anteil der Arbeitslosen in wenigen Jahrzehnten dreißig oder vierzig Prozent der erwerbsstätigen Bevölkerung erfasst (Ford, 2015; Frey & Oborne, 2013) und viele Einkommen abnehmen, wird es legitim, alternative Gesellschaftsentwürfe zu erwägen. Passt die Technologie nicht mehr zur ökonomischen Struktur, muss die Struktur angepasst werden. Anders formuliert: Sprengen die Produktionsmittel die Produktionsverhältnisse, müssen die Verhältnisse neugestaltet werden. Wie solch eine Neugestaltung aussehen könnte, um die humanitären Ideale der Moderne und die innovative Dynamik von Digitalgesellschaften aufrechtzuerhalten, ist eine Frage, die in der politischen und soziologischen Agenda bald an die Spitze vorrücken wird.

In den Niederlanden, in Finnland, in Kanada und womöglich auch bald in Indien wird aus diesem Grund bereits stichprobenartig ein bedingungsloses Grundeinkommen (BGE) getestet oder dies geplant. Der Bundesstaat Hawaii ist einen Schritt weiter gegangen: 2017 beschloss das hawaiianische Parlament die Einführung eines BGE und begründete dies damit, dass „a paradigm shift in policy will soon be necessary as automation, innovation, and disruption begin to rapidly worsen economic inequality by displacing significant numbers of jobs in Hawaii's transportation, food service, tourism, retail, medical, legal, insurance, and other sectors" (House of Representatives, 2017). Wie hoch sollte es sein? Ein BGE auf ein Niveau festzulegen, dass Menschen zur Annahme eines Jobs aktiviert, ist aussichtslos, wenn der Stellenmarkt kleiner wird.

Es kann aber auch kaum üppig ausfallen, wenn die durch Einkommen, Umsätze und Konsum erzielten Steuern rückläufig werden. Folglich müssten die gesellschaftlichen Verhältnisse so organisiert werden, dass sie Menschen den Zugang zu essentiellen Dingen des täglichen Bedarfs entweder demonetarisert (verbilligt) oder entmonetarisiert (kostenlos) bereitstellen. Je weniger nämlich gekauft werden muss, desto weniger muss verdient werden. Das bisherige Prinzip der *Chancengleichheit* würde durch das Prinzip der *Zugangsgleichheit* ersetzt. Auf diese Weise könnte man auch dem Problem der Altersarmut begegnen, das umso mehr drängt, je weniger in die Rentenkasse eingezahlt wird (Stengel, 2016, S. 116-133).

Ein weiteres Element einer kommenden Wirtschafts- und Gesellschaftsordnung sollte die Ausweitung nichtkommerzieller Sharing-Angebote sein. Die durch die Digitalisierung aufkeimende Share Economy setzt dabei den Trend zur Demonetarisierung der Ökonomie fort: Teilen sich die Bürger einer Stadt Gegenstände, können sie genutzt werden, ohne zuvor gekauft worden zu sein. Beim Car und Bike Sharing funktioniert dies bereits, zu fragen ist jedoch, wie dieses Prinzip auf möglichst viele Gebrauchsgegenstände ausgeweitet und möglichst nutzerfreundlich gestaltet werden könnte. „Bibliotheken der Dinge" versprechen hierfür eine Option zu sein: Wie in einer Bibliothek zahlt man einen Jahresbeitrag und kann sich vielerlei Gegenstände für eine begrenzte Zeit ausleihen (Ameli, 2017; Robinson & Shedd, 2017). Die durchschnittliche Kaufkraft mag schwinden – durch solche Einrichtungen wird jedoch erneut weniger Einkommen benötigt, um sich die Grundausstattung eines guten Lebens leisten zu können. Nebenbei könnte sich durch Sharing eine ökologische Entlastung einstellen, da der in der Herstellung anfallende Energie- und Rohstoffverbrauch reduziert würde.

Noch befindet sich der Übergang vom Kapitalismus zum Postkapitalismus in seiner anfänglichen Phase. Die sich abzeichnende Entwicklung wird jedoch die Notwendigkeit, über ökonomische Systemalternativen nachzudenken, mit jedem Jahrzehnt steigern. Die Ökonomie der nächsten Generation ist wahrscheinlich durch sinkende Herstellungskosten und Gewinne für Unternehmen, durch die zunehmende Redundanz von Unternehmen, durch die Redundanz vieler Arbeitsplätze und die Neudefinition von Arbeit, durch eine teilweise Umkehrung der ökonomischen Globalisierung und vermutlich auch durch Sharing charakterisiert. Eine solche Wirtschaftsweise hätte mit dem Industriekapitalismus nur noch wenig gemeinsam. Sehr wahrscheinlich wird der Kapitalismus im Rückblick die dominante Wirtschaftsweise des Industriezeitalters gewesen sein, während sich im entfaltenden Digitalzeitalter eine neue Wirtschaftsweise institutionalisierte.

Literaturverzeichnis

Aigrain, P. (2012). *Sharing: Culture and Economy in the Internet Age.* Amsterdam: University Press.
Ameli, N. (2017). Libraries of Things as a new form of sharing. *Proceedings of the 12th European Academy of Design Conference,* Spienza University of Rome.
Autor, D. (2015). Why are there still so many jobs? *Journal of Economic Perspectives, 3,* 3–30.
Berger, T. & Frey, C. (2016). *Structural Transformation in the OECD: Digitalisation, Deindustrialisation and the Future of Work.* OECD Social, Employment and Migration Working Papers, 193.
Botsman, R. & Rogers, R. (2010). *What's mine is yours.* New York: Collins Business.
Chang, J.-H. et al. (2016). *ASEAN in Transformation.* Bureau for Employers' Activities, Working Paper.
Collins, R. (2013). *Das Ende der Mittelschichtarbeit.* in: I. Wallerstein et al. (Hg.). Stirbt der Kapitalismus? Frankfurt/M: Campus.
Cowen, T. (2013). *Average is over.* New York: Dutton-Verlag.
FashionUnited (2016). *Global fashion industry statistics.* URL: fashionunited.com
Felber, C. (2010). *Die Gemeinwohl-Ökonomie.*Wien: Deuticke.
Fücks, R. (2013). *Intelligent wachsen.* München: Carl Hanser Verlag.
Gershenfeld, N. (2012). How to make almost anything. *Foreign Affairs, 6,* 43–57.
Gordon, R. (2016). *The Rise and Fall of American Growth.* Princeton: Princeton University Press.
House of Representatives Twenty-Ninth Legislature, State of Hawaii (2017). *Requesting the Department of Labor and Industrial Relations and the Department of Business, Economic Development, and Tourism to Convene a Basic Economic Security Working Group.* H.C.R., 89.
Jackson, T. (2009). *Prosperity without Growth.* London: Rothledge.
Kirchner, S./Beyer, J. (2016). Die Plattformlogik als digitale Marktlogik. *Zeitschrift für Soziologie, 5,* 324–339.
Latouche, S. (2006). *Le pari de la décroissance.* Paris: Pluriel.
Leimeister, Jan et al. (2016). Crowd Worker in Deutschland. *Böckler-Stiftung, Study, 323.*
Levinson, M. (2016): Job Creation in the Manufacturing Revival. *Congressional Research Report.*
Marx, K. & Engels, F. (1867). *Das Kapital Bd. 1.* Berlin: Karl Dietz Verlag.
Mason, P. (2015). *Postcapitalism.* London: Allen Lane.
McKinsey Global Institute (2017). *A future that works.* URL: mckinsey.com
OECD (2012). *Inclusive Green Growth: The Future We Want.* Paris.
Paech, N. (2005). *Nachhaltiges Wirtschaften jenseits von Innovationsorientierung und Wachstum.* Metropolis: Marburg.
Porter, M.E. & Kramer, M. (2011). Creating Shared Value.*Harvard Business Review, 1/2,* 62–77.
Reuter, N. (2007). *Wachstumseuphorie und Verteilungsrealität.* Metropolis: Marburg.
Rifkin, J. (2014). *The Zero Marginal Cost Society.* Hampshire: Macmillan.
Robinson, M & Shedd, L. (2017). *Audio Recorders to Zucchini Seeds: Building a Library of Things.* Santa Barbara: Libraries Unlimited.
Sarwate, P. & Patil, A. (2016). Generative Algorithm for Architectural Design based on Biomimicry Principles. *Int. Journal of Innovative Research in Science, Engineering and Technology, 8.*
Schlenk, C.T. (2017). *Warum die Arbeitsministerin das bedingungslose Grundeinkommen ablehnt.* URL: www.wired.de
Stengel, O. (2016). *Jenseits der Marktwirtschaft.* Wiesbaden: Springer.
Stengel, O. & Ameli, N. (2017). *The forthcoming paradigm shifts: generative algorithms and the reinvention of design.* Conference Paper, 4D Designing Development, Kaunas (Litauen).
Sukhdev, P. (2012). *Corporation 2020.* Washington: Island Press.
Summers, L. (2014). U.S. Economic Prospects: Secular Stagnation, Hysteresis, and the Zero Lower Bound. *Business Economics, 2,* 65–73.
Susskind, R. & Susskind, D. (2015). *The Future of Professions.* Oxford: Oxford University Press.
UNEP (2009). *Global Green New Deal.* Nairobi.
Weber, M. (1991). *Die protestantische Ethik.* Gütersloh: Nikol.
WEF (2016). *The Future of Jobs.* Davos.

Beiträge plattformvermittelter Kollaboration zum Innovationssystem

Jan Peuckert

Institut für ökologische Wirtschaftsforschung

Zusammenfassung

Neue Formen der Kollaboration verändern die Innovationslandschaft und erfordern eine Erweiterung des Konzepts des Technologischen Innovationssystems, um dessen Anspruch zu genügen, sämtliche für die Entwicklung und Verbreitung technologischer Innovationen wesentliche Akteure, Institutionen und Prozesse abzubilden. Mit der Zunahme plattformvermittelter Kollaboration tritt die Zivilgesellschaft als weiteres wesentliches Element neben die klassischen Subsysteme Wissenschaft, Wirtschaft und Staat und ergänzt deren Funktionen im Innovationssystem. Die gemeinsame Wissensproduktion in dezentralen Netzwerken erfordert nicht nur neue Fähigkeiten der Akteure und andere Geschäftsmodelle, sondern auch innovationspolitische Steuerung und regulative Rahmenbedingungen. Offene Plattformen strukturieren die Arbeitsorganisation. Als technische und soziale Infrastrukturen für dezentrale Produktion werden offene Werkstätten im Zuge dessen zu Dreh- und Angelpunkten für die Vernetzung, den Austausch und die Koordinierung offener Entwicklungsprozesse für neue Produkte und Technologien.

1   Einleitung

Commons-based Peer Production, also die freiwillige Zusammenarbeit einer Vielzahl gleichberechtigter Personen an gemeinsamen Projekten zur Wissensentwicklung, wie sie zunächst vor allem im Bereich der digitalen Wertschöpfung (z. B. bei der Entwicklung quelloffener Software oder bei der Bereitstellung nutzergenerierter Inhalte) praktiziert wurde, hält als spezifische Organisationsform arbeitsteiliger Produktionsprozesse mit der Verbreitung digitaler Querschnittstechnologien nun Einzug in weitere Produktionsbereiche. Mit der Verfügbarkeit digitaler Fertigungsverfahren (z. B. rechnergestützte 3D-Drucker, Laserschneider und CNC-Fräsen) gewinnt Kollaboration zwischen

Peers auch für materielle Wertschöpfungsprozesse an Relevanz (Petschow, 2016). Vielerorts eröffnen *Fablabs, Makerspaces* und *Creative Labs* (Lange et al., 2017), wo sich Praxisakteure neue technologische Möglichkeiten aneignen können und neue Spielarten einer dezentralen gemeinschaftsbasierten Wissensproduktion üben (Simons et al., 2016). Der kostengünstige Zugang zu Werkzeugen und Wissen für die Eigenfabrikation ruft neue Akteure auf den Plan, deren Motivationen und Arbeitsweisen sich wesentlich von denen klassischer Innovationsakteure unterscheiden. Es zeichnet sich ab, dass mit dem Wandel des Produktionssystems hin zu mehr Dezentralität, Personalisierung und Offenheit hybride Organisationen entstehen, die zwischen Markt und Hierarchie zu verorten sind. Austauschplattformen unterschiedlicher Art strukturieren und koordinieren die neuen Wertschöpfungsprozesse. Dieser Wandel erfordert nicht nur neue Rahmenbedingungen, neue Geschäftsmodelle und neue Fähigkeiten der Akteure, sondern auch eine Anpassung des innovationstheoretischen Konzepts des Technologischen Innovationssystems, um die Schlüsselrolle zivilgesellschaftlicher Akteure angemessen zu berücksichtigen.

Die vorliegende Arbeit beschreibt zunächst zwei wesentliche Veränderungsprozesse im Innovationsgeschehen, die eine Bedeutungszunahme nichtprofessioneller Akteure begründen: Zum einen öffnen sich klassische Institutionen des Innovationssystems für die Integration verteilter Wissensbestände externer Akteure in den Innovationprozess, zum anderen entstehen neue Praktiken der Kollaboration zwischen gleichgesinnten Akteuren außerhalb dieser Organisationen. Der folgende Abschnitt skizziert diese Entwicklungen. Anschließend wird die Rolle vermittelnder Plattformen für offene Wissensproduktion näher betrachtet. Der vierte Abschnitt erörtert die Implikationen dieses Wandels für das Konzept Technologischer Innovationssysteme, indem wichtige Veränderungen entlang der wesentlichen Systemfunktionen nachgezeichnet werden. Abschließend werden die sich daraus ergebenden Herausforderungen für Innovationsforschung und -politik sowie die Nachhaltigkeitspotenziale dieser Entwicklungen diskutiert.

2   Neue kollaborative Praktiken

Der Innovationssystemansatz betont die Notwendigkeit vielfältiger Interaktionen für den Prozess der Innovationsentstehung. Innovation wird bisweilen als eine Neukombination von Wissensbeständen verstanden (Kline & Rosenberg, 1986), die auf unterschiedliche Akteure der Gesellschaft verteilt sind.

Der Begriff der kollaborativen Innovation bezeichnet Innovationsmodi, die auf die verteilten Wissensbestände zurückgreifen (Wittke et al., 2012). Der Austausch zwischen Herstellern und Nutzern gilt seit langem als entscheidender Faktor für den Innovationserfolg (Koren, 2010; Piore & Sabel, 1984; von Hippel, 1976; Nelson & Winter, 1982; Cohen & Levinthal, 1989; Mowery et al., 1998). Spätestens seit Porters Verweis auf die zentrale Rolle einer anspruchsvollen Nachfrage für die Wettbewerbsfähigkeit von ganzen Nationen (Porter, 1990) hat die Clusterförderung den innovationspolitischen Diskurs bestimmt und die Forschungsliteratur nicht aufgehört, die Bedeutung intensiver *User-Producer* Beziehungen für die Leistungsfähigkeit von Innovationssystemen zu betonen (Fagerberg, 1995; Nahuis et al., 2012).

Aus betriebswirtschaftlicher Perspektive geht es vor allem um die Frage, wie externes Wissen für die innerbetrieblichen Innovationsprozesse nutzbar gemacht werden kann. Die Diskussion in der Managementliteratur basiert insbesondere auf Arbeiten von Chesbrough (Chesbrough 2003; Chesbrough et al., 2006; 2014) und von von Hippel (von Hippel, 1988; 2005, 2016; von Hippel & von Krogh, 2003; Baldwin & von Hippel, 2011). Zentraler Gegenstand ist die Umstellung innerbetrieblicher Innovationsprozesse auf eine größere Durchlässigkeit der Unternehmensgrenzen für externe Wissenszuflüsse. Unter den Schlagworten *Open Innovation* (Chesbrough, 2003) oder *Innovation Ecosystems* (Oh et al., 2016) öffnen Unternehmen ihre Innovationsprozesse und beziehen Anwender frühzeitig in die Entwicklung neuer Produkte und Dienstleistungen ein. In *Living Labs* treiben Unternehmen in der praktischen Erprobung die Suche nach innovativen Lösungen unter Realbedingungen voran (Curley, 2016). Auch in der Forschungs- und Innovationspolitik werden zunehmend Ansätze zur Einbeziehung der breiten Öffentlichkeit erprobt. Partizipative, inter- und transdisziplinäre Formate, wie Stakeholderdialoge und Bürgerforen, werden vermehrt eingesetzt, um beispielsweise zukünftige Innovationsthemen zu bestimmen (z. B. BMBF Zukunftsforen). Der Trend zur Demokratisierung des Innovationsgeschehens (von Hippel, 2005) geht aber über die bloße Nutzerintegration in betriebliche Innovationsprozesse oder das innovationspolitischen Agenda-Setting hinaus.

Zwei wesentliche Entwicklungen innerhalb des Innovationsgeschehens zeichnen sich ab: Zum einen schreitet die Öffnung klassischer Institutionen des Innovationssystems für die Beteiligung von zivilgesellschaftlichen Akteuren weiter voran. *Open Innovation 2.0* (Curley & Salmelin, 2013) beschreibt die fortgesetzte Entgrenzung der am Innovationsprozess beteiligten Organisationen. Es entstehen interdisziplinäre Netzwerke der Kollaboration zwischen interdependenten Akteuren, die keiner einseitigen Steuerung unterliegen. Ein wesentlicher Unterschied zu vorherigen Ansätzen der Nutzerintegration liegt in der verringerten Steuerbarkeit der Wissensentwicklung und einer begrenzten Kontrolle der Ergebnisverwendung des Innovationsprozesses.

Zum anderen führt plattformvermittelte Kollaboration zu Konstellationen, bei denen neue Innovationsdynamiken außerhalb der klassischen Subsysteme Wissenschaft, Wirtschaft und Staat entstehen. Der Begriff *Free Innovation* (von Hippel, 2016) bezeichnet neue Praktiken der Zusammenarbeit, die sowohl außerhalb hierarchischer Strukturen als auch klassischer Marktbeziehungen erfolgt. Während bei marktförmig oder hierarchisch organisierten Kollaborationen der Auftraggeber festlegen kann, welches Wissen für wen entwickelt wird, besteht die Wissensentwicklung innerhalb der Gemeinschaft in mehr oder weniger gleichberechtigten, gegenseitigen Lernprozessen.

Im Gegensatz zu den Ansätzen der *Open Innovation*, die letztendlich auf eine private Aneignung externen Wissens abzielen, sind echte *Peer Innovationen* davon gekennzeichnet, dass kein Ausschließlichkeitsanspruch an der Verwendung der gemeinsam entwickelten Ideen besteht. Wissen wird auf freiwilliger Basis ausgetauscht. Die Zusammenarbeit Vieler prägt das Bild. Erleichtert durch die Möglichkeiten der Koordinierung über Plattformen entstehen lose-selbstorganisierte, agile Gemeinschaften mit distinkter Eigenlogik. Die Zivilgesellschaft wird zum eigenständigen Element des Innovationssystems, deren Akteure sich selbstbestimmt und unabhängig am Innovationsgeschehen beteiligen.

3   Plattformen der offenen Wissensproduktion

Das Aufkommen neuer Organisationsformen der arbeitsteiligen Wissensproduktion, die sich sowohl von zentralisierten hierarchischen Entscheidungsprozessen in Unternehmen als auch von marktbasierten, preisgesteuerten Koordinierungsprozessen unterscheiden, fordert die Institutionenökonomie heraus. Benkler (2002) prägte für diese Formen der Zusammenarbeit in praxisbezogenen Gemeinschaften den Begriff der *Commons-based Peer Production*. Seit der Beobachtung dieses Phänomens in den Bereichen der Softwareprogrammierung und der Produktion nutzergenerierter Inhalte für soziale Netzwerke, Blogs oder Videoportale stellt sich die Frage, ob sich die Prinzipien der offenen Kollaboration auch auf Prozesse außerhalb der digitalen Wertschöpfung übertragen lassen. Ähnliche Kooperationsmodelle entstehen unter dem Schlagwort *Open Source Hardware* nun auch innerhalb sogenannter *Maker Communities* (Anderson, 2012) im Umfeld offener Werkstätten.

Die Prinzipien der offenen Wissensproduktion werden dabei auf die gemeinsame Entwicklung von Designs von physischen Objekten übertragen. Beispielsweise sucht das *Open Source Ecology*-Netzwerk nach quelloffenen Lösungen für die Herstellung von Landmaschinen in Modulbauweise und wird dabei durch Freiwillige weltweit unterstützt. Das Unternehmen Local Motors entwickelt Fahrzeuge und neue Ideen für zukünftige Mobilitätslösungen in einem offenen Kreativprozess gemeinsam mit einer enthusiastischen Online-Community. Das *OpenStructures*-Projekt lotet die Möglichkeiten der modularen Bauweise für Einrichtungsgegenstände aus, indem es ein geometrisches Raster festlegt, auf dessen Grundlage eigene Teile, Komponenten und Strukturen eingebracht werden können. Auf kollaborativer Weise entsteht so ein frei kombinierbarer Bausatz, der frei genutzt werden kann.

Hilgers et al. (2010) untersuchen weitere Beispiele und stellen drei Grundmechanismen der offenen Wissensproduktion heraus, die sich in allen Kontexten wiederfinden: (1) Ausruf der Problemstellung, (2) Granularität der Aufgabe, (3) plattformvermittelte Koordination. Dabei zeigt sich, dass die koordinierende Plattform von essentieller Bedeutung ist, die weit über die technische Kommunikation und den Informationsaustausch hinausgeht. Hier wird die Problemstellung definiert und angekündigt, existierendes Wissen bereitgestellt und auf bereitgestelltes Wissen reagiert. Hier wird Resonanz erzeugt und hier findet die notwendige Koordinierungsleistung statt, die aus der vielstimmigen Masse eine Gemeinschaft entstehen lässt. Die Spezifikation von Plattformstandards erleichtert die Kommunikation zwischen den Beitragenden. Die Definition von Schnittstellen erlaubt eine Modularisierung der Projektaufgaben, sodass sich die individuellen Beiträge gegenseitig sinnvoll ergänzen. Auf der Plattform entwickelt sich eine gemeinsame Sprache, die erst den effektiven Austausch über relevante Erkenntnisse der Individuen ermöglicht.

Virtuelle Plattformen, wie *GitHub*, *Instructables* oder *Thingiverse*, worüber digitale Baupläne und Rezepte geteilt werden können, tragen somit wesentlich zur Entstehung kollaborativer Dynamiken bei. Im Gegensatz zur digitalen Wertschöpfung lässt sich jedoch ein wesentlicher Teil des für die physische Fabrikation relevanten handwerklichen Wissens nicht oder nur unzureichend kodifizieren und über virtuelle Plattformen kommunizieren. Implizites Wissen muss durch praktisches Arbeiten und Produzieren erlernt werden. Offene Werkstätten ergänzen durch die Möglichkeit des persönlichen Ausprobierens und des direkten Austauschs mit anderen vor Ort das digital verfügbare Wissen um das für dessen Anwendung unabdingbare praktische Ehrfahrungswissen.

Fablabs, *Repair Cafés*, *Makerspaces* und *Hacklabs*, bilden somit das Rückgrat einer offenen Kollaboration zivilgesellschaftlicher Akteure im Bereich materieller Produktion. Offene Werkstätten sind die realweltlichen Gegenstücke zu den virtuellen Plattformen. Sie gewähren einen niedrigschwelligen Zugang zu den Produktionsmitteln und geben nichtprofessionellen Akteuren damit die Möglichkeit, durch Experimentieren neue Lösungen zu (er)finden und geteiltes Wissen weiterzuentwickeln. Auch hier werden Regeln für das Engagement in der Community in einer ansonsten weitgehend hierarchiefreien Umgebung definiert. Noch offensichtlicher als im virtuellen Bereich wird der Raum der Lösungsmöglichkeiten durch die technischen Infrastrukturen vorgegeben. Auch offene Werkstätten strukturieren also die Interaktion der an der offenen Wissensproduktion Beteiligten, geben die Suchpfade der gemeinsamen Herausforderungen vor und kanalisieren die Verbreitung des Wissens.

4 Beiträge zu den Innovationssystemfunktionen

Das Konzept des Technologischen Innovationssystems (Carlsson & Stankiewicz, 1991) erfasst sämtliche für die Entwicklung und Verbreitung einer bestimmten Technologie wesentliche Akteure, Institutionen und Prozesse. Es geht von der Grundannahme aus, dass für das Hervorbringen neuer Technologien ein komplexes Zusammenwirken vieler unterschiedlicher Akteure und Institutionen unabdingbar ist. Im bisherigen Verständnis verlaufen diese Prozesse in den Beziehungen zwischen den drei Subsystemen Wissenschaft, Wirtschaft und Staat, der sogenannten *Triple Helix* (Leydesdorff & Etzkowitz, 1998).

Mit dem Aufkommen offener Wissensproduktion in praxisbezogenen Gemeinschaften vollzieht sich ein paradigmatischer Wandel. Die passive Rolle des Verbrauchers weicht seiner aktiven Teilhabe an der Produktentwicklung. Zivilgesellschaftlichen Akteuren kommt damit längst nicht mehr nur die Aufgabe der Nachfrageartikulation zu (Warnke et al., 2016). Sie übernehmen vielmehr zentrale Funktionen im Innovationssystem, die bislang von wissenschaftlichen, wirtschaftlichen und staatlichen Institutionen erfüllt wurden. Bei der Koordination dieser Akteure spielen Austauschplattformen die Schlüsselrolle. Hekkert et al. (2007) identifizieren sieben Funktionen, deren Erfüllung unabhängig von der Struktur die Leistungsfähigkeit eines Technologischen Innovationssystems bestimmen: (F1) *Entrepreneurial experimentation*, (F2) *Knowledge development*, (F3) *Knowledge diffusion*, (F4) *Guidance of search*, (F5) *Market Formation*, (F6) *Resource mobilization*, (F7) *Creation of Legitimacy*.

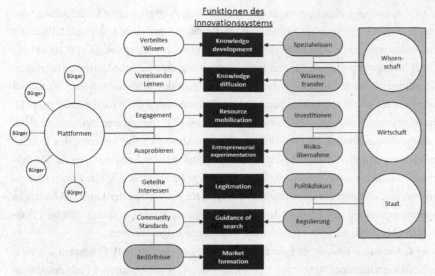

Abb. 1: Beiträge plattformvermittelter Gemeinschaften zu den Innovations-system-funktionen, eigene Darstellung.

Innerhalb dieses Analyserahmens sollen im Folgenden die wesentlichen Veränderungen im Innovationssystem beschrieben werden.

(F1) *Entrepreneurial experimentation*: Für den klassischen *Entrepreneur* hängt der Innovationserfolg von einer Vielzahl unkontrollierbarer Faktoren ab. Um die unsicheren Potenziale neuer Wissenskombinationen, neuer Anwendungen oder neuer Märkten in konkrete Handlungen zu überführen, müssen deshalb Wagnisse eingegangen werden. Gewöhnlich übernehmen deshalb die Funktion des unternehmerischen Experimentie-rens risikofreudige Marktakteure, wie visionäre Start-up Gründer oder diversifizierende Großunternehmen, die sich vom Innovationserfolg bessere Gewinnerzielungsmöglich-keiten versprechen. Da die Ressourcenbereitstellung für *Peer Innovationen* zumeist nicht in Erwartung eines finanziellen Rückflusses erfolgt, verliert das unternehmerische Experimentieren seine Assoziation mit einem Investitionsrisiko. Im Fall offener Wis-sensproduktion wird die Funktion von Akteuren geleistet, die oftmals keine oder nicht in erster Linie kommerzielle Interessen verfolgen. Lernen, Spaßhaben und Problemlö-sen spielen als Motivationen für die Teilnahme nichtprofessioneller Akteure an kolla-borativen Innovationsprozessen eine wichtige Rolle (Moritz et al., 2016). Neugier oder schieres Interesse am Lösungsprozess, aber auch soziale oder politische Gründe, bestim-men das Engagement in offenen Werkstätten (Lange et al., 2016).

(F2) *Knowledge development* und (F3) *Knowledge diffusion*: Der Überführung wissenschaftlicher Erkenntnisse in marktfähige Produkte, also einer Rekontextualisierung des Wissens für seine Anwendbarkeit in unterschiedlichen Umgebungen (Wittke et al., 2012), kommt gewöhnlich für den Innovationserfolg eine außerordentliche Bedeutung zu. Stärker als in den ausdifferenzierten Institutionen der Wissenschaft und Wirtschaft fallen bei den neuen Innovationsmodi jedoch die Funktionen des Experimentierens (F1), der Wissensentwicklung (F2) und der Verbreitung (F3) unmittelbar zusammen. Neue Erkenntnisse entstehen im plattformvermittelten Austausch mit anderen, das Zusammenführen verteilter Wissensbestände und das Voneinander-Lernen stehen im Vordergrund. Dadurch fließen schon frühzeitig vielseitige Perspektiven in den Entwicklungsprozess ein, erhöhen die Robustheit und verringern die Gefahr der kontextabhängigen Nichtangepasstheit der Produktideen. Von Beginn an werden unterschiedliche Erfahrungen abgeglichen und in verschiedene Zusammenhänge übersetzt.

(F4) *Guidance of search*: Eine Steuerung der Lösungssuche (F4) bündelt die Ressourcen verschiedener Akteure des Innovationssystems auf bestimmte Problemstellungen. Dadurch können Synergieeffekte gehoben und Diffusionsprozesse beschleunigt werden, insbesondere dann, wenn sich in der Folge bestimmte Standards oder dominantes Designs herausbilden. Gewöhnlich wird diese Aufgabe von der Innovationspolitik, staatlichen Behörden oder anderen normgebenden Institutionen übernommen (etwa durch die gezielte Förderung bestimmter Technologien oder die Festlegung von Umwelt- und Produktionsstandards). Wie bereits dargestellt, hängt die Zusammenarbeit bei der offenen Wissensentwicklung in besonderem Maße von einem geteilten Problemverständnis ab. Kollaborative Innovationsprozesse werden zwangsläufig von kollektiven Dynamiken geprägt. Eine Fokussierung mag mitunter spontan erfolgen, wenn bestimmte Probleme virulent werden, sodass sich eine große Zahl von Akteuren schwarmintelligent derselben Fragestellung zuwendet. Die gezielte Steuerung dezentraler Kollaborationsprozesse durch Einzelakteure erweist sich jedoch im Allgemeinen als äußerst schwierig. Vielmehr kommt bei der Koordinierung, wie bereits dargestellt, den Plattformen eine herausragende Bedeutung zu, da sie in ihrem Aufbau mögliche Entwicklungspfade vorwegnehmen und damit eine Kanalisierung der Aufmerksamkeit bewirken können. Geteilte Normen und Community-Standards setzen wichtige Fokalpunkte. Schnittstellen definieren Arbeitsmodule und bilden somit mögliche Kristallisationskeime für Kollaborationen.

(F5) *Market Formation*: Bei der Marktbildungsfunktion (F5) geht es gewöhnlich darum, neue Kundensegmente und mögliche Anwendungsbereiche zu entwickeln, um eine

Nachfrage für die fragliche Innovation zu schaffen. In Bezug auf die Bedeutung dieser Funktion unterscheiden sich die neuen Innovationsdynamiken deutlich, denn eine Nachfrageartikulation möglicher Anwender erfolgt nicht mehr vornehmlich über Zahlungsbereitschaften am Markt, sondern häufig über die direkte Bereitstellung von Ressourcen für die Wissensproduktion durch interessierte Akteure, sei es durch Finanzierung oder persönliches Engagement. Die Lenkungsfunktion des Markts wird gewissermaßen durch produktionsseitige Gruppendynamiken ersetzt, die sich vornehmlich in den Bereichen geteilter Interessen entwickeln.

(F6) *Resource mobilization*: Zivilgesellschaftliche Akteure treten zunehmend gemeinsam als Mittelgeber für Innovationsprojekte in Erscheinung. Nicht nur durch das Teilen von Wissen und Arbeitskraft (*Crowdsourcing*), sondern auch durch die gemeinsame Bereitstellung von finanziellen Mitteln (*Crowdfunding, Crowdlending, Crowdinvestment*) werden innovative Vorhaben ermöglicht.

(F7) *Creation of Legitimacy*: Die Gewinnung verschiedener politischer Akteure als Bündnispartner, die an einer gesellschaftlichen Legitimierung der neuen Technologie interessiert sind, gilt als weitere wesentliche Funktion eines Technologischen Innovationssystems. Die Verbreitung einer technologischen Innovation kann gegen die Widerstände der Etablierten nur durchgesetzt werden, wenn auf verschiedenen gesellschaftlichen Ebenen entsprechende Anschlussmöglichkeiten geschaffen werden. Zwar erleichtern die vielfältigen Partizipationsmöglichkeiten bei deren Entwicklung eine systemische Einbindung offener Innovationen in komplexe technologische Systeme, für eine ambitionierte Lobbyarbeit stellt aber der Gemeingütercharakter offener Technologien ein Hindernis dar, weil kein einzelner Akteur als Innovationsträger adressierbar ist.

5 Fazit und Herausforderungen

Die Demokratisierung des Innovationsgeschehens setzt sich weiter fort. Eine größere Teilhabe von Bürgerinnen und Bürgern erfolgt nicht nur durch die Öffnung von Innovationsprozessen für die Integration verteilter Wissensbestände durch Unternehmen. Die Nutzung von vermittelnden Plattformen erlaubt zivilgesellschaftlichen Akteuren, sich selbst in praxisbezogenen Gemeinschaften zu koordinieren und selbstbestimmt den technologischen Wandel mitzugestalten. Angesicht der Ausweitung plattformvermittelter Kollaboration auf die offene Wissensproduktion auch in Bereichen außerhalb der digitalen Wertschöpfung gewinnt die Zivilgesellschaft weiter an Einfluss im Innovationsgeschehen. Offene Werkstätten werden als technische und soziale Infrastrukturen für dezentrale Fertigung zu Dreh- und Angelpunkten für die Vernetzung, den Austausch und die Koordinierung der Zusammenarbeit bei der Entwicklung neuer Produkte und Technologien in kollaborativen Innovationsprozessen.

Damit gehen strukturelle Veränderungen einher, die von Innovationsforschung und Innovationspolitik besser wahrgenommen und angemessen unterstützt werden müssen. Forschungsbedarf besteht insbesondere bei der Untersuchung der Dynamiken kollaborativer Wissensentwicklung innerhalb informeller Netzwerke und Gemeinschaften. Die Innovationsforschung muss den an der Markteinführung orientierten Innovationsbegriff revidieren und die empirische Erfassung des Innovationsgeschehens auf wesentliche Aktivitäten außerhalb herkömmlicher Institutionen des Innovationssystems ausdehnen. Entsprechende Indikatoren zur Erfassung plattformvermittelter Innovationsaktivitäten müssen entwickelt werden. Wesentliche Prozesse der Wissensentwicklung werden bisher durch die Instrumente der empirischen Innovationsforschung nicht adäquat erfasst, da sich typische Innovationsindikatoren (wie beispielsweise die Ausgaben für Forschung und Entwicklung oder die Anmeldung von Patenten) auf die klassischen Beziehungen zwischen Akteuren aus Wissenschaft, Wirtschaft und Staat fokussieren. Innovationsprozesse, die im Rahmen offener Wissensproduktion außerhalb dieser Institutionen durch zivilgesellschaftliche Akteure vorangetrieben werden, entziehen sich daher bisher weitgehend einer wissenschaftlichen Untersuchung.

Die Innovationspolitik ist gefordert, die veränderte Rolle zivilgesellschaftlicher Akteure innerhalb offener Innovationsprozesse wahrzunehmen und zugleich Richtungssicherheit für eine nachhaltige Entwicklung herzustellen, indem entsprechende Verständigungsprozesse vorangetrieben und normativ begleitet werden. In Anbetracht der Tatsache, dass mit den kollaborativen Formen der Innovation virtuelle und reelle Austauschplattformen zu zentralen Elementen des Innovationssystems werden, über die eine Koordinierung und Richtungssteuerung der Innovationsprozesse erfolgt, liegt in der Bereitstellung und Ausgestaltung dieser Infrastrukturen ein wesentlicher Ansatzpunkt für eine auf Nachhaltigkeit gerichtete innovationspolitische Steuerung.

Der grundlegende Wandel des Innovationssystems eröffnet Chancen für eine tiefgreifende sozial-ökologische Transformation. Große Nachhaltigkeitspotenziale der Zusammenarbeit zivilgesellschaftlicher Akteure liegen gerade in den alternativen Zielsystemen bei der offenen Produktentwicklung, die einer neuen materiellen Kultur Vorschub leisten können. Die Entstehung von Innovationsräumen, die den institutionellen Zwängen und einer strengen Verwertungslogik enthoben sind, öffnen Möglichkeiten für die Überwindung struktureller gesellschaftlicher Probleme und Pfadabhängigkeiten.

Literaturverzeichnis

Anderson, C. (2012). *Makers. The New Industrial Revolution*. New York: Crown Business.

Baldwin, C. & von Hippel, E. (2011). Modeling a paradigm shift: From producer innovation to user and open collaborative innovation. *Organization Science* 22(6), 1399–1417.

Benkler, Y. (2002). Coase's Penguin, or, Linux and „The Nature of the Firm". *Yale Law Journal*, 369–446.

Carlsson, B. & Stankiewicz, R. (1991). On the Nature, Function, and Composition of Technological systems. *Journal of Evolutionary Economics*, 1, 93–118.

Chesbrough, H. (2003). *Open innovation: The new imperative for creating and profiting from technology*. Boston: Harvard Business Press.

Chesbrough, H., Vanhaverbeke, W. & West, J. (2006). *Open innovation: Researching a new paradigm*. Oxford: Oxford University Press.

Chesbrough, H., Vanhaverbeke, W. & West, J. (2014). *New Frontiers in Open Innovation*. Oxford: Oxford University Press.

Cohen, W. M. & Levinthal, D. A. (1989). Innovation and learning: the two faces of R&D. *The economic journal*, 569–596.

Curley, M. (2016). Twelve Principles for Open Innovation 2.0. *Nature*, 533, 314–316.

Curley, M. & Salmelin, B. (2013). *Open Innovation 2.0 – A New Paradigm*. EU Innovation and Strategy Policy Group.

Fagerberg, J. (1995). User-producer interaction, learning and comparative advantage. *Cambridge Journal of Economics*, 19(1), 243–256.

Hekkert, M., Suurs, R. A. A., Negro, S. O., Kuhlmann, S. & Smits, R. E. H. M. (2007). Functions of innovation systems: A new approach for analysing technological change. *Technological forecasting and social change*, 74(4), 413–432.

Hilgers, D., Müller-Seitz, G. & Piller, F. T. (2010). Benkler Revisited – Venturing Beyond the Open Source Software Arena. *ICIS 2010 Proceedings*, 97.

Howaldt, J. & Schwarz, M. (2010). Social Innovation: Concepts, research fields and international trends. *Studies for Innovation in a Modern Working Environment*, 5. Aachen: International Monitoring.

Kline, S. J. & Rosenberg, N. (1986): An Overview of Innovation. In Landau, R. & Rosenberg, N. (Hg.), *The Positive Sum Strategy. Harnessing technology for economic growth*. Washington: National Academy Press.

Koren, Y. (2010). *The Global Manufacturing Revolution: Product-Process-Business Integration and Reconfigurable Systems*. Hoboken: John Wiley & Sons.

Lange, B., Domann, V. & Häfele, V. (2016). Wertschöpfung in offenen Werkstätten. Eine empirische Erhebung kollaborativer Praktiken in Deutschland. *Schriftenreihe des IÖW*, 213/16. Berlin: IÖW.

Lange, B., Schmidt, S., Domann, V., Ibert, O., Kühn, J. & Kuebart, A. (2017). Basteln–Gestalten–Experimentieren: Offene kreative Orte in Deutschland. *Nationalatlas aktuell* 11. Leipzig: Leibniz-Institut für Länderkunde (IfL).

Leydesdorff, L. & Etzkowitz, H. (1998): The Triple Helix as a model for innovation studies. *Science and Public Policy*, 25(3): 195–203.

Mowery, D. C., Oxley, J. E. & Silverman, B. S. (1998). Technological overlap and interfirm cooperation: implications for the resource-based view of the firm. *Research policy*, 27(5), 507–523.

Moritz, M., Redlich, T. & Wulfsberg, J. (2016). Collaborative Competition or competitive collaboration? Exploring the User Behavior Paradox in Community-based Innovation Contests. In J. Wulfsberg, T. Redlich & M. Moritz (Hrsg.), *Konferenzband zur 1. Interdisziplinären Konferenz zur Zukunft der Wertschöpfung*, (S. 233–243). Hamburg: Helmut-Schmidt-Universität.

Nahuis, R., Moors, E. H. M. & Smits, R. E. H. M. (2012). User producer interaction in context. *Technological Forecasting & Social Change*, 79(6), 1121–1134.

Nelson, R. R. & Winter, S. G. (1982). *An Evolutionary Theory of Economic Change*. Cambridge, MA: Harvard University Press.

Oh, D.-S., Phillips, F., Park, S. & Lee, E. (2016). Innovation ecosystems: A critical examination. *Technovation*, 54, 1–6.

Petschow, U. (2016). How Decentralized Technologies Can Enable Commons-Based and Sustainable Futures for Value Creation. In J.-P. Ferdinand, U. Petschow & S. Dickel (Hrsg.), *The Decentralized and Networked Future of Value Creation* (S. 237–255). Springer.

Piore, M. J. & Sabel, C. F. (1984). *The second industrial divide: possibilities for prosperity*. New York: Basic Books.

Porter, M. E. (1990). *The Competitive Advantage of Nations*. New York: Free Press.

Rehfeld, D. (2015). Technologie- und Innovationspolitik: Auf der Suche nach neuen Strategien. *Forschung Aktuell*. Gelsenkirchen: Institut Arbeit und Technik (IAT).

Simons, A., Petschow, U. & Peuckert, J. (2016). Offene Werkstätten – nachhaltig innovativ? Potenziale gemeinsamen Arbeitens und Produzierens in der gesellschaftlichen Transformation. *Schriftenreihe des IÖW*, 212/16. Berlin: IÖW.

von Hippel, E. & von Krogh, G. (2003). Open source software and the "private-collective" innovation model: Issues for organization science. *Organization science*, 14(2), 209–223.

von Hippel, E. (1976): The dominant role of users in the scientific instrument innovation process. *Research policy*, 5(3), 212–239.

von Hippel, E. (1988). *The sources of innovation*. Oxford: Oxford University Press.

von Hippel, E. (2005). *Democratizing innovation*. Cambrige: MIT Press.

Wardrop, R., Zhang, B., Rau, R. & Gray, M. (2015). *Moving Mainstream: The European Alternative Finance Benchmarking Report*. London: University of Cambridge and EY.

Warnke, P., Koschatzky, K., Dönitz, E., Zenker, A., Stahlecker, T., Som, O., Cuhls, K. & Güth, S. (2016): Opening up the innovation system framework towards new actors and institutions. *Discussion Papers Innovation Systems and Policy Analysis*, 49. Karlsruhe: Fraunhofer ISI.

Wittke, V., Heidenreich, M., Mattes, J., Hanekop, H., Feuerstein, P. & Jackwerth, T. (2012): Kollaborative Innovationen. Die innerbetriebliche Nutzung externer Wissensbestände in vernetzten Entwicklungsprozessen. *Oldenburger Studien zur Europäisierung und zur transnationalen Regulierung*, 22/2012. Oldenburg und Göttingen: CETRO.

Zur Kultur von Netzwerken – Wie die neue Form der Wertschöpfung in Netzwerken gelingen kann

Jules Thoma

Institut für Soziologie
Technische Universität Berlin

Zusammenfassung

Netzwerke eröffnen neue Formen der Wertschöpfung und gelten als vielversprechende Antwort auf die Herausforderungen sich wandelnder Produktions- und Innovationsprozesse. Die neue Form der Zusammenarbeit in Netzwerken zeichnet sich einerseits durch Vertrauen und andererseits durch Widersprüche aus. Wir werden zeigen, dass die klassischen Managementkonzepte, welche sich auf die Strukturen und die Organisation von Kooperationen beschränken, bei Netzwerken an ihre Grenzen stoßen. Deshalb verschieben wir die Perspektive auf die kulturellen Voraussetzungen der neuen Form der Wertschöpfung in Netzwerken und ergänzen das klassische Management durch ein Modell der Gestaltung von Netzwerken. Dazu definieren wir die Kultur von Netzwerken in Abgrenzung zur Formalstruktur von Organisationen. Aus dieser Perspektive leiten wir eine neue Methodik zur Netzwerkgestaltung ab, die sich durch ein empirisches, interpretatives, aktives und partizipatives Vorgehen auszeichnet. Die Kernelemente dieser neuen Methode demonstrieren wir beispielhaft anhand eines Innovationsnetzwerkes, das wir über mehrere Jahre begleitet haben.

1 Einleitung: Die Zukunft der Wertschöpfung

Die Zukunft der Wertschöpfung liegt in verteilten und vernetzten Kooperationen. Getrieben durch die Möglichkeiten der Digitalisierung und den Wettbewerbsdruck einer globalisierten Wirtschaft zeichnet sich seit einigen Jahren ein grundlegender Sinneswandel im Wertschöpfungsdenken ab: Wurde bislang die Wertschöpfungskette primär innerhalb von Unternehmen betrachtet, so setzt sich heute die Erkenntnis durch, dass sich Alleingänge von Unternehmen – sei es in der Forschung und Entwicklung, in der

Produktion oder in der Vermarktung – kaum mehr realisieren lassen. Im Zuge dieser Transformation greifen Unternehmen jeder Größe vermehrt auf externe Ressourcen, Kompetenzen oder Infrastrukturen zurück, sodass ihre Grenzen zunehmend perforiert werden (Picot et al., 2010). Neben dem Bedeutungszuwachs unternehmensübergreifender Kooperationen lässt sich zudem eine zeitliche Verdichtung (Rosa, 2005) von Produktentwicklungsprozessen erkennen. Die Komplexitätssteigerung (neuer) technischer Produkte verlangt nicht nur die organisationsübergreifende Integration heterogener Know-how-Träger, sondern auch, dass bereits in der Phase von Forschung und Entwicklung alle Partner der zukünftigen Wertschöpfungskette einschließlich der Kunden (Chesbrough et al., 2006) berücksichtigt werden.

Den Dreh- und Angelpunkt bildet dabei der Wandel von Organisationsstrukturen: weg von starren, hierarchischen und vertikalen Einheiten hin zu flexiblen interorganisationalen Kooperationsformen. In diesem Zusammenhang rücken strategische Netzwerke der Produktion (Sydow, 1992) und Innovationsnetzwerke (Rammert, 1997) auf die Forschungsagenda. Obschon die Ergebnisse dieser wissenschaftlichen Untersuchungen einen unentbehrlichen Beitrag zur Beschreibung der Neuorganisation von Wirtschaft und Innovation leisten, bleiben die kulturellen Aspekte in den Erklärungen der Netzwerkkooperationen bisher eine Randerscheinung. Die Lehre darüber, dass es jedoch eines Gesamtbildes aus strukturellen und kulturellen Faktoren bedarf, um die Zukunft der Wertschöpfung zu imaginieren, lässt sich aus der Management- und Organisationsforschung ziehen.

Hier wurde erst nach Jahrzehnten eines auf Zweckrationalität setzenden technischen Verständnisses organisationaler Zusammenhänge und Managementkonzepte erkannt, dass die Gestaltung und Veränderung von Organisationsstrukturen auch maßgeblich durch kulturelle Faktoren beeinflusst wird. So herrscht heute Einigkeit darüber, dass sich formalisiertes Handeln nicht gänzlich von seiner kulturellen Prägung lösen lässt und die Organisationskultur somit als managementrelevanter Faktor zu berücksichtigen ist (Schreyögg, 2006, S. 449). Zu vermuten ist, dass diese Einsicht auch für Netzwerke gilt. Im Folgenden möchten wir daher den Versuch wagen, die Grundrisse für ein Verständnis der Kultur von Netzwerken zu entwickeln, das uns in die Lage versetzt, die neue Funktionslogik von Netzwerken und die Möglichkeiten ihrer Gestaltung zu verstehen. Dazu werden wir die Bedeutung der Netzwerkkultur herausarbeiten, indem wir sie von der hierarchischen Formalstruktur von Organisationen abgrenzen. Daran anschließend werden wir die methodischen Prämissen aufzeigen, die für die Gestaltung von

Netzwerken[1] – sprich ihrer Kultur und Identität – zu berücksichtigen sind und unsere
Überlegungen mit einem konkreten empirischen Beispiel einer Netzwerkgestaltung abschließen.

2   Vom System zum Netzwerk

In einer Gesellschaft, in der immer schneller neue Märkte geschaffen werden, während
alte Wertschöpfungsquellen versiegen, manifestiert sich die Wettbewerbsfähigkeit eines
Unternehmens in seiner Fähigkeit, innovativ zu sein und Innovatives zu produzieren
(Willke, 1998; Reckwitz 2013, S. 140 ff.). Mit dieser Maxime verbindet sich ein tief-
greifender Wandel der Arbeitsorganisation: Waren das von Max Weber entwickelte Modell der Bürokratie und die von Henry Ford und Frederick W. Taylor nach der naturwis-
senschaftlichen Methode geplante Arbeitsschrittrationalisierung bislang die Garanten
für effektive Wertschöpfung, so stößt die damit geschaffene formale und vertikal integrierte Arbeitsorganisation in der Wissensökonomie an ihre Effektivitätsgrenzen. Dies
zum einen, weil heute Informationen und Know-how im Verhältnis zu Maschinen oder
materiellen Ressourcen (also nicht nur für Dienstleistungen, sondern auch in der Produktion) an Bedeutung gewinnen (Stehr, 1994; 2001) und die damit verbundenen wis-
sensbasierten Wertschöpfungsanteile durch Kommunikationstechnologien nicht länger
standortgebunden sind (Castells, 2001).

　　Zum anderen, da neues Wissen nicht primär entlang geplanter Prozesse und formaler
Hierarchien entsteht, sondern sich zumeist über die Grenzen einzelner Organisationen
(Constant II, 1989), aber auch über Disziplinen und Branchen hinweg, zwischen heterogenen Kompetenz- und Know-how-Trägern entwickelt (Rammert, 2003). Die Logik
der Wissensökonomie koppelt folglich wissensbasierte Wertschöpfungsprozesse und
kommunikativ hergestellte Innovationen an die Fähigkeit, disziplin-, organisations-,
technologie- und branchenübergreifende Kooperationsbeziehungen aufzubauen. Plaka-
tiv formuliert: Während früher die Organisationsstrukturen vorgaben, mit welchen Ideen
Wertschöpfung realisiert werden kann, sind es heute die Ideen zur Wertschöpfung, die
sich geeignete Kooperationsstrukturen suchen.

---

[1] Die Entwicklung der hier vorgestellten Netzwerkgestaltungsperspektive auf der Grundlage einer kul-
tursoziologischen Kritik am etablierten Netzwerk(management)diskurs wurde angestoßen durch eine
Reihe von Untersuchungen zu Netzwerken am Fachgebiet Kommunikations- und Mediensoziologie,
Geschlechterforschung von Prof. Dr. Christiane Funken an der Technischen Universität Berlin.

Dieser Paradigmenwechsel lässt sich am Aufkommen einer Netzwerkmetapher ablesen, die das lange Zeit dominierende Bild des „Systems" abzulösen scheint. Während letzteres synonym für Regelkreise, operative Geschlossenheit und Idiosynkrasie steht und mustergültig durch die formale Bürokratie verkörpert wird, beschreibt das Netzwerk eine Perspektive, die auf Variabilität, Grenzenlosigkeit und Interdependenz verweist. Entsprechend gilt die Bildung von Netzwerken als vielversprechende Antwort auf die sich wandelnden Herausforderungen sowohl in der Wirtschaft als auch in der Politik.

3   Von der Netzwerkgovernance zum Netzwerkmanagement

Ähnlich wie der Systembegriff führt auch der Netzwerkbegriff eine Fülle von Konnotationen mit sich. Entlang der unterschiedlichen Disziplinen, die sich mit dem Austausch, der Kommunikation oder der Kooperation von sozialen Akteuren befassen, kann man jedoch grob zwischen einem allgemeinen und einem spezifischen Netzwerkverständnis unterscheiden (Bommes & Tacke, 2006). Der allgemeine Netzwerkbegriff lässt sich im Grunde auf jede soziale Einheit anwenden, wobei deren Strukturen erst durch die Netzwerkanalyse und ihre quantitativ-mathematischen Methoden ans Licht gebracht werden. Der spezifische Netzwerkbegriff hingegen versteht das Netzwerk als eine eigenständige Sozialform, die ihre besondere Bezeichnung erst einem nur für sie charakteristischen Koordinationsprinzip verdankt (siehe hierzu insb. Windeler, 2001).

Vorangetrieben wird diese Debatte über die spezifische Governanceform von Netzwerken, insbesondere in der neuen Institutionenökonomie und den Organisationswissenschaften. Beide Fachrichtungen sind geprägt durch die Unterscheidung von Märkten und Hierarchien als den beiden Idealtypen, an denen sich kooperatives bzw. konkurrierendes Verhalten von Unternehmen in der Realität zu orientieren haben. Seit nunmehr dreißig Jahren finden sich jedoch zunehmend empirische Befunde für konstante Abweichungen von diesen Idealen, sodass ihr Anspruch als alleiniger Erklärungshintergrund in Frage steht. Besondere Aufmerksamkeit erlangte in diesem Zusammenhang der programmatische Aufsatz von Walter W. Powell, der Netzwerke zu einer dritten Organisationsform wirtschaftlichen Handelns proklamierte (Powell, 1996). Die Kooperation in Netzwerken wird laut Powell vor allem über das Prinzip der Reziprozität gesteuert, wobei im Zuge der weiteren Auslegung seines Ansatzes der Koordinationsmechanismus von Netzwerken auf das Schlagwort „Vertrauen" verkürzt wurde.

Der im Anschluss an Powell immer wieder anzutreffende symbolische und affirmative Verweis auf die Notwendigkeit, einander zu vertrauen, um miteinander kooperieren zu können, stellt sich für die Netzwerkmanagementpraxis jedoch als Bärendienst heraus. Dies zum einen, weil Vertrauen zwar gut als Erklärung für funktionierende Netzwerke herhalten kann; gleichwohl aber kaum bei der Gestaltung und Entwicklung neuer Innovations- bzw. Wertschöpfungsnetzwerke vorausgesetzt werden darf. Denn hier stellt ja der Aufbau von Vertrauen zu bislang fremden Partnern das eigentliche Problem dar. Zum anderen greift der Verweis auf Vertrauen als Basis für die Reduktion von Komplexität (Luhmann, 1968) und als entsprechende Grundlage für Investitionsentscheidungen in der Netzwerkpraxis zu kurz, wenn nicht parallel den systemimmanenten Widersprüchen und Misstrauensquellen von Netzwerken Rechnung getragen wird und diese kommunikativ aufgefangen werden (Ellrich et al., 2001; Funken & Thoma, 2013).

Allerdings findet sich bei genauerem Hinsehen bei Powell eine bislang wenig betrachtete Pointe. Denn interessanterweise fußt Powells Netzwerkkonzept auf einer anthropologischen Forschungstradition, für die der Begriff der Reziprozität vor allem eine – den singulären Austausch von Waren oder Dienstleistungen, wie er auf dem Markt anzutreffen ist, überdauernde – kulturelle Norm innerhalb einer sozialen Gemeinschaft bezeichnet (Powell, 1996, S. 225 ff.). Zwar fokussiert Powell im Weiteren primär die Bedeutung von interpersonalem Vertrauen als Element der Netzwerkkoordination; gleichwohl ist diese geknüpft an ein kulturelles Band, an dessen zweitem Endpunkt die mehr oder weniger immanente Identität eines Netzwerks als Bezugspunkt vorausgesetzt werden muss. Diese bereits in der Gründungsphase der Netzwerkdebatte konstatierte kulturelle „Fußnote" und die daran anschließende Bedeutung einer kollektiven Netzwerkidentität als Grundlage der Kooperation geriet jedoch rasch in Vergessenheit (Göbel et al., 2007, S.186).

Die deutsche Netzwerkgovernanceforschung hingegen wird maßgeblich vorangetrieben durch Jörg Sydow, der dabei stärker den hybriden Charakter von Netzwerken hervorvorhebt (Sydow, 1992). Ihm zufolge konstituieren sich (strategische) Netzwerke über eine Reihe von Spannungsverhältnissen, wie z. B. Kooperation und Wettbewerb, Flexibilität und Stabilität (2001, S. 317 f.), wirtschaftliche Abhängigkeit und rechtliche Autonomie (1992, S. 79). In dieser spannungsgeladenen Form liegt der Vorteil von Netzwerken darin, sich situativ und themenbezogen jeweils an der einen Seite zu orientieren, um so die Vorzüge beider Idealtypen zu genießen und gleichzeitig deren Nachteile zu vermeiden. Die vorliegenden Hinweise, wie mit den komplexen Spannungsverhältnissen produktiv umzugehen sei, sind vor allem betriebswirtschaftlich orientiert (siehe z. B. Sydow, 2006). Die Verkoppelung von betriebswirtschaftlichem Management auf der einen und dem als Hybrid definierten Netzwerk auf der anderen Seite sitzt jedoch einer unlösbaren Problemstellung auf. Ungeachtet der konzeptionellen sowie logischen Schwachstellen, die mit einem Hybridbegriff einhergehen (Windeler, 2001, S. 238), führt die in die Managementperspektive eingeschriebene Gleichsetzung von Organisation mit Organisationsgestaltung (Schreyögg, 2006) faktisch dazu, dass der Entwicklung und Umsetzung von formalen Netzwerkprozessen und -strukturen in der Praxis Vorrang eingeräumt werden.

In der Konsequenz werden Netzwerke dann als formal-organisierbare Formen kooperativen Handelns begriffen (Bogenstahl, 2012, S. 22), wobei der Netzwerkbegriff letztlich (nur noch) unspezifisch als Synonym für interorganisationale Beziehungen verwendet wird (Sydow, 2006, S. 58). Auch wenn Netzwerke qua Definition hierbei nicht mit formalen Hierarchien gleichgesetzt werden, sitzt dieses Managementkonzept einer Paradoxie auf. Denn wohin sonst sollte die rationale Organisation von Widersprüchen führen, wenn nicht in ihre Auflösung und sodann in ein (erfolgreiches) Scheitern des Netzwerkes durch die Abschaffung der sie konstituierenden Eigenschaften?

Dieses theoretische Problem wirkt sich direkt auf die Managementpraxis von Netzwerken aus. Schließlich wird die Abkehr von der Markt- bzw. Hierarchielogik durch einen enormen Anstieg an Komplexität erkauft. Statt auf bewährte Kooperationsnormen zurückgreifen zu können, die die Möglichkeiten an Beziehungen und Verhalten einschränken, stehen die Partner im Netzwerk stattdessen vor der Aufgabe ganz neue Formen der Kooperation zu entwickeln. Im Zuge dessen werden die Gepflogenheiten der Heimatorganisationen, die Regeln des Marktes oder wettbewerbsrechtliche Vorgaben allerdings nicht einfach außer Kraft gesetzt. Vielmehr sind die Beteiligten mit dem Problem konfrontiert, die bestehenden Kooperationsnormen weiterhin zu respektieren, parallel dazu jedoch neue, netzwerkeigene Verhaltensregeln und Kooperationspraktiken aufzubauen. In Ermangelung konsistenter Konzepte zum Aufbau von Netzwerken ist in diesem Spannungszustand zwischen Neuem und Altem ein Zurückfallen auf bewährte Bewertungs- und Kooperationsmuster sehr wahrscheinlich, sodass die Potentiale von Netzwerken nur unzureichend entfaltet werden.

4   Von der Formalstruktur von Organisationen zur Kultur von Netzwerken

Ausgehend von diesen Überlegungen schlagen wir vor, die betriebswirtschaftliche Perspektive auf Netzwerke um eine Kulturperspektive zu ergänzen. Im Zuge dieser Erweiterung darf nicht der Eindruck entstehen, die formale Organisation von Netzwerken sei nicht möglich oder gar unnötig. Ganz im Gegenteil stellen formale Strukturen einen extrem wirkmächtigen Faktor für die Bildung einer vertrauensstiftenden Bezugsgröße des Netzwerkhandelns dar – sei es durch das Festhalten an sog. neoklassischen Kooperationsverträgen oder Geheimhaltungsklauseln, sei es die Gründung eines Vereins oder sonstiger Rechtsformen, sei es die Entwicklung von Roadmaps oder Projektplänen. All diese formalen Kooperationsvereinbarungen beschreiben zwar wichtige Meilensteine für den Aufbau eines Netzwerks, sie adressieren jedoch gerade nicht ihre kulturellen Bedingungen, sondern setzen schlichtweg deren Vorhandensein voraus (vgl. Göbel et al., 2007; Esser, 2010, S. 311). Um Klarheit über das verwobene, rekursive Verhältnis von Netzwerkkultur und Netzwerkstruktur zu gewinnen, gilt es zunächst beide Begriffe auseinander zu halten.

Die Bestimmung des Begriffs „Kultur" stellt sich dabei als besonders schwierig heraus. Einige behaupten, er sei undefinierbar (Göbel, 2010, S. 397). Um dennoch zu einem für die Netzwerkentwicklung und -steuerung fruchtbaren Kulturbegriff zu gelangen, bietet sich als Bezugspunkt die Debatte um die Organisationskultur an, die es jedoch neu bzw. schärfer zu konturieren gilt, da sich die in diesem Zusammenhang implizit oder explizit in Anschlag gebrachte Unterscheidung zwischen Organisationsstruktur und Organisationskultur als höchst missverständlich erweist. Denn ohne Frage stellt die zweckrationale Betriebsführung der Moderne selbst eine kulturelle Errungenschaft dar, deren Werte und Normen sich hinter jeder modernen Form der Arbeitsteilung und -abstimmung verbergen. Die plumpe Gegenüberstellung von Organisationsstruktur und Organisationskultur hinkt damit gewaltig. Gleichwohl darf diese Erkenntnis keiner unreflektierten Gleichmacherei anheimfallen, die letztlich die gesamte Organisation als Kultur bestimmt, wie es ebenfalls vielerorts geschieht (Reckwitz, 2008, S. 7). Inwiefern lassen sich also Kultur und Struktur von Organisationen bzw. von Netzwerken unterscheiden?

Der Schlüssel für eine konzeptionell sinnvolle Unterscheidung von Struktur auf der einen und Kultur auf der anderen Seite lässt sich im Gegensatz des Prinzips der Entpersonalisierung der Arbeitssteuerung auf der einen und der Subjektivierung von Arbeit auf der anderen Seite finden, die hier nur in Ansätzen dargelegt werden kann. Das Prinzip der Entpersonalisierung oder auch Formalisierung von Arbeitsinhalten (Weber, 2005, S. 58) gründet auf der Vorstellung einer überindividuellen formalen Rationalität (Hartmann, 1988, S. 106 ff.), die mittels Prozessen der Rationalisierung gesellschaftlich normiert wird (Habermas, 1981). Sobald die Organisationsziele bzw. -zwecke bestimmt

sind, lässt sich durch analytische Zerstückelung komplexer Sachverhalte in berechen-
bare Einheiten eine Abfolge von Handlungsketten (Claessens, 1965) durchstrukturieren,
in der jede Person eine Rolle zugewiesen bekommt und ausfüllt. Der Bezug auf diese
Rationalität bildet die zentrale Legitimationsquelle für die Hierarchie in Organisationen
und damit für das Managementhandeln (Weber, 2005, S. 160 ff.). Die Persönlichkeit,
die Kreativität oder auch die Emotionalität der Mitarbeitenden gelten dem Management
mithin als zu kontrollierende Störfaktoren (Schache, 2010, S.161; Illouz, 2009) und bleiben auch konzeptionell der organisierten Struktur äußerlich (Luhmann, 2000; 1976).

Die mithilfe dieses Prinzips erreichte Effektivität gerät nur dann an ihre Grenzen,
sobald es um die „Mobilisierung des Innovativen und Kreativen" (Reckwitz 2013, S.
133 ff.) geht, die maßgeblich im „unternehmerischen Selbst" (Bröckling, 2007) verortet
wird. Diese Subjektivierungsform bildet gewissermaßen den spätmodernen Gegenspieler zur Norm der formalen Organisationsstruktur: Nicht länger eine abstrakte Logik,
sondern das ganze Subjekt mit seiner existenziellen Fähigkeit der schöpferischen Gestaltung der Welt gelten nunmehr als zentrale Faktoren für den Organisationserfolg. Damit sind jene Eigenschaften des Menschen angesprochen, die ihn als „Kulturwesen"
auszeichnen (siehe hierzu Rehberg, 2010). Die Rationalität der formalen Organisationsstruktur lässt sich folglich konzeptionell der Innovativität handelnder Menschen als Kulturwesen entgegensetzen.

Da die Formalität als „differentia specifica" (Ortmann et al., 2000, S. 318) den kon-
stitutiven Bezugspunkt von Organisationen bildet, zeigt sich als unvermeidliche Konsequenz, dass jeder Versuch der strategischen Gestaltung einer Organisationskultur, im
hier vorgeschlagenen Sinne z. B. durch die Motivation zur Selbstorganisation ihrer Mitarbeiter, zum Scheitern verurteilt ist. Diskussionen um eine Organisationskultur können
sich schließlich nicht dem Prinzip der Formalität entledigen (Schreyögg, 2006, S. 484).
Da in Netzwerken qua Definition diese Formalität weder als Prämisse noch als Ultima
Ratio des Managementhandelns zu Verfügung steht, bleibt zur primären Bestimmung
von Netzwerken nur die Kultur übrig. Der soeben angesprochene eher progressiv-indi-
vidualistische – als Gegenspieler zur Formalstruktur entwickelte – Kulturbegriff der Gestaltung und des Wandels (Klein, 2000, S. 246 f.) bildet dabei nur die Vorderseite einer
Medaille, auf deren Rücken das traditionell-kollektive Kulturverständnis geprägt ist. Für
letzteres gilt, dass es eine bestehende soziale Einheit, eine „Lebensgruppe" (Schumacher, 1988), voraussetzen muss, der eine eigenständige Kultur attestiert wird bzw. werden kann. Dieses im Kulturbegriff eingeschriebene Verhältnis von aktiver und kreativer

Gestaltung auf der einen und einer durch kollektive kulturelle Verbindlichkeit definierten sozialen Identität – hier also der Netzwerkidentität – auf der anderen Seite skizziert die Blaupause für ein Verständnis der Funktionslogik von Netzwerken und damit letztlich auch für ihre strategische Gestaltung als neues Mittel der Wertschöpfung.

5 Von der Kultur von Netzwerken zur Netzwerkgestaltung

Aus den Überlegungen leiten sich drei methodische Prämissen ab, die es bei der Gestaltung von Netzwerken – sei es im Zuge der Forschung oder seitens eines informierten Netzwerkmanagements – zu berücksichtigen gilt:

Zum Ersten ist nach den kulturellen Bedingungen zu suchen, welche die Existenz eines Netzwerks – über die bloße metaphorische oder affirmative Verwendung des Begriffs hinaus – empirisch ausreichend rechtfertigen. Es sei nochmals darauf hingewiesen, dass innerhalb von Netzwerkzusammenhängen zwar ggf. formale Strukturen, z. B. Projekte oder Vereine existieren können, diese aber nicht mit dem Netzwerk gleichgesetzt werden dürfen. Denn letztlich bleiben – wie z. B. im Falle eines Vereins – die Mitglieder in wirtschaftlichen Fragen autonom und sind anders als in Organisationen daher nicht gezwungen, strategische Managemententscheidungen mitzutragen, sich in Wertschöpfungsketten einzufügen oder in FuE-Projekten mitzuwirken: Der Vereinsbeitritt und die Akzeptanz der formalen Mitgliedschaftsregeln steuert nicht die Bereitschaft zur Partizipation an einer bzw. Investition in eine Netzwerkkooperation, sondern signalisiert vielmehr deren Ergebnis. Nimmt man das Definitionskriterium der Autonomie in Form des Fehlens einer „einheitlichen Leitung" (Sydow & Duschek, 2011, S. 113 f.) und damit den Wegfall von Hierarchie und Weisungsbefugnis in Netzwerken ernst, kann das zentrale Steuerungsinstrument von Netzwerken also nur in der Kooperationskultur gefunden werden. Auch wenn – wie ebenfalls gerne konstatiert – Persönlichkeiten oder die persönliche Beziehung als Gegenspieler dieser Formalität eine gewichtige Rolle für die Konstitution eines Netzwerks spielen mögen, kann die Beschreibung und Nutzbarmachung der Kooperationskultur als Steuerungsinstrument eines Netzwerkes nur auf überindividuell geteilten Denk- und Handlungsmustern basieren. Worin sich dann die Steuerungs- und Integrationskraft dieser Kultur manifestiert, bleibt zunächst offen – ist also situativ empirisch zu plausibilisieren –, wobei die einzige Maßgabe einer solchen Erklärung lautet, dass das identifizierte verbindende Band des Netzwerkes einen relativ „dauerhaften Beziehungszusammenhang" ermöglicht oder in Aussicht stellt (Windeler, 2001).

Zum Zweiten folgt die hier vorgeschlagene kulturelle Perspektive der Prämisse, dass es primär die handelnden Subjekte, also Akteure sind, die aktiv das Netzwerk hervorbringen und gestalten. Sie leitet sich wiederum aus der progressiv-individualistischen Engführung des Kulturbegriffs ab. Gleichwohl fällt sie nicht einem methodologischen Individualismus anheim. So ist die Schaffenskraft einer einzelnen Person nicht in der Lage, eine Kooperationskultur nach eigenen Maßgaben zu entwerfen und umzusetzen. Kultur bleibt abhängig von ihrer Verbindlichkeit innerhalb eines Kollektivs. Jedoch ist sie nicht der Kompetenz der Akteure vorgelagert (Esser, 2010, S. 314; allg. hierzu Giddens, 1984). Innerhalb des unumgänglich rekursiven Konstitutionsverhältnisses von individueller Handlung und objektiven Strukturen[2], das auch im Zuge der „Fabrikation von Identität" (Ortmann, 2007, S. 219 ff.) in Rechnung zu stellen ist, wird mit dem Verweis auf Kultur der Fokus somit auf die Handlungen und ihre gestaltende Kraft gelegt.

Zum Dritten wird die Identitätsentwicklung von Netzwerken damit weder ausschließlich auf emergente Prozesse zurückgeführt, noch eben solchen überlassen. So wäre es letztlich der Fall, würde man sie – in Anbetracht der höchst unscharfen Grenzen, der Mannigfaltigkeit an denkbaren Konstitutionsbedingungen und den offenkundig zu erwartenden Widersprüchlichkeiten von Netzwerken – allein dem Geschick und der Intuition der Beteiligten überlassen. Da es gleichwohl nur diese Beteiligten sind, die durch die Neugestaltung ihrer Kooperationseinstellungen und -praktiken eine Netzwerkidentität aufbauen und eine neue Kooperationskultur mit Leben füllen können, bedarf die intendierte Gestaltung einer Netzwerkidentität einer partizipativen Methodik. Partizipation in der Tradition der Aktionsforschung bedeutet primär die Berücksichtigung und Wertschätzung möglichst aller Interessen und Handlungsmaximen. Eine solche wissenschaftliche Begleitung und Steuerung kompensiert quasi den aktuellen Mangel an Netzwerkmanagementkonzepten (Sydow & Zeichhardt, 2013). Insofern also die intendierte Gestaltung einer Netzwerkidentität durch wissenschaftliche Methoden (oder zukünftig durch ein professionelles Netzwerkmanagement) begleitet und durch gezielte Maßnahmen unterfüttert wird und sich dann (doch wieder) als gezielte „Arbeit" versteht, nähern sich kultursoziologische Perspektive und betriebswirtschaftliche Tradition wieder an.

---

[2] Hier beziehen wir uns auf einen allgemeinen Strukturbegriff und nicht auf die eben für die Beschreibung von Hierarchien in Anschlag gebrachte Verwendung, in der Struktur und Formalität gleichgesetzt wurden.

6   Vom Konzept zur praktischen Umsetzung: Ein Beispiel

Die soeben skizzierten drei methodischen Prämissen sollen nun anhand eines empirischen Falls erläutert werden. Hierbei handelt es sich um das Konsortium „smart[3] materials solutions growth", das im Zuge des Förderprogramms des Bundesministeriums für Bildung und Forschung (BMBF) „Horizont 2020 – Partnerschaft für Innovation" ins Leben gerufen wurde und dessen Entwicklung hin zu einem Innovationsnetzwerk derzeit durch zwei aufeinander aufbauende Projekte soziologisch erforscht und begleitet wird[3].

6.1   Die (formale) Struktur des Netzwerkes

Das technologische Ziel des Konsortiums ist die Erforschung und Entwicklung von „smarten Materialen", also von intelligenten Werkstoffen, die einen Paradigmenwechsel in der Konstruktion technischer Artefakte einleiten sollen. Eine wesentliche Besonderheit des Konsortiums liegt in der außergewöhnlichen Heterogenität der Mitglieder- und Themenstruktur. Die innovative Idee beruht nicht etwa auf einem einzelnen Produkt oder einer Technologie, sondern gründet in der Integration mehrerer unterschiedlicher smarter Materialen unter einem Dach. Hierdurch sollen die jeweiligen Potentiale der Technologien zusammengeführt und ein Momentum geschaffen werden, das die Marktdurchdringung festigt bzw. neue Märkte erschließt.

Neben vier intelligenten Werkstofftechnologien wurden zusätzlich „technologiefremde" Akteure, namentlich Designer/innen, in das Konsortium integriert. Auch hier ist die (begründete) Hoffnung leitend, dass so neue Ideen für innovative FuE-Projekte entspringen, die im Ergebnis mit großer Wahrscheinlichkeit zu marktfähigen Produkten und neuen Wertschöpfungsketten führen. Zugleich wurde die Vernetzung dieser höchst heterogenen Akteure als besondere Herausforderung erkannt, sodass auch Wirtschaftswissenschaftler/innen und Soziolog/innen hinzugezogen wurden, um die Entwicklung des Konsortiums zu einem Innovationsnetzwerk sicherzustellen.

In der ersten Phase der Netzwerkförderung führten wir narrative Interviews mit einem repräsentativen Querschnitt der Gründungsmitglieder, um den Status quo der Vernetzung zu erfassen. Zu diesem Zeitpunkt war die Formalstruktur des Konsortiums bereits ins Leben gerufen worden. Auch hatte eine erforderliche kritische Masse an Unternehmen ihre Partizipationsabsicht begründet. Ein Großteil der strategischen Ausrichtung

---

[3] siehe http://www.mgs.tu-berlin.de/v_menue/forschung/network_identity_fuer_smart3/

sowie die formalen Abläufe des Konsortiums waren also bereits im Vorfeld abgestimmt und im Förderantrag formuliert worden.

In der Erhebung zeigte sich nun, dass die Entstehungsphase des Konsortiums vor allem durch das Engagement und die Euphorie einiger weniger Akteure getrieben wurde, die die Gründungsidee kommunizierten und zur Mitgliedschaft motivierten. Um die unterschiedlichen Werkstofftechnologien und Anwendungsfelder rankten etablierte, auf persönlichen Kooperationserfahrungen und -beziehungen beruhende FuE-Partnerschaften, die für das neue Konsortium aktiviert werden konnten. Die so in das Konsortium geholten Partnerinnen und Partner hatten jedoch kaum eine Vorstellung davon, welche Absichten mit dem Konsortium verfolgt wurden, sondern begründeten stattdessen die Teilnahme mit der bestehenden persönlichen Beziehung zu einem der Initiatoren. Ein weiterer wesentlicher Motivationsfaktor für die Teilnahme am Konsortium war dabei die Aussicht auf Fördermittel zur Umsetzung innovativer Ideen in FuE-Projekte.

Im Zuge der Strategiephase wurde nun klar, dass die Idee eines so heterogenen Netzwerkes an der Realität der bestehenden Kooperationsprämissen und -routinen zu scheitern drohte. Zum einen, weil ein kurzfristiges Nutzenkalkül auf der Hand lag, das Konsortium als finanziellen Steigbügel für bislang im eigenen Feld verfolgte Interessen zu nutzen und eine solche Einstellung dem Konsortium die Identität einer „Fördermittelverwaltung" zuweist, die letztlich durch die Formallogik von Förderprozeduren und Entscheidungsprozessen geprägt bleibt. Zum anderen, weil all jene, die, von der Anfangseuphorie getragen, versuchten, über die disziplinären- und technologischen Grenzen hinweg Projekte aufzusetzen, mit ihren Bemühungen ins Stocken gerieten und so die Hoffnungen auf unmittelbare Erfolge schnell enttäuscht wurden.

Die deutlich gewordenen Anstrengungen für notwendige Lern- und Verständigungsprozesse, gepaart mit der wirtschaftlichen „Realpolitik" im Arbeitsalltag der Mitglieder führten letztlich dazu, dass FuE-Projekte im Konsortium größtenteils in den alten Partnerschaften nebeneinander und nicht miteinander in neuen Partnerschaften in Angriff genommen wurden.

Von einer eigenständigen kollektiven Netzwerkidentität war folglich zu diesem Zeitpunkt wenig zu spüren: Vorangetrieben und gesteuert wurde die Arbeit vielmehr durch die formalen Antrags- und Bewilligungsprozesse und durch die persönlichen Beziehungen bewährter Kooperationspartnerschaften, die jedoch im Konsortium weitestgehend unverbunden nebeneinanderstanden.

6.2   Die Reflexion der Kooperationskultur

Diese Situation war ein Beweggrund für das Konsortium, sich in einem weiteren Projekt explizit der Gestaltung einer kollektiven Netzwerkidentität zu widmen. Entsprechend des oben skizzierten Ansatzes, setzt eine solche Netzwerkgestaltung an den Kooperationskulturen der Mitglieder an. Die hierzu ebenfalls in der Strategiephase durchgeführte Analyse zeigte ein überraschendes Bild: Trotz der Heterogenität von Akteuren, Technologien und Anwendungsszenarien in den einzelnen Kooperationsfeldern greift der Großteil der Mitglieder auf die gleichen Kooperationsnormen zurück. Eine dieser geteilten Normen liegt z. B. darin, dass FuE-Projekte nur mit Personen bzw. Organisationen eingegangen werden, die man aus vorherigen Kooperationen bereits kennt.

Gleichzeitig – und dazu konträr – konstatierten die Mitglieder in den Interviews, dass Innovationsideen vor allem dann Erfolg versprechend seien, wenn bereits in der Anbahnung eines FuE-Projektes alle nötigen Akteure für die spätere Wertschöpfung zusammenkämen. Insbesondere sei es bislang jedoch nicht gelungen, neue Kooperationspartner aus dem Bereich der Fertigung in FuE-Projekte zu integrieren, mit dem Ergebnis, dass viele Entwicklungsergebnisse als Demonstratoren „im Schrank landeten". Dies ist nur ein Beispiel neben weiteren, bei denen die Auswertung übereinstimmende Kooperationsnormen zu Tage führte, die gleichsam im Gegensatz zu den als innovationsförderlich angesehenen Kooperationseinstellungen stehen. Die Analyse der Kooperationskulturen offenbarte somit nicht nur eine breite Übereinstimmung zwischen den Mitgliedern des Konsortiums, sondern auch, dass sie sich ziemlich genau sowohl der geteilten Normen als auch der zu erreichenden Zielzustände bewusst waren.

Somit sind drei zentrale Prämissen einer aktiven Netzwerkgestaltung erfüllt: Zum einen kann die Gestaltung der Netzwerkidentität an reflexiv zugänglichen kulturellen Praktiken ansetzen. Zum anderen liegt eine ausreichend homogene Kooperationskultur vor, die (ungeachtet ihrer positiven wie negativen Konnotationen) als Ausgangspunkt und Nährboden für die Entwicklung eines verbindenden Wir-Gefühls und einer gemeinsamen Netzwerkidentität dienen kann. Und schließlich ergibt sich aus dem Widerspruch zwischen Kooperationsrealität und Innovationsideal eine nicht zu vernachlässigende kognitive Spannung, die ein aktives Angehen des Kulturwandels seitens der Mitglieder motivieren kann.

6.3   Die partizipative Identitätsentwicklung

Die Entwicklung einer (neuen) kollektiv-verbindlichen Netzwerkidentität erweist sich in einer kultursoziologischen Perspektive als Prozess mit einer relativ offenen Zielstellung, dessen Erfolgsaussichten als höchst unsicher einzustufen sind. Die Offenheit ergibt sich daraus, dass die Konstitutionsbedingungen von (Innovations-)Netzwerken weiterhin umstritten sind, sodass den Innovierenden vorab keine alleingültige Theorie zuhanden ist, die den Zielzustand definieren könnte. Unsicher ist der Prozess, weil die Autonomie der Akteure jederzeit das Aufkündigen ihrer Teilhabe zur Folge haben kann. Da der Prozess der Netzwerkgestaltung durch Neuheit, Offenheit und Unsicherheit gekennzeichnet ist, weist er große Ähnlichkeit mit technischen Innovationsprozessen auf, sodass hier in Analogie von einem sozialen Innovationsprozess gesprochen werden kann. Ein wichtiger Unterschied zwischen beiden Formen des Innovierens liegt jedoch darin, dass die soziale Innovation – hier die Identitätsentwicklung von smart[3] als Innovationsnetzwerk – sich nicht im Sinne eines essentialistischen Zielzustands (quasi als ein Produkt) einstellt, sondern einen fortschreitenden Entwicklungsprozess darstellt.

Diese Offenheit, Unsicherheit und Prozesshaftigkeit der Identitätsentwicklung von smart[3] hat zweifachen Einfluss auf die Ausgestaltung der Rolle der Wissenschaftler/innen: erstens kommt ihnen ein aktiver Part zu, da sie als Netzwerkexpert/innen einerseits mögliche Maßnahmen anbieten, um den Innovationsprozess anzustoßen, und andererseits Entwicklungstendenzen des Konsortiums aufgreifen und damit verbundene nicht-antizipierte Konsequenzen für die Netzwerkidentität aufzeigen und so letztlich die Zielstellung kontinuierlich justieren. Ein methodisches Mittel (neben vielen anderen in der Studie), das zu diesem Zweck eingesetzt wird, ist ein Leitbildprozess. Die hierzu von den Wissenschaftler/innen konzipierten und durchgeführten Workshops dienen der gemeinsamen Adressierung, Diskussion und Problematisierung von Verhaltensprämissen und Mindsets und damit der Reflexion der Möglichkeiten einer kollektiven Kooperationskultur. Die aktive Rolle seitens der Wissenschaftler/innen reduziert sich dabei nicht allein auf die Moderation einzelner Workshops oder das Management dieses Prozesses, sondern manifestiert sich vor allem in der praxisbezogenen Vorbereitung und Präsentation von Zwischenergebnissen unter konsequenter Berücksichtigung netzwerktheoretischer Erkenntnisse im Entwicklungsprozess. Der maßgeblich durch die Autonomie der Akteure begründete unsichere Ausgang des Entwicklungsprozesses verlangt zweitens ein partizipatives Vorgehen, durch welches die klassische Trennung zwischen forschendem Subjekt und beforschtem Objekt aufgehoben und in ein kommunikatives Verhältnis

überführt wird (Moser, 1978, S. 136 ff.). Im Zuge dessen werden die Netzwerkprakti-
ker/innen als Expert/innen ihrer Situation anerkannt und als aktive, den Forschungspro-
zess mitgestaltende Akteure betrachtet (Pfeiffer et al., 2012). Entsprechend stehen das
Vorgehen und die Ergebnisse der netzwerksoziologischen Forschung und Entwicklung
auch in den Leitbildworkshops immer wieder zur Diskussion. Die Workshops bieten
dafür einen geschützten Raum jenseits der alltäglichen Kooperationsroutinen, in dem
die Teilnehmer/innen bestehende und wünschenswerte Praktiken thematisieren – und
anders als in Organisationen – letztlich selbst bestimmen können und müssen. Diese
Selbstbestimmung durch die Akteure vereinfacht die wissenschaftliche Arbeit zwar
nicht, jedoch vergrößert sie die Wahrscheinlichkeit einer späteren Akzeptanz und
Selbstbindung an die so erarbeitete neue Kooperationskultur durch die Akteure.

7   Ausblick: Die Zukunft der Netzwerkgestaltung

Der Artikel verfolgt das Ziel, die Debatte um die Gestaltung von Netzwerken um eine
kultursoziologische Perspektive zu erweitern, um damit eine neue Grundlage für ein
Verständnis und die Umsetzung neuer Wertschöpfungsmodelle in Netzwerken bereitzustellen. Das hierzu entwickelte Modell basiert auf einem Netzwerkbegriff, in dem
Kultur in klarer Abgrenzung zur hierarchischen Formalstruktur moderner Organisationen konzipiert wird. Dieses Modell wurde in eine spezifische Methodik, deren Ker-
nattribute sich als empirisch, interpretativ, aktiv und partizipativ beschreiben lassen,
überführt. Der Nutzen dieses innovativen Modells wiederum bemisst sich letztlich daran, ob es zur Erforschung und Gestaltung von Netzwerken beitragen kann – und ob sich
die so gewonnenen Einsichten zukünftig in ein allgemeines Managementmodell von
Netzwerken übertragen lassen. Zwar wäre es zu früh, hierzu ein eindeutiges Urteil fällen
zu wollen, jedoch bleibt unbenommen, dass das Modell neue Antworten auf die Herausforderungen der zukünftigen Wertschöpfung eröffnet und seine Funktionalität unter Beweis zu stellen vermag.

Literaturverzeichnis

Baitsch, C. & Müller, B. (Hrsg.). (2001). *Moderation in regionalen Netzwerken*. Mering: Hampp.

Becke, G. (Hrsg.) (2013). Innovationsfähigkeit durch Vertrauensgestaltung? Befunde und Instrumente zur nachhaltigen Organisations- und Netzwerkentwicklung. *Psychologie und Gesellschaft, Band 12*. Frankfurt am Main: PL Academic Research.

Berger, U. (1993). Organisationskultur und der Mythos der kulturellen Integration. In W. Müller-Jentsch (Hrsg.), *Profitable Ethik - effiziente Kultur. Neue Sinnstiftungen durch das Management?* Schriftenreihe Industrielle Beziehungen, Bd. 5. München: Hampp.

Bogenstahl, C. (2012). *Management von Netzwerken: eine Analyse der Gestaltung interorganisationaler Leistungsaustauschbeziehungen*. Wiesbaden: Springer Gabler.

Bommes, M. & Tacke, V. (2006). Das Allgemeine und das Besondere des Netzwerkes. In B. Hollstein & F. Straus (Hrsg.), *Qualitative Netzwerkanalyse* (S. 37–62). Wiesbaden: VS Verlag für Sozialwissenschaften.

Bröckling, U. (2007). *Das unternehmerische Selbst. Soziologie einer Subjektivierungsform*. Suhrkamp Taschenbuch Wissenschaft, Bd. 1832. Frankfurt am Main: Suhrkamp.

Buhl, C. & Meier zu Köcker, G. (2008). *Innovative Netzwerkservices: Netzwerk-und Clusterentwicklung durch maßgeschneiderte Dienstleistungen*. BMWI (Hrsg.).

Castells, M. (2001). *Der Aufstieg der Netzwerkgesellschaft*. UTB, 8259: Soziologie, 1. Aufl. Opladen: Leske + Budrich.

Chesbrough, H., Vanhaverbeke, W. & West, J. (2006). *Open innovation: Researching a new paradigm*. Oxford: Oxford University Press.

Claessens, D. (Hrsg.) (1993). *Freude an soziologischem Denken. Die Entdeckung zweier Wirchlichkeiten: Aufsätze 1957-1987*. Soziologische Schriften, Bd. 58. Berlin: Duncker & Humblot.

Claessens, D. (1993). Rationalität, revidiert. In D. Claessens (Hrsg.), *Freude an soziologischem Denken. Die Entdeckung zweier Wirchlichkeiten: Aufsätze 1957-1987*. Soziologische Schriften, Bd. 58. Berlin: Duncker & Humblot.

Constant, E. W. (1987). The social locus of technological practice: Community, system, or organization. *The social construction of technological systems: New directions in the sociology and history of technology*, 223–242.

Ellrich, L., Funken, C. & Meister, M. (2001). Kultiviertes Misstrauen. Bausteine zu einer Soziologie strategischer Netzwerke. *Sociologia Internationalis*, 39(2), 191–234.

Esser, H. (2010). Sinn, Kultur, Verstehen und das Modell der soziologischen Erklärung. In M. Wohlrab-Sahr (Hrsg.), *Kultursoziologie: Paradigmen – Methoden – Fragestellungen* (S. 309–335). Wiesbaden: VS Verlag für Sozialwissenschaften.

Funken, C. & Thoma, J. (2013). Innovation durch funktionales Misstrauen – latentes und kommuniziertes Misstrauen in Innovationsprozessen in KMU-Netzwerken. In G. Becke (Hrsg.), *Innovationsfähigkeit durch Vertrauensgestaltung? Befunde und Instrumente zur nachhaltigen Organisations- und Netzwerkentwicklung*. Psychologie und Gesellschaft, Band 12, (S. 179–192). Frankfurt am Main: PL Academic Research.

Giddens, A. (1984). The constitution of society: Outline of the theory of structuration. Berkeley: University of California Press.

Göbel, A. (2010). Die Kultur und ihre Soziologie – wissenschaftssoziologische Überlegungen. In M. Wohlrab-Sahr (Hrsg.), *Kultursoziologie: Paradigmen – Methoden – Fragestellungen* (S. 397–414). Wiesbaden: VS Verlag für Sozialwissenschaften.

Göbel, M., Ortmann, G. & Weber, C. (2007). Reziprozität. Kooperation zwischen Nutzen und Pflicht. In G. Schreyögg & J. Sydow (Hrsg.), *Kooperation und Konkurrenz* (S. 161–206). Wiesbaden: Gabler Verlag.

Habermas, J. (1981). *Theorie des kommunikativen Handelns. Handlungsrationalität und gesellschaftliche Rationalisierung*. Theorie des kommunikativen Handelns, Bd. 1. Frankfurt am Main: Suhrkamp.

Habermas, J. (1981). *Theorie des kommunikativen Handelns. Zur Kritik der funktionalistischen Vernunft*. Theorie des kommunikativen Handelns, Bd. 2. Frankfurt am Main: Suhrkamp.

Hartmann, M. (1988). Formale Rationalität und Wertfreiheit bei Max Weber. *Zeitschrift für Soziologie,* 17(2), 102–116.

Hollstein, B. & Straus, F. (Hrsg.) (2006). *Qualitative Netzwerkanalyse.* Wiesbaden: VS Verlag für Sozialwissenschaften.

Illouz, E. (2009). Die Errettung der modernen Seele. Therapien, Gefühle und die Kultur der Selbsthilfe (1. Aufl.). Frankfurt am Main: Suhrkamp.

Kenis, P. & Schneider, V. (Hrsg.). (1996). *Organisation und Netzwerk. Institutionelle Steuerung in Wirtschaft und Politik.* Wohlfahrtspolitik und Sozialforschung, Band 2. Frankfurt am Main: Campus.

Klein, G. (2000). Kultur. In H. Korte & B. Schäfers (Hrsg.), *Einführung in Hauptbegriffe der Soziologie* (S. 217–236). Wiesbaden: VS Verlag für Sozialwissenschaften.

Korte, H. & Schäfers, B. (Hrsg.) (2000). *Einführung in Hauptbegriffe der Soziologie.* Wiesbaden: VS Verlag für Sozialwissenschaften.

Luhmann, N. (1976). *Funktionen und Folgen formaler Organisation.* Schriftenreihe der Hochschule Speyer, Bd. 20 (3. Aufl.). Berlin: Duncker & Humblot.

Luhmann, N. (2000). *Organisation und Entscheidung.* Opladen: Westdeutscher Verlag.

Luhmann, N. (2010). Vertrauen. Ein Mechanismus der Reduktion sozialer Komplexität (4. Aufl.). Stuttgart: Lucius & Lucius.

Moser, H. (1978). Aktionsforschung als kritische Theorie der Sozialwissenschaften: Kösel München.

Müller-Jentsch, W. (Hrsg.) (1993). *Profitable Ethik - effiziente Kultur. Neue Sinnstiftungen durch das Management?* Schriftenreihe Industrielle Beziehungen, Bd. 5. München u.a.: Hampp.

Nebelung, M., Pinn, I. & Joussen, W. (Hrsg.). (1988). *Gesellschaft, Technik, Kultur: 25 Jahre Institut für Soziologie der RWTH Aachen, 1962-1987.* Aachen: Alano.

Ortmann, G. (2003). Organisation und Welterschließung. In G. Ortmann (Hrsg.), *Organisation und Welterschließung: Dekonstruktionen* (S. 9–20). Wiesbaden: VS Verlag für Sozialwissenschaften.

Ortmann, G. (Hrsg.) (2003). *Organisation und Welterschließung: Dekonstruktionen.* Wiesbaden: VS Verlag für Sozialwissenschaften.

Ortmann, G., Sydow, J. & Türk, K. (Hrsg.) (2000). *Theorien der Organisation: Die Rückkehr der Gesellschaft.* Wiesbaden: VS Verlag für Sozialwissenschaften.

Ortmann, G., Sydow, J. & Windeler, A. (2000). Organisation als reflexive Strukturation. In G. Ortmann, J. Sydow & K. Türk (Hrsg.), *Theorien der Organisation: Die Rückkehr der Gesellschaft* (S. 315–354). Wiesbaden: VS Verlag für Sozialwissenschaften.

Pfeiffer, S., Schütt, P. & Wühr, D. (Hrsg.) (2012). *Smarte Innovation.* Wiesbaden: VS Verlag für Sozialwissenschaften.

Pfeiffer, S., Schütt, P. & Wühr, D. (2012). Smarte Innovation erfassen. Innovationsverlaufsanalyse und Visualisierung - Vorgehen und Samplebeschreibung. In S. Pfeiffer, P. Schütt & D. Wühr (Hrsg.), *Smarte Innovation* (S. 49–74). Wiesbaden: VS Verlag für Sozialwissenschaften.

Picot, A., Reichwald, R. & Wigand, R. T. (2010). *Die grenzenlose Unternehmung. Information, Organisation und Management; Lehrbuch zur Unternehmensführung im Informationszeitalter* (Neuaufl.). Wiesbaden: Gabler.

Powell, W. W. (1996). Weder Markt noch Hierarchie: Netzwerkartige Organisationsformen. In P. Kenis & V. Schneider (Hrsg.), *Organisation und Netzwerk. Institutionelle Steuerung in Wirtschaft und Politik.* Wohlfahrtspolitik und Sozialforschung, Band 2 (S. 213–271). Frankfurt a. M.: Campus.

Rammert, W. (1997). Innovation im Netz: Neue Zeiten für technische Innovationen: heterogen verteilt und interaktiv vernetzt. *Soziale Welt,* 48(4), 397–415.

Rammert, W. (2003). Zwei Paradoxien einer innovationsorientierten Wissenspolitik: Die Verknüpfung heterogenen und die Verwertung impliziten Wissens. *Soziale Welt,* 54(4), 483–508.

Reckwitz, A. (2014). *Die Erfindung der Kreativität. Zum Prozess gesellschaftlicher Ästhetisierung.* Suhrkamp Taschenbuch Wissenschaft, Bd. 1995, 4. Aufl. Berlin: Suhrkamp.

Reckwitz, A. (2008). *Unscharfe Grenzen: Perspektiven der Kultursoziologie.* Bielefeld: Transcript.

Rehberg, K.-S. (2010). Der Mensch als Kulturwesen. Perspektiven der Philosophischen Anthropologie. In M. Wohlrab-Sahr (Hrsg.), *Kultursoziologie: Paradigmen – Methoden – Fragestellungen.* Wiesbaden: VS Verlag für Sozialwissenschaften.

Rosa, H. (2016). *Beschleunigung. Die Veränderung der Zeitstrukturen in der Moderne*. Suhrkamp-Taschenbuch Wissenschaft, Bd. 1760 (11. Aufl.). Frankfurt am Main: Suhrkamp.

Schache, S. (2010). *Die Kunst der Unterredung. Organisationsberatung: ein dialogisches Konzept aus motologischer Perspektive* (1. Aufl.). Wiesbaden: VS, Verl. für Sozialwiss.

Schreyögg, G. (1996). *Organisation. Grundlagen moderner Organisationsgestaltung mit Fallstudien*. Wiesbaden: Gabler Verlag.

Schreyögg, G. & Sydow, J. (Hrsg.) (2007). *Kooperation und Konkurrenz*. Wiesbaden: Gabler Verlag.

Schumacher, M. (1988). Kultur – Kultiviert – Kulturell: Anmerkungen zum Kulturkonzept. In M. Nebelung, I. Pinn & W. Joussen (Hrsg.), *Gesellschaft, Technik, Kultur: 25 Jahre Institut für Soziologie der RWTH Aachen, 1962-1987* (S. 101–115). Aachen: Alano.

Stehr, N. (1994). *Arbeit, Eigentum und Wissen. Zur Theorie von Wissensgesellschaften*. Frankfurt am Main: Suhrkamp.

Stehr, N. (2009). *Wissen und Wirtschaften. Die gesellschaftlichen Grundlagen der modernen Ökonomie*. Suhrkamp-Taschenbuch Wissenschaft, Bd. 1507, Orig.-Ausg. (1. Aufl.). Frankfurt am Main: Suhrkamp.

Sydow, J. (1992). *Strategische Netzwerke. Evolution und Organisation*. Neue betriebswirtschaftliche Forschung. Wiesbaden: Gabler Verlag.

Sydow, J. (2003). Management von Netzwerkorganisationen - Zum Stand der Forschung. In J. Sydow (Hrsg.), *Management von Netzwerkorganisationen: Beiträge aus der „Managementforschung"* (S. 293–354). Wiesbaden: Gabler Verlag.

Sydow, J. (Hrsg.) (2003). *Management von Netzwerkorganisationen: Beiträge aus der „Managementforschung"*. Wiesbaden: Gabler Verlag.

Sydow, J. (2006). Netzwerkberatung - Aufgaben, Ansätze, Instrumente. In J. Sydow & S. Manning (Hrsg.), *Netzwerke beraten: Über Netzwerkberatung und Beratungsnetzwerke* (S. 58–84). Wiesbaden: Gabler.

Sydow, J. & Duschek, S. (2010). *Management interorganisationaler Beziehungen*. Stuttgart: Kohlhammer.

Sydow, J. & Duschek, S. (Hrsg.) (2013). *Netzwerkzeuge: Tools für das Netzwerkmanagement*. Wiesbaden: Springer Fachmedien.

Sydow, J. & Manning, S. (Hrsg.) (2006). *Netzwerke beraten: Über Netzwerkberatung und Beratungsnetzwerke*. Wiesbaden: Gabler.

Sydow, J. & Zeichhardt, R. (2013). Netzwerkservices als Netzwerkzeuge – Maßgeschneiderte Unterstützung für das Netzwerk- und Clustermanagement. In J. Sydow & S. Duschek (Hrsg.), *Netzwerkzeuge: Tools für das Netzwerkmanagement* (S. 97–114). Wiesbaden: Springer Fachmedien.

Weber, M. (2010). *Wirtschaft und Gesellschaft. Grundriss der verstehenden Soziologie; zwei Teile in einem Band* (Die Zweitausendeins Klassiker-Bibliothek). Hamburg: Zweitausendeins.

Willke, H. (1998). Organisierte Wissensarbeit. *Zeitschrift für Soziologie*, 27(3). doi:10.1515/zfsoz-1998-0301

Windeler, A. (2001). *Unternehmungsnetzwerke. Konstitution und Strukturation* (Organisation und Gesellschaft). Wiesbaden: Westdt. Verl.

Wohlrab-Sahr, M. (Hrsg.) (2010). *Kultursoziologie: Paradigmen – Methoden – Fragestellungen*. Wiesbaden: VS Verlag für Sozialwissenschaften.

Zukünfte für Offene Werkstätten: Antizipation neuer Wertschöpfungsmuster in einem Visioning-Prozess

Lorenz Erdmann und Ewa Dönitz

(Mitarbeit: Maureen Fuchs, Aaron Rosa, Benjamin Teufel und Philine Warnke)

Compentence Center Foresight
Fraunhofer-Institut für System- und Innovationsforschung

Zusammenfassung

Offene Werkstätten sind ein junges wachsendes Phänomen. Die offene und kollaborative Wertschöpfung in Offenen Werkstätten unterscheidet sich deutlich von der Wertschöpfung im etablierten Wirtschaftsregime. Vor diesem Hintergrund wurden Zukunftsperspektiven aus der Sicht von Offenen Werkstätten entwickelt, die dann separat von einem breiteren Akteurskreis bewertet wurden. Dieser Ansatz unterscheidet sich grundlegend von den üblicherweise generierten Sichtweisen der etablierten Vertreter aus Politik, Wirtschaft, Wissenschaft und Gesellschaft auf die zukünftige Wertschöpfung. Dieser Beitrag beschreibt die Entwicklung von Zukunftsbildern für Offene Werkstätten in Deutschland im Jahr 2030 aus ihrer eigenen Sicht. Grundlage ist eine vom Fraunhofer-Institut für System- und Innovationsforschung entwickelte Methode zur Erarbeitung einer Vision („Visioning"), hier mit den Anbieter*innen und Nutzer*innen Offener Werkstätten.

1 Einleitung

Offenen Werkstätten sind dauerhaft oder zeitweise nutzbare Orte für die Produktion materieller Gegenstände, an denen Produktionsmittel (u. a. Gebäude, Maschinen, Werkzeuge, Produktionsverfahren) geteilt werden und an denen Gestaltungs-, Produktions- und Produktwissen entsteht, das ausgetauscht und modifiziert werden kann (Simons et al., 2016). Zu den Offenen Werkstätten gehören Fab Labs, Maker Spaces, Näh- und Repair-Cafés sowie weitere Erscheinungen.

Derzeit ist unklar, ob sich aus den Anbieter*innen und Nutzer*innen von Offenen Werkstätten, kurz: Macher*innen (Englisch: 'Maker'), eine gemeinsame Bewegung entwickelt und welche Rolle sie für Wirtschaft und Gesellschaft spielen kann. Doch welche Zukünfte streben die Macher*innen von Offenen Werkstätten selbst an? Sehen sie sich als Teil eines umfassenden Wandels oder wollen sie unter sich bleiben? Wie sehen andere Akteure die Potentiale Offener Werkstätten?

An großen Zukunftsentwürfen für eine dezentrale Ökonomie besteht kein Mangel.[1] Zunehmend beschäftigen sich auch die Wissenschaft[2] und politische Akteure mit Offenen Werkstätten und verwandten Phänomenen, ohne jedoch ein schlüssiges Gesamtbild für die zukünftige Wertschöpfung zu zeichnen.[3] Dieser Beitrag schildert die Entwicklung von Zukunftsbildern für Offene Werkstätten basierend auf einer vom Fraunhofer-Institut für System- und Innovationsforschung (ISI) entwickelten Methode zur Erarbeitung einer Vision („Visioning"), stellt die Zukunftsbilder vergleichend vor und reflektiert den Prozess mit der Trennung in die Entwicklung der Zukunftsbilder aus einer Binnenperspektive und der Bewertung der Zukunftsbilder aus einer Außenperspektive. Hintergrund ist das Forschungsvorhaben *Commons-based Peer Production in Offenen Werkstätten* (COWERK)[4].

2   Methodik zur Antizipation neuer Wertschöpfungsmuster

Wertschöpfung in einer Volkswirtschaft wird in der Regel als aggregierte ökonomische Wertschöpfung seiner Wirtschaftszweige aufgefasst (Springer Gabler Verlag, 2017). Wenn ein neues Phänomen wie Offene Werkstätten auftaucht, dann greift die quantitative Abbildung der monetären Wertschöpfung und seiner Wechselbeziehungen mit anderen Wirtschaftszweigen zu kurz. Die Arbeitsweise in Offenen Werkstätten schafft

---

[1] Während Benkler (2006) die transformative Kraft von Netzwerken hervorhebt, betonen Rifkin (2011) sowie Koren et al. (2015) sich verändernde Produktionsparadigmen.
[2] vgl. u. a. die antizipierte ökologische Nachhaltigkeit der persönlichen Fertigung (Kohtala & Hyysalo, 2015), die neuen Grenzen für offene und soziale Innovationen in der Produktion (Johar et al., 2015) und die Demokratisierung der Produktion (Sywottek, 2014).
[3] vgl. u. a. die Konferenz zu partizipativer Forschung, Bürgerwissenschaft und Fab Labs für Frieden und Entwicklung (UN, 2016), die Agenda für eine kollaborative Wirtschaft (EC, 2016), Bundesministerium für Bildung und Forschung zur Maker Szene (BMBF, 2017).
[4] COWERK ist Teil des vom Bundesministerium für Bildung und Forschung (BMBF) geförderten Schwerpunktprogramms „Nachhaltiges Wirtschaften" der Sozial-ökologischen Forschung (SÖF; Förderkennzeichen 01UT1401). Forschungsverbund: IÖW, Fraunhofer UMSICHT, Fraunhofer ISI, Universität Bremen, Multiplicities, Verbund Offener Werkstätten.

eine neue Wertschöpfungskultur. Um solch neue, mögliche Wertschöpfungsmuster qualitativ zu antizipieren, ist ein Prozess entworfen und durchlaufen worden (Abb. 1).

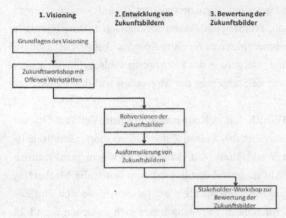

Abb. 1: Prozess zur Antizipation neuer Wertschöpfungsmuster

2.1 Visioning

Eine gemeinsame Vision formuliert prägnant, was eine Gruppe erreichen und – mit einer Mission verknüpft – wie sie dafür eintreten will (vgl. u. a. Dierkes et al., 1992 und Giesel, 2007). Gemeinsame Visionen werden zunehmend als bedeutsam für Transformationsprozesse erkannt (vgl. u. a. Smith et al., 2005 sowie Rat für Nachhaltige Entwicklung, 2011; 2013). Eine Vision ist an die Akteure selbst gerichtet und kann mehrere Funktionen erfüllen (Bezold, 2009):

- *Identifikationsfunktion*: Sie beschreibt die bevorzugte Zukunft einer Gruppe.
- *Orientierungsfunktion*: Sie stellt eine ambitionierte Richtungsvorgabe dar.
- *Legitimationsfunktion*: Sie basiert auf den gemeinsamen Werten einer Gruppe.
- *Inspirationsfunktion*: Sie unterstützt den Aufbruch in eine noch ungewisse Zukunft, die sich deutlich von der heutigen Situation unterscheidet.

Eine Vision vermag der Auftakt für gemeinsame Aktivitäten sein. Voraussetzung hierfür ist eine sorgfältige Auswahl und Beteiligung von Akteuren an der Visionsentwicklung.[5] Bei der Durchführung eines Visioning-Workshops werden typischerweise drei

---

[5] vgl. u. a. die umfassende und systematische Stakeholderidentifizierung und -klassifizierung von Erdmann et al. (2016) in Anlehnung an Mitchell et al. (1997).

Hauptaktivitäten miteinander kombiniert: (1) Blick in die Vergangenheit zum Aufbrechen von Denkbarrieren[6], (2) Identifizierung persönlicher und gemeinsamer Werte, Beschreibung der individuellen und geteilten wünschenswerten Zukunft, sowie optional die (3) Reflexion von Ist-Situation, Treibern und Rahmenbedingungen. Diese spezielle Kombination führt bei den Teilnehmer*innen zu erhöhter Kommunikationsbereitschaft, Förderung der Eigenverantwortung, Steigerung des Selbstwertgefühls, größerem Zugehörigkeitsgefühl zur Gruppe sowie zu Steigerung der Motivation und des Verantwortungsgefühls für Veränderungen.

Das Forschungsvorhaben COWERK hat in Kooperation mit dem Verbund Offener Werkstätten (VOW e. V.) im November 2015 einen Zukunftsworkshop „Gesellschaftliche Perspektiven von Offenen Werkstätten: Auf dem Weg zu einem gemeinsamen Selbstverständnis" veranstaltet. Auf diesem Zukunftsworkshop haben die Macher*innen von Offenen Werkstätten eine Binnenperspektive erarbeitet, wie sie sich ihre Zukunft vorstellen und wünschen. Eineinhalb Tage lang haben sich zwischen 6 und 25 Personen (meist 12 bis 15 Personen) aus eigenem Antrieb am Visioning-Prozess beteiligt. Die Mehrheit verstand sich sowohl als Anbieter*in als auch als Nutzer*in von Offenen Werkstätten, war im VOW e. V. organisiert und verfolgte keine kommerziellen Interessen mit Offenen Werkstätten. Der Workshop wurde vom Fraunhofer ISI konzipiert, moderiert und dokumentiert.

Ziel war es, die Vielfalt der unterschiedlichen Werte, Wünsche und Vorstellungen darzustellen und einzelne gemeinsame Elemente zu identifizieren. Hierbei wurden als Besonderheit für die Transformationsperspektive die drei Ebenen (a) Einzelperson, (b) Offene Werkstatt und (3) Gesellschaft durchgehend für den (1) Blick zurück, (2) Werte und Vision sowie (3) Ist-Analyse und Rahmenbedingungen verfolgt (Abb. 2).

2.2   Entwicklung von Zukunftsbildern

Auf dem Zukunftsworkshop wurden verschiedene Eckpunkte für eine gemeinsame Rohvision der Offenen Werkstätten erarbeitet. Diese Eckpunkte reichten von "Wir wollen uns soweit wie möglich öffnen" über "Do it Together" bis hin zu "In jeder Stadt und Gemeinde soll es eine Offene Werkstatt geben". Zudem wurden hemmende und förderliche Rahmenbedingungen für das Erreichen der Vision identifiziert und diskutiert. Zum

---

[6] Zum Aufbrechen von Denk- und Fühlbarrieren sind auch andere Methoden wie Kreativtechniken wie Brainwriting von Barrieren, mit Zerknüllen und Wegwerfen der Barrieren (z. B. Boos, 2010 und De Bono, 2008) oder Wertegespräche, die aktives Zuhören fördern (z. B. Auinger et al., 2005 und Maaß & Ritschl, 1997) möglich.

Beispiel wurde die Unterschiedlichkeit der Offenen Werkstätten thematisiert, weshalb hinsichtlich des Verbreitungs- und Wirkungspotentials der Offenen Werkstätten eine entsprechende Differenzierung erforderlich ist.

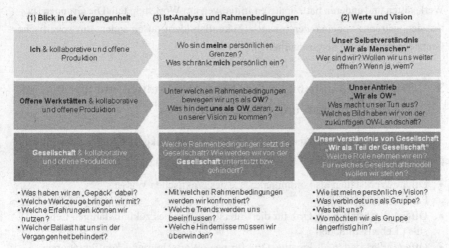

Abb. 2: Entwicklung der Vision im Zukunftsworkshop (OW – Offene Werkstätten)

Vor diesem Hintergrund hat das COWERK-Konsortium drei verschiedene Visionskerne ausgewählt und zu Zukunftsbildern ausgearbeitet. Um die Zukunftsbilder anschaulich und konkret zu machen, sind externe Quellen herangezogen und die zugrundeliegenden Annahmen und Rahmenbedingungen benannt worden. Wir verstehen Offene Werkstätten als Bestandteil von Wirtschaft und Gesellschaft, weshalb die wirtschaftlichen und gesellschaftlichen Potentiale Offener Werkstätten untrennbarer Bestandteil der Zukunftsbilder selbst sind. Ein interner Workshop am Fraunhofer ISI hat den Zeithorizont mit dem Jahr 2030 festgelegt. Der geographische Fokus liegt auf Deutschland in der Welt. Die Zukunftsbilder sind weder als Zukunftsprognosen, noch als alternative Zukunftsprojektionen zu verstehen; sie sind normativer Art und können auch nebeneinander existieren.

2.3 Bewertung der Zukunftsbilder

Zur Erarbeitung einer Außenperspektive wurde im September 2016 ein Perspektivworkshop „Offene Werkstätten als Schlüsselelemente für Transformationsprozesse – wirtschaftliche, gesellschaftliche und ökologische Potenziale der dezentralen, offenen und gemeinschaftlichen Produktion" durchgeführt. Der Workshop wurde von Fraunhofer UMSICHT in Kooperation mit Fraunhofer ISI veranstaltet. Insgesamt nahmen 23 Personen, Vertreter aus Wirtschaft und Verwaltung, aus der Wissenschaft, aus Offenen Werkstätten und anderen partizipativen Initiativen am Workshop teil. Die Gruppen setzten sich getrennt voneinander mit den Zukunftsbildern auseinander, um spezifische Gruppenperspektiven herauszuarbeiten.

3   Die drei Zukunftsbilder für Offene Werkstätten und ihre Potentiale für Wirtschaft und Gesellschaft

Aufbauend auf der Ausgangslage im Jahr 2015 sind drei Zukunftsbilder aus der Binnenperspektive der Offenen Werkstätten ausformuliert worden (Abb. 3):

• Offene Werkstätten als kommunale Orte des praktischen Wissens ('Bibliotheksmodell')
• Offene Werkstätten als Orte für die Unterstützung eines zukunftsfähigen Lebensstils ('Lebensstilmodell')
• Offene Werkstätten als kreative Orte für neue Wertschöpfungskonfigurationen ('Innovationsmodell')

Das dritte Zukunftsbild ('Innovationsmodell') entspricht im Gegensatz zu den beiden anderen Zukunftsbildern nicht einem expliziten gemeinsamen Wunsch der Teilnehmer*innen, greift aber einen wichtigen Diskussionsstrang des Zukunftsworkshops über fördernde und hemmende Rahmenbedingungen auf.

3.1   Ausgangslage 2015

Offene Werkstätten gibt es bereits für eine große Bandbreite an Gewerken, teilweise im Verbund: Nähwerkstätten, Fab Labs und Reprographie (Papierdruck/3D Druck/Foto), Holz-, Metall- und Kunststoffverarbeitung, Möbelbau, Lastenfahrradbau, Elektronikwerkstätten, Repair-Cafés etc. Ende des Jahres 2015 hatte der Verbund Offener Werkstätten ca. 150 Mitglieder. Im Sommer 2015 wurden 453 Offene Werkstätten in Deutschland im Rahmen von COWERK zu ihren kollaborativen Praktiken befragt, wovon 103 antworteten (Lange et al., 2016).[7] Den meisten befragten Macher*innen von

---

[7] Viele Offene Werkstätten sind über Internetrecherchen nicht zu identifizieren, dem Anschein nach prägen sie jedoch vielerorts das Stadtbild, das Dorf, die Nachbarschaft – oder sie wirken im Stillen oft auch unter anderem Namen. Derzeit dürfe es in Deutschland geschätzte 1.000 Offene Werkstätten geben.

Offenen Werkstätten ist das Vermitteln von Wissen (88 %), praktisches Arbeiten (80 %) und gesellschaftliche Transformation (80 %) als Motivation sehr wichtig. Kollaborativ gearbeitet wird nach Angaben der Befragten häufig bei der allgemeinen Organisation der Werkstatt (61 %) und bei der Planung und Durchführung spezieller Projekte (57 %).

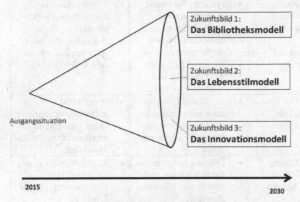

Abb. 3: Die drei Zukunftsbilder im Überblick

3.2   Synopse der drei Zukunftsbilder für Offene Werkstätten

Die Zukunftsbilder stehen für drei mögliche Entwicklungspfade der Offenen Werkstätten in Wirtschaft und Gesellschaft in Deutschland bis 2030. Deshalb werden zunächst die inhärenten Potentiale der Ko-Evolution von Offenen Werkstätten mit Wirtschaft und Gesellschaft integriert dargestellt. Daran anschließend wird ein Überblick über die Bewertung der Zukunftsbilder aus Stakeholder-Sicht gegeben. Eine detaillierte Darstellung der Zukunftsbilder findet sich in Erdmann und Dönitz (2016), weshalb hier eine zusammenfassende Übersicht dargestellt wird (Tab. 1).

Die drei Zukunftsbilder unterscheiden sich wesentlich bezüglich der Wertpräferenzen der Macher*innen von Offenen Werkstätten, der Landschaft der Offener Werkstätten, der Ausgestaltung der Offenheit und interne Kollaboration sowie dem Verhältnis der Offenen Werkstätten zur restlichen Welt und externe Kollaboration. Entscheidend für die Ausprägung der Zukunftsbilder sind die Wertepräferenzen der Macher*innen. Steht beim 'Bibliotheksmodell' das Wissen im Vordergrund, so ist es beim 'Lebensstilmodell' der Wunsch nach materieller und immaterieller Bedürfniserfüllung und beim 'Innovationsmodell' die schöpferische Selbstverwirklichung im Beruf. Die Landschaft der Offenen Werkstätten korrespondiert mit diesen Wertepräferenzen der Macher*innen und ist in jedem Zukunftsbild auf ein wirtschaftlich und gesellschaftlich relevantes Ausmaß hochskaliert worden.

Tab. 1: Die drei Zukunftsbilder und ihre inhärenten Potentiale im Überblick

	Zukunftsbild 1: 'Bibliotheksmodell'	Zukunftsbild 2: 'Lebensstilmodell'	Zukunftsbild 3: 'Innovationsmodell'
Wertepräferenzen	• Bildung, Forschung und Kompetenzerwerb im regionalen Umfeld; • Vorbereitung auf Erwerbsarbeit	• Fördern, feiern und erfahren von zukunftsfähigen Lebensstilen mit Bedürfnisakzent; • Kritische Reflexion des Handelns und Vorbild-funktion	• Kreativ-handwerkliche Selbstverwirklichung; • Ausübung des Berufs/ der Erwerbsarbeit in der OW
Landschaft der Offenen Werkstätten	• ca. 10.000 OW flächendeckend als kommunale Treffpunkte	• ca. 20.000 OW vernetzt mit sozialen Bewegungen, Sozialarbeit und Freizeitangeboten	• je ca. 5.000 OW für zulassungspflichtige / -freie Gewerke in Zukunftmärkten für das Handwerk
Offenheit & interne Kollaboration	• regionale Öffnung mit Einbindung verschiedener Milieus; • DIY, DIT	• Öffnung hin zu nicht-Erwerbstätigen und dem Freizeit/Hobby-Bereich; • DIT	• MINT-affine Talente, Designer, Künstler, Entrepreneure, Start-Ups; • DIY, stark reguliertes DIT
Verhältnis zum Rest der Welt & externe Kollaboration	• Synergien mit burgerorientierter Kommune, Modernisierung von Bibliotheken, regionale Cluster; • Regionale Kooper-ation mit Schulen, Berufsschulen, Handwerk, Hochschulen (MINT-Kompetenz)	• Synergien mit Post-Wachstumsbewegungen, Förderung von Nachbarschaft, Urbaner Produktion, Eigenversorgung, und Resilienz gegenüber Krisen; • Prosuming und schwindende Trennung von Erwerbs-, Wohn- und Freizeitwelt	• Synergien mit Kreativwirtschaft, Revitalisierung des Handwerks, Beitrag zu Industrie 4.0 und Reindustrialisierung; • Kollaboration mit anderen Unternehmen in Wertschöpfungsnetzen und Hochschulen

Anmerkungen: DIT – do it together, DIY – do it yourself; MINT – Mathematik, Ingenieurs-, Naturwissenschaften und Informatik, OW – Offene Werkstätten

Im 'Bibliotheksmodell' wird die Vermittlung praktischen Wissens als eine regionale Aufgabe unter kommunaler Führung gefasst, im 'Lebenssillmodell' konvergieren Offene Werkstätten mit anderen sozialen Bewegungen und Freizeitangeboten und im 'Innovationsmodell' schaffen Offene Werkstätten eine Infrastruktur, die den Erfolg im Beruf fördert. Obgleich in allen drei Zukunftsbildern die Werkstätten grundsätzlich offen sind, gestaltet sich die Öffnung gegenüber verschiedenen Gruppen unterschiedlich. Im 'Bibliotheksmodell' schlägt sich die regionale Öffnung in der Vielfalt der kommunalen Akteure nieder, im 'Lebensstilmodell' liegt der Fokus der Öffnung auf Nicht-Erwerbstätigen und dem Hobby/Freizeitbereich und beim 'Innovationsmodell' erfasst die Öffnung vor allem MINT-affine Talente, Designer, Künstler, Entrepreneure und Start-Ups. Der Übergang vom Do it Yourself (DIY) zum Do it Together (DIT) reicht in den drei Zukunftsbildern verschieden weit. Am weitesten ist DIT im 'Lebensstilmodell' vorangeschritten, während es im 'Innovationsmodell' stark reglementiert ist. Sowohl im 'Innovationsmodell' als auch im 'Bibliotheksmodell' bleibt ein nennenswerter Anteil an DIY bestehen.

Die wirtschaftlichen und gesellschaftlichen Potentiale Offener Werkstätten liegen im 'Bibliotheksmodell' vor allem in der Förderung beruflicher Kompetenzen und regionaler Strukturen, im 'Innovationsmodell' erstrecken sie sich auf den beruflichen Erfolg und die globale Wirksamkeit in Innovations- und Wertschöpfungsnetzen und im 'Lebensstilmodell' wird in Offenen Werkstätten Sinn geschaffen und materielle Bedürfnisse werden lokal befriedigt.

3.3   Bewertung der drei Zukunftsbilder für Offene Werkstätten

Die Zukunftsbilder wurden von drei Gruppen getrennt nacheinander hinsichtlich ihrer Wünschbarkeit sowie Treibern und Hemmnissen für ihre Realisierung diskutiert. Die erste Gruppe bildeten Vertreter aus Wirtschaft und Verwaltung, die zweite Gruppe Vertreter aus Offenen Wertstätten und anderen partizipativen Initiativen und die dritte Gruppe die Wissenschaft. Das 'Bibliotheksmodell' wurde von allen drei Stakeholdergruppen als wichtig und wünschenswert angesehen (u. a. Bildungsauftrag, Wissenszirkulation, Quartiersentwicklung). Zweifel an der Zahl Offener Werkstätten wurden von den Vertretern Wirtschaft & Verwaltung sowie Wissenschaft geäußert. Zu den Erfolgsfaktoren zählen die Wahrnehmung von Geschäftsmodellen u. a. durch Hochschulen, Hilfe/Vereinfachung bei Aufbau und Existenzgründung einer Offenen Werkstatt sowie Kooperationen mit Schulen, Volkshochschulen und Bibliotheken. Über die Anzahl Offener Werkstätten im 'Lebensstilmodell' herrschten sehr unterschiedliche Auffassungen vor, die von einer übertriebenen Anzahl (Wirtschaft & Verwaltung) bis hin zu einer viel zu geringen Anzahl (Offene Werkstätten und partizipative Initiativen) reichten. Gründe sind u. a. die Annahmen über die Effekte der Automatisierung auf den Arbeitsmarkt und die Ausgestaltung eines Grundeinkommens. Aus Sicht der Wissenschaft ist eine effektive Kooperation zwischen Wissenschaft sowie Macher*innen erforderlich, damit das 'Lebensstilmodell' auch tatsächlich positive Umweltwirkungen entfalten kann.

Das 'Innovationsmodell' wird unter dem Blickwinkel einer Re-Manufakturisierung zur Vitalisierung des Handwerks, kleinerer Gewerke und Services sowie als Versuchslabor für den Proof-of-Principle von Innovationen als positiv eigeschätzt. Gründer- und Technologiezentren, intrinsische Spannungsfelder bzw. Kollisionen von Bürgern mit Profis (u. a. IPR, rechtliche Rahmenbedingungen für das Handwerk) sprechen gegen eine Realisierung des Zukunftsbildes; die Möglichkeiten von Rapid Prototyping, Open Source und stärkere Innovationsorientierung aber dafür.

Es bestand weitgehend Übereinstimmung, dass das 'Bibliotheksmodell' als Fundament für die beiden anderen Zukunftsbilder, 'Lebensstilmodell' und 'Innovationsmodell', unerlässlich ist. Aus Sicht der Teilnehmer*innen werden alle drei Zukunftsbilder in Zukunft koexistieren, wenn auch in ungeklärtem Ausmaß.

4   Reflexion und Schlussfolgerung

Der Prozess zur Antizipation neuer Wertschöpfungskulturen mit seiner Trennung in eine Binnen- und eine Außenperspektive kann nicht sinnvoll mit einem fiktiven andersartig gestalteten Multi-Stakeholder Foresight-Prozess für Offene Werkstätten verglichen werden. Das Vorgehen und die Inhalte des hier gewählten Ansatzes stehen gewissermaßen für sich. Eine kritische Reflexion der Besonderheiten bringt drei herausragende Erfolgsfaktoren für die akteurstrennende Sequenzierung zutage:

1. *Community-Effekte in der Landschaft Offener Werkstätten*: Am Visioning-Prozess waren diejenigen beteiligt, die die Offenen Werkstätten in Deutschland als Macher*innen maßgeblich tragen. Beim Visioning in einer realen Offenen Werkstatt ist dessen Atmosphäre dauerhaft präsent. Die Macher*innen mit ihrer offenen Kollaborationskultur belebten den Ort durch die Vergegenwärtigung ihrer gemeinsamen Werte, was sie wollen und nicht wollen, Zukunftsvorstellungen und Wirkungen in Wirtschaft und Gesellschaft. Die Homogenität der Gruppe kann insbesondere über die Art der Ansprache im Einladungstext für das Visioning gesteuert werden.

2. *Ambitioniertheit der Vision*: Die Prozessmoderation sah ihre Aufgabe in der Sicherstellung eines fairen Aushandlungsverfahrens unter den Teilnehmenden und verzichtete so gut wie möglich auf eigene Werturteile und Berufungen auf Expertenmeinungen. Das für das Visioning essentielle Aufbrechen von Denk- und Fühlschranken setzt Vertrauen in die handelnden Personen und Prozesse voraus. Zentraler Erfolgsfaktor für eine ambitionierte Vision ist die Trennung der Visionsentwicklung von dem Weg, wie man die Vision erreichen kann.

3. *Vielfalt an Verwertungsmöglichkeiten*: Eine Rohvision kann in verschiedenster Form genutzt werden. Hierzu gehören die Ausarbeitung zu Zukunftsbildern für die Bewertung durch Externe (vgl. dieser Beitrag), die weitere Abstimmung und mediale Überarbeitung (u. a. auch Bebilderung) zur feierlichen Verabschiedung der gemeinsam getragenen Vision, die Überarbeitung der Selbstdarstellung (Broschüre, Homepage, Präsentation etc.) und die operative Umsetzung der Vision durch konkrete Ziele und Maßnahmen. In COWERK dienen die Zukunftsbilder auch zur Hochskalierung der Umweltpotentiale einzelner Innovationen auf die Green Economy.

4. *Klarheit der Interaktion*: Die Trennung des Prozesses in eine Binnen- und eine Außenperspektive schafft Rollenklarheit: Man spricht für sich selbst bzw. für die Gruppe im Raum beim Visioning, aber für seine jeweilige Institution bei der Bewertung der Zukunftsbilder. Die Stakeholder waren neugierig auf die Zukunftsbilder aus Sicht der Offenen Werkstätten, ohne von vornherein in einer Verhandlungsposition mit den Offenen Werkstätten zu stehen.

Der Ansatz mit seiner Trennung in Binnen- und Außenperspektive hat sich zum Antizipieren neuer Wertschöpfungsmuster durch Randphänomene wie Offene Werkstätten bewährt. Während konventionelle Foresight-Prozesse mit den etablierten Vertretern die für den Wandel von Wertschöpfungsmustern so wichtigen Randphänomene ausblenden, rückt der hier verfolgte Ansatz ein derzeitiges Randphänomen mit hohen Wachstumsraten gerade in den Mittelpunkt. So können die Randphänomene auch durch Foresight selbst vorangetrieben werden. Nicht für alle neuen Wertschöpfungskonfigurationen mag dieser Ansatz zielführend sein; aber er ist immer dann erfolgversprechend, wenn starke Unterschiede in den Werten der Beteiligten eine faire Aushandlung von Zukunftsperspektiven erschweren. Weitere geeignete Gegenstände für ein Visioning (Binnenperspektive) mit separater Bewertung von anderen Stakeholdern (Außenperspektive) sind u. a. Zukünfte für Prosuming, Sharing, frugale Innovationen, Social Entrepreneurship und die Peer-to-Peer Economy.

62   Zukünfte für Offene Werkstätten

Literaturverzeichnis

Auinger, F., Böhnisch, W. R., Stummer, H. (2005): *Unternehmensführung durch Werte: Konzepte - Methoden - Anwendungen*. Wiesbaden: Deutscher Universitäts-Verlag.

Benkler, Y. (2006). *The Wealth of Networks: How Social Production Transforms Markets and Freedom*. New Haven: Yale University Press.

Bezold, C. (2009). Aspirational Futures. *Journal of Futures Studies*, 13(4), 81–90.

BMBF [Bundesministerium für Bildung und Forschung] (2017). *Die Maker-Bewegung*.

Boos, E. (2010): Das grosse Buch der Kreativitätstechniken: Fantasie fördern, Ideen strukturieren, Geistesblitze umsetzen, Lösungen finden (6. Aufl.). München: Compact Verlag.

De Bono, E. (2008). How to Have Creative Ideas: 62 games to develop the mind: 62 Exercises to Develop the Mind. London: Vermilion Verlag.

Dierkes, M., Hoffman, U. & Marz, L. (1992). Leitbild und Technik. Zur Entstehung und Steuerung technischer Innovationen. Berlin: edition sigma.

EC [Europäische Kommission] (2016). *Europäische Agenda für die kollaborative Wirtschaft*.

Erdmann, L. & Dönitz, E. (2016). Zukunftsbilder für Offene Werkstätten. In J. Wulfsberg, T. Redlich & M. Moritz (Hrsg.), *1. interdisziplinäre Konferenz zur Zukunft der Wertschöpfung*, (S. 15–24).

Erdmann, L. et al. (2016). *Stakeholder Report: identification and analysis*. Deliverable 2.1 of the Mineral Intelligence Capacity Analysis (MICA) project. URL: http://www.mica-project.eu/?page_id=99.

Giesel, K. (2007). *Leitbilder in den Sozialwissenschaften*. Begriffe, Theorien und Forschungskonzepte. Wiesbaden: VS Verlag für Sozialwissenschaften.

Johar, I., Lipparini, F. & Addarii, F. (2015). *Making Good our Future. Exploring the New Boundaries of Open & Social Innovation in Manufacturing*. URL: https://ec.europa.eu/eip/ageing/file/958/download_en?token=_4oT2h3p.

Kohtala, C. & Hyysalo, S. (2015). Anticipated environmental sustainability of personal fabrication. *Journal of Cleaner Production*, 99(2015), 333–344.

Koren, Y., Shpitalni, M., Gu, P. & Hu, S. J. (2015). Product Design for Mass-Individualization. *Procedia CIRP*, 36(2015), 64–71.

Lange, B., Domann, V. & Häfele, V. (2016). Wertschöpfung in offenen Werkstätten. Eine empirische Erhebung kollaborativer Praktiken in Deutschland. Schriftenreihe des IÖW, 213/16.

Maaß, E. & Ritschl, K. (1997): *Teamgeist: Spiele und Übungen für die Teamentwicklung*. Paderborn: Junfermann Verlag.

Mitchell, R., Agle, B. & Wood, D. (1997). Toward a theory of stakeholder identification and salience: Defining the principle of who and what really counts. *The Academy of Management Review*, 22(4), 853-886. doi: 10.5465/AMR.1997.9711022105

Prognos (2013). *Zukunftstrends im Deutschen Handwerk*. Basel: Prognos.

Rat für Nachhaltige Entwicklung (2011). *Visionen 2050. Dialoge Zukunft „Made in Germany"*. Texte Nr. 35. Berlin: Rat für Nachhaltige Entwicklung.

Rat für Nachhaltige Entwicklung (2013). *Sustainability - Made in Germany*. The Second Review by the Group of international peers, commissioned by the German Federal Cancellery. Berlin: Rat für Nachhaltige Entwicklung.

Rifkin, J. (2011). *Die dritte industrielle Revolution. Die Zukunft der Wirtschaft nach dem Atomzeitalter*. Frankfurt am Main: Campus Verlag.

Simons, A.; Petschow, U. & Peuckert, J. (2016). Offene Werkstätten – nachhaltig innovativ? Potenziale gemeinsamen Arbeitens und Produzierens in der gesellschaftlichen Transformation. Schriftenreihe des IÖW, 212/16. Berlin: IÖW.

Smith, A.; Stirling, A. & Berkhout, F. (2005): The governance of sustainable socio-technical transitions. *Research Policy*, 34(2005), 1491–1510.

Springer Gabler Verlag (Hrsg.) (2017). *Gabler Wirtschaftslexikon, Stichwort: Wertschöpfung*.

Sywottek, C. (2014). *Wir machen's uns selbst. Die neuen Heimarbeiter*. Spiegel Online.

UN [United Nations] (2016). *Participatory Research, Citizen Sciences and Fab Labs for Peace and Development*.

Bedeutung der zukünftigen Produktion kundenindividueller Produkte in Losgröße 1

Eva Bogner[1], Ulrich Löwen[2] und Jörg Franke[1]

[1] Friedrich-Alexander-Universität Erlangen-Nürnberg
[2] Siemens AG

Zusammenfassung

Im Zuge der vierten industriellen Revolution wird immer stärker das Thema einer zukünftigen Produktion kundenindividueller Produkte in Losgröße 1 diskutiert. Ob dies tatsächlich eine pauschale Produktionsstrategie für die produzierende Industrie darstellt, gilt es zu analysieren. Hierzu muss zum einen die Vielfalt der produzierenden Industrie und die aktuelle Rolle von Produktindividualisierung betrachtet werden. Zum anderen gilt es, die bestehenden Konzepte der Produktindividualisierung zu identifizieren und zu analysieren. Außerdem wird eine exemplarische Veränderung bezüglich der Umsetzung von Produktindividualisierung als Grundlage für die weitere Diskussion betrachtet. Denn erst auf Basis einer ganzheitlichen Betrachtung kann eine These formuliert werden, inwiefern eine derartige Konsolidierung überhaupt denkbar ist.

1   Einleitung

Die produzierende Industrie ist durch eine große Heterogenität geprägt. Zum einen umfasst diese eine Anzahl von Branchen von der Lebensmittelindustrie über die Automobilindustrie bis hin zum Maschinen- und Anlagenbau, woraus eine entsprechende Vielzahl unterschiedlicher Produkte resultiert. Gleichzeitig zeichnen sich die einzelnen Branchen intern durch eine starke Heterogenität bezüglich der Produktionsstrategien aus. Auch die Frage, wie produziert wird, kann demnach nicht allgemeingültig beantwortet werden. Des Weiteren wirken von außen auf die produzierende Industrie unterschiedliche Treiber, sowohl marktseitig als auch von Seiten der Gesellschaft sowie durch technische Entwicklungen, die zu kontinuierlichen Veränderungen führen. Während seit Beginn des 20. Jahrhunderts im Zuge der industriellen Revolutionen vor allem die Produktionssysteme durch technischen Fortschritt geprägt sind, sich ständig weiterentwickeln und einer stetigen Effizienzsteigerung unterliegen, haben sich gleichzeitig auch die Marktbedingungen grundlegend gewandelt. Mit der dritten industriellen Revolution folgte die vollständige Verschiebung der Marktsituation vom Verkäufermarkt hin zum Käufermarkt, in welchem das Angebot auf dem Markt die kundenseitige Nachfrage übersteigt. Für die betriebliche Produktion bedeutet dies, dass nicht mehr möglichst viel produziert werden sollte, um einen marktseitigen Bedarf überhaupt decken zu können, sondern nur genau so viel wie auch tatsächlich abgesetzt werden kann. (Lingnau, 1994)

Eine entscheidende Rolle spielen jedoch nicht nur die veränderten Marktbedingungen und technische Entwicklungen, sondern vor allem auch der gesellschaftliche Trend zur Individualisierung. Aus sozialwissenschaftlicher Sicht wird dabei unter Individualisierung maßgeblich der gesellschaftliche Prozess des Herauslösens des Individuums aus Schicht- und Klassenmilieus verstanden. (Kaspar, 2006) Folge ist die steigende Heterogenität des Konsumverhaltens der Gesellschaft, die die Notwendigkeit zur Individualisierung von Produkten impliziert. Die ökonomische Dimension der Individualisierung beschreibt die resultierende Notwendigkeit zur Individualisierung aus Anbietersicht. Während im Verkäufermarkt aufgrund der starken Nachfrage keine Notwendigkeit besteht, auf Kundenwünsche zu reagieren und Produktdifferenzierungen vorzunehmen, sehen sich die Anbieter im Käufermarkt gezwungen, durch ein differenziertes Angebot auf die Wünsche der Kunden einzugehen und deren individuelle Bedürfnisse zu befriedigen. (Lingnau, 1994)

Im Zuge der vierten industriellen Revolution wird häufig von einer zunehmenden Individualisierung sowie einer zukünftigen Produktion kundenindividueller Produkte in oder bis hin zur Losgröße 1 gesprochen. Vor dem Hintergrund der vorhandenen Heterogenität und der verschiedenen Einflussgrößen stellt sich allerdings die Frage, was diese für die produzierende Industrie bedeutet. Werden tatsächlich alle Bereiche dieser heterogenen Industrie irgendwann kundenindividuelle Produkte in Losgröße 1 produzieren und entspricht dies der Konsolidierung auf eine einheitliche Produktionsstrategie? Um mit dieser Aussage umgehen zu können und Ableitungen zu treffen, gilt es, im Folgenden zu erörtern, wie Produktindividualisierung tatsächlich umgesetzt wird, welche Konzepte der Produktindividualisierung es gibt und welche Differenzierungen hier über die produzierende Industrie hinweg zu beachten sind. Erst auf Basis einer solchen Betrachtung können anschließend Thesen formuliert und geklärt werden, welche Rolle Individualisierung in der Produktion der Zukunft spielt und welche Auswirkungen diese auf die Produktionsstrategien hat.

2 Herausforderung der Strukturierung von Individualisierung

Voraussetzung für die Betrachtung stellt ein einheitliches Verständnis des Begriffes „Produktindividualisierung" dar. Auf Basis der eingangs dargestellten Heterogenität der produzierenden Industrie ist es allerdings schwer, eine übergreifende und anschauliche Beschreibung für Individualisierung in der produzierenden Industrie zu finden, die über die vorhandenen, sehr abstrakten Definitionen von Individualisierung hinausgehen. Die Herausforderung besteht daher, unter Berücksichtigung der vorhandenen Heterogenität, Individualisierung in der produzierenden Industrie zu beschreiben und diese zu strukturieren.

Unter Individualisierung wird grundsätzlich die Verschiebung eines oder mehrerer Objekte oder Subjekte in Richtung Einzigartigkeit verstanden (Schneider, 1997). Im Gegensatz zum eingangs geschilderten gesellschaftlichen Trend der Individualisierung, der als allgemeine Entwicklung mit wenig Beeinflussungsmöglichkeit zu verstehen ist, kann Individualisierung auch eine beabsichtigte Veränderung von Objekten sein. Dieser Aspekt der Produktindividualisierung steht im Folgenden im Vordergrund und wird als Prozess der wirtschaftlichen Leistungserstellung unter der bewussten, gewollten Gestaltung eines Produkts in Hinblick auf die Nutzung durch ein Individuum definiert (Schneider, 1997).

Im Mittelpunkt einer Produktindividualisierung steht dabei die Kundenanforderung. Zum Zeitpunkt des Kaufes erwirbt der Kunde genau das Produkt, das für ihn in Bezug auf seine Anforderungen die höchste Präferenz hat. Ziel ist es daher, die Eigenschaften von Produkten und Leistungen auf die Präferenzen der einzelnen Abnehmer auszurichten (Reichwald, Piller, & Ihl, 2009). Dabei handelt es sich jedoch um eine sehr abstrakte Definition, die nicht auf die Umsetzung von Produktindividualisierung eingeht.

Weiterhin unterscheiden sich die Zielgruppen der Individualisierung. Wie bereits erläutert wurde, steht die Kundenanforderung im Mittelpunkt der Individualisierung. Daher gilt es, auch zu unterscheiden, welche Kunden für Produktindividualisierung in der produzierenden Industrie existieren. Grundsätzlich lassen sich dabei zwei Märkte unterscheiden: den B2C (Business-to-Consumer)-Markt und der B2B (Business-to-Business)-Markt. Diese unterscheiden sich maßgeblich durch die Art der Kunden. Diese werden im Nachfolgenden näher analysiert.

3   Produktindividualisierung im B2C-Markt

Die breite Diskussion über Individualisierung fokussiert sich stark auf den B2C-Markt. Der B2C-Markt richtet sich an den Endverbraucher, bei welchen es sich um Privatpersonen handelt. Innerhalb des B2C-Marktes werden ausschließlich Konsumgüter gehandelt. Diese lassen sich in zwei Marktsegmente einteilen: Verbrauchs- und Gebrauchsgüter. Verbrauchsgüter sind Produkte, die ein Kunde häufig erwirbt und sich wenig Gedanken über den Kauf des Produktes macht, wie z. B. Nahrungsmittel oder Kosmetika. Dementsprechend gering oder wenig ausgeprägt ist hier auch das Bedürfnis zur Individualisierung. Anders sieht es allerdings bei den Gebrauchsgütern aus, die für eine mehrmalige bzw. längerfristige Verwendung angeschafft werden und höhere Investitionskosten mit sich bringen, wie ein Auto oder ein Notebook. Dies schafft auch einen höheren Wunsch und das Bedürfnis, ein Produkt zu erwerben, das genau den Anforderungen des Kunden entspricht. In der Regel handelt es sich bei kundenindividuellen Produkten am B2C-Markt um solche, die einmal gekauft werden, also in Losgröße 1 gefertigt werden.

In den vergangenen beiden Jahrzehnten hat sich im Bereich der Individualisierung vor allem der Begriff der „Mass Customization" etabliert. Die inflationäre Verwendung des Begriffes erschwert eine eindeutige Definition und die Schaffung eines einheitlichen Verständnisses (Piller, 1998). Übersetzt mit kundenindividueller Massenproduktion bedeutet dies die Produktion von Gütern nach kundenindividuellen Bedürfnissen, die jedoch zu Marktpreisen angeboten werden können, die der Zahlungsbereitschaft von Käufern vergleichbarer Standardprodukte entsprechen. (Davis, 1987; Hart, 1995; Piller & Ihl, 2002; Pine, 1993)

Diese Produkte sind klar von Produkten aus dem Luxussegment abzugrenzen, bei denen ein klarer Zusammenhang zwischen dem Grad der Individualisierung und dem Produktpreis zu erkennen ist (Reichwald et al., 2009). Adressat der Mass Customization ist in der Regel ein Individuum im Konsumgüterbereich. Denn letztendlich ist die Grundidee der Mass Customization aus den Bedürfnissen des einzelnen Kunden entstanden. Historisch aus dem Bereich der Bekleidungs- und Textilindustrie gewachsen, hat sich diese seitdem dort etabliert und auf weitere Branchen der Konsumgüterindustrie ausgeweitet, wie z. B. die Möbelbranche (Düll, 2009). Obwohl der Business-to-business (B2B)-Markt per Definition nicht von der Mass Customization ausgeschlossen wird, finden sich jedoch kaum konkrete Anwendungsbeispiele aus diesem Bereich.

4 Produktindividualisierung im B2B-Markt

Der B2B-Markt umfasst Geschäftsbeziehungen zwischen Herstellern sowie Groß- und Einzelhändlern im Bereich der Industrie- und Investitionsgüter (Kreutzer, Rumler, & Wille-Baumkauff, 2015). Diese Produkte sind dadurch charakterisiert, dass der Kunde nicht der Endverbraucher ist, sondern eine Organisation, die das Produkt selbst weiterverarbeitet oder zur betrieblichen Leistungserstellung einsetzt. Dabei wird von einer sogenannten derivativen Nachfrage gesprochen, die dadurch bestimmt wird, dass Produkte für den Endverbraucher hergestellt werden (Konsumgüter) und dafür ein spezifisches Industrie- oder Investitionsgut benötigt wird. (Helferich, 2010)

Diese Unterscheidung lässt sich auch im Ziel der jeweiligen Form von Produktindividualisierung wiederfinden. Während das Ziel der Produktindividualisierung im Konsumgüterbereich das Ausrichten der Eigenschaften der angebotenen Produkte und Leistungen auf die individuellen Kundenwünsche ist, ist es im Industrie- und Investitionsgüterbereich Ziel, das Angebot den individuellen Besonderheiten der Verwendung in der Wertkette des Nachfragers anzupassen. Das Industriegütermarketing untergliedert den B2B-Markt nochmals in vier Geschäftstypen, welche die verschiedenen Geschäftsbeziehungen beschreiben: das Zuliefer-, System-, Projekt- und das Produktgeschäft (Abb. 1).

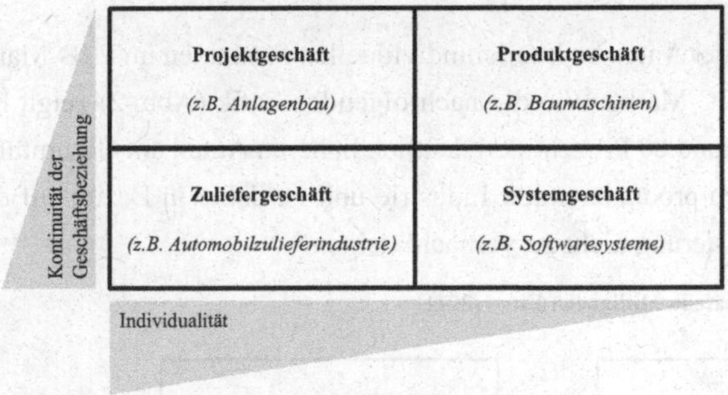

Abb. 1: Geschäftstypen des Industriegütermarketing i. A. a. (Backhaus & Voeth, 2014)

Alle vier Geschäftstypen lassen sich zudem hinsichtlich der Ausprägung von Individualisierung unterscheiden. Das Zuliefergeschäft zeichnet sich durch einen hohen Individualisierungsgrad aus. Ähnlich wie das Zuliefergeschäft hat auch das Projektgeschäft einen hohen Individualisierungsgrad. Im Gegensatz zum Zuliefergeschäft gibt es hier in der Regel jedoch keine langfristigen Abkommen, sondern einmalige Käufe. Das Systemgeschäft hingegen weist eine geringe Individualisierung auf. Zwar wird durch eine kundenspezifische Kombination der einzelnen Komponenten aus Perspektive des Kunden eine Individualisierung geschaffen, aus Sicht des Anbieters handelt es sich jedoch um standardisierte Komponenten. Das Produktgeschäft wiederum ist durch den Kauf von standardisierten Halb- und Fertigfabrikaten gekennzeichnet und weist Ähnlichkeiten zum anonymen Teil des B2C-Marktes auf, der sich nicht auf individualisierte Produkte bezieht. (Backhaus & Voeth, 2014; Kreutzer, Rumler, & Wille-Baumkauff, 2015)

Zusammenfassend kann festgestellt werden, dass der B2B-Markt durch ein vollkommen anderes Nachfrageverhalten geprägt ist als der B2C-Markt. Die Produktindividualisierung, die dort zudem durch eine größere Komplexität und Heterogenität durch die Unterscheidung der verschiedenen Geschäftstypen geprägt ist, hat im B2B-Bereich einen hohen Stellenwert, auch wenn der eigentliche Endkunde auf den Produktindividualisierungsprozess nur indirekt Einfluss nimmt. Auch wenn auf die einzelnen Formen der Produktindividualisierung nicht im Detail eingegangen wird, so ist dennoch die Komplexität der Individualisierung vor allem im Investitions- und Industriegütermarkt offensichtlich. Allerdings ist Individualisierung im Bereich des B2B-Marktes häufig vielmehr eine individuelle Auftragsproduktion, die vor allem im Zuliefergeschäft auch deutlich größere Losgrößen umfassen kann, als eine Losgröße 1 (mit Ausnahme des Projektgeschäfts).

Es ist anzunehmen, dass der Anteil an kundenindividuellen Produkten im B2B-Markt deutlich höher ist als im B2C-Markt. Wie die nachfolgende Grafik (Abb. 2) zeigt, hat der B2B-Markt zudem mit rund 80 Prozent den deutlich höheren Anteil am Gesamtumsatz innerhalb der deutschen produzierenden Industrie und ist daher in Bezug auf die Betrachtung der Individualisierung nicht zu vernachlässigen.

Abb. 2: Umsätze in deutschen Konsumgüter- und Industriegüterbranchen i. A. a. (Backhaus, 2015)

Insgesamt spielt die Individualisierung eine entscheidende Rolle in der produzierenden Industrie sowohl im B2C- als auch im B2B-Markt. Jedoch nimmt Individualisierung in beiden Märkten vollkommen unterschiedliche Rollen ein.

5 Strukturierung der Individualisierung

Die Ausführungen machen die Notwendigkeit deutlich, eine ganzheitliche Sichtweise auf die Individualisierung in der produzierenden Industrie zu entwickeln, die sowohl den B2B- als auch den B2C-Markt umfasst. Erst von einer solchen Betrachtung ausgehend können Aussagen über mögliche Produktionsstrategien der Zukunft getroffen werden. Im nächsten Schritt gilt es folglich, darzustellen, welche Unterschiede es in der Umsetzung von Individualisierung gibt.

Grundsätzlich werden diesbezüglich in der Literatur innerhalb der Individualisierung drei Arten von Produkten unterscheiden, die sich dadurch voneinander differenzieren, wie stark der Kunde auf das Endprodukt Einfluss nehmen kann: Sonderanfertigungen, individualisierte Produkte und variantenreiche Produkte. Sonderanfertigungen sind häufig Einzelstücke, die in manuellen Prozessen speziell auf den einzelnen Kunden zugeschnitten werden. Deutlich weniger Freiheit hat der Kunde beim Kauf eines individualisierten Produkts. Dabei handelt es sich nicht mehr – wie bei Sonderanfertigungen – um die Entwicklung und Produktion eines vollständig neuen Produktes, denn das Produkt ist in seiner Grundstruktur vorentwickelt, kann aber in der Gestaltung kundenspezifisch angepasst werden oder kundenindividuelle Komponenten enthalten. Der Kunde kann innerhalb vorgeplanter Strukturen aktiv in den Gestaltungsvorgang eingreifen und diesen entsprechend seiner Präferenzen vornehmen. Bei variantenreichen Produkten hingegen handelt es sich nur um vorgefertigte Standardmodule, die nach kundenspezifischen Konfigurationswünschen zusammengebaut werden. Alle theoretisch möglichen Varianten sind hier jedoch bereits vorgedacht und lassen wenig Entscheidungsspielraum in der kundenindividuellen Gestaltung. Der Kunde kann aus dem vorhandenen Angebot lediglich diejenige Konfiguration auswählen, von der er den höchsten Nutzen erwartet und die am ehesten seiner Präferenz entspricht. (Baumberger, 2007; Lindemann, 2006)

Um Individualisierung sinnvoll zu strukturieren, sind allerdings zwei Faktoren maßgeblich. Der Faktor, der sowohl für Kunden als auch Anbieter in Bezug auf die Individualisierung eine entscheidende Rolle spielt, ist die Individualisierungsmöglichkeit eines Produkts für den Kunden und somit die Freiheit, die ihm in der Produktgestaltung gewährt wird. Dieser wird bereits durch oben aufgeführte Unterteilung illustriert. Darüber hinaus ist es jedoch wichtig, auch den Zeitpunkt der Integration des Kunden in den Wertschöpfungsprozess exakt zu definieren. Der Zeitpunkt der Kundesnintegration ist der Zeitpunkt im Wertschöpfungsprozess, zu dem die individuelle Leistungserstellung beginnt (Gausmann, 2008; Ostgathe, 2012). Dies ist nicht zwangsläufig die Produktentwicklung, wie die variantenreichen Produkte zeigen. Beide Faktoren sind nicht unabhängig voneinander. Je später der Kunde in den Wertschöpfungsprozess integriert wird, desto geringer sind auch die Möglichkeiten der Einflussnahme. Eine Aufteilung nach sogenannten Kundenentkopplungspunkten berücksichtigt beide Faktoren (s. Abb. 3).

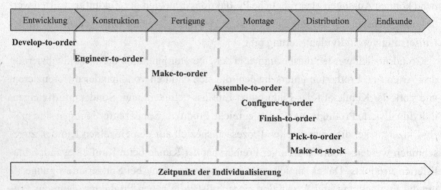

Abb. 3: Einteilung der Konzepte der Produktindividualisierung nach Kundenentkopplungspunkten i. A. a. (Bogner, Löwen & Franke, 2017)

Die beiden Konzepte „Develop-to-order" und „Engineer-to-order" beschreiben Prinzipien, bei denen das Produkt im Wertschöpfungsprozess bereits vor Beginn der Fertigung den Kundenwünschen entsprechend gestaltet bzw. angepasst wird. Bei den nachfolgenden Konzepten findet eine Individualisierung erst im Zuge des Produkterstellungsprozesses statt. Im Bereich der kundenindividuellen Montage sind weitere Unterscheidungen notwendig. Das Konzept „Assemble-to-order" beschreibt die Montage eines durch den Kunden zusammengestellten Produktes aus Standardkomponenten. Bei „Configure-to-order" hingegen findet bereits eine kundenanonyme Vormontage statt, wodurch der Kunde nur durch die Konfiguration einzelner Komponenten Einfluss auf die Endmontage nehmen kann. Die Individualisierung im letzten Schritt der Fertigung, bspw. durch optische Eigenschaften, bildet das „Finish-to-order"-Konzept ab. „Make-to-stock" als Synonym für die klassische Lagerfertigung hingegen umfasst keine physische Produktindividualisierung während des Herstellungsprozesses. „Pick-to-order" stellt ein Konzept der Lagerfertigung dar, bei dem der Kunde sich – ähnlich wie bei „Assemble-to-order" und Configure-to-order" – sein Produkt aus Standardkomponenten unter der Berücksichtigung von Abhängigkeiten zusammenstellen kann. Der notwendige Zusammenbau der Komponenten liegt dabei allerdings in der Verantwortung des Kunden. (Bogner et al., 2017) Im Grunde stellt diese Unterteilung die Menge möglicher Kombinationen im Lösungsraum der Produktindividualisierung dar (Zagel, 2006). Die genannten Konzepte sind unabhängig von B2B- als auch den B2C-Markt und in beiden Märkten vorzufinden.

6 Individualisierungskonzepte und deren Folgen am Beispiel der Getriebeindustrie

Im nächsten Schritt soll eine exemplarische Veränderung in der Vergangenheit bezüglich der Umsetzung von Individualisierungskonzepten betrachtet werden. Auf dieser Grundlage soll diskutiert werden, inwiefern eine Konsolidierung auf eine Strategie der Produktion kundenindividueller Produkte in Losgröße 1 zu erwarten ist. Das Beispiel ist den Entwicklungen innerhalb der Getriebeindustrie entnommen. Die Fertigung von Getriebemotoren bietet zahlreiche Individualisierungsmöglichkeiten. Durch die Kombination eines Motors mit einem entsprechenden Getriebe können spezifische Drehzahl-Leistungs-Kombinationen erzielt werden. Die Leistung wird dabei vom ausgewählten Motor vorgegeben. Das Drehmoment und die Drehzahl können dann durch den Anbau eines spezifischen Getriebes eingestellt werden.

Je nach Platzbedarf und technischen Spezifikationen können dabei verschiedene Arten von Stirnrad-, Flach-, Kegelrad-, Schnecken-, und Winkelgetrieben in unterschiedlichen Ausprägungen eingesetzt werden. Die Konstruktion eines Getriebes erlaubt die Berücksichtigung einer Vielzahl von Freiheitsgraden und damit auch Individualisierungsmöglichkeiten. Aufgrund der zahlreichen Anwendungsmöglichkeiten und den damit verbundenen, oft stark voneinander abweichenden Anforderungen hinsichtlich der Getriebegestaltung erfordert in der Regel jeder Anwendungsfall eine kundenindividuelle Getriebeentwicklung nach dem Konzept des „Engineer-to-order". Die Auftragsabwicklung findet dabei in der Regel in Form von Rahmenaufträgen oder auch der klassischen Einzelauftragsfertigung statt. SEW entwickelte in den 1960er Jahren als erster Anbieter von Getriebemotoren ein modulares Baukastensystem und realisiert damit das

„Assemble-to-order"-Konzept. Ziel ist es, auf Basis einer begrenzten Anzahl an standardisierten Einzelteilen und Baugruppen, schnell und wirtschaftlich vielfältige Antriebslösungen zu realisieren (SEW-EURODRIVE). Durch die im Baukasten vorhandenen Getriebe und Motoren können nahezu alle Kundenbedürfnisse befriedigt werden.

Allerdings ist es nicht möglich, mit einem solchen Baukasten alle Übersetzungsstufen abzubilden. SEW wählt hier gezielt Stufen, mit denen man glaubt, ein möglichst großes Spektrum an Anfragen abdecken zu können. Das Konzept wurde von weiteren Getriebeherstellern adaptiert. NORD übernahm sogar nahezu vollständig den von SEW entwickelten Baukasten und versuchte, durch die gezielte Wahl von niedrigen Preisen mit SEW in Konkurrenz zu treten. Auch ABM Greifenberger adaptiert das Konzept des Baukastens. Grundsätzlich deutet diese Entwicklung auf eine Konsolidierung auf eine einheitliche Strategie innerhalb der Getriebeindustrie hin. Wichtig ist an dieser Stelle, zu erwähnen, dass dabei nur der Teil der Getriebeindustrie betrachtet wird, der keine Standardprodukte für den Massenmarkt produziert.

Allerdings wird das Baukastenkonzept am Markt nur zum Teil angenommen. ABM Greifenberger besetzt erneut die ursprüngliche Marktnische (Entwicklung kundenindividueller Getriebemotoren nach dem „Engineer-to-order"-Konzept), die SEW mit dem Aufbau des Baukastensystems verlassen hat. Somit ist ABM Greifenberger aus strategischer Sicht in der Lage, zusätzlich diejenigen Kundenanfragen zu bearbeiten, die entweder durch die vorhandenen Baukastensysteme nicht abgedeckt werden können oder eine Anwendung des Baukastensystems grundsätzlich ausschließen. ABM Greifenberger nimmt Aufträge dieser Form jedoch nur an, sofern die Aufträge aufgrund der Stückzahlen sowie längerfristiger Rahmenvereinbarungen attraktiv erscheinen und eine kundenindividuelle Getriebeentwicklung für den jeweiligen Auftrag wirtschaftlich ist. Damit wird eine hybride Strategie zum einen durch das Einführen eines Baukastensystems als auch durch das Weiterverfolgen der kundenindividuellen Getriebeentwicklung umgesetzt. Durch diese Strategie ist ABM Greifenberger in der Lage, sehr lukrative Aufträge vor allem aus der Automobilindustrie zu akquirieren, bei welcher großen Wert auf unternehmensindividuelle Lösungen gelegt wird. Dieses Praxisbeispiel zeigt, dass vor allem der B2B-Markt durch etablierte Konzepte und Geschäftsbeziehungen geprägt ist. Auch wenn in der Vergangenheit versucht wurde, durch die Einführung von Plattform-, Baukasten- und Baureihenkonzepten Produktindividualisierung zu standardisieren und deren Komplexität zu reduzieren, hat sich auch diese Produktionsstrategie nur in einigen Bereichen etabliert.

7   Diskussion und Fazit

Die ganzheitliche Betrachtung verdeutlicht, dass Produktindividualisierung über die produzierende Industrie hinweg unterschiedliche Rollen einnimmt und sich die Heterogenität der produzierenden Industrie auch in der Produktindividualisierung wiederspiegelt. Nicht in allen Märkten ist diese gleichermaßen vertreten. Die dargestellte Einteilung nach den Kundenentkopplungspunkten bietet zudem einen Ansatz zur Strukturierung und Abbildung der verschiedenen Ausprägungen von Produktindividualisierung innerhalb der produzierenden Industrie.

Insgesamt gibt es drei wichtige Erkenntnisse, die aus der Betrachtung abgeleitet werden können: Zum einen kann gezeigt werden, dass eine Fertigung in kleinen Losgrößen bis hin zur Losgröße 1 für einige Bereiche der produzierenden Industrie, insbesondere in der Zulieferindustrie, eine geringe Rolle spielt. Es muss folglich immer hinterfragt werden, welche Stückzahlen hinter einem kundenindividuellen Produkt stehen und wo Produktindividualisierung tatsächlich sinnvoll ist. Zum anderen zeigt die Einteilung der Individualisierung nach Kundenentkopplungspunkten, dass es durchaus unterschiedliche Konzepte der Produktindividualisierung gibt, die sich vor allem durch Individualisierungsgrad und Zeitpunkt der Individualisierung im Wertschöpfungsprozess unterscheiden. Es ist folglich schwierig, von der Strategie der Produktion kundenindividueller Produkte zu sprechen; hier ist eine weitere Differenzierung notwendig aufgrund der vielen Möglichkeiten in der Umsetzung von Individualisierung. Das dargestellte Beispiel der Getriebeindustrie zeigt zudem, dass es bereits in der Vergangenheit Bestrebungen gegeben hat, innerhalb einer Branche eine einheitliche Umsetzung von Individualisierung zu realisieren. Die Kundenanforderungen sind jedoch häufig sehr unterschiedlich, sodass es schwierig ist, diese alle mit nur einer Produktionsstrategie abzudecken. Eine strategische Differenzierung kann durchaus sinnvoll sein.

Es gibt folglich einige Gründe, die gegen eine zukünftige Konsolidierung auf eine einheitliche Produktionsstrategie sprechen. Auch mit dem Thema kleine Losgrößen bis hin zur Losgröße 1 muss vorsichtig umgegangen werden, da viele Bereiche aufgrund der hohen geforderten Stückzahlen überhaupt keine Fertigung in Losgröße 1 erfordern. Klar erkennbar ist jedoch der zunehmende Trend zur Individualisierung. Zwar wird deutlich betont, dass es nach wie vor Produkte wie z. B. Normteile geben wird, die in der Massenfertigung hergestellt werden und keinerlei Individualisierung unterliegen. Unter der Annahme, dass es zu einer vollständigen Verlagerung der klassischen Massenfertigung in Niedriglohnländer kommen wird, folgt, dass die Produktion in Hochlohnländern stärker an den individuellen Kundenbedürfnissen ausgerichtet werden muss, um weiterhin wettbewerbsfähig zu bleiben. Die Herausforderung besteht dabei vor allem darin, trotz der steigenden Individualisierung der Produkte, diese zu erschwinglichen Marktpreisen anbieten zu können und die Wirtschaftlichkeit der Produktion sicherzustellen. Es gilt folglich einen ökonomischen Kompromiss zwischen der klassischen Einzelfertigung und der Massenproduktion zu finden (Lingnau, 1994).

Im Zuge weiterer Forschungsarbeiten gilt es, die bestehenden aufgeführten Konzepte der Individualisierung näher zu untersuchen. Auf Basis dieser Erkenntnisse kann anschließend eine Abschätzung gegeben werden, ob und, wenn ja, welche Relevanz einzelne Konzepte aufgrund ihrer aktuellen Verbreitung haben. Weiterführende Überlegungen bezüglich zukünftiger Marktpotentiale bieten wieder die Möglichkeit, einen Überblick über Produktionslandschaft und -strategien der Zukunft zu schaffen.

Literaturverzeichnis

Backhaus, K. (2015). *Handbuch Business-to-Business-Marketing: Grundlagen, Geschäftsmodelle, Instrumente des Industriegütermarketing.* Wiesbaden: Gabler.

Backhaus, K., & Voeth, M. (2014). *Industriegütermarketing: Grundlagen des Business-to-Business-Marketings.* München: Vahlen.

Baumberger, G. C. (2007). *Methoden zur kundenspezifischen Produktdefinition bei individualisierten Produkten.* München: Verlag Dr. Hut.

Bogner, E., Löwen, U., & Franke, J. (2017). Systematic Consideration of Value Chains with Respect to the Timing of Individualization. In *Proceedings of the 27th CIRP Design Conference 2017.*

Davis, S. M. (1987). *Future perfect.* Reading: Addison-Wesley.

Düll, A. (2009). *Aktive Produktindividualisierung: Ansatzpunkte zur nutzerorientierten Konzeption von Mass-Customization-Angeboten im Konsumgütermarkt.* Wiesbaden: Gabler.

Gausmann, O. (2008). *Kundenindividuelle Wertschöpfungsnetze: Gestaltungsempfehlungen unter Berücksichtigung einer auftragsorientierten Produktindividualisierung.* Wiesbaden: Gabler.

Hart, C. W. (1995). Mass customization: Conceptual underpinnings, opportunities and limits. *International Journal of Service Industry Management*, 6(2), 36–45.

Helferich, A. (2010). Software mass customization. Köln: Eul.

Jacob, F. (1995). *Produktindividualisierung: Ein Ansatz zur innovativen Leistungsgestaltung im Business-to-Business-Bereich.* Wiesbaden: Gabler.

Kaspar, C. M. (2006). *Individualisierung und mobile Dienste am Beispiel der Medienbranche: Ansätze zum Schaffen von Kundenmehrwert.* Göttingen: Universitätsverlag Göttingen.

Kreutzer, R. T., Rumler, A., & Wille-Baumkauff, B. (2015). *B2B-Online-Marketing und Social Media: Ein Praxisleitfaden.* Wiesbaden: Gabler.

Lindemann, U. (Ed.). (2006). *Individualisierte Produkte: Komplexität beherrschen in Entwicklung und Produktion.* Berlin: Springer.

Lingnau, V. (1994). *Variantenmanagement: Produktionsplanung im Rahmen einer Produktdifferenzierungsstrategie.* Berlin: Schmidt.

Ostgathe, M. (2012). *System zur produktbasierten Steuerung von Abläufen in der auftragsbezogenen Fertigung und Montage.* München: Herbert Utz Verlag.

Piller, F. T. (1998). *Kundenindividuelle Massenproduktion: Die Wettbewerbsstrategie der Zukunft.* München: Hanser.

Piller, F. T., & Ihl, C. (2002). Mythos mass customization: Buzzword oder praxisrelevante Wettbewerbsstrategie? *Arbeitsberichte des Lehrstuhls für Allgemeine und Industrielle Betriebswirtschaftslehre der Technischen Universität München*, Nr. 32. München: TUM, Lehrstuhl für Allg. und Industrielle Betriebswirtschaftslehre.

Pine, B. J. (1993). *Mass customization: The new frontier in business competition.* Boston: Harvard Business School Press.

Reichwald, R., Piller, F., & Ihl, C. (2009). *Interaktive Wertschöpfung: Open Innovation, Individualisierung und neue Formen der Arbeitsteilung.* Wiesbaden: Gabler.

Schneider, P. (1997). *Produktindividualisierung als Marketing-Ansatz* (Dissertation). Universtität, St. Gallen.

SEW-EURODRIVE. *Geschichten aus 85 Jahren SEW-EURODRIVE.* URL: https://www.sew-eurodrive.de/unternehmen/unser_drive/geschichten_aus_85_jahren/antriebstechnik_frueher_und_heute/antriebstechnik_frueher_und_heute.html.

Zagel, M. (2006). *Übergreifendes Konzept zur Strukturierung variantenreicher Produkte und Vorgehensweise zur iterativen Produktstruktur-Optimierung* (Dissertation). Technische Universität, Kaiserslautern.

Teil 2:

Digitale Technologien als Treiber und Befähiger

Lokale Einbettung und globale Kollaborationsprozesse offener Produktionswerkstätten: Ein Einblick in die deutsche und arabische Maker-Community

Sonja Buxbaum-Conradi, Jan-Hauke Branding,
Sissy-Ve Basmer-Birkenfeld, Babsile Daniel Osunyomi,
Tobias Redlich, Markus Langenfeld und Jens Wulfsberg

Laboratorium Fertigungstechnik
Helmut-Schmidt-Universität Hamburg

Zusammenfassung

Offene Werkstätten (FabLabs) ermöglichen als Teil einer soziotechnischen Bewegung, die mehr Beteiligung der Bürger an Technologie- und Produktentwicklung anstrebt, einen einfachen Zugang zu technologischem Wissen und Produktionsmitteln und bergen somit das Potential, Innovationen, Gründungsinitiativen und regionale Entwicklung zu stimulieren. Die vorliegende Studie untersucht, unter welchen Bedingungen sich diese Potentiale entfalten können und nimmt in diesem Zusammenhang die Kombination aus lokaler sozioinstitutioneller und sozioökonomischer Einbettung der physischen Orte sowie der Einbettung in eine Infrastruktur, welche die Grundlage für virtuelle Kollaboration und Wissenstransfer auf globaler Ebene schafft, in den Blick. Erste Ergebnisse verweisen auf eine deutliche Diskrepanz zwischen der Vision der Bewegung und der empirischen Realität der Labs.

1   Einleitung

Soziotechnologische Innovationen und Entwicklungen sind mehr denn je die ausschlaggebenden Kriterien zur Bestimmung sozialen und wirtschaftlichen Fortschritts (Teece, 1986; Prahalad, 2011). Allerdings liegt der Fokus der meisten Forschungsprojekte und Untersuchungen, die sich mit der Förderung von Innovationen und Regionalentwicklung beschäftigen, auf der Meso- oder Makroebene, statt die Befähigung der an Technologieentwicklung partizipierenden lokalen Akteure und die Entwicklung von Technologien und Produkten, die an lokale Bedarfe und Ressourcen angepasst sind, in den Blick zu nehmen (Geibler et al., 2013; Powell, 2012). Durch die Einbindung in ihre jeweiligen Communities wissen lokale Akteure aber um die vorherrschenden sozialen Bedingungen, die jeweiligen Bedürfnisse und die vorhandenen Ressourcen, die die Produktions- und Konsumtionsverhältnisse vor Ort prägen. Gegenwärtig lassen sich weltweit kleinskalierte innovative Praktiken in den Bereichen Landwirtschaft, (erneuerbare) Energie, Gesundheit und Bildung beobachten, die, über die Grenzen hochindustrialisierter und sich entwickelnder Regionen hinaus, neue Formen des Wissens- und Technologietransfers ermöglichen (Hippel, 2005; Chesbrough, 2006).

Ein wesentlicher Bestandteil dieser Aktivitäten findet in so genannten *Fabrication Laboratories* (FabLabs) und *Maker Spaces* statt, die durch die Bereitstellung technischen Wissens und der entsprechenden Hardware auch als innovative Keimzellen begriffen werden können (Ginger et al., 2012; Basmer et al., 2015). FabLabs sind gemeinschaftlich geführte, selbst organisierte und offene Produktionsstätten, die meist freien Zugang zu (digitalen) Produktionsmitteln und ihrer Nutzung bereitstellen. Als offene Räume bieten sie die Möglichkeit gemeinsamen Entwickelns, Lernens, der Kreativität und Wertschöpfung (Pearce, 2014; Moritz et al., 2016).

Aus dieser Perspektive können sie auch als Orte kosteneffektiver Forschung und Entwicklung angesehen werden, die Bottom-Up Innovationen ermöglichen und Akteure zu kollaborativem Wirtschaften befähigen (Scharmer, 2013; Irwin et al., 2014). Die Untersuchungen von Osunyomi et al. (2016a/b) haben bereits darauf hingewiesen, dass FabLabs als Orte innovativer Praktiken einen signifikanten Einfluss auf kleinskalierte Innovationen und Inventionen sowie die Entwicklung von entsprechenden Geschäftsmodellen haben. Gleichwohl bilden, neben der Einbettung in die sozioökonomischen Verhältnisse vor Ort, die globale Vernetzung und Kollaboration sowie die Einbettung in die globale *Community of Practice* die wesentlichen Voraussetzungen für die volle Entfaltung des Potentials dieser Werkstätten.

Eine der großen technologischen und organisationalen Herausforderungen von *open production* und *open innovation* ist allerdings der freie Zugang zu Quelldateien (Entwürfen, Schemata, Codes, Bauanleitungen etc.). Das bedeutet vor allem, dass implizites (technologisches) Wissen kodifiziert und in eine entsprechende Infrastruktur eingebettet werden muss, so dass räumlich verteilte und soziokulturell diverse Akteure dieses Wissen nutzen können. So betrachtet, haben kodifizierte Normen, Lizenzen und Standards nicht bloß eine koordinierende Funktion (Star, 2001), sondern nehmen wesentlich Einfluss auf Prozesse der Wissensdiffusion, da sie Akteure dazu befähigen, Gemeinsamkeiten zu identifizieren und ihr Wissen entsprechend mit dem Wissen und der Arbeit anderer abzugleichen oder daran auszurichten.

Offenheit und Transparenz bilden die Kernpunkte der *Open-Source* Maker-Bewegung. Diese Konzeptionen stehen wiederum gegenwärtig hegemonialen Innovationspraktiken entgegen, die wesentlich darauf basieren, dass (Entwicklungs-)Wissen entweder patentiert oder vor Wiederverwendung durch Copyrights geschützt ist. Diese hegemonialen Praktiken haben auf der Mikroebene enorme Wissensasymmetrien zwischen ProduzentInnen und KonsumentInnen hervorgebracht. Auf der Makroebene führen sie zu einer Kluft zwischen hoch industrialisierten Regionen, die technologisches Wissen schützen und monopolisieren, und sich entwickelnden Regionen, die als Produzenten von Massengütern am unteren Ende der Wertketten angesiedelt und von technologischem Wissen größtenteils ausgeschlossen sind. Wissen um die Entwicklung *und* Herstellung hoch-technologischer Artefakte ist extrem ungleich verteilt.

Daher bleiben enorme Entwicklungs- und Innovationspotentiale unerschlossen. Die Tatsache, dass die Praktiken und Prinzipien der Bewegung der hegemonialen Produktionspraxis entgegengesetzt sind, führt allerdings dazu, dass sich die jeweiligen Akteure als Teile einer (transformativen) Bewegung wahrnehmen. Dennoch gibt es eine enorme Diskrepanz zwischen der übergeordneten Vision der Bewegung und der empirischen Realität.

Das Ziel des vorliegenden Artikels ist, die Verknüpfungen zwischen der globalen, virtuellen Kollaborationsinfrastruktur und der lokalen Einbettung der einzelnen Initiativen zu untersuchen. Damit wird nicht nur zur Erforschung dieses Aspekts der kollaborativen Wertschöpfung beigetragen, sondern auch die Potentiale für z. B. Regionalentwicklung und Entwicklungspolitik herausgestellt. Dazu wird ein kurzer Überblick über den Forschungsstand und Konzeptualisierungen sich verändernder Wertschöpfungsmuster gegeben, um daran anschließend die Geschichte der FabLab-Bewegung kurz zu skizzieren, gefolgt von der Darstellung der Studie.

2 Wertschöpfungsmuster im Wandel

Schon seit einigen Jahren werden in der Forschung die Prinzipien der Offenheit und die Auswirkungen von Open-Source Prinzipien auf traditionelle Unternehmen (als Orte von

Innovationen) untersucht. Im Mittelpunkt stehen dabei zumeist die Sicherung der Wettbewerbsfähigkeit von Unternehmen und die Integration von *open design* und *open innovation* Momenten durch die Integration der Nutzer- und Konsumentenperspektive in den Produktentwicklungsprozess (Redlich, 2011; Moritz et al., 2016). Es werden entweder neue Geschäftsmodelle und das Aufkommen neuer ökonomischer Muster (Anderson, 2013; Rifkin, 2014) beschrieben, oder untersucht, inwieweit kollektives Handeln und crowd-basierte Ansätze ökonomisch genutzt werden können (Dolata & Schrape, 2016).

Zunehmend steht das Konsumverhalten im Fokus der Forschung, gerade wenn es um die mit *Sharing Economy* bezeichneten Phänomene geht. So haben Neologismen wie bspw. der *Prosumer* Eingang in den aktuellen Diskurs gefunden (Toffler, 1981). Was diese Ansätze verbindet, ist, dass sie traditionelle Unternehmen nicht mehr als alleinige Innovationsmotoren betrachten und dass sie die Perspektive dessen erweitern, was gemeinhin unter Wertschöpfung gefasst wird. Das wird auch in der Hinwendung ursprünglich vertikaler Organisationsformen hin zu eher horizontalen, dezentralen Modellen deutlich, die Kooperation und Netzwerke vermehrt ins Zentrum der Produktion rücken (Wulfsberg et al., 2011; Benkler, 2006).

Eine wesentliche Motivation, sich an kollaborativen Formen der Wertschöpfung (*co-creation*) zu beteiligen, kann in der (gemeinsamen) Erfahrung des (Er-)Schaffens und der damit verbundenen Anerkennung in der Community bestehen. In diesem Zusammenhang werden auch häufig die oben bereits beschriebenen Werkstätten und deren Potentiale für soziale, ökonomische oder ökologische Transformationsprozesse untersucht (Smith et al., 2014; Smith & Seyfang, 2013). Sie werden als Teil einer weit gefassten sozialen Bewegung betrachtet, deren gesellschaftsveränderndes Potential dabei jedoch häufig überschätzt wird – was zumeist an einer reduktionistischen Perspektive liegt, die disruptive Momente in gegenwärtigen (IuK-)Technologien und Innovationen vermutet. Nur wenige Ansätze versuchen das Phänomen entlang des Kollektivverhaltens, geteilter Kernideen, des Wissenstransfers und globaler wie lokaler Einbettung zu analysieren und zu kategorisieren (Dolata & Schrape, 2016; Smith et al., 2016).

Wie deutlich geworden ist, werden die gegenwärtig global verteilten und doch vernetzt stattfindenden Praktiken von *open innovation* und *production*, innerhalb derer sich autonome Akteure in kaum formalisierten oder institutionalisierten offenen Produktionsprozessen engagieren, aus unterschiedlichen Perspektiven betrachtet. Unserer Ansicht nach müssen die Sichtweisen und Ansätze in einem interdisziplinären Ansatz miteinander verknüpft werden.

3 Vom Wissenteilen und der gemeinsamen Erschaffung von Dingen: Die Open-Source und FabLab Bewegung

Die praktischen Umsetzungen des Konzepts von Open-Source reichen von Open-Source Software Communities wie Linux, Mozilla oder Android bis hin zu offenen vernetzten Produktionsstätten wie FabLabs, Makerspaces oder so genannten TechShops. Mittlerweile ist die Open-Source Software Bewegung auch kommerziell erfolgreich und in der Öffentlichkeit bekannt. Die Bewegung selbst geht auf die sich in den 1970er Jahren herausbildende Hacker Community zurück sowie auf die Institutionalisierung des GNU-Projektes in den 1980er Jahren (Stallman, 1999). Über die Jahre hat die Open-Source Bewegung einen enormen Entwicklungsprozess durchlaufen: Die Pioniere der Bewegung kämpften noch für digitale Grundrechte, wie nicht-restriktive und kostenfreie Nutzung von Software, die Möglichkeit Software und ihre Codes zu ändern und zu modifizieren sowie diese mit anderen zu teilen (ebd.). Dagegen sind das hacken von Hardware sowie die Open-Hardware Bewegung eher als Teile spezifischer kultureller Praktiken zu verstehen, die auch Formen von *DIY* und *tinkering* umfassen (Powell, 2012) und eher auf Ressourcenknappheit oder den ‚Spaß-an-der-Sache' zurückgehen. Im Vergleich zur Open-Source Software Bewegung ist die Open-Source Hardware Bewegung noch recht jung und entsprechend unbekannt: Sie orientiert sich aber in zunehmendem Maße an den profit- und nicht-profit-orientierten Vorbildmodellen der Open-Source Bewegung (Gibb, 2015). Dementsprechend ähnelt die Open-Source Hardware Definition der Definition von Open-Source Software:

> *„Open source hardware is hardware whose design is made publicly available so that anyone can study, modify, distribute, make, and sell the design or hardware based on that design. [...] Ideally, open source hardware uses readily-available components and materials, standard processes, open infrastructure, unrestricted content, and open-source design tools to maximize the ability of individuals to make and use hardware"* (OSHWA, 2016).

Jedoch stellt sich das Nachahmen von institutionellen Strukturen, die aus dem generativen Software-Hacking hervorgegangen sind, im Bereich physischer Artefakte oftmals als problematisch heraus. Es ergeben sich vielfach Spannungen beim Versuch die Technologieproduktion zu demokratisieren (Powell, 2012). Die wachsende Open-Source Hardware und FabLab-Bewegung ist verknüpft mit den stetig wachsenden Möglichkeiten, die digitale Modellierung und digitale Fabrikation bieten.

Ausgehend von Neil Gershenfelds Vorlesung „How to Make (Almost) Anything" (2005) wuchs die Bewegung stetig und verband sich zum Teil mit bereits bestehenden Konzepten von Grassroots-Technologieentwicklung. Die FabLab-Idee geht auf die Initiative des *Massachusetts Institute for Technology* im Jahre 2001 zurück und war ursprünglich ein Forschungsprojekt zur Untersuchung der Verbindung zwischen Informationsinhalt und seiner physischen Repräsentation. Mit Blick auf soziale Innovationen und Transformation versuchte dieses Projekt auch die Möglichkeiten (technischer und technologischer) zivilgesellschaftlicher Befähigung auszuloten, vor allem in Regionen, die von technologischer Entwicklung ausgeschlossen sind. Diese Idee fand in den letzten 15 Jahren immer mehr Anklang, so dass es heutzutage weltweit etwa 1.000 FabLabs gibt. Die meisten dieser Werkstätten sind (weitestgehend informell) via gemeinsame Foren, (zeitlich begrenzte) Projekte und Online-Plattformen miteinander verbunden (Smith et al., 2016). Daneben existieren formale Institutionen, wie die *Fab-Foundation* oder die *Open-Source Hardware Association* (OSHWA), die vor allem auf der symbolischen Ebene durch gemeinsame Logos, geteilte Prinzipien, die Standardisierung und Zertifizierung bestimmter Verfahren Vertrauen in die produzierten Artefakte schaffen möchten und um eine globale Integration der Bewegung bemüht sind.

Nichtsdestoweniger ist die Bewegung sehr fragmentiert, weswegen die exakte Zahl von dauerhaft funktionierenden FabLabs und Maker-Spaces schwer zu ermitteln ist. Neben den geteilten Prinzipien der Offenheit und des Teilens verbindet die meisten Akteure der Bewegung die Vision *demokratisierter* Innovation und Produktion. Welche Produkte zu welchem Zweck entwickelt und produziert werden sollen, soll partizipativ entschieden werden (Smith et al., 2016; Krebs, 2013). Positivistische, technologiedeterministische Sichtweisen prägen dabei die Bewegung und die Praktiken ihrer Akteure.[1] Gleichzeitig lässt sich konstatieren, dass auch das öffentliche und politische Interesse an der FabLab- und Maker-Bewegung steigt – vor allem in den USA, Japan, in aufstrebenden Ländern wie China, Brasilien oder Kenia, aber auch bei internationalen Institutionen wie der Weltbank (World Bank, 2014). Der US-Kongress hat 2015 den *National FabLab Network Act* verabschiedet, indem ein nationales FabLab-Netzwerk als Public-Private-Partnership vorgesehen ist (Congress.gov, 2015). Das öffentliche, wirtschaftliche und politische Interesse richtet sich vor allem auf die Förderung von Unternehmertum, Kreativität und technischem Know-How (Smith et al., 2016).

---

[1] Dies geht nicht notwendig mit sozialer, ökonomischer oder ökologischer Nachhaltigkeit einher.

Das Interesse der Politik und Wirtschaft unterscheidet sich dabei häufig vom Anspruch der Bewegung, der sich wie folgt beschreiben ließe (ebd.; Moritz et al., 2015):

- Förderung von Erfindungsreichtum, Innovation, (kleinskaliertem) Unternehmertum
- Partizipation und Demokratisierung von Wertschöpfungs- und Innovationsprozessen
- Technologie- und Wissenstransfer (Abbau von Wissensasymmetrien)
- Lokale Befähigung und Aufbau einer (lokal verankerten) Bewegung
- Konsumverhalten und -kultur in Richtung Nachhaltigkeit verändern (DIY)

Neben dem ersten Punkt und der Euphorie in der Bewegung selbst ist keiner der anderen Punkte wirklich empirisch untersucht. Solche Bewegungen sind oft an Einzelpersonen gebunden, die diese Ideen vor allem auf lokaler Ebene fördern wollen, weshalb Verallgemeinerungen nicht unproblematisch sind. Wissenschaftliche Erkenntnisse über die Bewegung verbleiben folglich oft Hypothesen. Die wesentliche Frage ist daher: Welche Bedingungen ermöglichen die Ausschöpfung des Potentials der Bewegung? Die These dieses Artikels ist, dass die grundlegende Voraussetzung für ein gelingendes Ausschöpfen ein funktionierender Wissens- und Technologietransfer über räumliche und institutionelle Grenzen hinaus ist, weshalb das Verhältnis von lokaler und globaler Einbettung näher zu untersuchen und darzustellen ist.

4   Methodik und Forschungsdesign

Die vom BMBF-geförderte Studie *Twinning for Innovation*[2] nimmt vor allem zwei Aspekte von FabLabs und Open-Source Werkstätten – als Teil der physischen Infrastruktur, die offene Produktion und Grassroots-Innovation durch die Bereitstellung von (digitalen) Produktionsmitteln fördert – in den Blick. Erstens die Einbindung in die lokalen sozioökonomischen und sozioinstitutionellen Strukturen und zweitens die Einbindung in die globale und virtuelle Kooperations- und Sharing-Infrastruktur. Unter lokaler Einbettung wird hier zweierlei verstanden: Einerseits die sozioinstitutionelle Einbindung des Labs selbst (Institutionen und Akteure, mit denen das Lab ein interorganisationales

---

[2] Das Konzept des *Twinning* bezieht sich vor allem auf Kooperation von einzelnen Organisationen (Askvik, 1999) und zielt auf Austausch auf Augenhöhe (Saha/Saha, 2015) von Organisationen mit unterschiedlichem sozio-kulturellem Hintergrund (Karré/Twist, 2012). Das Konzept fördert so gemeinsames Lernen, Verstehen und Kollaboration. Da das Projekt innerhalb der vom BMBF geförderten AGYA Innovation Working Group angesiedelt ist, liegt der Fokus auf dem *Twinning* arabischer und deutscher Labs.

Netzwerk bildet) und andererseits die Einbindung in die lokale/regionale wirtschaftliche Struktur. Globale und virtuelle Einbindung meint hier die Einbindung in eine virtuelle/digitale Infrastruktur zum Zwecke der Kooperation mit anderen Akteuren (Plattformen, auf denen Wissen geteilt werden kann, die technologische Informationen bereitstellen). Die Studie besteht aus qualitativen, hermeneutischen Einzelfallstudien, die anschließend einem vergleichenden Verfahren unterzogen werden (Yin, 2009).[3] Nach ausführlicher Recherche erfolgte die Fallauswahl anhand ihrer Eignung für die Studie und Forschungsfrage. Es wurde nicht nach Größe des Labs, vorhandenem Maschinenpark, Zielen, Geschäftsmodell oder Nutzergruppen unterschieden – alle Labs stellen je einen Einzelfall dar. Insgesamt wurden bisher 27 Fälle in zwei deutsch- und elf arabisch-sprachigen Ländern erhoben. Da bisher nur vorläufige Ergebnisse vorliegen, können an dieser Stelle auch nur erste Beobachtungen ausgeführt werden.

5   Erste Ergebnisse

5.1   Lokale institutionelle und sozioökonomische Einbettung

In einem ersten Schritt wurden lokale, regionale und internationale Kooperationspartner identifiziert, die anschließende Klassifikation erfolgte entlang der je spezifischen Beziehung zum Lab. Nach dem jetzigen Stand der Auswertung können die Netzwerkpartner in sechs Kategorien (lokale Unternehmen, andere FabLabs, öffentliche Wirtschafts- und Entwicklungsbehörden, Universitäten, Forschungsinstitute, Schulen, (inter-)nationale Vereinigungen) und die jeweiligen Beziehungen in je fünf Austauschbeziehungen gefasst werden. Letztere erfüllen dabei folgende Funktionen:

- *Finanzierung*: Fast alle bisher untersuchten Labs sind (mehr oder weniger) auf öffentliche oder privatwirtschaftliche Förderung angewiesen – somit ist der Aufbau von Förderkooperationen wesentlich für das ‚Überleben' der Initiativen.
- *Forschung und Entwicklung*: Der Aufbau von Beziehungen zu Universitäten, Forschungsinstitutionen und lokalen Unternehmen ermöglicht unterschiedliche Formen von Forschungs- und Entwicklungsaktivitäten, vor allem da die Labs nicht auf einen Forschungsbereich festgelegt sind und als Orte des Experimentierens und Prototypings betrachtet werden.

---

[3] Die Triangulation der Datenerhebungsmethoden umfasste die Erstellung von Kollaborationsnetzwerkkarten, semi-strukturierte narrative Interviews, teilnehmende Beobachtung und die Erstellung von so genannten Technologiematrizen. Die so aufgenommenen Daten wurden/werden sowohl quantitativ (SPSS) und qualitativ (ATLAS.ti) ausgewertet.

- *Kooperation und Beratung*: Kooperation zwischen einzelnen Lab-Initiativen und die Entwicklung von (überregionalen) Netzwerken (vor allem Gründung und Ausbau).
- *(Aus-)Bildung*: Aufbau von Kooperationsbeziehungen mit Schulen und anderen Bidungseinrichtungen zum Zwecke der Wissensvermittlung und Befähigung (*technological literacy*).
- *Netzwerk(en)*: Lockere, oft unregelmäßige Beziehungen ohne bestimmten Zweck (Aufbau von sozialem Kapital)

Häufig existieren starke Beziehungen zwischen einzelnen Labs und meist regionalen, öffentlichen Institutionen der Wirtschafts- und Unternehmensförderung sowie zwischen einzelnen Labs und den lokalen Universitäten und Forschungsinstituten. Öffentliche Förderer sorgen tendenziell eher für einen finanziellen Input, wohingegen Universitäten Räumlichkeiten und Maschinen bereitstellen. Bei den deutschen als auch in den arabischen Labs ließen sich zwei Haupttypen ausmachen: Grassroots-Initiativen, die aus einem Bottom-Up Prozess heraus entstanden sind und Public-Private-Partnership-Initiativen, die überwiegend auf das (eher als Top-Down zu qualifizierende) Engagement von Universitäten und/oder politischen Institutionen zurückgehen. In diesem Zusammenhang ließ sich beobachten, dass letztere zu einem viel höheren Grad in das lokale sozioinstitutionelle und sozioökonomische Netzwerk eingebettet sind als Grassroots-Initiativen.

So hat bspw. ein FabLab in Schleswig-Holstein einen sehr hohen Einbindungsgrad in die institutionellen und ökonomischen Strukturen der Umgebung. Über die Kooperationspartner lässt sich in diesem Fall auf eine Spezialisierung in der Ausrichtung des Labs in Richtung optische Technologien und Medizintechnik schließen. Die räumliche Nähe zu Forschungsinstituten und benachbarten Industrieclustern sind von zentraler Bedeutung für die Möglichkeit, einen Knoten- oder Startpunkt für Innovation und regionale Wirtschaftsförderung zu bilden. Trotz der grundsätzlichen thematischen Offenheit kann die Spezialisierung in einem bestimmten Bereich und/oder wirtschaftlichen Sektor für ein Lab sehr hilfreich bei der Etablierung nachhaltiger Wirtschafts- und Forschungsbeziehungen sein. Die NutzerInnen solcher Labs haben daher in den meisten Fällen einen entsprechenden (Aus-)Bildungshintergrund. Auch ein FabLab im Großraum Beirut (Libanon) bindet bereits existierende lokale Expertise und industrielle Strukturen, die sich in dem Stadtviertel wesentlich auf die „fruit packing industry" und die Holzverarbeitung (z. B. Möbelherstellung, Kunsthandwerk) konzentrieren, mit ein. Auf diese Weise werden konventionelle industrielle Verfahren, traditionelles Kunsthandwerk und moderne Fertigungsverfahren miteinander verknüpft.

Dieses Lab kombiniert mehrere Geschäftsmodelle (Co-Working-Space, FabLab, MediaLab, Unterstützung (eigener) Start-Ups) unter einem Dach, so dass die physische Nähe zueinander ebenfalls als Inspirationsquelle nutzbar gemacht werden kann. Für Labs, die aus der Initiative von Einzelpersonen in einem Bottom-Up Prozess entstanden sind, ist es jedoch eine ungleich größere Herausforderung (finanzielle) Unterstützung zu erhalten und damit auch Forschungs- oder Entwicklungspartner zu finden. Den Vorteil, den diese Initiativen wiederum besitzen, ist das Wissen um die Bedürfnislage vor Ort und ihre persönliche Nähe zu beteiligten Akteuren. So fällt es solchen Initiativen deutlich leichter, den Anspruch zu erfüllen, ein offener Ort für alle (von RentnerInnen über Geflüchtete bis hin zu Ingenieuren) zu sein. Sie sollten daher in erster Linie als Orte des gemeinsamen Lernens und der Gemeinschaftsbildung betrachtet werden. Unabhängig vom Grad der Einbettung und der Struktur der jeweiligen Initiativen (Top-Down oder Bottom-Up) sind die bestimmenden Herausforderungen für Funktionsfähigkeit und Wachstum in den untersuchten Fällen vor allem Finanzierung (16 von 27 Fällen) und/oder fehlende politische Unterstützung und/oder fehlende MitarbeiterInnen/Freiwillige (jeweils 8 von 27) und/oder fehlende oder zu kleine Räumlichkeiten (6 von 27).

Besonders prägnant ist die Beobachtung, dass es deutlich weniger Kooperation *zwischen* den Labs gibt als zuvor angenommen und das nicht nur auf internationaler, sondern auch auf regionaler und lokaler Ebene. Dies hat unterschiedliche Gründe: Unkenntnis darüber, dass es noch andere Labs in der Stadt, der Region oder dem Land gibt, Sprachbarrieren auf internationaler Ebene, Zeitmangel, aber auch Konkurrenz um Fördermittel und potentielle Nutzer- und PartnerInnen – so geben von den 27 untersuchten FabLabs zwar 23 an, mit anderen FabLabs zu kooperieren, doch sind diese Kooperationen entweder auf Einzelpersonen beschränkt und damit informell und räumlich eingeschränkt, oder sie beschränken sich auf die jährlich stattfindenden internationalen Konferenzen. Langfristige (räumlich dislozierte) Kooperationen sind dabei eher selten.

5.2   Virtuelle Einbettung und globale Kollaborationsinfrastruktur

Bislang kann die heterogene Landschaft der genutzten digitalen Plattformen der einzelnen Labs als auffälligste Beobachtung gelten. Trotz zahlreicher Versuche, eine zentrale Plattform zu etablieren,[4] nutzen die 27 bisher untersuchten Labs mind. 30 verschiedene

---

[4] fablabs.io sieht sich als zentrale Plattform der Bewegung und wird auch von der Fab-Foundation als solche beworben, gleichzeitig betreibt die Fab-Foundation mit fabshare.org eine ganz ähnliche Plattform. Diese bietet, ebenso wie Thingiverse oder GitHub, die Möglichkeit, Wissen zu teilen, bereitzustellen und sich auszutauschen.

Plattformen, um Wissen zu dokumentieren, auszutauschen und sich zu vernetzen. Die jeweiligen Plattformen dienen unterschiedlichen Zwecken, die in drei Hauptkategorien unterteilt werden können: Teilen von Entwürfen (Open-Design Plattformen), Dokumentieren von Wissen (Wikis, Foren), Netzwerken (soziale Medien). Die meisten Akteure nutzen diese Plattformen, um vorhandenes Wissen zu beziehen, eher als die jeweiligen Plattformen mit Informationen zu füttern. Alle genutzten Plattformen (z. B. GitHub, Thingiverse) sind darüber hinaus in englischer Sprache, es gibt (noch) keine arabischsprachige Plattform. Die Sprachbarriere ist auch einer der Gründe, warum der Austausch mit der wachsenden Bewegung in China, Japan oder anderen Ländern des asiatischen Kontinents nur langsam anläuft.

Eines der bestimmenden Momente der Zukunft der Maker- und FabLab-Bewegung sollte die offene (Open-Source) Zugänglichkeit von (zumindest ansatzweise) standardisierten Informationen und Entwürfen sein. Das Prinzip der Offenheit taucht auch in der Fab Charter auf (und ist über die Creative Commons Lizenz institutionalisiert), mit der beinahe alle der untersuchten Fälle vollständig (16 von 27 Fällen) oder zumindest teilweise (10 von 27) übereinstimmen. *Keiner* der Fälle ist im strengen Sinne gegen das Prinzip der Offenheit. Top-Down Initiativen fokussieren hauptsächlich wirtschaftliche Entwicklung und Standortförderung und implementieren daher in den meisten Fällen Mischformen des Prinzips der Offenheit und dem Schützen von Ideen und Projekten (über Lizensierung oder Patentierung). Darüber hinaus lässt sich in den arabisch-sprachigen Ländern ein deutlich weniger durch Visionen alternativer Wirtschaftsmodelle aufgeladener Umgang mit dem Prinzip der Offenheit beobachten. Vor hedonistischen und ideologischen Motiven, die in vielen Bottom-up entstandenen deutschsprachigen Labs dominieren, steht hier die Notwendigkeit, Entrepreneurship und technischen Fortschritt zu fördern, im Vordergrund. Während man sich in den Rentierstaaten des Mittleren Ostens auf diese Weise auf die Zeit „nach dem Öl" vorbereiten will,[5] versucht man in der Levante und in Nordafrika eher Arbeitsmöglichkeiten für die junge Bevölkerung zu schaffen.[6]

---

[5] "We aim to be the leaders in the region [...] that promote technology, invention and innovation in an informal way. [...] We are consumers, not makers. We do not produce much when it comes to goods, but having the FabLab [...] is the stepping stone of changing that culture from being a consumer to a maker [society]." (FB Djiddah, Saudi-Arabia)

[6] "This is a one-stop shop for any creative person who wants to do anything in print, anything artistic, anything in engineering or anything in design. You will find all the tools that you need here. [...] I do

In anderen Worten: FabLab-NutzerInnen und -ManagerInnen oszillieren ständig zwischen den Prinzipien und dem Nutzen der Open-Source Bewegung und den ökonomischen Realitäten und Notwendigkeiten, denen sie sich gegenübersehen und die vor allem auf dem Gedanken (exklusiven) geistigen Eigentums basieren.

6   Fazit

Im Gegensatz zur Open-Source Software Bewegung und dem Herstellen immaterieller Güter ist das Erzeugen von Hardware und physischen Artefakten nicht auf eine digitale Sphäre beschränkt, sondern benötigt immer auch einen materiellen Ort, einen physischen Ausdruck, wobei die räumliche Trennung von Arbeitsteilung bei Design und Herstellung zusätzlich herausgefordert wird. Die vorliegende Studie hat neben der bloßen Bereitstellung technologischer Infrastruktur zwei Aspekte der Bewegung in den Fokus genommen: die lokale Einbettung und die globale, virtuelle Einbettung in Infrastrukturen, die Wissensaustausch und Kollaboration ermöglichen. Diese Kombination stellte sich als wesentlich für die Funktionsfähigkeit und den Erfolg der Initiativen heraus. Es wurden unterschiedliche Einbettungsgrade in lokale institutionelle und ökonomische Strukturen und damit einhergehend unterschiedliche Lab-Typen identifiziert. Kollaboration und Wissenstransfer *zwischen* den Labs finden dabei aus unterschiedlichen Gründen nur sehr eingeschränkt statt. Das Potential der Bewegung ist daher längst noch nicht ausgeschöpft.

---

not want to create a maker space, I am creating an R&D facility. We are not here to play. [...] We are serious here, we are actually making prototypes for hardware start-ups, we are delivering production of furniture, of products that otherwise not a single craftsman in Lebanon can actually make." (FB Beirut, Lebanon)

Literaturverzeichnis

Anderson, C. (2013). *Makers. Das Internet der Dinge: Die nächste industrielle Revolution.* München: Carl Hanser Verlag.

Askvik, S. (1999). Twinning in Norwegian Development Assistance: A Response to Jones and Blunt. *Public Administration and Development (19)*, S. 403–408.

Basmer, S.; Buxbaum-Conradi, S.; Krenz, P.; Redlich, T.; Wulfsberg, J. P.; Bruhns, F. L. (2015): Open Production: Chances for Social Sustainability in Manufacturing. *Procedia CIRP 26.* 12th Global Conference on Sustainable Manufacturing - Emerging Potentials, 46-51.

Benkler, Y. (2006). *The Wealth of Networks: How Social Production Transforms Markets and Freedom.* New Haven, London: Yale University Press.

Chesbrough, H. W. (2006). *Open Innovation. The New Imperative for Creating and Profiting from Technology.* Boston: Harvard Business Press.

Congress.gov (2015). H.R.1622 - National Fab Lab Network Act of 2015. URL: https://www.congress.gov/bill/114th-congress/house-bill/1622, [20.09.2016].

Dolata, U. & Schrape, J.-F. (2016). Masses, Crowds, Communities, Movements. Collective Action in the Internet Age. *Social Movement Studies*, 15(1), 1–18.

Geibler, J. V. et al. (2013). Living Labs für nachhaltige Entwicklung. Potentiale einer Forschungsinfrastruktur zur Nutzerintegration in der Entwicklung von Produkten und Dienstleistungen. *Wuppertal Spezial Nr. 47*, o. S.

Gershenfeld, N. (2005). *FAB: The Coming Revolution on Your Desktop: From Personal Computers to Personal Fabrication.* Cambridge: Basic Books.

Gibb, A. (2015). *Building Open Source Hardware. DIY Manufacturing for Hackers and Makers.* New Jersey: Addison Wesley Professional.

Ginger J., McGrath, R., Barrett, B. & McCreary, V. (2012). Mini Labs. Building Capacity for Innovation through a local FabLab Network. *World Fab Conference (Fab8)*, Wellington, URL: http://cba.mit.edu/events/12.08.FAB8/workshops/CUCFL-F8-2012Submission08-14-2012.pdf, [08.06.2016].

Hippel, E. V. (2005). *Democratizing Innovation.* Cambridge: The MIT Press.

Irwin, J. L., Pearce, J. M., Anzolone, G. & Oppliger, D. E. (2014). The RepRap 3-D Printer Revolution in STEM Education. *121st ASEE Annual Conference & Exposition.*

Karré, P. & Twist, M. V. (2012). Twinning as an innovative practice in public administration: An example from the Netherlands. *The Innovation Journal*, 3(17), 1–10.

Krebs, M. (2013). *The FabLab Network in Japan: Preliminary Ethnographic Observations*, Working Paper, University of Kentucky.

Moritz, M., Redlich, T., Grames, P. P. & Wulfsberg, J. P. (2016). Value Creation in Open-Source Hardware Communities: Case Study of Open Source Ecology. In Kocaoglu (Hrsg.): *Technology Management for Social Innovation. Proceedings of the 25th Portland International Conference on Management of Engineering and Technology (PICMET 2016)*, Honolulu, 2368–2375.

Moritz, M., Redlich, T., Krenz, P., Buxbaum-Conradi, S. & Wulfsberg, J.P. (2015). Tesla Motors, Inc. - Pioneer towards a new strategic approach in the automobile industry along the open source movement? *Proceedings of PICMET '15: Management of the Technology Age*, Portland, 85–92.

Open Source Hardware Association (2016): *Open Source Hardware (OSHW) Statement of Principles 1.0*, URL: http://www.oshwa.org/definition/, [24.09.2016].

Osunyomi, B. D., Redlich, T, Buxbaum-Conradi, S, Moritz, M. & Wulfsberg, J. P. (2016). Impact of the Fablab Ecosystem in the Sustainable Value Creation Process. *OIDA International Journal of Sustainable Development*, 9(1), 21–36.

Osunyomi, B. D., Redlich, T. & Wulfsberg, J. (2016). Could Open Source Ecology and Open Source Appropriate Technology be used as a Roadmap from Technology colony? *International Journal of Technological Learning, Innovation and Development*, 8(3), 265–282.

Pearce, J. M. (2014). Open-Source Lab: How to build your own hardware and reduce research costs- Oxford: Elsevier.

Powell A. (2012). Democratizing Production through Open Source Knowledge: Open Software to Open Hardware. *Media Culture Society*, 6(34), 691–708.

Prahalad, C. K. (2011). *The Fortune at the Bottom of the Pyramid: Eradicating Poverty through Profits*. New Jersey: Dorling Kindersley Pvt Ltd.

Redlich, T., Moritz, M. (2016). Bottom-up Economics: Foundations of a theory of distributed and open value creation. In J.-P. Ferdinand, U. Petschow (Hrsg.), *The decentralized and networked future of value creation – 3d printing and its implications for society, industry, and sustainable development* (S. 27-57). Berlin: Springer Verlag.

Redlich, T. (2011). *Wertschöpfung in der Bottom-up-Ökonomie*. Berlin: Springer Verlag.

Rifkin, J. (2014). *The Zero Marginal Cost Society. The Internet of Things, the Collaborative Commons, and the Eclipse of Capitalism*. New York: Palgrave MacMillan

Saha, N.; Saha, P. (2015). Twinning strategy: Is it a vehicle for Sustainable Organizational Learning and Institutional Capacity Development? *WSEAS Transactions on Business and Economics (12)*, 317–324.

Scharmer, O. (2013). *Leading from the Emerging Future: From Ego-System to Eco-System Economies*. San Francisco: Agency/Distributed.

Smith, A., Fressoli, M., Abrol, D., Around E. & Ely, A. (2016). *Grassroots Innovation Movements*. London: Pathways to Sustainability.

Smith, A., Fressoli, M. & Thomas, H. (2014). Grassroots innovation movements: challenges and contributions. *Journal of Cleaner Production (63)*, 114–124.

Smith, A., Seyfang, G. (2013). Constructing grassroots innovations for sustainability. *Global Environmental Change*, 23(5), 827–829.

Stallman, R. (1999). *The GNU Project. Open Sources: Voices from the Open Source Revolution*, URL: http://www.oreilly.com/catalog/opensources/book/stallman.html, [24.09.2016].

Star, S. L. (2001). Infrastructure and ethnographic practice: Working on the fringes. *Scandinavian Journal of Information Systems*, 14(2), 107–122.

Teece, D. J. (1986). Profiting from technological innovation: Implications for integration, collaboration, licensing and public policy. *Research Policy (15)*, 285–305.

Toffler, A. (1981): *The Third Wave*. New York: Bantam.

World Bank (2014): *Communities of "Makers" Tackle Local Problems*. URL: http://www.worldbank. org/en/news/feature/2014/08/06/communities-of-makers-tackle-local-problems, [06.06.2017].

Wulfsberg, J.P., Redlich, T. & Bruhns, F. L. (2011). Open Production: Scientific foundation for co-creative product realization. *Production Engineering*, 5(2), 127–139.

Yin, R. K. (2009). *Case study research: design and methods*, 4th Edition. Los Angeles: Sage Publications Ltd.

Blockchain-Technologie und Open-Source-Sensornetzwerke

Robin P. G. Tech[1], Konstanze E. K. Neumann[1] und Wendelin Michel[2]

[1] Alexander von Humboldt Institut für Internet und Gesellschaft
[2] AtomLeap

Zusammenfassung

In diesem Beitrag untersuchen wir die Mechanismen und Prozesse, die Open-Source-Sensornetzwerken zugrunde liegen. Wir zeigen Ineffizienzen aktueller Netzwerke auf und stellen anschaulich dar, wie Distributed-Ledger-Verfahren diese verringern können. Unser Forschungsansatz basiert auf Untersuchungen zu komplexen Systemen, der Transaktionskostentheorie sowie des Statuts der Offenheit in kommerzieller Wertschöpfung und Community-basierter Innovation. Wir analysieren Schlüsselmechanismen von Open-Source-Sensornetzwerken vor dem Hintergrund traditioneller Sensornetzwerke – explizit anhand des Fallbeispiels *Safecast*. Besonderes Augenmerk legen wir auf die Problematiken offener Sensornetzwerke hinsichtlich Sicherheit, Instandhaltung, Incentivierung, eines nachhaltigen Betriebs sowie strategischer Expansionen. Basierend auf Distributed-Ledger-Systemen wie Bitcoin erarbeiten wir Ansätze, die diesen Defiziten gezielt entgegenwirken. Zudem ermöglichen sie die Entwicklung von Technologien und komplexen Systemen auf offene, dezentralisierte und möglicherweise auch selbsterhaltende Art und Weise zu entwickeln.

1   Einleitung

Dieser Beitrag erkundet und kombiniert zwei neuartige und innovative Technologien: Open-Source-Sensornetzwerke und die Anwendung einer Blockchain (die Erklärung dieses Konzepts folgt im Laufe des Kapitels). Die Intention der AutorInnen ist, zwei in der Entstehung befindliche Paradigmen zu verknüpfen und mögliche Konvergenzen aufzuzeigen. Dabei stellt diese Arbeit eine Diskussionsgrundlage für künftige Arbeiten dar, die sich mit der Verbreitung von Blockchain-Technologien sowie Open-Source und insbesondere Open-Source-Hardware auseinandersetzen. Die hohen Kosten physischer Komponenten behindern sämtliche Open-Source-Hardware (OSH)-Projekte. Beteiligte müssen nicht nur Zeit, sondern auch finanzielle Mittel in die Entwicklung physischer Komponenten investieren, um das Open-Source-System voranzubringen (Lock, 2013; Thompson, 2011). Neben anderen Faktoren schreckt dies mit der Zeit UnterstützerInnen des OSH-Projektes ab. Oft können (vielversprechende) Projekte so nicht oder nur unter erschwerten Bedingungen realisiert werden, was ihre Entwicklung und ihren Erhalt behindert. Dies kann bei Projekten wie *3D Ponics* oder *RepRap* beobachtet werden. Wir stellen die Hypothese auf, dass die Möglichkeiten, die eine Anwendung des Blockchain-Konzepts bietet, OSH-Projekte im Allgemeinen und OSH-Sensornetzwerke im Speziellen unterstützen können. Einerseits ermöglichen Blockchain-basierte Zahlungssysteme die Entlohnung von OSH-Sensordaten-Anbietern für Kleinstbeträge durch die Möglichkeit von fast kostenfreien Transaktionen. Andererseits erhöhen verteilte und unveränderliche Transaktionsregister (Distributed Ledger) die Integrität von gemeinschaftlich gesammelten Daten und somit die Attraktivität von Datensätzen.

OSH wird definiert als: „*a thing – a physical artifact, either electrical or mechanical – whose design information is available to, and usable by, the public in a way that allows anyone to make, modify, distribute, and use that thing.*" (The TAPR Open Hardware License, 2007). Zusätzlich führt Rubow (2008) aus, dass drei Voraussetzungen erfüllt sein müssen, damit Hardware den Grundsätzen von OSH entsprechen kann: Erstens müssen die Hardware-Schnittstellen öffentlich zugänglich sein, um frei von Anderen genutzt werden zu können. Zweitens müssen die Hardware-Entwurfsinformationen öffentlich gemacht sein, um die Fertigung und weitergehende Erkenntnis durch Andere zu ermöglichen. Und drittens müssen die Hilfsmittel, wie Software und Datenbanken, die für das Hardware-Design genutzt werden, öffentlich einsehbar sein, um die Entwicklung und Verbesserung durch Andere zu ermöglichen.

Im Laufe der Jahre haben sich Open-Source-Software (OSS) und OSH zu Fachgebieten wissenschaftlichen Interesses entwickelt. Mit einem Fokus auf die Kooperation von Unternehmen mit Nicht-Unternehmen, wie z. B. Interessensgemeinschaften (Communities), verlagert sich traditionelle unternehmensinterne Forschung und Entwicklung hin zu offenen Strukturen. Das Paradigma der offenen Innovation betont, dass Unternehmen sowohl interne als auch externe Erkenntnisse und Markteintrittsstrategien nutzen und diese Erkenntnisse mit existierenden Architekturen kombinieren oder gänzlich neue offene Strukturen schaffen sollen (De Jong & von Hippel, 2009; Chesbrough, 2006; Chesbrough 2003). Dahlander und Magnusson haben die Potentiale von Beziehungen zwischen kommerziellen Unternehmen und OSS-Communities untersucht und drei wichtige Modi der Zusammenarbeit identifiziert: *Symbiotische, kommensalistische* und *parasitäre* Zusammenarbeit.

Der *parasitäre* Ansatz wird von rein im Eigeninteresse und profitgetrieben handelnden Unternehmen verfolgt, welche der Community schaden und keine nachhaltige Geschäftsbeziehung aufbauen wollen.

Der *kommensalistische* Ansatz wird von Unternehmen verfolgt, welche von einer guten Beziehung mit OSS-Communities profitieren und dabei ihr Engagement bezüglich der Community-Beziehungen auf ein Minimum reduzieren.

Der *symbiotische* Ansatz ist der nachhaltigste: Es wird eine feste, auf Gegenseitigkeit beruhende und respektvolle Beziehung gefördert, die zwar höhere Management-Ausgaben mit sich bringt, aber auch zu optimaleren Ergebnissen führen kann. Dies kann funktionieren, wenn Unternehmen internen in externen Nutzen umwandeln und die Community im Gegenzug unterstützen (Dahlander & Magnusson, 2008; Dahlander & Magnusson, 2005). Eine besondere Herausforderung dieses Ansatzes ist es, ein Gleichgewicht zwischen der oftmals altruistischen Agenda von Open-Source-Communities und den kommerziellen Interessen von Unternehmen zu erreichen. Ein zu starker Fokus auf die eigenen Interessen eines Unternehmens mit gleichzeitiger Vernachlässigung der Wertschätzung und unzureichender Belohnung der Errungenschaften der Community, werden dabei wenig hilfreich sein und dazu führen, dass das Unternehmen als Trittbrettfahrer in Verruf gerät (Baldwin & Clark, 2006; von Hippel & von Krogh, 2003).

Die Rolle, die Communities bei offener und Community-getriebener Innovation von nicht-unternehmerischen Einheiten einnehmen, wird von mehreren Studien untersucht (Faraj et al., 2011; Seidel & Stewart, 2011; Baldwin & von Hippel, 2010; West & Lakhani, 2008; Benkler, 2006). Baldwin und von Hippel (2010) erörtern das Modell der offenen kollaborativen Innovation, welches Mitwirkende umfasst, die ihre Arbeitsleistung der Entwurfserstellung eines technischen Systems „öffentlich zur Nutzung freigeben und auch die Ergebnisse ihrer individuellen und kollektiven Entwicklungsleistung veröffentlichen und für jedermann nutzbar machen" (S. 9, Übers. d. Verf.).

Weiterhin werden die Aspekte der stetigen Veränderlichkeit, der Freiwilligkeit und der Vergemeinschaftung von Wissen als zentrale Eigenschaften von offenen, durch Mitwirkende aufrechterhaltene Communities hervorgehoben (Faraj et al., 2011; Seidel & Stewart, 2011). Laut Baldwin und von Hippel (2010) stehen Innovationsprojekten innerhalb solcher Kollaborationen, die darauf abzielen ökonomisch tragbar zu sein, vier finanzielle Herausforderungen entgegen: Entwicklungs- und Kommunikationskosten, welche derzeit aufgrund der Verbreitung von kostengünstiger Internet-Kommunikation und modularen Systemarchitekturen rapide sinken, sowie Produktions- und Transaktionskosten. Des Weiteren heben Tech et al. (2016) den verstärkenden Kosteneffekt für OSH-Communities hervor. OSH-Communities und -Projekte – im Gegensatz zu denen, die sich mit OSS beschäftigen – schließen eine „physische Ebene der Kollaboration, Entwicklung und Produktion" (S. 143, Übers. d. Verf.) ein. In diesem Kapitel vertreten wir die Auffassung, dass es entscheidend ist, Produktions- und Transaktionskosten zu untersuchen, und damit die Frage der Wirtschaftlichkeit von offenen Sensornetzwerken. Wir zielen darauf ab, ein Verständnis für die Beziehungen zwischen Mitwirkenden zu erlangen, und dafür, wie sie zu organisieren und zu verwalten sind, um ein nachhaltiges, wirtschaftlich tragfähiges und offenes Sensornetzwerk aufzubauen.

Im Folgenden entwickeln wir ein Bezugssystem, um physische Sensornetzwerk-Konstellationen entsprechend ihrer ökonomischen, system-architektonischen, sozialen, und technologischen Eigenschaften zu klassifizieren. Anschließend untersuchen wir, wie die Unzulänglichkeiten von offenen Sensornetzwerken, welche OSH-Komponenten einsetzen, durch Blockchain-basierte Systeme verringert oder beseitigt werden können (Lange, 2016; Pureswaran et al., 2015; Swan, 2015). Um eine mögliche Anwendung eines solchen Ansatzes aufzuzeigen, stellen wir das *Safecast*-Japan-Sensornetzwerk vor. Wir identifizieren die Unzulänglichkeiten dieses OSH Strahlungsmessungs-Sensornetzwerks und entwickeln potentielle Lösungsstrategien, aufbauend auf den Möglichkeiten von Blockchain-Systemen.

2　　Open-Source-Sensornetzwerke

Open-Source-Sensornetzwerke bestehen aus verteilten Sensoreinheiten, die die entsprechende Aufzeichnungs- und Verteilungsinfrastruktur mit Daten bedienen. Die Aufzeichnung, Weiterleitung und Analyse von Daten durch Netzwerk-Komponenten basiert dabei auf frei verfügbarer Software und Hardware. Solche Netzwerke ermöglichen es im Normalfall jeder und jedem Interessierten, sich zu beteiligen. Es gibt keine zentrale Instanz mit exklusivem Zugang zu den gesammelten Sensordaten. Um ein solches Netzwerk aufrechtzuerhalten, müssen wirksame Anreizmechanismen für die Mitwirkenden geschaffen werden. Im Gegensatz dazu haben Sensornetzwerke, die eher geschlossen organisiert sind, eine solche zentrale Instanz, die den Aufbau des Netzwerks, dessen Aufrechterhaltung sowie die Datensammlung und Datenverarbeitung kontrolliert. Wir bedienen uns der Analyse komplexer Systeme (Davies & Hobday, 2005; Hobday, 1998), um integrierte Systeme und Komplexitätsebenen von Sensornetzwerken zu beschreiben.

2.1 Typologien von Sensornetzwerken

Verschiedene Ausführungen von Sensornetzwerken können anhand einer Skala klassifiziert werden, die den Grad der Umsetzung des Open-Source-Gedankens von geschlossenen, über halboffene bis hin zu offenen Netzwerken widerspiegelt. Geschlossene Sensornetzwerke werden als Netzwerke definiert, bei denen eine Organisationseinheit die Kontrolle über das Gesamtnetzwerk und seine gesammelten Daten innehat, und der Einsatz von OSH und OSS bestenfalls kommensalistisch ausgeprägt ist und die Open-Source-Community nicht signifikant davon profitiert. Ein Beispiel für ein gänzlich geschlossenes Sensornetzwerk ist die Ortung von Lieferfahrzeugen eines Logistikunternehmens durch selbst installierte GPS-Sensoren. Hierbei können Sensordaten ausschließlich von dem das Netzwerk betreibenden Unternehmen ausgelesen und verarbeitet werden, welches hieraus alleinig einen Mehrwert generieren kann.

Halboffene Sensornetzwerke umfassen solche Netzwerke, bei denen eine zentrale Organisationseinheit Daten von unabhängig davon betriebenen Sensoren erfasst, die Verwaltung des Systems jedoch geschlossen hält und die gesammelten Daten zu eigenen, üblicherweise kommerziellen, Zwecken nutzt. Die Weitergabe an mehrere EmpfängerInnen oder die Ermöglichung eines offenen Zugangs durch die Sensoren ist dennoch realisierbar. Sensorenbetreiber können somit ebenfalls Zugriff auf die gesammelten Daten des Gesamtsystems haben, jedoch nicht im gleichen Ausmaß wie die Zentralinstanz. OSH und OSS wird zu einem Anteil des Systems eingesetzt, was dessen Komplexität im Gegensatz zu geschlossenen Netzwerken erhöht, da eine größere Anzahl von Untereinheiten und weniger zentralisierten Komponenten zum Einsatz kommen (Davies & Hobday, 2005). Die beteiligte Open-Source-Community profitiert zu einem gewissen Grad. Die Zusammenarbeit mit der Zentralinstanz ist folglich schwach symbiotisch. Als Beispiel eines halboffenen Sensornetzwerks kann hier das *Weather-Underground*-Netzwerk mit seinen in unabhängigem Besitz befindlichen Wetterstationen dienen, dessen zentrale Instanz eine Tochtergesellschaft der *Weather Company* ist, die in der Folge Profite aus der Bereitstellung der gesammelten Daten erwirtschaftet.

Gänzlich offene Sensornetzwerke sollen als solche definiert sein, welche keine zentrale Instanz aufweisen, allen mitwirkenden Sensorbetreibern (oder auch der Allgemeinheit) vollständigen Zugriff auf sämtliche gesammelte Daten ermöglichen und zu einem

Großteil OSH und OSS im Rahmen einer symbiotischen Zusammenarbeit mit relevanten Open-Source-Communities einsetzen. Die ausschließliche Speisung aus nicht zentral verwalteten Quellen erhöht die Systemkomplexität hierbei erheblich (Davies & Hobday, 2005). Beispiele solcher Netzwerke sind das *Community Collaborative Rain, Hail and Snow Network* (CoCoRaHS) in Nordamerika und das in Japan entstandene *Safecast* Strahlungsmessungs-Sensornetzwerk.

2.2   Sensor-Hardware

In Sensornetzwerken werden Daten von datenaufzeichnenden Modulen, im Folgenden Sensoreinheiten genannt, erfasst (Akyildiz et al., 2002). Diese umfassen Sensoren, Datenverarbeitungs-Hardware und -Software, Datenspeicher, Energieversorgung sowie Datensende- und Datenempfangs-Systeme. Weit verbreitete Sensoren sind Mikrofone, Kameras, Lichtsensoren, Temperatursensoren, Beschleunigungssensoren sowie Satelliten- oder Mobilfunk-Ortungssensoren. Sensoreinheiten können speziell für den Einsatz im Sensornetzwerk installiert sein, wie bei individuellen Wetterstationen, Strahlungs- und Luftqualitäts-Messpunkten oder GPS-Ortungsgeräten für Tiere, Personen oder Fahrzeuge. Sensoreinheiten können mehreren Einsatzzwecken dienen und innerhalb des Systems, in das sie eingebaut sind, Aufgaben erfüllen, wie dies bei Kraftfahrzeugen oder Mobiltelefonen der Fall ist.

2.3   Netzwerkarchitektur

In einem zentral organisierten Netzwerk übertragen Sensoreinheiten Daten an sogenannte Gateways, die diese an eine zentrale Datensammlungsinstanz weiterleiten. Dies geschieht oft über ein größeres Kommunikationsnetzwerk, das ausschließlich diesem Zweck dient oder offen zugänglich sein kann, wie das Internet oder Mobilfunknetzwerke. Im einfachsten Aufbau, einer einstufigen sogenannten Single-Hop-Kommunikation, kommunizieren alle Sensoreinheiten direkt mit einem zentralen Gateway. In größeren Netzwerken kann ein hierarchischer Aufbau umgesetzt sein, bei dem Gateways nur mit einer begrenzten Anzahl von in der Nähe befindlichen Sensoreinheiten kommunizieren und empfangene Daten an ein übergeordnetes Gateway weiterleiten, an das mehrere untergeordnete Gateways angeschlossen sind.

In solchen mehrstufigen Netzwerken, sogenannten Multi-Hop-Netzwerken, können Daten auch durch Sensoreinheiten weitergeleitet werden. Die Kommunikation von Sensor zu Gateway verläuft dann meist über mehrere Segmente nacheinander. In einem nicht-hierarchischen Peer-to-Peer-Netzwerk können alle teilnehmenden Einheiten als Gateways agieren, sodass keine separaten Gateways nötig sind.

Zwar steht der strukturelle Aufbau eines Netzwerks nicht direkt mit seiner Offenheit in Verbindung, jedoch sind weniger hierarchische Strukturen für offene Sensornetzwerke besser geeignet, insbesondere wenn sie keine zentralen Gateways benötigen, deren Einrichtung und Unterhaltung in offenen Strukturen ohne ausgefeilte Anreizsysteme schwierig sind. Wenn Sensoreinheiten entsprechend ausgelegt sind, können sie sich selbst zu einem Netzwerk organisieren, d. h. selbstständig mit anderen Sensoreinheiten oder Gateways in Kommunikation treten, um ohne externe Konfigurierung in das Netzwerk integriert zu werden. Die Festlegung eines Protokolls für eine optimale Lenkung der Datenströme durch das Netzwerk hängt von Systemanforderungen wie Geschwindigkeit, Stabilität, Energieverbrauch oder gleichmäßiger Netzwerkauslastung ab (Akyildiz et al., 2002).

2.4 Datenqualität & -integrität

Auf der Ebene der Sensoreinheiten kann die Datenqualität auf verschiedene Weise optimiert werden: Durch Kalibrierung der Sensoren vor deren Installation, durch Vergleiche mit Referenzwerten, durch statistische Zeitserienanalysen von Messungen oder durch redundante Messungen mehrerer Sensoren je Sensoreinheit. In Bezug auf die Datenintegrität kann festgehalten werden, dass geschlossene Sensornetzwerke üblicherweise keinen Versuchen interner Sensordaten-Manipulation ausgesetzt sind, da die Organisation, in deren Besitz sich das Netzwerk befindet, einheitliche Zielsetzungen hat. Es ergeben sich jedoch Gefährdungen ausgehend von Dritten, wenn Netzwerke nicht ausreichend gesichert sind. Hier sind Systeme nichtöffentlichen Quellcodes angreifbarer als Open-Source-Systeme, da weniger Einzelpersonen die Funktion des Netzwerks fortlaufend überprüfen.

Weiterhin ist eine Manipulation von gesammelten oder zugänglich gemachten Daten auf Systemebene möglich, etwa durch Manipulation von aufgezeichneten Daten, selektiver Positionierung oder Aktivierung von Sensoren. Da weder individuelle Sensordaten noch der Rohdatensatz des Gesamtsystems veröffentlicht werden, können Dritte die Integrität von Daten im Normalfall nicht verifizieren. Offene Sensornetzwerke sind kaum gegenüber Manipulationsversuchen auf Sensorebene gewappnet, da keine zentrale Instanz Kontrolle über oder Zugang zu sämtlichen Sensoreinheiten hat (Venkataraman et al., 2015; Wang et al., 2007).

2.5   Schaffung von Mitwirkungsanreizen

Für geschlossene und zentral kontrollierte Netzwerke ist keine Schaffung von Mitwir-kungsanreizen auf Sensoreinheitsebene nötig, da Sensoreinheiten von einer zentralen Instanz in Betrieb gehalten und durch im Gesamtsystem anfallende Profite finanziert werden. Netzwerke, die offen in Bezug auf einzelne Sensoreinheiten sind, also in denen Sensoren nicht in Besitz und unter Kontrolle einer Zentralinstanz sind, benötigen jedoch geeignete Anreize für einzelne Mitwirkende, die die Sensoren einrichten und betreiben. Diese Anreize können eine finanzielle Entlohnung, der (privilegierte) Zugang zu Daten und Diensten sowie das Erreichen gemeinnütziger Ziele oder persönliche Profilierung umfassen.

3   Blockchain-Technologie

Die Übertragung finanzieller Ressourcen verursacht üblicherweise Transaktionskosten. Allgemein werden als Transaktionskosten solche Kosten bezeichnet, die mit vertragli-chen Austauschverhältnissen zwischen zwei oder mehr TeilnehmerInnen in Verbindung stehen (Arrow, 1969). Kosten entstehen hierbei durch Informationssammlung und -ver-arbeitung, Verhandlung und Vertragsdurchsetzung (Williamson, 2000). Die zuletzt an-geführte Kostenquelle ist gerade bei Finanztransaktionen besonders bedeutend, da die/der Überweisende ein besonderes Interesse an einer Erwiderung durch die/den Emp-fängerIn hat. Beide Seiten wollen sicherstellen, dass das übertragene Geld das empfan-gende Konto wirklich erreicht.

Das Konzept einer Blockchain – mit seiner bekanntesten Umsetzung in Form der Grundlage der Krypto-Währung *Bitcoin* (Platzer, 2014) – beschreibt eine dezentral be-triebene Softwarearchitektur, die sich auf ein verteilt gespeichertes öffentliches Register aller bisher im System erfolgten, Transaktionen beruft. Dieses verteilte Transaktionsre-gister (engl. Distributed Ledger), die sogenannte Blockchain, besteht aus Transaktions-daten-Blöcken, die in chronologischer Reihenfolge durch kryptografisch generierte Re-ferenzen, sogenannte Hashes, mit dem jeweils vorangehenden Block verkettet sind. Die Hashes sind dabei schwierig zu errechnen aber einfach zu verifizieren. Netzwerkweite Bestätigungen neuer Blöcke stellen sicher, dass sich das Gesamtsystem stets auf eine definitive und nachträglich nicht veränderbare Version der Blockchain beruft. Es exis-tiert keine zentrale Kontrollinstanz und die Blockchain selbst ist über das Netzwerk ver-teilt an zahlreichen Orten gespeichert.

Alle TeilnehmerInnen des Systems steuern aktiv zu dessen Aufrechterhaltung bei und können die Integrität der Blockchain und deren Einzeltransaktionen fortwährend verifizieren. Die Blockchain kann ein Register für Transaktionen führen, aber auch für Eigentumsverhältnisse anderer physischer oder geistiger Objekte. In der Umsetzung des Blockchain-Konzepts im *Bitcoin*-Netzwerk werden die schwierigen Berechnungen neuer Blöcke von sogenannten Minern ausgeführt, die für ihre Rechenleistung mit neu geschaffenen Einheiten der Krypto-Währung entlohnt werden. Dieses Entlohnungssystem für die nötigen Berechnungen sowie die Mitwirkung aller NetzwerkteilnehmerInnen sind ausreichend, um das System aufrechtzuerhalten. Transaktionsgebühren sind nicht notwendig, aber möglich. Daher ermöglichen solche Systeme nahezu kostenfreie und gleichzeitig sichere Transaktionen.

3.1   Anwendung auf das Safecast Strahlungsmessungs-Sensornetzwerk

Um eine denkbare Anwendung der Möglichkeiten eines Blockchain-Systems bei OSH-Sensornetzwerken zu illustrieren, bedienen wir uns des Beispiels des *Safecast*-Japan-Sensornetzwerks. Laut der Website des Projekts „unterhält *Safecast* den größten je zusammengetragenen offenen Datensatz von Hintergrundstrahlungs-Messungen. Mehr als 35 Millionen Messwerte bisher und täglich anwachsend." (abgerufen am 29. Juli 2016, Übers. d. Verf.). *Safecast* nutzt ein verteiltes Netzwerk von Geigerzählern und dem Internet, um ein genaueres Bild der Strahlungsbelastung in Japan zu zeichnen. Dies ist in hohem Maße im Interesse der BewohnerInnen, da hohe Belastungen mit ionisierender Strahlung, resultierend aus den Freisetzungen nach dem Fukushima-Daiichi-Unfall, Zellen und deren DNS verändert und so potentiell Schädigungen und Mutationen verursachen kann. Erschwerend haben Faktoren wie Wind und Geländestrukturen starken Einfluss auf die Verteilung der Strahlungsbelastung und machen ein sehr engmaschiges Sensoren-Netzwerk erforderlich, um ausreichend genaue und verwertbare Daten zur Verfügung stellen zu können.

Viele BürgerInnen trauen der Regierung und privaten Unternehmen nicht zu, genaue Informationen zeitnah und wahrheitsgemäß zur Verfügung zu stellen. In der Folge hat die japanische Maker-Szene und ein offener Hackerspace in Tokio mit Unterstützung des Media Labs des Massachusetts Institute of Technology (MIT) ein physisches Gerät, *bGeigie* genannt, von der Größe eines japanischen Bento-Essenskästchens entwickelt. Das Gerät basiert auf einem *Arduino*-Mikrocontollermodul und beinhaltet einen Geigerzähler, einen GPS-Empfänger und einen Datenspeicher. Die Baukosten betragen je nach Ausführung zwischen 400 und 550 USD. Zu Beginn des Projekts hat Safecast einigen

Freiwilligen Geräte kostenlos zur Verfügung gestellt. Dies, sowie die generelle Entwicklung des Systems, wurde in erster Linie durch finanzielle Zuwendungen aus der Öffentlichkeit und dem Zuschuss einer privaten Stiftung ermöglicht. Heute kann *bGeigie* sowohl Strahlungsmessungs-Rohdaten als auch physiologisch relevante Strahlungdosen (in Mikrosievert) – welche die Auswirkungen von Strahlung auf den menschlichen Körper ausdrücken – aufzeichnen und berechnen. Die meisten Komponenten des Geräts sind offen zugänglich. Dies umfasst Platinen-Designs und Laserschneide-Vorlagen für Gehäuseplatten, die Firmware und den *Arduino*-Mikrocontroller, jedoch nicht Subsysteme wie den Alpha-Beta-Gamma-Detektor.

3.2   Auf Ebene der Mitwirkenden

Auf Ebene der Mitwirkenden ist *Safecast* ein vom Open-Source-Gedanken und gemeinschaftlichem Handeln getragenes Projekt. Mitwirkende sind sowohl improvisierende Hacker als auch professionelle EntwicklerInnen, die gemeinsam das *bGeigie*-System entwerfen und weiterentwickeln. Aus technologischer Perspektive sind die wichtigsten Mitwirkenden ForscherInnen vom MIT, Angestellte von *Safecast* und japanische HackerInnen. Die physische Gestalt des Geräts verstärkt die Notwendigkeit physischer Orte, an denen sich EntwicklerInnen treffen können, und lässt so den Hackerspaces eine wichtige Rolle zukommen. Aus Perspektive der Sensordaten sind die wichtigsten Mitwirkenden Privatpersonen in Japan, die Daten über das gesamte Land verteilt aufzeichnen und in die zentrale Datenbank einbringen. Beide Gruppen, die technisch Beitragenden und die durch Messwerte Beitragenden, sind vor allem dadurch zu ihrer Mitarbeit motiviert, dass offizielle Daten bezüglich Strahlungsbelastungen in Japan meist von schlechter Qualität sind. Generell begründen Mitwirkende an Open-Source-Projekten ihre Beteiligung oftmals auf zwei Faktoren: Einerseits glauben sie altruistisch motiviert an das Vermögen ihres persönlichen Einflusses auf die Schaffung einer gesellschaftlich verbundenen und zuträglicheren Zukunft. Andererseits beteiligen sie sich, um zu lernen, Spaß zu haben und sich in ihrer Hacker-Gemeinschaft zu profilieren (z. B. Baldwin & von Hippel, 2010; Raymond, 1999).

3.3   Auf Ebene des Netzwerks

Die Netzwerkarchitektur des *Safecast*-Netzwerks ist offen gestaltet. Die Sensoreinheiten arbeiten unabhängig voneinander und kommunizieren ausschließlich mit einer zentralen Datenbank. Daten werden in eine für alle zugängliche Datenbank geschrieben.

Wie vorab beschrieben, sind offene Sensornetzwerke anfällig gegenüber Datenaufzeichnung und Datensammlung minderer Qualität. Dies liegt an der schwierigen Verifizierung und Durchführung korrekter Sensorkalibrierung. *Safecast* versucht hier, durch eine Vielzahl von Sensoren, die räumlich dicht beieinander positioniert sind, gegenzusteuern. Durch große Stichprobenumfänge und Zeitserienanalysen können fehlerhafte Sensoren identifiziert und Ungenauigkeiten im Laufe der Zeit verringert werden, um die Datenqualität zu erhöhen. Die Gewährung von Datenintegrität jedoch stellt ein Problem dar.

Obwohl Open-Source-Datenbanken – im Gegensatz zu Closed-Source-Datenbanken – es im Regelfall weniger wahrscheinlich machen, dass Angriffe und Manipulationen unbemerkt geschehen, sind Manipulationen dennoch möglich. Einerseits können einzelne Mitwirkende individuelle manipulierte Sensordaten in die zentrale Datenbank einbringen. Andererseits ist der Gesamtdatensatz grundsätzlich veränderbar. Manipulationen an einer zentralen Datenbank können leicht unbemerkt bleiben, wenn die (Roh-)Daten nicht öffentlich einsehbar und/oder verteilt gespeichert sind.

3.4 Blockchain-Anwendung auf Safecast

Das Aufzeigen einer möglichen Anwendung eines Blockchain-Systems auf das *Safecast*-Netzwerk lenkt unsere Aufmerksamkeit auf zwei zentrale Herausforderungen von OSH-Sensornetzwerken. Erstens: Wie können Mitwirkende über kurzfristige Anstöße hinaus motiviert werden? Wie kann ein kosteneffizientes Anreizmodell aussehen? Und wie können Sensornetzwerke dauerhaft tragfähig betrieben werden? Sowie zweitens: Wie kann die Datenbank-Integrität verbessert werden? Und wie kann die Gefahr (unbemerkter) Datenmanipulation verringert werden?

In einem Zahlungsmodell für Kleinstbeträge könnten NutzerInnen, die auf die Sensordatenbank zugreifen möchten, beispielsweise eine Zahlung über einen Zehntel Cent, etwa per Bitcoin, leisten, ohne dass dabei Transaktionskosten anfallen. Wenn wir annehmen, dass nur fünf Prozent der japanischen Bevölkerung eine entsprechende App nutzt, um einmal täglich Sensormessdaten abzurufen, dann würden etwa sechs Millionen Zahlungen pro Tag gebucht. Auf einen Monat bzw. ein Jahr hochgerechnet ergäben sich gezahlte Gebühren von 180.000 bzw. 2,16 Millionen USD. Weiterhin wäre es wichtig, die Reaktionen der Community auf ein solches Modell zu antizipieren, welches leicht den Eindruck vermitteln kann, profitgetrieben zu sein, und dem die Community dann möglicherweise ablehnend begegnen würde. Ein festgelegter Anteil der Einnahmen, beispielsweise 50%, könnte im Gegenzug zu gleichen Teilen an verschiedene ja-

panische Hackerspaces verteilt werden, um die Weiterentwicklung der *bGeigies* zu unterstützen. Der Anteil könnte aber auch in einen gemeinschaftlich verwalteten Fond eingezahlt werden, der einzelne Entwicklungsprojekte einem öffentlichen Wahlsystem folgend unterstützt.

Dahlanders und Magnussons (2005) Typologie folgend stellt das vorgeschlagene Modell ein symbiotisches Bereitstellungssystem dar, da es die ihm zugrundeliegende Community im Gegenzug unterstützt. Die zweite Hälfte des erwähnten Topfes an eingenom-
menen Gebühren könnte genutzt werden, um *bGeigie*-Geräte zu kaufen und Mitwirkenden gratis zur Verfügung zu stellen. Bei einem Einkaufspreis von 400 USD ergäbe dies
2.700 neue Geräte, die jährlich an Mitwirkende abgegeben werden könnten, was eine
massive Steigerung gegenüber den bisherigen einigen hundert Detektoren darstellen
würde (Brown et al., 2016). BesitzerInnen defekter Geräte könnten kostenlos Ersatzge-
räte erhalten, um die existierende Infrastruktur aufrechtzuerhalten. Einzelne NutzerInnen von Sensordaten, die die entsprechende App täglich nutzen, müssten kumuliert etwa
0,36 USD pro Jahr an das *Safecast*-Netzwerk zahlen. Um die Anzahl an Einzelzahlun-
gen zu verringern, könnten auch monatliche oder jährliche Abonnements eingeführt
werden. Um Nutzungsgebühren möglichst gerecht zu gestalten, könnte auch je Daten-
bankzugriff abgerechnet werden.

NutzerInnen, die nur eine Datenabfrage pro Tag benötigen, würden dann weniger
zahlen als Organisationen, die mehrmals täglich Daten abfragen. Unabhängig von der
genauen Ausgestaltung des Zahlungsmodells wären die fälligen Gebühren minimal. Die
Durchführung von Zahlungen solcher Kleinstbeträge über etablierte Zahlungssysteme
wäre aufgrund der anfallenden Transaktionsgebühren nicht wirtschaftlich. Durch auf
dem Blockchain-Konzept aufbauende Dienste können Kleinstbeträge effizient und praktisch kostenlos übertragen werden. Tabelle 1 fasst verschiedene Berührungspunkte eines solchen Modells für Zahlungen von Kleinstbeträgen mit Strategien für die Aufrechterhaltung eines Open-Source-Netzwerks zusammen. Die Ermöglichung von Datenintegrität durch den Einsatz eines Distributed Ledgers ist der zweite Aspekt, der durch den
Einsatz eines Blockchain-basierten Systems im hier aufgezeigten Zusammenhang adressiert werden kann.

In der derzeitigen Umsetzung des *Safecast*-Netzwerks werden Sensordaten zentral
gespeichert und sind daher anfällig gegenüber potenziellen – von einzelnen Angriffs-
punkten ausgehenden – Manipulationsversuchen. Ein verteiltes unveränderliches Register aller aufgezeichneten Sensordaten kann mit Hilfe eines Blockchain-Systems reali-

siert werden. Eventuell ist dies bereits mit dem bei *Ethereum* vorhandenen Funktionsumfang möglich. Jedoch würden effizientere Umsetzungen lediglich Hashes in der Blockchain speichern, die extern und dezentral gespeicherte Daten referenzieren, wie dies etwa mit *StorJ* oder *IPFS* möglich ist. Wenn eine große Anzahl an NetzwerkteilnehmerInnen Kopien der Blockchain lokal vorhält, werden Manipulationen durch einzelne AngreiferInnen weitgehend unmöglich gemacht. Daher könnte in der Öffentlichkeit ein sehr hohes Maß an Vertrauen gegenüber den einsehbaren Daten erreicht werden, was von Anfang an eine zentrale Zielsetzung des Safecast-Projekts war.

Tab.1: Strategien für die Aufrechterhaltung eines Open-Source-Netzwerks

	Bereitsteller von Sensordaten	Nutzer von Sensordaten	Entwickler-Community
Motivation	Schaffung von Anreizen für die Bereitstellung von Daten durch Einzelne, z. B. durch Steigerung des Bewusstseins für die aktuelle Situation und die Probleme aufgrund einer mangelhaften Datenlage	Herausstellen persönlicher Vorteile durch den Zugriff auf die Sensordaten, mit einfachem Zugang, angemessenen Gebühren und sinnvollem Mehrwert, z. B. durch Umweltdaten für umweltbewusste NutzerInnen	Gewinnung neuer Mitwirkender und Motivation von bereits involvierten EntwicklerInnen z. B. durch externe Unterstützung und kostenlose Bereitstellung von Hilfsmitteln
Interaktion	Einfache Mitwirkung und Bereitstellung von Daten mithilfe von kostenloser, sicherer Datenübertragung	Einfacher Zugang zu individuell relevanten Daten, z. B. durch individualisierbare Datenauswahl	Niedrige Eintrittsbarrieren für Interaktionen innerhalb der Community, z. B. durch direkten Austausch an physischen Orten
Gegenleistung	Ausarbeitung angemessener persönlicher Entlohnung und Profilierung, z. B. finanzielle Unterstützung für das Ersetzen alter Sensoren	Ansprechen von gemeinnützigen Charakterzügen, z. B. durch Unterstützung lokaler Communities und physischer Hackerspaces	Ausarbeitung angemessener persönlicher Entlohnung und Profilierung, z. B. finanzielle Unterstützung für physische Community-Räume und zukünftige (lokale) Entwicklungsarbeit

4 Zusammenfassung und Ausblick

Wir haben uns für die Untersuchung von Open-Source-Sensornetzwerken entschieden, da diese inhärent komplex sind – primär bedingt durch zahlreiche Subsysteme und Bestandteile, aber auch durch einen großen Anteil physischer Komponenten sowie durch ein hohes Maß an gemeinschaftlicher Mitwirkung. Die Komplexität eines solchen Systems macht es grundsätzlich schwierig, es dauerhaft aufrechtzuerhalten, insbesondere wenn es einem Open-Source-Ansatz folgt. Herausforderungen bezüglich der Datenintegrität, sowohl zentral organisierter Datenbanken als auch einzelner Sensoren, werden hierbei noch verstärkt. Blockchain-Technologie kann dabei helfen, beide Herausforderungen anzugehen. Einerseits können Einnahmen aus Transaktionskosten-minimierten Zahlungen von Kleinstbeträgen durch NutzerInnen des Netzwerks dazu eingesetzt werden, Software- und Hardware-EntwicklerInnen sowie BereitstellerInnen von Sensordaten dauerhaft zu ihrer Mitwirkung zu motivieren. Andererseits können Distributed-Ledger-Systeme die Integrität von Daten auf der Gesamtsystemebene durch eine Unveränderlichkeit und einen geringen Grad an Zentralisierung verbessern.

Die Entstehung des *Safecast*-Netzwerks mit der Entwicklung der *bGeigie*-Geräte zeigt auf, wie ein Misstrauen gegenüber der Regierung die Entwicklung von Open-Source-basierten und dezentralen Systemen vorantreiben kann. Die Blockchain-Technologie kann ein großes Potential bieten, um die Effizienz von Regierungen im Umgang mit öffentlichen Registern, Steuerdaten, persönlichen Daten der BürgerInnen etc. zu steigern. Einige Regierungen und PolitikerInnen diskutieren solche Ansätze bereits öffentlich. So hat die demokratische US-Präsidentschaftskandidatin Hillary Clinton in einer Rede „Blockchain-Anwendungen für den öffentlichen Dienst" (Clinton, 2016, Übers. d. Verf.) als Teil ihres Wahlprogramms vorgeschlagen. Im oben beschriebenen Fall in Japan mangelte es der dortigen Regierung klar an Vertrauen durch die Öffentlichkeit, welches durch ein unveränderliches, öffentlich zugängliches und verteilt gespeichertes Datenregister durchaus hätte wiedergewonnen werden können.

Die Forschung zu diesem Thema wurde im Rahmen des deutsch-französischen interdisziplinären Forschungsprogramms 'Open! – Methods and tools for community-based product development' durchgeführt. Das Programm wird gemeinsam von der Agence Nationale de la Recherche und der DFG gefördert. Wir bedanken uns herzlich für die Unterstützung.

Literaturverzeichnis

Akyildiz, I. F., Su, W., Sankarasubramaniam, Y., & Cayirci, E. (2002). Wireless sensor networks: a survey. *Computer networks,* 38(4), 393–422.

Arrow, K. J. (1969). The organization of economic activity: issues pertinent to the choice of market versus nonmarket allocation. *The analysis and evaluation of public expenditure: the PPB system, 1,* 59–73.

Baldwin, C. Y. & Hippel, E. A. von (2010). Modeling a paradigm shift: From producer innovation to user and open collaborative innovation. *Harvard Business School Finance Working Paper,* (10-038), 4764–09.

Baldwin, C. Y. & Clark, K. B. (2006). The architecture of participation: Does code architecture mitigate free riding in the open source development model? *Management Science,* 52(7), 1116–1127.

Benkler, Y. (2006). The wealth of networks: How social production transforms markets and freedom. New Haven: Yale University Press.

Brown et al. (2016). Safecast: successful citizen-science for radiation measurement and communication after Fukushima. *Journal of Radiological Protection, 36,* 82–101.

Chesbrough, H. W. (2006). *Open innovation: The new imperative for creating and profiting from technology.* Boston: Harvard Business School Press.

Chesbrough, H. W. (2003). The logic of open innovation: managing intellectual property. *California Management Review,* 45(3), 33–58.

Clinton, H. (2016, June 27). Hillary Clinton's Initiative on Technology & Innovation. URL: www.hillaryclinton.com/briefing/factsheets/2016/06/27/hillary-clintons-initiative-on-technology-innovation.

Dahlander, L. & Magnusson, M. G. (2008). How do firms make use of open source communities? *Long range planning,* 41(6), 629–649.

Dahlander, L. & Magnusson, M. G. (2005). Relationships between open source software companies and communities: Observations from Nordic firms. *Research policy,* 34(4), 481–493.

Davies, A. & Hobday, M. (2005). The business of projects: managing innovation in complex products and systems. Cambridge, UK: Cambridge University Press.

Faraj, S., Jarvenpaa, S. L., & Majchrzak, A. (2011). Knowledge collaboration in online communities. *Organization science,* 22(5), 1224–1239.

Hippel, E. von & Krogh, G. von (2003). Open source software and the "private-collective" innovation model: Issues for organization science. *Organization science,* 14(2), 209–223.

Hobday, M. (1998). Product complexity, innovation and industrial organisation. *Research policy,* 26(6), 689–710.

Jong, J. P. de & Hippel, E. von (2009). Transfers of user process innovations to process equipment producers: A study of Dutch high-tech firms. *Research Policy,* 38(7), 1181–1191.

Lange, B. (2016, June). Verknüpft - Blockchains für das Internet der Dinge. *iX Magazin für professionelle Informationstechnologie,* 2016(6), 54–56.

Lock, J. (2013). *Open source hardware.* Technical Report, Department of Technology Management and Economics, Chalmers University of Technology.

Platzer, J. (2014). *Bitcoin - kurz & gut.* Cologne: O'Reilly.

Pureswaran, V., Panikkar, S., Nair, S., & Body, P. (2015). Empowering the edge - Practical insights on a decentralized Internet of Things. IBM Institute for Business Value, Executive Report. URL: www-935.ibm.com/services/multimedia/GBE03662USEN.pdf.

Raymond, E. (1999). The cathedral and the bazaar. *Knowledge, Technology & Policy,* 12(3), 23–49.

Rubow, E. (2008). Open source hardware. *UCSD Working Papers.* URL: https://cseweb.ucsd.edu/classes/fa08/cse237a/topicresearch/erubow_tr_report.pdf.

Seidel, M. D. L.& Stewart, K. J. (2011). An initial description of the C-form. *Research in the Sociology of Organizations, 33,* 37–72.

Swan, M. (2015). *Blockchain: Blueprint for a new economy.* Sebastopol, CA: O'Reilly.

Tech, R. P. G., Ferdinand, J., & Dopfer, M. (2016). Open Source Hardware Startups and Their Communities. In J. Ferdinand, U. Petschow, S. Dickel (Hrsg.), *The Decentralized and Networked Future of Value Creation*. Berlin: Springer.

The TAPR Open Hardware License, Version 1.0(2007). URL: www.tapr.org/TAPR_Open_Hardware_License_v1.0.txt.

Thompson, C. (2011). *Build it. Share it. Profit. Can open source hardware work?* Work, *10*, 08.

Venkataraman, R., Moeller, S., Krishnamachari, B., & Rao, T. R. (2015). Trust–based backpressure routing in wireless sensor networks. *International Journal of Sensor Networks,* 17(1), 27–39.

Wang, D., Zhang, Q., & Liu, J. (2007). The self-protection problem in wireless sensor networks. *ACM Transactions on Sensor Networks,* 3(4), 20.

West, J. & Lakhani, K. R. (2008). Getting clear about communities in open innovation. *Industry and Innovation*, 15(2), 223–231.

Williamson, O. E. (2000). The new institutional economics: taking stock, looking ahead. *Journal of economic literature*, 38(3), 595–613.

Revolutioniert Blockchain-Technologie das Management von Eigentumsrechten und Transaktionskosten?

Stefan Hopf und Arnold Picot

Ludwig-Maximilians-Universität München

Zusammenfassung

Dieser Beitrag erläutert, wie Eigentum mit Hilfe von Blockchain-Technologie krypto-graphisch gesichert und im Rahmen von P2P-Transaktionen übertragen werden kann, ohne dass sich die Partner dabei vertrauen müssen. Darauf aufbauend stehen die ökono-mischen Implikationen im Mittelpunkt, die eine solche extrem erleichterte und sichere Übertragbarkeit und Durchsetzbarkeit von Verfügungsrechten hätte. Als Beispiele ver-anschaulichen Smart Contracts, Smart Property und Dezentralized Autonomous Orga-nizations mögliche disruptive Auswirkungen, die eine radikale Disintermediation tradi-tioneller vertrauensbildender Institutionen durch Blockchain-Technologie zur Folge hätten. So könnten beispielsweise in weiten Bereichen hierarchische durch dezentrale marktbasierte Organisationsformen abgelöst werden. Freilich sind dieser Entwicklung auch klare Grenzen gesetzt, weil sich viele Verträge und Koordinationsformen den An-wendungsbedingungen für Blockchains entziehen und weiterhin auf menschliche Inter-pretation und Intervention angewiesen sind.

1 Einführung

Was immer in Bits abbildbar ist, kann auch perfekt dupliziert und sehr leicht weiterver-breitet werden. Diese Eigenschaften der Digitalisierung haben die freie Verbreitung von Gütern und Diensten in bislang unvorstellbarer Weise vorangetrieben, aber auch den Schutz von Urheber- und Eigentumsrechten sowie den Gütertausch im virtuellen Raum erschwert und riskant gemacht. Um die Rechte der Beteiligten abzusichern sind aufwän-dige Sicherheitslösungen sowie die Einschaltung vertrauenswürdiger Dritter erforder-lich, z. B. in Form eines zentralen Rechtemanagements und spezialisierter Sicherheits-

und Vertrauensdienstleister. Diese zentralisierten Ansätze werden mit zunehmender Verbreitung von digitalen Diensten, digitalem Handel, des Internet der Dinge und der Verschmelzung der digitalen mit der physischen Welt zunehmend als limitierendes Problem erkannt. Viele der möglichen innovativen Produkte und Geschäftsmodelle benötigen, wenn sie gelingen sollen, autonom abwickelbare, nahtlose und dynamische Transaktionen zwischen heterogenen Partnern in Echtzeit und teilweise in sehr feiner Granularität. Man denke etwa an autonomes Fahren, e-Energy-Systeme oder vernetzte Industrie-4.0-Applikationen. Mit dem derzeit verfügbaren Instrumentarium zum Management digitaler Transaktionen sind derartige Anwendungen schwer zu realisieren.

Die noch junge Blockchain-Technologie – oftmals vielleicht zutreffender auch als Technologie der verteilten Verzeichnisse (Distributed Ledger Technology – DLT) oder als öffentliches Register ohne Vertrauensbedarf (Trustless Public Ledger – TPL) bezeichnet – scheint hier einen Lösungsansatz zu bieten. Ursprünglich von Satoshi Nakamoto (Nakamoto, 2008) entwickelt, um Ausgabe, Nutzung und Verwaltung der Cyberwährung Bitcoin zu ermöglichen, ist diese Technologie aber keineswegs auf diesen Anwendungszweck beschränkt. Eine Blockchain erlaubt es, genau zu verfolgen, wer welche Eigentumsrechte an einem Gegenstand oder einem Recht besitzt, indem die Übertragung bzw. der Tausch von Rechten direkt zwischen den Beteiligten erfolgt (Peer-to-Peer, P2P), ohne eine zentrale Instanz (z. B. einen Notar, ein Zentralregister, einen Zeugen) einschalten zu müssen.

Diese aus der Theorie des verteilten Rechnens auf Computern sowie aus der Kryptographie hervorgegangene Technologie erzeugt ein spezifisches Vertrauensnetzwerk, in dem nur der rechtmäßige Eigentümer das Vermögensobjekt weitergeben und nur der berechtigte Adressat es in Empfang nehmen kann; das Vermögensobjekt existiert nur einmal (ist also nicht duplizierbar), die getätigten Transaktionen und die aktuelle Eigentümersituation sind von Jedermann jederzeit transparent überprüfbar (Andressen, 2014). Vor diesem Hintergrund sucht unser Beitrag folgende Fragen zu klären[1]:

- Wie funktioniert die angedeutete Eigentumsübertragung in Blockchains im Grundsatz?
- Welches sind die ökonomischen Implikationen einer solchen Entwicklung für das Management von Eigentumsrechten und Transaktionskosten?

---

[1] Eine ausführlichere Ausarbeitung der Thematik mit zahlreichen weiteren Literaturhinweisen, aus der der vorliegende Beitrag maßgeblich hervorgegangen ist, findet sich bei Hopf und Picot (2016).

Rechts- und Wirtschaftswissenschaften haben erst kürzlich damit begonnen, sich mit möglichen Folgen einer solchen Technologie zu befassen – wobei sich zunehmend die Einsicht verbreitet, dass Wirtschafts-, Sozial- und Rechtswissenschaften frühzeitig die Potenziale neuartiger Technologien vor dem Hintergrund relevanter Theorien studieren und die Perspektiven für Theorie und Praxis diskutieren müssen.

2 Eigentumsrechte und Transaktionskosten als Bestimmungsgrößen wirtschaftlicher Aktivität

Arbeitsteilung und Spezialisierung sind wesentliche Instrumente zur Verringerung von Knappheit und zur Steigerung des Wohlstands. Sie funktionieren aber nur, wenn die Akteure in geeigneter, möglichst effizienter Weise Eigentum an den Sach- und Dienstleistungen, die sie produzieren oder konsumieren, geltend machen und den Tausch von Gütern möglichst unaufwändig abwickeln können. Eigentumsrechte müssen also gesichert und Tauschprozesse verlässlich vollzogen werden können. Etablierung, Zuordnung, Übertragung und Durchsetzung von Eigentumsrechten sind mit spezifischen Kosten, sog. Transaktionskosten, verbunden. Sie bestehen zu einem sehr großen Teil aus Kosten der Information und der Kommunikation und können je nach Umständen (Rechtssystem, Kultur, Technologie, Eigenschaften der Güter, Verhaltensweisen der Beteiligten usw.) unterschiedlich hoch ausfallen. In gewissen Situationen (z. B. bei sehr hohem Misstrauen oder sehr großer Unsicherheit und komplizierten Verträgen) können sie sogar prohibitiv hoch werden, sodass keine Transaktion zustande kommt. In dem Maße wie es gelingt, Eigentumsrechte einfacher zu definieren und durchzusetzen sowie Transaktionen weniger aufwändig durchzuführen, kommt ökonomische Aktivität stärker in Gang, können andere Organisations- und Koordinationsmechanismen eingesetzt werden und kann sich Wirtschaft besser entwickeln.

Hier kommt die Technologie ins Spiel, die in diesem Zusammenhang ein wesentlicher Einflussfaktor ist. Blockchain-Technologie verspricht für bestimmte Bereiche der Etablierung und Koordination wirtschaftlicher Aktivitäten eine radikale Verringerung der Transaktionskosten, die für die Sicherung und Durchsetzung von Eigentumsrechten sowie für die Abwicklung von Transaktionen erforderlich sind. Um diese Möglichkeit verstehen und einschätzen zu können, ist ein etwas genauerer Blick in die Funktionsweise von Blockchain-Technologie notwendig.

3   Grundlegende Funktionsweise der Blockchain-Technologie

Satoshi Nakamoto hat die Blockchain-Technologie gleichsam als Beiprodukt der Entwicklung der Cyberwährung Bitcoin entworfen. Blockchain-Technologie stellt dabei die technische Grundlage dar, auf der Bitcoins kreiert und gehandelt werden können. Eine Blockchain ist vereinfacht nichts anderes als eine verteilte Datenbank, die nicht von einem einzelnen Akteur, sondern kollaborativ – unter Nutzung verschiedener komplementärer Technologien – von einer Vielzahl von Teilnehmern unterhalten und abgesichert wird. Die Rechner der Beteiligten stimmen sich mithilfe eines spezifischen Konsensbildungsalgorithmus über die Aktualisierung des Datenbestandes ab. Neue Einträge in den Datenbestand sind nach diesem Abstimmungsvorgang aufgrund komplexer Kryptographie nicht mehr veränderbar. Sobald Information auf diese Weise „unsterblich" geworden ist, kann sie als zuverlässiger Nachweis für Eigentümerschaft bzw. Eigentumsübergang fungieren. In diesem Prozess spielen vor allem vier verschiedene Komponenten komplementär zusammen, die im Ergebnis eine disruptive Innovation bilden[2]:

- Ein Authentifizierungssystem, das auf einem asymmetrischen Verschlüsselungsverfahren mit öffentlichen und privaten Schlüsseln beruht (Public-Key-Verschlüsselungsverfahren).

- Ein P2P-Netzwerk für die Verbreitung relevanter Eigentumsveränderungen, welches – anders als z. B. klassische Client-Server-Architekturen – nicht auf eine (verwundbare) zentrale Steuerungs- und Kontrollinstanz angewiesen ist.

- Ein Konsensbildungsalgorithmus, um Einverständnis über die konkrete Historie einer Gruppe von Transaktionen (sog. Blocks) herzustellen. Dazu engagieren sich bestimmte Knoten des P2P-Netzwerks (sog. Miner) in einem rechenintensiven Kryptographieverfahren (z. B. Proof of Work Algorithmus).

- Eine Blockchain, in der jeder durch Konsensbildung abgestimmte Block unveränderbar mit dem Datenbestand verknüpft wird, der dann seinerseits ebenfalls unveränderbar ist und die gesamte Historie aller Transaktionen enthält.

Die folgende Abbildung (Abb. 1) veranschaulicht exemplarisch das Zusammenspiel der vier Komponenten anhand einer Transaktion zwischen zwei Parteien (B und C).

---

[2] Es existieren verschiedene Blockchain-Technologie Ausprägungsformen, die in einzelnen Aspekten von der ursprünglich von Nakamoto (2008) beschriebenen Funktionsweise abweichen (vgl. z. B. Hyperledger oder Ethereum).

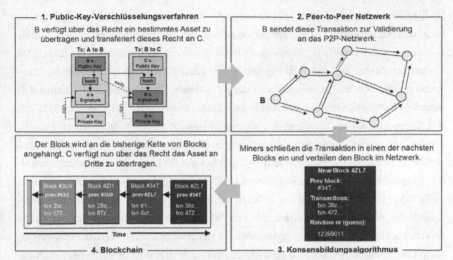

Abb. 1: Vereinfachte Funktionsweise von Blockchain-Technologie (i. A. a. Nakamoto, 2008)

4 Wirtschaftliche Implikationen

Es liegt auf der Hand, dass ein solches System nicht allein für den Handel mit einer Cyberwährung nutzbar ist, sondern für ganz unterschiedliche Anwendungsfelder, in denen Eigentumsübertragungen bzw. Gütertausch und deren eindeutiger Nachweis eine Rolle spielen wie z. B. Wertpapierhandel, Immobilienkataster, Stromhandel, Supply-Chain-Management, Immaterialrechte, etc. Sofern die Anwendungsbedingungen für Blockchain-Technologie gegeben sind (u. a. eindeutig definierbare Rechte sowie vollständige Verträge und eindeutige Vertragsbedingungen für die Übertragung dieser Rechte), kann diese als Infrastruktur für Transaktionen in unterschiedlichen Anwendungsfeldern genutzt werden. In diese Richtung gehen bereits erste öffentliche Implementierungen, etwa im e-Government Bereich in Estland (Cointelegraph, 2017).

Die Technologie verteilter Verzeichnisse, die die Historie von Eigentumsübergängen eindeutig dokumentiert, keine zentrale Instanz (etwa ein Clearing House o. Ä.) benötigt und zugleich so sicher ist, dass die Vervielfältigung bzw. Doppelnutzung eines zugeordneten Eigentums ausgeschlossen werden kann, erweist sich als möglicher radikaler Rationalisierer traditioneller institutioneller Lösungen, z. B. auch bei der Durchsetzung und Verwaltung von Urheberrechten in Musik und Kunst, was derzeit in der virtuellen

Welt praktisch kaum möglich ist. Die sichere softwarebasierte Kodifizierung, Verwaltung und Durchsetzung von Eigentumsrechten der unterschiedlichsten Art mittels Blockchain-Technologie eröffnet sogar für feingranulare Anwendungen (z. B. zeitlich begrenzter Zugriff auf und Nutzung von geschützten Daten und Informationen, Inanspruchnahme von Strom in volatilen Energiesystemen, Wertpapier- und Geldhandel) neuartige Möglichkeiten zu extrem geringen Transaktionskosten[3]. So könnten z. B. das Recht, ein Musikstück abzuspielen oder ein Dokument zu lesen, automatisch beendet werden, sobald bestimmte vorab vereinbarte Bedingungen eintreten (z. B. Ablauf einer definierten Zeit, ausstehende Zahlung). Ähnliches gilt für über eine Blockchain verwaltete Zugangsrechte zu physischen Gütern (z. B. Gebäude, Car Sharing). Ohne Zentralstelle oder Intermediär sowie zu äußerst geringen Grenzkosten können viele unterschiedliche Arten von Transaktionen – von Wertpapieren oder Immobilien bis hin zu Mikrotransaktionen im Rechtemanagement – sicher abgewickelt werden. Das vereinfacht und belebt wirtschaftliche Aktivitäten, vorausgesetzt eine geeignete Blockchain-Infrastruktur ist vorhanden.

In der Diskussion um Anwendungsperspektiven von Blockchain-Technologie werden u. a. drei Kategorien unterschieden: Intelligente Verträge (Smart Contracts), intelligentes Eigentum (Smart Property) und dezentrale autonome Organisationen (Decentralized Autonomous Organizations). Diese nicht trennscharf unterscheidbaren Kategorien veranschaulichen das wirtschaftlich relevante Anwendungspotenzial der Blockchain-Technologie.

Bei Smart Contracts geht es darum, vollständig formulierte Verträge mit ihren relevanten Konditionen auf Basis der Blockchain-Technologie abzuwickeln (Szabo 1997; Davidson et al., 2016; z. B. auf Grundlage des Mietvertrages eindeutig bedingte Übermittlung des Zugangscodes zu einem Mietobjekt). Da viele, wenn nicht die meisten Vertragswerke, neben solchen eindeutigen Konditionierungen auch eine Reihe von Regelungen aufweisen, die nicht eindeutig abbildbar sind, sondern bei denen menschliches Ermessen eine Rolle spielt (z. B. Beurteilung des Qualitätszustands des Mietobjekts vor oder nach dessen Nutzung), dürften Smart Contracts in der Regel nur als Komponenten in umfassenderen Vertragssystemen eine Rolle spielen. Freilich können sie dort, wo ihre

---

[3] Die Höhe der Kosten pro Transaktion im Bitcoin-Netzwerk ist u. a. von der Auslastung des Netzwerks und der Inkaufnahme einer möglichen Verzögerung in der Transaktionsabwicklung abhängig. Private (nicht öffentlich zugängliche) Blockchain-Lösungen weisen i. d. R. durch den eingeschränkten Nutzerkreis und effizientere Konsensbildungsalgorithmen deutlich niedrigere Transaktionskosten auf.

Anwendbarkeit möglich ist, ihre erhebliche Transaktionskosten sparende Wirkung entfalten (etwa bei den zahlreichen hochstandardisierten Verträgen für Finanztransaktionen).

Eng verbunden mit der Idee des Smart Contract ist der Gedanke von Smart Property (Hearn, 2011; Mizrahi, 2015). Dieser besteht darin, dass die Nutzungs- und Veränderungsbedingungen eines Eigentumsobjekts (Sachgut oder immaterielles Gut) in der virtuellen Repräsentation dieses Gutes hinterlegt sind und automatisch angewandt werden können. So ist vorstellbar, dass für ein Wertpapierdepot, einen Computer oder ein Fahrzeug von vornherein die Bedingungen seiner Nutzung oder Veränderung eindeutig spezifiziert sind und diese Rechte über eine Blockchain verwaltet werden. Auf diese Weise könnte etwa ein Wertpapierdepot als Sicherheit ausgeliehen, ein Computer als Rechenressource genutzt oder ein Fahrzeug verliehen werden, ohne dass sich der Eigentümer oder eine sonstige Stelle mit diesen Nutzungsprozessen befassen müsste. Gleichzeitig wäre zweifelsfrei sichergestellt und dokumentiert, dass nur die vorab zugelassenen Nutzungen in der definierten Form stattgefunden haben. Im Hinblick auf das entstehende Internet der Dinge sowie die Nutzung von Maschinendaten erscheint diese Perspektive besonders interessant und relevant. Natürlich ist es erforderlich, dass die Bedingungen der automatischen Drittnutzung eindeutig und vollständig vorab definiert und in der Blockchain hinterlegt sein müssen (Identität und Authentifizierung von berechtigten Nutzern, Dauer und Zwecke der Nutzung, Zahlungsabwicklung, Dokumentation usw.).

Die Vision eines zukünftigen Mietsystems für autonome Fahrzeuge vermag die Verknüpfung von Smart Contracts und Smart Property zu illustrieren. Jedes teilnehmende autonome Fahrzeug wird im Sinne von Smart Property ausgestattet und über Smart Contracts kontaktiert, indem der in einem solche Vertrag hinterlegte Nutzungsanspruch in einer Blockchain-Datenbank recherchiert und mit den Funktionalitäten der autonomen Fahrzeuge verglichen wird. Sobald die gewünschten Eigenschaften gefunden und abgeglichen sind, wird das so identifizierte Fahrzeug zum Ort der gewünschten Nutzung in Gang gesetzt, sodass der Mieter nun temporär eine begrenzte Teilmenge der Nutzungsrechte an diesem Fahrzeug erhält und damit seine Transportwünsche erfüllen kann. Etwaige Verletzungen der Vertragsbedingungen (z. B. Überziehen der Nutzungsdauer) werden automatisch protokolliert und finanziell kompensiert. Als ein sich selbst auf Basis von Smart Contracts und Smart Property steuerndes P2P-Modell (Abb. 2) stellt dieses Beispiel eine besonders transaktions-kostengünstige Alternative zur Autovermietung klassischer Prägung (mit einer Mietzentrale) oder einer Plattformlösung (z. B. Uber) dar.

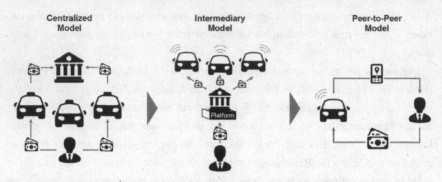

Abb. 2: Übergang von einem zentralisierten über ein intermediärbasiertes hin zu einem P2P-Modell im Transportwesen (Grafiken von icons8.com)

Mit diesem Beispiel ist bereits die dezentrale autonome Organisation (DAO) angesprochen, die dritte oftmals diskutierte Anwendungsperspektive von Blockchain-Technologie (Larimer, 2013; Buterin, 2013). Der zentrale Gedanke besteht darin, dass sich auch die Input-Output-Beziehungen innerhalb von Organisationen ähnlich wie Smart Contracts und Smart Property eindeutig abbilden lassen und Organisationen somit autonom und dezentral agieren und ihren Aufgaben nachgehen können. Das wiederum erfordert natürlich eine vollständige Spezifizierung aller Kooperations- und Produktionsbedingungen des betrachteten Bereichs, was für Teilbereiche von Organisationen zutreffen mag und entsprechende automatische, selbststeuernde Produktionen von Sach- oder Dienstleistungen ermöglichen kann. Allerdings ist – ähnlich wie bei einzelnen Smart Contracts – darauf hinzuweisen, dass ein sehr weiter Bereich des organisatorischen Geschehens, insbesondere überall dort, wo soziales Verhalten und soziale Kooperation eine Rolle spielen, durch Unsicherheit, Uneindeutigkeit, Konflikthaftigkeit, Werturteilsprägung und Ermessensentscheidungen gekennzeichnet ist, die sich eben gar nicht oder nur teilweise in klare, eindeutige Regeln fassen lassen. Daher dürfte sich die Vision der Ausbreitung von DAOs nur auf bestimmte wohldefinierbare arbeitsteilige Beziehungsmuster zwischen Maschinen, zwischen Mensch und Maschine sowie in noch geringerem Ausmaß zwischen Menschen erstrecken. Freilich ist in diesem Eignungsbereich dann wiederum eine erhebliche Reduktion der Transaktions- und Koordinationskosten zu erwarten.

Am besten verdeutlicht wird die skizzierte Problematik der Reichweite von Smart Contracts und DAOs, wenn man sich die reale Vertragsvielfalt der Praxis vor Augen hält, wie sie etwa Ian Macneil und andere aufgezeigt haben (Macneil, 1974; Picot et al.,

2015, S. 19-21). *Klassische* Kooperationsbeziehungen und Verträge, die weitestgehend vollständig formuliert und anhand eindeutiger Kriterien ausgeführt und kontrolliert werden können, bilden das Anwendungspotenzial von Smart Contracts und DAOs. Sobald *neoklassische* Vertragselemente (Beurteilung der Einhaltung von Vertragsvoraussetzungen und -bedingungen durch menschliches Fachurteil) oder *relationale* Kooperationsstrukturen (offene Kooperations- oder Vertragsfragen, die von den Beteiligten selbst durch Werturteil, Erfahrung, Verhandlung oder Machtausübung geklärt werden müssen) eine Rolle spielen – und das wird nach wie vor in weiten Bereichen des Markt- und Organisationsgeschehens der Fall sein –, sind Smart Contracts für diese Teile von Kooperation und Vertrag nicht länger ein Hilfsmittel für die Organisation. Trotzdem bieten Smart Contracts und DAOs in ihrem genuinen Anwendungsfeld Entlastung und Effizienzsteigerung und erlauben auf diese Weise, die menschlichen Kräfte und Fähigkeiten vermehrt auf die Fragen zu konzentrieren, bei denen menschliches Urteilsvermögen, soziale Interaktion, Verständigung und Kreativität gefragt sind.

5 Schlussbetrachtung

Es wurde gezeigt, dass Blockchain-Technologie die Virtualisierung von Eigentum und verwandten Rechten transaktionskostensparend voranzutreiben vermag, indem sichere Repräsentationen des Eigentums (Token) durch diese Technologie geschaffen und eindeutig verwaltet werden können. Dieses Rechtemanagement kann sich auf Rechte an oder auf digitale Immaterialgüter (z. B. Daten, Urheberrechte, Teilnahmerecht an einem Online-Kurs), auf eine Mischung digitaler und physischer Güter (z. B. digitales Zugangsrecht zu einem Gebäude) oder auch auf physische Güter (z. B. Landbesitz) beziehen. Dadurch können eindeutig spezifizierbare Rechte sowie die Bedingungen ihrer Übertragung so sicher und effizient verwaltet werden, dass auf die Einschaltung einer (teuren) vertrauenssichernden Instanz verzichtet werden kann. Perspektivisch können dadurch jene Intermediäre und Institutionen reduziert oder gar überflüssig werden, die derzeit im Bereich wohldefinierter Rechte und Verträge die Abwicklung sichern (Management und Hierarchien bei Standardkooperationen und -verträgen, Notare, Clearing Stellen, teilweise Banken und Wertpapierverwaltung usw.).

Andererseits sollte der „Hype" um Blockchain-Technologie und ihre disruptiven Wirkungen nicht übertrieben werden. Denn weite Felder der realen Vertrags- und Organisationswelt entziehen sich aus nachvollziehbaren Gründen den Anwendungsvoraussetzungen von Blockchain-Technologie im Rahmen von Smart Contracts oder DAOs.

Diese Felder wird es auch in Zukunft, vielleicht sogar zunehmend, geben, weil viele Aspekte der Organisationsaufgaben und des Eigentums eindeutiger Spezifikation nicht zugänglich sind und Steuerung, Führung und Strategie angesichts von anhaltender Technologie-, Markt- und Gesellschaftsdynamik immer wieder neue Beurteilungen, Lösungskonzepte und Verständigung erfordern.

Festzuhalten bleibt, dass Blockchain-Technologie als ein Substitut, als eine Anreicherung oder eine komplementäre Ergänzung bestehender Organisations- und Vertragssysteme anzusehen ist. Wo anwendbar, ergeben sich hohe Rationalisierungswirkungen, Intensivierung von wirtschaftlicher Aktivität und vertrauensfördernde Sicherheit in der arbeitsteiligen Abwicklung von Aufgaben und Verträgen. Das gilt für nahezu alle Branchen und Bereiche der Gesellschaft. Hinzu kommt die Option einer öffentlichen Blockchain-Infrastruktur, die als technisches Lösungsangebot zur effizienten Herstellung von Vertrauen gerade auch in Umgebungen mit geringem Vertrauen anzusehen ist und unabhängig von lokalen hoheitlichen Verwaltungen funktionieren kann. Dieser Infrastruktur können sich dann unterschiedliche Anwendungen bedienen. Es ist bemerkenswert, dass verschiedene Länder (z. B. Estland, Honduras, Georgien, Schweden) bereits den Aufbau einer solchen Infrastruktur vorbereiten und erproben (Rizzo, 2016).

Literaturverzeichnis

Andreessen, M. (2014). *Why Bitcoin Matters.* URL: http://dealbook.nytimes.com/2014/01/21/why-bitcoin-matters/.

Buterin, V. (2013). *Bootstrapping a Decentralized Autonomous Corporation - Part I.* URL: https://bitcoinmagazine.com/articles/bootstrapping-a-decentralized-autonomous-corporation-part-i-1379644274.

Cointelegraph (2017). *How Estonia Brought Blockchain Closer to Citizens: GovTech Case Studies.* URL: https://cointelegraph.com/news/how-estonia-brought-blockchain-closer-to-citizens-govtech-case-studies.

Davidson, S., De Filippi, P., & Potts, J. (2016). *Economics of Blockchain.* URL: https://papers.ssrn.com/sol3/papers.cfm?abstract_id=2744751.

Hearn, M. (2011). *Smart Property.* URL: https://en.bitcoin.it/wiki/Smart_Property.

Hopf, S. & Picot, A. (2016). Crypto-Property and Trustless P2P Transactions: Blockchain as a Disruption of Property Rights and Transaction Cost Regimes? In J. Wulfsberg, T. Redlich, & M. Moritz (Hrsg.), *1. interdisziplinäre Konferenz zur Zukunft der Wertschöpfung* (S. 159–172). Hamburg: Helmut-Schmidt-Universität.

Larimer, D. (2013). *The Hidden Costs of Bitcoin.* URL: https://letstalkbitcoin.com/is-bitcoin-overpaying-for-false-security#.UjtiUt9xy0w.

Macneil, I. R. (1974). The Many Futures of Contracts. *Southern California Law Review*, 47, 691–816.

Mizrahi, A. (2015). *A blockchainbased property ownership recording system.* URL: http://chromaway.com/papers/A-blockchain-based-property-registry.pdf.

Nakamoto, S. (2008). *Bitcoin: A Peer-To-Peer Electronic Cash System.* URL: https://bitcoin.org/bitcoin.pdf.

Picot, A., Dietl, H., Franck, E., Fiedler, M. & Royer, S. (2015). *Organisation: Theorie und Praxis aus ökonomischer Sicht*, 7. Auflage. Stuttgart: Schäffer Poeschel.

Rizzo, P. (2016). *Sweden Tests Blockchain Smart Contracts for Land Registry.* URL: http://www.coindesk.com/sweden-blockchain-smart-contracts-land-registry/.

Szabo, N. (1997). *Formalizing And Securing Relationships On Public Networks.* URL: http://firstmonday.org/ojs/index.php/fm/article/view/548/469.

Vielfalt und Stand der Open-Source-Hardware

Jérémy Bonvoisin, Robert Mies, Rainer Stark und Roland Jochem

Institut für Werkzeugmaschinen und Fabrikbetrieb
Technische Universität Berlin

Zusammenfassung

Die letzten zehn Jahre bildeten den Schauplatz für das Aufkommen einer Vielzahl von Projekten zur Entwicklung von Open-Source-Hardware (OSH), welche das dezentrale Entwicklungskonzept der Open-Source-Software (OSS) auf die Welt der physischen Produkte übertragen. Diese Projekte sind gekennzeichnet durch die Offenlegung von technischen Daten zur Stimulation von Feedback, Replikation und kollaborativer Entwicklung. Dieser Beitrag untersucht die Nutzung des öffentlichen Raums von OSH-Projekten, welcher durch das World Wide Web und Online-Plattformen zum gemeinsamen Datenaustausch bereitgestellt wird, um ihre Produkte als *„open source"* zu veröffentlichen. Hierfür wird eine Stichprobe mit produktbezogenen Daten von 76 OSH-Produkten empirisch erhoben und bewertet. Einerseits werden dadurch Schlussfolgerungen zum derzeitig erreichten Entwicklungsstand des OSH-Feldes gezogen. Andererseits werden Verhaltensweisen von OSH-Projekten aufgezeigt und die Vielfalt an existierenden Ansätzen anhand von unterschiedlichen dokumentationsspezifischen Ausprägungen eingeordnet.

1 Definition der Open-Source-Hardware

Open-Source-Hardware bezeichnet ein gegen Ende der letzten Dekade aufgekommenes (vgl. Balka, 2016) globales Praxisphänomen, welches das Entwicklungsmodell der Open-Source-Software auf die Welt der physischen Produkte überträgt. OSS und OSH lassen sich im übergeordneten Konzept der Open-Source-Innovation verorten, welche als freie Offenlegung von Informationen zur kollaborativen Entwicklung eines Designs definiert ist (Raasch et al. 2009). Im Rahmen der OSI grenzen Raasch und Herstatt

(2011) ferner *Open (Produkt-)Design* physischer/materieller Artefakte von *Open Content* in digitaler/immaterieller Form nach der ultimativen Bestimmung des Innovationsobjekts ab. Ersteres bezieht somit Objekte vom Automobil über das Fahrrad bis hin zu elektronischer Hardware mit ein. Für Letzteres werden hingegen öffentliche Kulturgüter und freie Wissenschaft angeführt. Der Begriff Artefakt wird der von Fjeldsted et al. (2012) angestellten Beobachtung gerecht, dass die Entwicklung unfertiger Produkte zur flexiblen Weiterverwendung eine valide OSH-Strategie darstellt. Da Open Content im Open Design eingebettet ist, werden die Grenzen dieser beiden Formen der OSI als fließend beschrieben.

Der Begriff Open-Source-Hardware bezieht sich originär zwar auf elektronische Hardware, umschreibt aber mittlerweile auch andere physische Objekte, wie mechanische oder mechatronische Produkte. Eine von der *Open Source Hardware Association* (OSHWA) aufgestellte Definition der OSH, welche von der allgemein anerkannten Open-Source-Definition der *Open Source Initiative* (2007) abgeleitet wurde, lautet: *"Open-Source-Hardware (OSHW) ist ein Begriff für objekthafte Artefakte – Maschinen, Geräte oder andere physische Gegenstände – mit offen zugänglich gemachten Bauplänen, die jede und jeder studieren, verändern, weiterverbreiten und nutzen kann."* (Open Source Hardware Association, 2016). Diese Definition bezieht sich auf die vier Kernprinzipien des Open-Source-Konzepts: das Recht für jedermann zur Nutzung, zum Studium, zum Verändern und zum Verbreiten von Objekten. Im Gegensatz zur OSS, bei welcher bekannt ist, was genutzt, studiert, verändert und verbreitet wird (der Quellcode), präzisiert die Definition der OSHWA nicht, welche Informationen konkret hiermit gemeint sind und lässt dadurch viel Deutungsspielraum zu.

Existierende Best-Practice-Kataloge (Bonvoisin & Schmidt, 2017; Open Source Hardware Association, 2013) legen allerdings die Veröffentlichung von technischen Zeichnungen physischer Produkte (in Form von CAD-Dateien) als Mindestvoraussetzung aus. Darüber hinaus ist es indes je nach Interessenlage sinnvoll, weitere Informationen bereitzustellen, wie Stücklisten und Montageanleitungen (welche die physische Realisierung des Produktes ermöglichen) oder prozessbezogene Daten (um Beiträge von externen Mitwirkenden zu ermöglichen).

In Bezug auf die Interpretationsfreiheit des OSH-Konzepts zeigen Balka et al. (2010) auf, dass grundsätzlich drei Aspekte der Offenheit zu unterscheiden sind: *Transparenz* im Sinne veröffentlichter Produktdokumentation, öffentliche *Zugänglichkeit* der Produktentwicklungsumgebung zur Mitwirkung jedermanns im Entwicklungsprozess und .

Reproduzierbarkeit des finalen Produktes durch Verfügbarkeit von Bauteilen und Anleitungen. Nicht jedes OSH-Projekt befolgt zwangsläufig diese drei Aspekte der Offenheit. In der Praxis werden unterschiedliche Ansätze und Interpretationen des OSH-Konzeptes verfolgt. So kann es insbesondere nicht als selbstverständlich vorausgesetzt werden, dass Transparenz automatisch mit der Bereitschaft zur kollaborativen Produktentwicklung einhergeht – was an dieser Stelle als Open-Source-Produktentwicklung (OSPE) bezeichnet werden soll. Welche jeweilige Relevanz den unterschiedlichen Aspekten der Offenheit in der Praxis beigemessen wird, ist indes eine offene Frage, der im Folgenden nachgegangen werden soll.

2 Forschungsansatz und Datengrundlage

Ziel dieses Beitrags ist es, empirisch zu untersuchen, welche Aspekte der Offenheit von OSH-Projekten in der Praxis realisiert werden. Hierzu wurde untersucht, wie OSH-Projekte den virtuellen Raum nutzen, um ihre Produkte als *open source* zu veröffentlichen. Als Datengrundlage für diese Untersuchung wurden veröffentlichte produktbezogene Daten ausgewertet. Als Nebenzielstellung wird ebenfalls die empirische Bestätigung der Existenz von OSH-Aktivitäten verfolgt, welche über die Analyse einschlägiger Fallbeispiele wie Open Source Ecology, RepRap oder Local Motors hinausgehen.

Hierzu wurde eine empirische Datenerhebung durchgeführt, deren methodischer Ansatz im anschließenden Abschnitt beschrieben wird. In einem Erhebungszeitraum von drei Monaten wurden 76 OSH-Produkte im Rahmen einer Onlinerecherche identifiziert und analysiert. Aufgrund der essentiell verschiedenen technisch-naturwissenschaftlichen Grundlagen, Verfahren und Anforderungen im Zuge der Entwicklung von elektronischer Hardware wurde die Erhebung auf mechanische und mechatronische Produkte eingegrenzt.

3 Methoden der Datenerhebung

Die Datenerhebung wurde im Zeitraum von März bis Mai 2016 im Rahmen einer Recherche mit gängigen Internetsuchmaschinen, Screening von sozialen Netzwerken sowie Gesprächen mit Experten in Fachkonferenzen durchgeführt. Es wurde nach solchen Produkten gesucht, welche den folgenden Kriterien entsprachen:

- Die Produkte beinhalten optional elektronische Hardware- und Software-komponenten, weisen jedoch in jedem Falle eigenentwickelte mechanische Komponenten auf, da diese mit einem deutlich breiteren Anforderungsspektrum einhergehen. Als Eigenentwicklung werden solche physischen Komponenten eingegrenzt, die das Ergebnis eines formgebenden Gestaltungsprozesses sind, welcher im Rahmen des zugehörigen Projektes stattgefunden hat. Produkte wie beispielsweise Halbleiter oder Leiterplatten von *Arduino*[1] erfüllen dieses Kriterium folglich nicht.

- Die Produkte besitzen eine gewisse Mindestkomplexität. Produkte, welche beispielsweise nur aus einem Bauteil oder Material bestehen, erfüllen dieses Kriterium nicht. Daher wurden Produkte wie Visitenkartenhalter oder Tassen nicht berücksichtigt.

- Die Produkte weisen ein Mindestmaß an Nutzungsrelevanz auf. Juwelierwaren, Verzierungselemente oder Gadgets wie z. B. personalisierte Handyhüllen oder 3D-gedruckte Ringe erfüllen dieses Kriterium nicht und bleiben daher unberücksichtigt.

- Die Produkte werden von den zugehörigen Projekten als *open source* bezeichnet, etwa um neue Mitglieder oder kommerzielle Mitwirkung auf dieser Basis zu umwerben.

- Die Produkte sind hinreichend konkretisiert und deren Informationen veröffentlicht, sodass sie für die physische Realisierung oder eine Weiterentwicklung geeignet sind. Andernfalls ist eine Community im Zuge kollaborativer Entwicklung im Begriff, das Produkt hinreichend zu konkretisieren und dessen Informationen zu veröffentlichen. Grobe Produktideen oder reine Vorkonzepte, welche nicht im Zuge eines zugehörigen Projektes weiterentwickelt werden, werden nicht berücksichtigt. Somit werden Crowdsourcing-Plattformen wie z. B. OpenIDEO, welche auf kollaborative Ideengenerierung ausgerichtet ist, ausgeschlossen.

- Da nicht immer 1:1-Relationen zwischen Produkten, Projekten oder Communities bestehen, wird nur ein Produkt je Projekt bzw. Community berücksichtigt.

Dieses Vorgehen soll eine konservative Bewertung des Phänomens gewährleisten. Die hiernach identifizierten Produkte wurden anhand der in Tabelle 1 (siehe Anhang) beschriebenen Kriterien näher untersucht. Die Bewertung der Produkte erfolgte anhand von Informationen, welche auf den Websites der jeweiligen Projekte aufgeführt waren. Das Kriterium „Hardwarekomponente" dient zur Aufteilung der Produkte in rein me-

---

[1] Siehe URL: https://www.arduino.cc.

chanische und mechatronische Produkte. Die Kriterien „Phase des Produktentstehungsprozesses", „Status des Projektes" und „Produktkategorie" liefern kontextuelle Informationen. Die anderen Kriterien dienen der Bewertung der Offenheit im Sinne der von Raasch et al. (2010) identifizierten drei Aspekte der Offenheit.

Der Aspekt Transparenz wurde gemäß der Verfügbarkeit von CAD-Dateien bewertet; Reproduzierbarkeit anhand der Verfügbarkeit von Montageanleitungen und Stücklisten; Zugänglichkeit anhand der Editierbarkeit der veröffentlichten Daten sowie der Verfügbarkeit einer Anleitung für potentielle Mitwirkende. Für diese Kriterien wurden nur die mechanischen Komponenten der jeweiligen Produkte betrachtet, sodass produktbezogene Daten elektronischer Hardware- oder Softwarekomponenten von der Betrachtung ausgenommen blieben.

4   Beschreibung des Datensatzes

Es wurden 76 Produkte gefunden, welche den Suchkriterien entsprachen[2]. Von diesen bestanden 41 ausschließlich aus mechanischen Komponenten, 35 enthielten zusätzlich Hardware- und Softwarekomponenten (Abb. 1a).

Mehr als drei Viertel der Produkte wurden aktuell weiterentwickelt oder vermarktet, während an den Übrigen nicht mehr gearbeitet wurde und die assoziierten Projekte somit nicht mehr aktiv waren (Abb. 1b). Die am häufigsten repräsentierten Produktkategorien waren Werkzeugmaschinen und Fahrzeuge (Abb. 1c).

Die Kategorie Werkzeugmaschinen umfasste vor allem Desktop-Werkzeugmaschinen (kleine modulare Werkzeugmaschinen) wie den 3D-Drucker *Ultimaker*[3] oder die Lasermaschine *Lasersaur*[4]. Unter die Kategorie Fahrzeuge fielen größtenteils Fahrräder wie die *XYZ Spaceframe Vehicles*[5] und Autos wie das *Tabby OSVehicle*[6].

---

[2] Die ausgewählte Stichprobe ist eine Teilmenge der unter der URL: http://opensourcedesign.cc verfügbaren Datenbank für komplexe, nicht elektronische Open-Source-Produkte, welche ebenfalls die Bewertung der beschriebenen Kriterien aufführt.
[3] Siehe URL: https://ultimaker.com.
[4] Siehe URL: http://www.lasersaur.com.
[5] Siehe URL: http://www.n55.dk/manuals/spaceframevehicles/spaceframevehicles.html.
[6] Siehe URL: https://www.osvehicle.com.

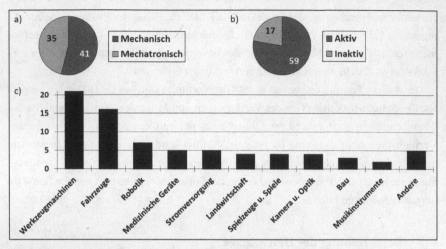

Abb. 1: Charakterisierung des Datensatzes: a) Verteilung der mechanischen und mechatronischen Produkte b) Verteilung der aktiven und inaktiven zugehörigen Projekte c) Verteilung der Produkte nach Produktkategorien

5   Ergebnisse und Interpretation

Diese Datenerhebung liefert zunächst eine empirische Bestätigung der Existenz von OSH-Praktiken und vermittelt einen ersten Eindruck zum Umfang des Phänomens. Die in Abbildung 2 dargestellte Verteilung der Produkte entlang der erreichten Phasen des Produktentstehungsprozesses weist darauf hin, dass 71 % der Produkte das Entwicklungsstadium der Herstellung erreicht hatten. Dadurch wird nicht nur die Existenz von OSH-Aktivitäten bestätigt, sondern auch, dass aus OSH-Projekten funktionsfähige Produkte entstehen können. Entgegen gängiger Erwartungen hattn nur 29 % der identifizierten Produkte diesen Stand noch nicht erreicht.

Hierfür lassen sich folgende Hypothesen ableiten:

- Produkte in den ersten Entwicklungsphasen sind schwieriger zu finden, da sie sich im Aufbau befinden und wenig dokumentiert sind.

- Produktdaten werden erst veröffentlicht, wenn das Produkt eine gewisse Reife erreicht hat, z. B. wenn ein offizielles Release ausgegeben werden kann.

- Die zugrundeliegenden Entwicklungsprozesse weisen Strukturen auf, nach welchen erste Prototypen in einem relativ frühen Stadium entwickelt werden. Produkte von geringer Komplexität erreichen dabei bereits nach kurzer Zeit einen Reifegrad, welcher einen Eigenbau ermöglicht.

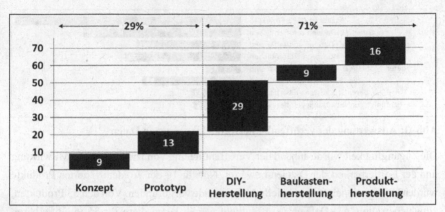

Abb. 2: Verteilung der Produkte je erreichte Phase des Produktentstehungsprozesses

Abbildung 3 stellt die Auswertung produktbezogener Daten dar, die zu den identifizierten Produkten veröffentlicht waren. Zu den 76 Produkten, die als *open source* bezeichnet wurden, waren nur 53 entsprechende CAD-Dateien veröffentlicht. Diese erfüllen somit ein Mindestmaß an Transparenz. Der Umstand, dass für 23 Produkte keine CAD-Dateien gefunden werden konnten, lässt Rückschlüsse auf folgende Hypothesen zu:

- Die Produktentwicklung befindet sich in einer frühen Phase, sodass bisher keine CAD-Modelle vorliegen.
- Für Produkte mit mechanischen und elektronischen Komponenten legen einige Projekte nur letztere offen. Solche Fälle werden nicht als transparent bewertet, da nur die mechanischen Komponenten dieser Produkte bewertet werden.
- Die Intention zur Transparenz ist zwar gegeben, allerdings fehlt es an erforderlichen Arbeitskapazitäten bzw. eine Offenlegung von Informationen erfolgt nur auf Anfrage.
- Es gibt eine gewisse Verzögerung zwischen der Aussage, dass ein Produkt *open source* sei, und der tatsächlichen Offenlegung der damit verbundenen Informationen. So wurden zu drei Produkten, für welche am Anfang der Datenerhebung noch keine CAD-Dateien online gestellt waren, diese erst im Zeitraum der Datenerhebung veröffentlicht.
- Das assoziierte Projekt ist inaktiv, weshalb Daten nicht gepflegt und Verknüpfungen zu „*dead links*" werden, sodass Informationen nicht mehr verfügbar sind.

- Schließlich wird ebenfalls behauptet, dass Produkte *open source* seien, ohne dass die Bereitschaft zur Offenlegung entsprechender Informationen überhaupt besteht.

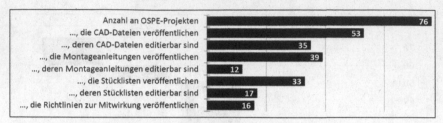

Abb. 3: Auswertung der veröffentlichten produktbezogenen Daten

Die Zugänglichkeit wurde anhand der Veröffentlichung von Richtlinien zur Mitwirkung und der Editierbarkeit der Dateien bewertet. Nur für 16 der 76 identifizierten Produkte wurden Informationen für potentielle Mitwirkende vorgefunden. Von den 53 Produkten, zu welchen die CAD-Dateien veröffentlicht waren, lagen diese für 35 in editierbaren Originalformaten vor. Für die 18 Übrigen wurden diese Dateien in Exportformaten wie STL oder PDF zur Verfügung gestellt, welche es nicht ermöglichen, 3D-Modelle ohne Informationsverlust zu bearbeiten. Diese Daten werfen die mögliche Hypothese auf, dass nur für einen Teil der identifizierten Produkte die Absicht verfolgt wird, Mitwirkende im Zuge einer kollektiven Entwicklung anzuwerben. Vielfach scheinen zugehörige Projekte primär das Interesse zu verfolgen, deren Projektresultate zu verbreiten, anstatt sie kollaborativ weiterzuentwickeln. Auch von den 39 veröffentlichten Montageanleitungen waren nur zwölf editierbar; von den 33 Stücklisten waren 17 editierbar. Die Reproduzierbarkeit wurde anhand der Offenlegung von Stücklisten und Montageanleitungen bewertet. Zu den 76 identifizierten Produkten wurden 39 Montageanleitungen und 33 Stücklisten öffentlich zur Verfügung gestellt. Entsprechend schien ein Teil der zugehörigen Projekte die Absicht zu verfolgen, die Reproduktion der von Ihnen veröffentlichten Produkte zu ermöglichen. An dieser Stelle verweisen Raasch et al. (2009) auf drei unterschiedliche *loci of production*: Innerhalb von Communities, durch beteiligte Organisationen oder externe Produzenten.

Abbildung 4 gibt einen zusammenfassenden Überblick über die drei Aspekte der Offenheit Transparenz, Zugänglichkeit und Reproduzierbarkeit. Von den ausgewerteten Daten zu den 76 untersuchten Produkten wurden 53 als transparent, 30 als reproduktionsfördernd und elf als zugänglich eingestuft. Dies deutet darauf hin, dass Transparenz ein Aspekt ist, der entweder von den Produktentwicklungsteams als besonders wichtig betrachtet wird oder zumindest am einfachsten zu realisieren ist.

Ebenso liefern die Daten Hinweise, dass Zugänglichkeit ein Aspekt ist, der entweder als unbedeutend betrachtet wird oder schwieriger umzusetzen ist.

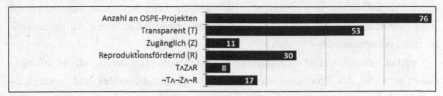

Abb. 4: Auswertung der Transparenz, Zugänglichkeit und Reproduzierbarkeit

Im Gegensatz hierzu zeigt die von Balka et al. durchgeführte empirische Studie (Balka et al., 2014) gegenüber der Reproduzierbarkeit eine stärkere Priorisierung der Transparenz und der Zugänglichkeit auf. Zugänglichkeit mag zwar theoretisch wichtig erscheinen, ist aber schwieriger in der Umsetzung, was unter anderem mit der Feststellung von Bonvoisin und Boujut (2015) zusammenfällt, dass OSPE-Projekte über keine ausreichende Unterstützung von Methoden und IT-Werkzeugen zur Verwirklichung dieses Aspekts verfügen. Außerdem geht zunehmende Mitwirkung in OSPE-Prozessen einher mit gesteigertem Aufwand der Koordination und Integration von Aktivitäten, was signifikante Kapazitäten erfordert. Ferner ergeben sich Anforderungen an die Transparenz als Vorbedingung für die Realisierung von Zugänglichkeit und Reproduzierbarkeit, sodass Interdependenzen zwischen den drei Aspekten bestehen, auf welche die Daten allerdings keine Rückschlüsse erlauben.

Zuletzt ergibt sich ein interessantes Bild bei den Schnittmengen der drei Aspekte für die Produkte. Für die 76 Produkte, die als *open source* bezeichnet wurden, wurden gemäß der vorgenommenen Einstufung alle drei Aspekte nur für acht erfüllt; für 17 wurden gar kein Aspekt bzw. für die 51 Übrigen die Aspekte teilweise erfüllt. Dies bestätigt, dass Offenheit ein graduelles und kein binäres Konzept ist.

6   Limitationen der Studie

Der für die hier dargestellte Studie erstellte Datensatz erhebt keinen Anspruch auf Vollständigkeit für das gesamte Feld der OSH. Die Autoren können nicht ausschließen, dass die von ihnen verwendete Methodik zur Recherche von OSH-Produkten Untermengen des Feldes unberücksichtigt lässt, und können folglich keine vollständige Repräsentativität gewährleisten. Durch die binäre Bewertung der Daten wurden zudem Fragen der Qualität der Daten, z. B. im Sinne der Ausführlichkeit oder Verständlichkeit, nicht näher beleuchtet und sollten im Rahmen künftiger Forschungsvorhaben aufgegriffen werden. Außerdem wurden die Aspekte Transparenz, Zugänglichkeit und Reproduzierbarkeit durch Proxy-Kriterien nur angenähert. Insbesondere beim Kriterium Zugänglichkeit wäre eine nähere Betrachtung kollaborativer Gesichtspunkte, z. B. zur Aufgabenorganisation, aufschlussreich.

Darüber hinaus bleibt offen, inwieweit durch OSH-Projekte bereitgestellte Informationen verwertet, d. h. Produktreleases tatsächlich reproduziert werden, und Zugänglichkeit den Zusammenschluss und das Wachstum von Communities begünstigt. Diese Dynamiken gilt es näher zu untersuchen. Dies ist wiederum abhängig von der Verwendung entsprechender Lizenzen zur Unterstützung von Open-Source-Ansätzen, was im Rahmen der Studie jedoch nicht weiter berücksichtigt werden konnte. Eine Gegenüberstellung der von OSH-Projekten bereitgestellten Inhalte und gewählten Lizenzierungsformen würden das Bild in dieser Hinsicht weiter vervollständigen.

7 Fazit und Ausblick

Die vorliegende Datenerhebung zeigt empirisch auf, wie in der Praxis die gesamte Breite des Interpretationsspielraums ausgefüllt wird, welcher von der vagen Definition der OSH ausgeht. Auf diese Weise wird empirisch bestätigt, dass das Konzept der Offenheit als graduell und multidimensional aufzufassen ist und das Feld der OSH mit seiner reichen Vielfalt an Projekten in Hinblick auf den jeweiligen Kontext und bestehende Prioritäten äußerst heterogen ist. Obwohl Akteure aus Forschung (z. B. Balka et al., 2010) und Praxis (z. B. Open Source Hardware Association, 2013) Transparenz, Zugänglichkeit und Reproduzierbarkeit als wichtige Bestandteile des Open-Source-Ansatzes betrachten, verwirklicht nur rund jedes zehnte OSH-Produkt alle drei Aspekte in Kombination. Es offenbart sich, dass einzelne Projekte eine sehr sparsame Interpretation des Open-Source-Ansatzes wählen, und dass viele Projekte hybride Strategien der Offenheit implementieren. Die hier erhobenen Daten erlauben keine Differenzierung, inwiefern bei der Offenlegung von Produktinformationen Abweichungen intendiert oder kontextuell sind.

Im Ergebnis lassen sich jedoch folgende Hypothesen formulieren:
- Ob Projekte Transparenz, Zugänglichkeit und Reproduzierbarkeit aufweisen, hängt davon ab, welche Zwecke Projekte mit der gewählten Interpretation des Open-

Source-Ansatzes verfolgen und welche Ressourcen sie in der Lage sind bereitzustellen.

- Transparenz wird in der Praxis als Mindestvoraussetzung anerkannt, um ein Projekt als *open source* zu bezeichnen. Zugänglichkeit und Reproduzierbarkeit werden hingegen entweder durch einen überwiegenden Teil der Projekte als optional betrachtet oder aber es fehlt an ausreichenden Mitteln zur Realisierung.

- Zugänglichkeit und Reproduzierbarkeit erfordern gesteigerten Ressourcenaufwand, eine proaktive Einstellung, die Entwicklung spezifischer Onlinetools und Prozesse und sind entsprechend anspruchsvoll in der Umsetzung.

- Nur ein Teil an OSH-Projekten verfolgt die Absicht, Mitwirkende für die Produktentwicklung anzuwerben. Vielfach scheinen Projekte primär das Interesse zu verfolgen, deren Projektresultate zu verbreiten, anstatt sie kollaborativ weiterzuentwickeln.

- Schließlich verfolgt ein Teil an OSH-Projekten weiterhin die Absicht, die Reproduktion der von ihnen veröffentlichten Produkte zu ermöglichen.

Zur Bestätigung oder Widerlegung dieser Interpretationen bedarf es weitergehender empirischer Forschungsvorhaben, welche nicht auf Sekundärdaten basieren, sondern direkte Informationen aus OSH-Projekten beziehen. Allerdings liefert dieser Beitrag bereits einen ersten Beweis für die Existenz signifikanter Entwicklungsaktivitäten von physischen Open-Source-Produkten fernab elektronischer Hardware. Es entsteht ein erster Eindruck zum Umfang des Phänomens und darüber hinaus ergeben sich Hinweise, dass aus OSH-Projekten funktionsfähige Produkte entstehen können. Letztlich offenbart sich im Feld der OSH eine starke Heterogenität des Veröffentlichungsverhaltens sowie qualitativ eine deutlich geringere Trennschärfe zwischen rein proprietären und Open-Source-Systemen als im Feld der OSS.

Anhang

Tab. 1: Produktbewertungskriterien

CAD-Dateien verfügbar	Die CAD-Dateien der mechanischen Komponenten des Produktes sind online verfügbar.
CAD-Dateien editierbar	Die online veröffentlichten CAD-Dateien des Produktes sind editierbar. Diese werden als editierbar betrachtet, wenn sie im Originalformat veröffentlicht werden und als nicht editierbar, wenn sie lediglich als Exportformat (z.B. PDF oder STL) veröffentlicht sind, welches es nicht ermöglicht, das 3D-Model weiterzubearbeiten.
Montageanleitung verfügbar	Eine Montageanleitung ist online verfügbar.
Montageanleitung editierbar	Die veröffentlichte Montageanleitung ist editierbar. Diese wird als editierbar betrachtet, wenn sie online in einer „Web 2.0"-Umgebung editiert oder als eine editierbare Datei heruntergeladen werden kann. Eine Datei wird ferner als editierbar betrachtet, wenn sie im Originalformat der Verarbeitung veröffentlicht wurde und als nicht editierbar, wenn sie lediglich als Exportformat (z.B. PDF) vorliegt.
Stückliste verfügbar	Die Stückliste des Produktes ist online verfügbar.
Stückliste editierbar	Die veröffentlichte Stückliste ist editierbar. Diese wird als editierbar betrachtet, wenn sie online in einer „Web 2.0"-Umgebung editiert oder als eine editierbare Datei heruntergeladen werden kann. Eine Datei wird ferner als editierbar bewertet, wenn sie im Originalformat der Verarbeitung veröffentlicht wurde und als nicht editierbar, wenn sie lediglich als Exportformat vorliegt (z.B. PDF).
Hardware-Komponenten	Das Produkt besteht teilweise aus elektronischen Hardwarekomponenten.
Richtlinien zur Mitwirkung	Richtlinien zur Mitwirkung werden potentiellen Mitwirkenden zur Verfügung gestellt (z.B. richtungsweisende Aufruf zur Mitwirkung oder aktualisierte To-Do-Liste).
Phase des Produktentstehungsprozesses	In welcher Phase des Produktentstehungsprozesses befindet sich das Produkt? Fünf Phasen werden abgegrenzt. "Konzept": Es besteht lediglich ein Konzept, das noch zu entwerfen und auszuarbeiten ist. "Prototyp": Die Konstruktionsphase ist abgeschlossen und ein erster Prototyp wurde gebaut. "DIY-Herstellung": Das Produkt ist komplett beschrieben und kann von Interessenten selbst hergestellt werden. "Baukastenherstellung": Das Produkt wird als vollständiger Bausatz verkauft. "Produktherstellung": Das Produkt wird als fertiges Produkt verkauft.
Status des Projektes	Ist das zugehörige Projekt aktiv und entwickelt/vertreibt das Produkt weiter oder wurde die Weiterentwicklung des Produktes gestoppt? Das Projekt gilt als inaktiv, wenn keine Aktivität (sei es zur Weiterentwicklung des Produktes oder zum Vertrieb) innerhalb eines Jahres auf der Website des Projektes zu erkennen ist.
Produktkategorie	Einteilung der Produkte in Produktarten

Literaturverzeichnis

Balka, K. (2016). *Open Source Innovation Projects*. URL: http://open-innovation-projects.org/project-list/.

Balka, K., Raasch, C., & Herstatt, C. (2010). How Open is Open Source? – Software and Beyond. *Creativity and Innovation Management*, 19(3), 248–256. https://doi.org/10.1111/j.1467-8691.2010.00569.x

Balka, K., Raasch, C., & Herstatt, C. (2014). The Effect of Selective Openness on Value Creation in User Innovation Communities. *Journal of Product Innovation Management*, 31(2), 392–407. https://doi.org/10.1111/jpim.12102

Bonvoisin, J., & Boujut, J.-F. (2015). Open design platforms for open source product development: current state and requirements. In *Proceedings of the 20th International Conference on Engineering Design* (ICED 15) (Vol. 8–Innovation and Creativity, pp. 11–22). Milan, Italy.

Bonvoisin, J., & Schmidt, K. C. (2017). *Best practices of open source mechanical hardware* (Report). URL: https://depositonce.tu-berlin.de/handle/11303/6164.

Fjeldsted, A. S., Adalsteinsdottir, G., Howard, T. J., & McAloone, T. C. (2012). *Open Source Development of Tangible Products-from a business perspective*. Presented at the NordDesign 2012, Aalborg, Dennmark.

Open Source Hardware Association. (2013, April 18). Best Practices for Open-Source Hardware 1.0. URL: http://www.oshwa.org/sharing-best-practices/.

Open Source Hardware Association. (2016). Open Source Hardware (OSHW) Statement of Principles 1.0. URL: http://www.oshwa.org/definition/.

Open Source Initiative. (2007, March 22). *The Open Source Definition 1.0*. URL: https://opensource.org/osd-annotated.

Raasch, C., Herstatt, C., & Balka, K. (2009). On the open design of tangible goods. *R&D Management*, 39(4), 382–393. https://doi.org/10.1111/j.1467-9310.2009.00567.x

3D-Druck als Herausforderung für das deutsche und europäische Patentrecht – Rechtlicher Rahmen und Chancen für Rechteinhaber

Constantin Blanke-Roeser

Center for Transnational IP, Media and Technology Law and Policy
Bucerius Law School Hamburg

Zusammenfassung

Die Kosten für einfache 3D-Drucker sinken immer weiter. Dies wird es einer wachsenden Gruppe von Verbrauchern ermöglichen, auf Grundlage von CAD-Dateien Produkte herzustellen, darunter auch solche, die patentrechtlich geschützte Erfindungen betreffen. Nach einer kurzen Einführung in die technischen Grundlagen zum 3D-Druck konzentriert sich der Aufsatz auf die geltende Rechtslage unter dem deutschen und europäischen Recht und wirft sodann einen Blick auf das zukünftige Europäische Patent mit einheitlicher Wirkung (sog. Einheitspatent). Im letzten Teil werden im Überblick mögliche Lösungen, auch auf praktischer Ebene, für die rechtlichen Lücken diskutiert.

1   Einleitung

3D-Druck ist eine der entscheidenden technischen Neuerungen der jüngeren Vergangenheit. Weil die Kosten für Drucker und Materialien bereits deutlich gesunken sind, hat ein immer breiterer Kreis auch privater Nutzer Zugang zu dieser Technologie (Benkard, 2015). Dies ist ein weiteres konkretes Beispiel für die Herausforderungen, mit welchen die fortschreitende Digitalisierung das Immaterialgüterrecht konfrontiert (Schulze & Staudenmeier, 2015). Denn einer zunehmenden Nutzerschaft ist es möglich, mit 3D-Druckern auch solche Erzeugnisse herzustellen, die immaterialgüterrechtlich geschützt sind (Nordemann et al., 2015). Der 3D-Druck wird in vielen Industriezweigen die herkömmliche Abfolge vom Entwurf bzw. der Produktion über den Vertrieb bis zum Verbrauch verändern (Bechtold, 2016), indem viele Erzeugnisse von den Verbrauchern selbst in deren Haushalt oder in ihrem Auftrag in professionellen 3D-Druck-Betrieben hergestellt werden (Schulze & Staudenmeier, 2015).

Der vorliegende Aufsatz nimmt speziell das Patentrecht in den Blick. Er führt zunächst in die technischen Hintergründe des 3D-Drucks ein und untersucht seine Bedeutung für das geltende Patentrecht. Daran schließt sich ein zentraler Abschnitt über die Grenzen des geltenden Rechts an, bevor am Ende ein kurzer Überblick über denkbare rechtliche und praktische Lösungsansätze gegeben wird.

2   Technische Grundlagen des 3D-Drucks

Mit dem Oberbegriff 3D-Druck werden verschiedene Verfahren zusammengefasst, mit denen dreidimensionale Objekte aus unterschiedlichen Materialien gefertigt werden, indem diese in Schichten auf einen Träger gebracht und dann zu einer Gesamtstruktur verfestigt werden (Zukas & Zukas, 2015). Genauer ist der Begriff *additive manufacturing* (Bechtold, 2016). Grundlage für den Druck sind sog. *Computer-aided Design* (CAD)-Dateien, welche alle relevanten Informationen enthalten (Nordemann et al., 2015). Diese können selbst hergestellt werden, sei es mit Hilfe spezieller Zeichenprogramme oder infolge 3D-Scans bereits existenter Objekte (Nordemann et al., 2015). Andererseits können aber auch fertige CAD-Dateien aus dem Internet heruntergeladen werden, beispielsweise von darauf spezialisierten Online-Plattformen (Schmoll et al., 2015). Die Palette der für die Herstellung verwendbarer Produkte ist breit und reicht von herkömmlichen Materialien wie Metallen (Bose et al., 2013) bis hin zu menschlichen Zellen (Bechtold, 2016). Für Schlagzeilen sorgte in der jüngeren Vergangenheit Schokolade, die Kunden online selbst individuell mitgestalten können (Li et al., 2014). In der Industrie finden 3D-Drucktechnologien bereits seit Jahrzehnten Verwendung. Neu hingegen ist die Verbreitung solcher Geräte, die günstiger und für eine Vielzahl von Produkten verwendbar sind (Bechtold, 2016). Daneben gibt es einen wachsenden Markt professioneller 3D-Druckbetriebe (z. B. Geschäfte, Online-Services), welche im Auftrag der Verbraucher Erzeugnisse herstellen.

3   Patentrechtlicher Rahmen

3.1   Hintergrund: Die drei Patentarten

Technische Erfindungen können in Deutschland bisher durch das herkömmliche deutsche Patent nach dem Patentgesetz (PatG) und das Europäische Patent, geregelt vor allem im Europäischen Patentübereinkommen (EPÜ), geschützt werden. Letzteres hat –

anders als es der Name andeutet – nur Wirkung in bestimmten Staaten, welche bei der Anmeldung auszuwählen sind (verbreitet ist daher die Bezeichnung als „Bündel" aus nationalen Patenten) (Fitzner et al., 2012).

In nächster Zukunft wird eine dritte Patentart verfügbar sein, namentlich das Europäische Patent mit einheitlicher Wirkung (auch: Einheitspatent). Sein Schutz wird sich auf das Territorium aller EU-Mitgliedstaaten, die (freiwillig) am neuen System teilnehmen (Teschemacher, 2013), welchem vorrangig das sog. *Patentpaket*, bestehend aus zwei EU-Verordnungen (Verordnung (EU) Nr. 1257/2012 vom 17.12.2012 über die Umsetzung der verstärkten Zusammenarbeit im Bereich der Schaffung eines einheitlichen Patentschutzes, EPatVO, und Verordnung (EU) Nr. 1260/2012 vom 17.12.2012 über die Umsetzung der Verstärkten Zusammenarbeit im Bereich der Schaffung eines einheitlichen Patentschutzes im Hinblick auf die anzuwendenden Übersetzungsregelungen, E-PatÜbersVO) und dem völkerrechtlichen Übereinkommen über ein einheitliches Patentgericht (EPGÜ), zugrunde liegt.

Für das tatsächliche Inkrafttreten bedarf es noch der Ratifikation durch einige teilnahmewillige Mitgliedstaaten (Grabinski, 2013), wobei auch der zu erwartende EU-Austritt des Vereinigten Königreichs („Brexit") das Einheitspatentsystem nicht mehr aufhalten sollte, sei es mit oder ohne dessen Beteiligung.

3.2 Deutsches Patent (als Beispiel für nationale Patente)

Relevant für unmittelbare Patentverletzungen ist für das vorliegende Thema § 9 S. 2 Nr. 1 PatG, welcher sich auf Erzeugnisse bezieht. Allein der Patentinhaber darf die patentierte Erfindung nutzen, wohingegen Dritte das Erzeugnis, welches Gegenstand des Patents ist, weder herstellen noch in den Verkehr bringen dürfen. § 10 PatG regelt die mittelbare Patentverletzung. Die Norm wird weiter unten im Abschnitt über die patentrechtliche Relevanz von CAD-Dateien ausführlich dargestellt. Die verschiedenen Schritte in der Herstellung eines Produkts mit Hilfe von 3D-Drucktechnologien haben unterschiedliche patentrechtliche Bedeutung, wie im Folgenden untersucht wird.

3.2.1 Herstellung und Verbreitung des Produkts

Die Produktion des 3D-Objekts ist eine *Herstellung* des durch das Patent geschützten Erzeugnisses i. S. d. § 9 S. 2 Nr. 1 Var. 1 PatG, wenn sich nicht das Produkt, infolge der Eigenheiten des Druckverfahrens, von dem geschützten Erzeugnis letztlich doch technisch hinreichend unterscheidet (Nordemann et al., 2015). Erfolgt aber die Herstellung im privaten Bereich und zu nicht gewerblichen Zwecken, so ist die in der Herstellung liegende Nutzung nicht rechtswidrig, dem Nutzer steht dann die sog. *Schranke* aus § 11 Nr. 1 PatG zur Verfügung. Diese ist zahlenmäßig nicht begrenzt (Schmoll et al., 2015), was etwa bei Verschleißteilen, die wiederholt hergestellt werden müssen, bedeutsam ist. Beide Voraussetzungen der Norm müssen kumulativ erfüllt sein (Benkard, 2015). Mit dem privaten Bereich ist der persönliche Bereich und der Eigenbedarf des Herstellenden bzw. ihm nahestehender Personen gemeint (Haedicke & Zech, 2014), etwa die häusliche Sphäre oder bei Zusammenhang mit Freizeitaktivitäten (Schmoll et al., 2015). Lässt sich jemand ein Erzeugnis durch einen Dritten, beispielsweise den Betreiber eines 3D-Druckbetriebs („manufacturing on demand"), herstellen und dient es der Deckung seines Eigenbedarfs, ist damit die Voraussetzung gegeben (Schmoll et al., 2015).

Damit auch die zweite Voraussetzung des § 11 Nr. 1 PatG, das Fehlen der Verfolgung eines *gewerblichen Zwecks*, erfüllt ist, darf die Benutzung keinen Erwerb bezwecken (Schmoll et al., 2015). Damit ist grundsätzlich auch die unentgeltliche Weitergabe des hergestellten Produkts nach einem zunächst nichtgewerblichen Eigengebrauch von der Schranke gedeckt. Anders zu bewerten ist dagegen die entgeltliche Weitergabe. In der Literatur wird vorgeschlagen, in solchen Fällen stets einen gewerblichen Zweck anzunehmen (Benkard, 2015). Dieser pauschalen Festlegung ist jedoch entgegenzutreten, zumal es sich in solchen Fällen immerhin um einen gebrauchten Gegenstand handelt (so ebenfalls Kraßer & Ann, 2016). Ein gewerblicher Zweck sollte nur bei Vorliegen zusätzlicher Umstände, beispielsweise wiederholten Veräußerungen gleicher Art, angenommen werden (Benkard, 2015). Die soeben erwähnte nicht rechtswidrige Produktion durch einen Dritten zur Deckung des Eigenbedarfs kann auf Seiten dieses Dritten eine unmittelbare Patentverletzung sein (vgl. OLG Düsseldorf, InstGE 7, 258 – Loom-Möbel).

3.2.2 Handlungen bezüglich CAD-Dateien

Hierfür sind einerseits das Herstellen und sich anschließende Verbreiten, andererseits das Herunterladen einer bestehenden Datei zu nennen. Die *Herstellung* einer CAD-Datei ist denklogisch zu trennen von ihrer etwaigen Weiterverbreitung, vor allem in Gestalt des Hochladens in das Internet (*Upload*, z. B. auf eine spezielle Online-Plattform) oder individuelles Versenden. Sie ist für sich gesehen eine, patentrechtlich unbeachtliche, bloße Vorbereitungshandlung (Mengden, 2014).

Demgegenüber kann die *Verbreitung* der Datei eine Patentverletzung sein. Zwar ist dies keine unmittelbare Patentverletzung i.S.d. § 9 S. 2 Nr. 1 PatG, da die Norm die Verbreitung rein *unkörperlicher* Informationen nicht schützt (Haedicke & Zech, 2014), womit also auch das Betreiben einer einschlägigen Online-Plattformen keine unmittelbare Patentverletzung ist (ähnlich Li et al., 2014). Wohl aber kann die Verbreitung der CAD-Datei eine mittelbare Patentverletzung sein (Schmoll et al., 2015). § 10 Abs. 1 PatG setzt voraus, dass ohne die Zustimmung des Patentinhabers ein Mittel, das sich auf ein wesentliches Element der Erfindung bezieht, zur Benutzung angeboten oder geliefert wird und dem Handelnden dabei bekannt ist oder es auf Grund der Umstände offensichtlich ist, dass das Mittel dazu geeignet und bestimmt ist, für die (unmittelbare) Benutzung der Erfindung verwendet zu werden. Weiterhin muss räumlich das Mittel im Inland und zur Benutzung im Inland angeboten bzw. geliefert werden (Nieder, 2015).

Das Hochladen der Datei erfüllt die Tatbestandsalternative des Anbietens (Nordemann et al., 2015), das Weiterleiten an bestimmte Empfänger hingegen eher diejenige des Lieferns. Umstritten ist aber, ob die *digitale*, d. h. unkörperliche CAD-Datei ein Mittel i.S.d. § 10 Abs. 1 PatG ist. Herkömmlich werden darunter körperliche Gegenstände, etwa Zeichnungen oder Konstruktionspläne, in Papierform verstanden (Schmoll et al., 2015). Dateien sind aber ebenfalls noch unter den Wortlaut zu fassen. So hat zwar der Begriff „Mittel" in der Tat eine körperliche Konnotation, erst recht bei systematischer Betrachtung der zweiten Handlungsalternative des Lieferns sowie der amtlichen Überschrift, die von „Verwendung" von Mitteln spricht. Ein Blick auf Sinn und Zweck der Norm streitet aber für eine weitere Auslegung, die auch Dateien erfasst.

Die klassische Weitergabe, etwa von Konstruktionsplänen in ausgedruckter Form, spielt eine abnehmende Rolle, zumal der Ideenaustausch mit Hilfe von Dateien schneller und weniger kompliziert ist. Dies macht Dateien letztlich sogar aus Sicht der Rechteinhaber gefährlicher, zumal ohne großen Zeitaufwand die Datei gleichzeitig an zahlreiche Personen weitergeleitet werden kann, was den Weg für viele sich anschließende unmittelbare Patentverletzungen durch die Empfänger in kürzester Zeit bereiten kann (Haedicke & Zech, 2014). Dies erschwert außerdem zusätzlich die Auffindbarkeit der einzelnen unmittelbaren Verletzer in der Weite der digitalen Welt (Haedicke & Zech, 2014) und macht die gegen diese theoretisch bestehenden Ansprüche, etwa auf Unterlassung (§ 139 Abs. 1 S. 1 PatG) praktisch bedeutungslos. § 10 Abs. 1 PatG soll jedoch gerade die Lücken des § 9 PatG schließen (Solmecke & Kocatepe, 2014). Vielfach ist im Vorfelde einzelner unmittelbarer Patentverletzungen der mittelbare Patentverletzer einfacher und mit weniger (Kosten-) Aufwand aufzufinden (Benkard, 2015). Dieser Schutzbedarf ist bei Dateien mindestens gleichermaßen gegeben (Nordemann et al., 2015), so dass eine Privilegierung der digitalen Verbreitung von Dateien nicht zeitgemäß wäre (Mengden, 2014).

Daher sind auch Dateien und damit im Speziellen CAD-Dateien stets unter den Begriff „Mittel" i.S.d. § 10 Abs. 1 PatG zu fassen (Mes, 2015). Es wäre wünschenswert, dass sich dieser Auslegung bei nächster Gelegenheit auch die Rechtsprechung anschließen würde (dazu Haedicke & Zech, 2014).

Die sonstigen Tatbestandsmerkmale des § 10 Abs. 1 PatG sind beim Hochladen bzw. Versenden einer CAD-Datei ebenfalls erfüllt. Die Datei bezieht sich auf ein wesentliches Element der Erfindung. Dieses Tatbestandsmerkmal setzt nach vorzugswürdiger Auslegung nicht voraus, dass das Mittel nicht etwa selbst ein Element des geschützten Erzeugnisses werden muss oder darin eine technische Funktion trägt bzw. dies überhaupt könnte (Haedicke & Zech, 2014). Dieses Verständnis ist, gerade vor dem Hintergrund des Wortlauts, der nur von einem Bezug zum Produkt spricht, und dem Sinn und Zweck der Norm, zu bevorzugen. Eine Datei kann nämlich wegen ihrer zwingend digitalen Natur niemals eine technische Funktion *im* körperlichen Erzeugnis erfüllen. Die CAD-Datei enthält sämtliche Parameter des auf ihrer Grundlage herzustellenden Erzeugnisses und ist damit, neben Drucker und Material, eine der Voraussetzungen dafür, dass die Erfindung in körperliche Gestalt fließen kann (Schmoll et al., 2015).

Kenntnis von Eignung und Bestimmung der CAD-Datei zur unmittelbaren Benutzung der Erfindung liegt vor, wenn der Handelnde bei der Verbreitung die spezifische Nutzungsmöglichkeit der Datei ankündigt (Schmoll et al., 2015), ggf. schon durch den Dateinamen. Ohnehin genügt bereits, dass Eignung und Bestimmung *auf Grund der Umstände offensichtlich* sind (Benkard, 2015). Ein relevanter Umstand ist schon, wenn die Datei, wie regelmäßig der Fall, nur zur Herstellung des betreffenden Erzeugnisses eingesetzt werden kann (Schmoll et al., 2015). Die Weitergabe der Datei an einzelne Empfänger kann aber ihrerseits durch § 11 Nr. 1 PatG gedeckt sein (Nordemann et al., 2015), nicht hingegen das Hochladen, weil das Internet jedenfalls nicht mehr zum privaten Bereich zu zählen ist (Haedicke & Zech, 2014).

Das *Herunterladen* (*Download*) einer fertigen CAD-Datei, beispielsweise von einer Online-Plattform, ist nur eine Vorbereitungshandlung für eine etwaige spätere Herstellung des betreffenden Produkts. Dagegen ist eine sich anschließende Weiterverbreitung der heruntergeladenen Datei im Ergebnis wie das Verbreiten einer selbst hergestellten Datei einzuordnen (anderer Ansicht Holznagel, 2010).

Das *Betreiben einer Online-Plattform* mit CAD-Dateien ist nicht einmal eine mittelbare Patentverletzung i. S. d. § 10 Abs. 1 PatG (anderer Ansicht Holznagel, 2010). Selbst nach der hier vertretenen zeitgemäßen Auslegung ist eine Plattform als bloße Infrastruktur des Dateienaustausches kein Mittel und kann auch nicht geliefert oder angeboten werden. Zudem hat sie keinen Bezug zu einem wesentlichen Element der Erfindung (anderer Ansicht Holznagel, 2010). Zuletzt ist Kenntnis bzw. Offensichtlichkeit bezüglich Eignung und Bestimmung der Plattform für Patentverletzungen nur bei auf rechtsverletzende Inhalte spezialisierten Websites gegeben, welche nicht zugleich auch für solche CAD-Dateien eingesetzt werden, die keine geschützten Erfindungen betreffen.

3.3 Europäisches Patent

Die Eigenschaften des Europäischen Patents richten sich überwiegend nach dem nationalen Recht der jeweils betroffenen Staaten (Art. 2 Abs. 2 EPÜ) (Fitzner et al., 2012), so dass bezüglich Deutschland auf die soeben dargestellten Ergebnisse zum PatG verwiesen werden kann (Fitzner et al., 2012). Die Rechtslage variiert jedoch zwischen den nationalen Rechtsordnungen mitunter erheblich, etwa sehen einige EPÜ-Vertragsstaaten in ihren nationalen Patentgesetzen keine Schranke der Art des § 11 Nr. 1 PatG vor (Bechtold, 2016).

3.4 Einheitspatent

Schutzumfang und -schranken folgen dem Recht eines bestimmten teilnehmenden Mitgliedstaats (Art. 5 Abs. 3 i. V. m. Art. 7 EPatVO). Hierüber sind Art. 25 ff. EPGÜ, die von den teilnehmenden Mitgliedsstaaten in ihr nationales Recht umzusetzen sind (vgl. Art. 84 Abs. 2 EPGÜ), anwendbar (Haedicke, 2013). In Art. 25 EPGÜ ist die unmittelbare, in Art. 26 EPGÜ die mittelbare Patentverletzung geregelt. Art. 27 EPGÜ ist vergleichbar mit § 11 PatG und enthält in seinem lit. a unter anderem eine mit § 11 Nr. 1 PatG nahezu wortgleiche Schranke (Grabinski, 2013). Art. 25 f. EPGÜ sind mit den deutschen §§ 9 f. PatG vergleichbar (Romandini & Hilty & Lamping, 2016), wobei das Bezugsterritorium beim Einheitspatent das Gebiet aller teilnehmenden Mitgliedstaaten ist. Eine unbesehene Übertragung der oben dargestellten Ergebnisse zum deutschen Recht auf die entsprechenden Fragen im Einheitspatentsystem verbietet sich allerdings, weil das Einheitliche Patentgericht, das für die Auslegung der Normen des Einheitspatentsystems zuständig sein wird, als gemeinsames Gericht der teilnehmenden Mitgliedstaaten (Art. 1 EPGÜ) in seinen verschiedenen Instanzen multinational zusammengesetzt sein wird (siehe Art. 8 f. EPGÜ), mit der Folge, dass – was sogar beabsichtigt ist – unter Einfluss mehrerer nationaler Rechtstraditionen eine autonome Begriffsbildung erfolgen wird, flankiert noch von einem Einfluss des EuGH (dazu etwa Haedicke, 2013), so dass denkbar, aber nicht zwingend ist, dass die oben zum deutschen Recht gefundenen Ergebnisse auf das Einheitspatent übertragen werden können (vgl. Romandini et al., 2016).

4   Grenzen des geltenden Rechts

Die Ausbreitung des 3D-Drucks vor allem unter Verbrauchern stellt das Patentrecht vor Herausforderungen und zeigt seine Schutzgrenzen auf (Bechtold, 2016). Viele Erzeugnisse fallen von vornherein gar nicht unter den patentrechtlichen Schutz, weil sie die hohen Voraussetzungen des Patentschutzes nicht erfüllen oder aber, weil die Schutzdauer von 20 Jahren (§ 16 PatG) bereits abgelaufen ist (Letzelter, 2016). Dies ist allerdings kein spezifisches Problem des 3D-Drucks.

Wie festgestellt, sind aber auch hinsichtlich patentrechtlich geschützter Erzeugnisse viele Handlungen nicht als Verletzung einzustufen. Das zentrale Problem ist, dass sich durch die vielen Einzelschritte des 3D-Drucks und die darin beteiligten, mitunter zahlreichen Akteure (z. B. Betreiber einschlägiger Websites, Privatpersonen mit 3D-Druckern) die Verletzungshandlung nicht einheitlich darstellt, sondern in viele dezentrale Teilakte aufgespalten ist (Haedicke & Zech, 2014).

Weiterhin ist die Durchsetzung der theoretisch gegen unmittelbare Verletzer bestehenden Ansprüche (z. B. auf Unterlassung und Schadensersatz, vgl. § 139 Abs. 1 S. 1 bzw. Abs. 2 PatG und Art. 63 Abs. 1 bzw. Art. 68 Abs. 1 EPGÜ) für Patentinhaber vor allem angesichts der Weite des Internets praktisch schwierig (Bechtold, 2016), zumal viele Teilakte im privaten Bereich erfolgen, dessen Einsehbarkeit aus rechtlichen und praktischen Gründen begrenzt ist (Haedicke & Zech, 2014). Selbst wenn einzelne unmittelbare Patentverletzer ausfindig gemacht wurden, verbleiben Schwierigkeiten der individuellen Durchsetzung, im Falle des Europäischen Patents zusätzlich erschwert durch die Notwendigkeit der individuellen Durchsetzung vor nationalen Gerichten verschiedener Staaten (Bechtold, 2016).

Aus patentrechtlicher Sicht ist die wesentliche technische Veränderung durch den 3D-Druck, dass die Schwelle zwischen digitaler und körperlicher Welt aufgehoben wird und damit ein komfortabler Schutzfaktor für Patente wegfällt, der noch zu Zeiten bestand, als etwa das Urheberrecht im Zuge der fortschreitenden Digitalisierung bereits längst mit massenhaften Rechtsverletzungen konfrontiert war (Depoorter, 2014).

5   Lösungsansätze

5.1   Gesetzgebungsebene

Sinnvoll sind von vornherein nur supranationale, etwa europarechtliche Regelungen, denn nur diese können den Herausforderungen der digitalen Welt, die naturgemäß grundsätzlich keine nationalen Grenzen kennt, überhaupt annähernd effektiv begegnen (Schulze & Staudenmeier, 2015).

Diskutiert wurde die Einführung einer *zahlenmäßigen Begrenzung der Schranke* des § 11 Nr. 1 PatG bzw. Art. 27 lit. a EPGÜ. Eine solche Regelung wäre aber in der Praxis schwierig zu handhaben und ist auch aus grundsätzlichen Erwägungen abzulehnen, weil die ursprüngliche Wertung des Gesetzgebers, dass es eine nicht rechtswidrige Möglichkeit geben muss, Erfindungen zu nutzen, sinnvoll ist, da sonst die Gefahr besteht, dass die dem Patentrecht von vornherein immanente und sensible Komponente des Ausgleichs der Schutzinteressen des Patentinhabers mit den Nutzungsinteressen der Allgemeinheit einseitig zugunsten des ersteren verschoben wird (Benkard, 2015).

Auch die Einführung einer *Pauschalabgabe für 3D-Drucker*, angelehnt an § 54 Abs. 1 UrhG, ist abzulehnen, ebenfalls aus erheblichen praktischen Schwierigkeiten (unter anderem wäre letztlich die Einführung von dem Patentrecht eigentlich unbekannten Verwertungsgesellschaften erforderlich), denen keine entscheidenden Vorteile gegenüberstünden (Haedicke & Zech, 2014).

Entgegenzutreten ist schließlich Erwägungen, die *Störerhaftung*, etwa hinsichtlich der – oftmals einfacher aufzufindenden – Betreiber einschlägiger Online-Plattformen, auszuweiten. Die Haftung von Störern, genauer: Intermediären, allgemein ursprünglich hergeleitet aus § 1004 BGB analog bzw. allgemeinen Verkehrssicherungspflichten, steht im Kontext des Internets in einem europarechtlichen Spannungsverhältnis zwischen der Richtlinie 2004/48/EG zur Durchsetzung der Rechte des geistigen Eigentums (Durchsetzungs-RL) sowie der Richtlinie 2000/31/EG über bestimmte rechtliche Aspekte der Dienste der Informationsgesellschaft, insbesondere des elektronischen Geschäftsverkehrs, im Binnenmarkt (E-Commerce-RL) (Ohly, 2015). Übertragbar sind auf den Zusammenhang der Online-Plattformen für CAD-Dateien die in Rechtsprechung und Wissenschaft zu Filesharing-Diensten entwickelten Grundsätze, die bisher insbesondere im Kontext des Urheberrechts bedeutsam waren (Haedicke & Zech, 2014).

Wünschenswert wäre aus Sicht der Praxis eine gesetzgeberische Klarstellung der im Einzelnen noch unklaren Punkte, insbesondere der Frage, in welchen Fällen Plattformbetreiber rechtsverletzende Inhalte, welche Dritte auf seine Seite hochgeladen haben, entfernen müssen, um einer eigenen Haftung zu entgehen (Stichwort: *notice and take down*-Modell) (Ohly, 2015). Verschärfungen der Störerhaftung über diese grundsätzlich bereits bekannten Grundsätze hinaus würden hingegen ebenfalls einseitig den Interessenausgleich in Richtung der Interessen der Rechteinhaber ausschlagen lassen. Außerdem bestünde die Gefahr, dass das kreative Potential der digitalen Welt durch empfindliche Haftungsausweitungen behindert wird und dadurch die wichtige Funktion der Intermediäre, etwa in der Entwicklung von Vertriebswegen, von der in Zukunft letztlich auch die Rechteinhaber selbst und nicht zuletzt die Allgemeinheit profitieren könnten, geschwächt wird (Bechtold, 2016).

Trotz der beschriebenen Auflösung der Grenze zwischen digitaler und körperlicher Welt durch den 3D-Druck, die das Patentrecht vor erhebliche Voraussetzungen stellt, reicht der bestehende rechtliche Rahmen aus, um den Herausforderungen im Sinne des dem Patentrecht innewohnenden Interessenausgleichs sachgemäß zu begegnen (so auch Haedicke & Zech, 2014). Statt einer Verschärfung des Rechtsrahmens ist empfehlenswert, das bestehende Recht und seine Begrifflichkeiten (z. B. „Mittel" i.S.d. § 10 Abs. 1 PatG) zeitgemäß auszulegen (Solmecke & Kocatepe, 2014).

5.2   Praktische Ansätze für Rechteinhaber

Zur Durchsetzung ihrer Interessen ist Patentinhabern zu empfehlen, Wege außerhalb des Patentrechts zu beschreiten. So sollten sie sich um parallelen Schutz durch andere Immaterialgüterrechte (z. B. Markenrechte) bemühen, da deren unterschiedliche Voraussetzungen und Schutzwirkungen immerhin teilweise faktisch lückenschließend wirken können. Dennoch verbleiben freilich auch hier Schutzlücken.

Anzuraten ist Patentinhabern daher, außerrechtliche Ansätze in Betracht zu ziehen, insbesondere die technischen Entwicklungen im Zusammenhang mit dem 3D-Druck als Chance zu begreifen und neue Geschäftsmodelle zu entwickeln bzw. anzunehmen, etwa faktisch mehr mit den potentiellen Nutzern zu kooperieren (z. B. deren eigene Kreativität durch Beteiligung bei Design bzw. Entwicklung der Produkte einzubeziehen) und damit letztlich auch neue Kundengruppen zu erschließen (so Bechtold, 2016). Denkbar sind auch – gegebenenfalls abgestufte – *Flatrate-Modelle*, vergleichbar mit „Spotify" in der Musikbranche (Blanke-Roeser, 2017).

Der Einsatz von 3D-Druck kann zudem der Allgemeinheit dienen, etwa in Form von Open-Source-Hardware-Projekten im sozialen Bereich bzw. der Entwicklungszusammenarbeit, in Form der Herstellung von Erzeugnissen auf Grundlage von gratis zur Verfügung gestellten CAD-Dateien (Blanke-Roeser, 2017).

Dies ist langfristig effektiver als der letztlich zum Scheitern verurteilte Versuch, die ra-
sante Entwicklung des 3D-Drucks und seine wachsenden Möglichkeiten mit dem Mittel
restriktiveren Rechts aufzuhalten. Im Ergebnis wird es in Zukunft vermutlich zu einem
Nebeneinander legaler Angebote, die sich neuen technischen Wegen und Kooperationen
mit Nutzern öffnen, sowie illegaler Angebote, die auch den dargestellten Rechtsrahmen
verlassen, kommen (Lemley, 2015).

6 Fazit

Die Verbreitung des 3D-Drucks ist eine Herausforderung für das Patentrecht. Dadurch
wird aber nicht an sich dessen Existenzberechtigung in Frage gestellt. Rechteinhaber
müssen vielmehr auf praktische Maßnahmen setzen und sich den technischen Entwicklungen und der Kreativität der Nutzer öffnen, was jedenfalls langfristig die Innovation
fördernde Kooperationen ermöglicht.

Eine längere Fassung dieses Aufsatzes wurde bereits veröffentlicht in GRUR 2017, S.
467-475 (s. dazu ausf. im Literaturverzeichnis).

Literaturverzeichnis

Bechtold, S. (2016). 3D Printing, Intellectual Property and Innovation Policy. *IIC*, 517–536.

Benkard, G. (2015). *Patentgesetz: PatG, Gebrauchsmustergesetz, Patentkostengesetz* (11. Aufl.). München: C.H. Beck.

Blanke-Roeser, C. (2017). 3D-Druck und das Patentrecht in Europa. Die Grenzen des geltenden Rechts und des zukünftigen Einheitspatents sowie alternative Lösungsansätze. *GRUR*, 467–475.

Bose, S. & Vahabzadeh, S. & Bandyopadhyay, A. (2013). Bone tissue engineering using 3D printing. *Materials Today*, 16(12), 496–504.

Depoorter, B. (2014). Intellectual Property Infringements & 3D Printing: Decentralized Piracy. *Hastings Law Journal*, *65*, 1483–1504.

Fitzner, U. & Lutz, R. & Bodewig, T. (2012). *Patentrechtskommentar. PatG, GebrMG, IntPatÜG, PCT und EPÜ mit Nebenvorschriften* (4. Aufl.). München: C.H. Beck.

Grabinski, K. (2013) Der Entwurf der Verfahrensordnung für das Einheitliche Patentgericht im Überblick. *GRUR Int*, 310–321.

Haedicke, M. & Zech, H. (2014). Technische Erfindungen in einer vernetzten Welt. Das Internet als Herausforderung für das Patentrecht. *GRUR-Beil.*, 52–57.

Haedicke, M. (2013). Rechtsfindung, Rechtsfortbildung und Rechtskontrolle im Einheitlichen Patentsystem. *GRUR Int*, 609–617.

Holznagel, D. (2010). Die Urteile in Tiffany v. eBay (USA) – zugleich zu aktuellen Problemen der europäischen Providerhaftung. *GRUR Int*, 654–663.

Kraßer, R. & Ann, C. (2016). *Patentrecht. Ein Lehr- und Handbuch zum deutschen Patent- und Gebrauchsmusterrecht, Europäischen und Internationalen Patentrecht* (7. Aufl.). München: C.H. Beck.

Lemley, M.A. (2015). IP in a World Without Scarcity. *N.Y.U. Law Journal*, *90*, 460–515.

Letzelter, F. (2016). *Berührungspunkte der 3D-Druck-Technologie mit den IP-Rechten (Vortrag)*. URL: http://www.patente-stuttgart.de/downloads/tgs/2014/Letzelter_3DDruck.pdf.

Li, P. & Mellor, S. & Griffin, J. & Waelde, C. & Hao, L. & Everson, R. (2014). Intellectual Property and 3D printing: a case study on 3D chocolate printing. *GRUR Int*, 97–104.

Mengden, M. (2014) 3D-Druck – Droht eine „Urheberrechtskrise 2.0"? Schutzumfang und drohende Rechtsverletzungen auf dem Prüfstand. *MMR*, 79–85.

Mes, P. (2015) *Patentgesetz, Gebrauchsmustergesetz: PatG, GebrMG*. Kommentar (4. Aufl.). München: C.H. Beck.

Nieder, M. (2015). Mittelbare Verletzung europäischer (Bündel)Patente – Wegfall des doppelten Inlandsbezugs mit Inkrafttreten des EPGÜ?. *GRUR*, 1178–1180.

Nordemann, J.B. & Rüberg, M. & Schaefer, M. (2015). 3D-Druck als Herausforderung für die Immaterialgüterrechte. *NJW*, 1265–1271.

Ohly, A. (2015). Die Verantwortlichkeit von Intermediären. *ZUM*, 308–318.

Romandini, R. & Hilty, R. & Lamping, M. (2016). Stellungnahme zum Referentenentwurf eines Gesetzes zur Anpassung patentrechtlicher Vorschriften auf Grund der europäischen Patentreform. *GRUR Int*, 554–560.

Schmoll, A. & Ballestrem, J. & Hellenbrand, J. & Soppe, M. (2015) Dreidimensionales Drucken und die vier Dimensionen des Immaterialgüterrechts. Ein Überblick über Fragestellungen des Urheber-, Design-, Patent- und Markenrechts beim 3D-Druck. *GRUR*, 1041–1050.

Schulze, R. & Staudenmeier, D. (2015). Digital Revolution: Challenges for Contract Law in Practice. *EuCML*, 215–216.

Solmecke, C. & Kocatepe, S. (2014). Der 3D-Druck – Ein neuer juristischer Zankapfel? Rechtliche Aspekte des 3D-Drucks mit besonderem Blick auf die Rechte am geistigen Eigentum und das Wettbewerbsrecht. *K & R*, 778–783.

Teschemacher, R. (2013). Das Einheitspatent – Zu Risiken und Nebenwirkungen fragen Sie Ihren Anwalt. *Mitt.*, 153–161.

Zukas, V. & Zukas, J.A. (2015). *An Introduction to 3D Printing*. Sarasota, FL: First Edition Design Publishing.

Mind The Value Gap: Wertschöpfung in der Prosuming Culture und wirtschaftliche Partizipation Kreativschaffender

Clemens Appl und Philipp Homar

Fachbereich „Geistiges Eigentum und Datenschutz"
Department für Rechtswissenschaften und Internationale Beziehungen
Donau-Universität Krems

Zusammenfassung

User-Generated-Content ist ein zentrales Paradigma der Prosuming Culture und stellt tradierte urheberrechtliche Konzepte in Frage. Das öffentliche Teilen von Nutzerinhalten über Content-Plattformen erfordert es, die divergierenden Stakeholder-Interessen im urheberrechtlichen Rahmen auszugleichen und Rechteinhaber an der Wertschöpfung, die auf ihren Leistungen beruhen, angemessen zu beteiligen. Aufgrund der Vielschichtigkeit des Phänomens User-Generated-Content kann es dabei keinen „one-size-fits-all"-Ansatz geben. Der Beitrag nähert sich dem Thema differenziert an und stellt klar, dass gesetzliche Privilegierungen für Nutzer und Erleichterungen für Content-Plattformen nur soweit in Betracht kommen, als Nutzerinhalte vorbestehende Leistungen transformativ einbeziehen.

1   Einleitung

Die Konvergenz von Nutzung und Schöpfung kreativer Leistungen stellt tradierte Konzepte der urheberrechtlichen Verwertungs- und Wertschöpfungskette zunehmend in Frage: Mit den Prosumenten und deren Plattformen sind neue Akteure in Erscheinung getreten, die auf dem Markt für kreative Leistungen eine ökonomisch relevante Stellung eingenommen haben. Angesichts der weiterhin bestehenden Ausrichtung auf analoge Verwertungen stellt sich die Frage, ob das geltende europäische Urheberrecht auch in Zukunft eine angemessene Partizipation der Kreativschaffenden an den mit ihren Leistungen erzielten Verwertungserlösen gewährleisten kann.

Vor diesem Hintergrund widmet sich die vorliegende Untersuchung einem Paradigma des Prosumings und behandelt das Phänomen "User-Generated-Content" in Form audiovisueller Inhalte sowie dessen Dissemination durch Content-Plattformen, wie bspw. YouTube. Im Fokus liegen die Fragen nach einer angemessenen Allokation der Einnahmen, welche durch die Verwertung urheberrechtlich geschützter Werke und Leistungsergebnisse auf Content-Plattformen erzielt werden, und nach gesetzlichen Gestaltungsmöglichkeiten, die eine angemessene wirtschaftliche Beteiligung von Kreativen sichern, soweit eine Wertschöpfungslücke ("value gap") besteht (s. dazu Stieper, 2017, S. 132; Wimmers & Barudi, 2017, S. 328; Nolte, 2017, S. 304).

2   Wertschöpfung durch nutzergenerierte Medieninhalte: User-Generated-Content vs User-Copied-Content

Die weite Verbreitung digitaler Kommunikationstechnologien und internetbasierter sozialer Medien hat eine Bandbreite an neuen Verwertungsmöglichkeiten für kulturelle Güter eröffnet. Durch die Verlagerung bestehender Verwertungskanäle (bspw. des Rundfunks oder des Verleihens von Büchern, Filmen und Tonträgern) in die digitale Sphäre entgrenzt sich die Mediennutzung zunehmend von den zeitlichen und örtlichen Strukturen, die die Verwertung im analogen Umfeld bestimmen. Daneben treten in den Online-Medien gänzlich neue Möglichkeiten zur Wertschöpfung mit medialen Inhalten hinzu. Etwa ermöglichen es Online-Plattformen wie YouTube, Facebook, Instagram oder Twitter, dass auch Nutzer Medieninhalte hochladen, in ihrer Community teilen und dadurch in die urheberrechtliche Wertschöpfungskette miteinbezogen werden. Die Involvierung von ehemals passiven Konsumenten in die Vermittlung und Verwertung von Medieninhalten stellt jedoch nicht die einzige Disruption der urheberrechtlichen Wertschöpfungskette dar: Von zentraler Bedeutung ist auch, dass Content-Plattformen selbst als Intermediäre agieren und oftmals an die Stelle der klassischen Verwerter (Verlage, Rundfunkunternehmen etc.) treten. Im Gegensatz zu den Nutzern[1] verfolgen diese Plattformen i. d. R. kommerzielle Zwecke, indem sie ihr Angebot über Zugangskontrollen

---

[1] Zwar verfolgt auch ein kleiner Teil der Nutzer (bspw. professionelle Blogger, die an den Werbeeinnahmen der Plattformen partizipieren) bei der Erstellung und Zurverfügungstellung der Inhalte unmittelbar kommerzielle Zwecke; in den weit überwiegenden Fällen handeln Nutzer aber aus nicht-monetären Motiven (etwa zur kreativen Selbstdarstellung, sozialen Kommunikation oder Beziehungspflege)

(Paywalls) oder durch Umwegfinanzierung über Werbung und/oder die Sammlung von Daten finanzieren. Auf diese Weise ist die Produktion digitaler Inhalte nicht länger durch eine Produzent-Konsument-Beziehung, sondern als Interaktion zwischen klassischen Produzenten und Verwertern, Prosumern und Content-Plattformen zu charakterisieren (Elken-Koren, 2011).

Für die Beurteilung der urheberrechtlichen Implikationen, die mit diesen Veränderungen in der Wertschöpfungskette verbunden sind, gilt es, die von den Nutzern hochgeladenen (und auf den Plattformen gebündelten) Inhalte zu typisieren. Nach Gervais (2009) und Lev-Aretz (2012) können diese, nach dem jeweiligen eigenschöpferischen Beitrag der Prosumer, in folgende Kategorien gegliedert werden:

(1) Zunächst kann es sich um **von den Nutzern selbst erstellte Medieninhalte** handeln, bei denen **keine fremden urheberrechtlich geschützten Werke** (oder Werkteile) enthalten sind. Diese Kategorie wird auch als "Pure UGC" (Lev-Aretz, 2012) oder "User Authored Content" (Gervais, 2009) bezeichnet. Dabei kann es sich etwa um Video-Clips, die im Rahmen von Video-Tagebüchern veröffentlicht werden, eigens komponierte Musik oder eigene Fotografien handeln. Neben dem gänzlichen Fehlen von fremden Werken sind auch solche Inhalte der Nutzer unter diese Kategorie zu subsumieren, in denen die Einbindung fremder Werke durch freie Werknutzungen (Urheberrechtsschranken) gedeckt ist, wie z. B. Zitate (Art. 5 Abs. 3 lit. d InfoSoc-RL), beiläufige Einbeziehungen (Art. 5 Abs. 3 lit. i InfoSoc-RL) oder Parodien (Art. 5 Abs. 3 lit. k InfoSoc-RL). Aus urheberrechtlicher Perspektive ist die Verwertung dieser Medieninhalte durch den Nutzer nicht zu beanstanden.

(2) Am anderen Ende der Skala stehen von den Nutzern hochgeladene Medieninhalte, bei denen **fremde urheberrechtlich geschützte Werke unverändert geteilt** oder **kopiert** werden. Diese Inhalte werden auch als "User-Copied Content" (Gervais, 2009) oder "Pure Reproductions" (Lev-Aretz, 2012) bezeichnet. Typische Sachverhalte sind in diesem Kontext das zustimmungslose Teilen fremder Inhalte, z. B. aktuelle Kinofilme, E-Books oder Software, via Filesharing oder via Streaming-Por-

---

oder verfolgen höchstens indirekt kommerzielle Zwecke (wenn das Teilen von Medieninhalten etwa der Gewinnung von sozialer Reputation dient, die das berufliche Fortkommen fördern soll). S. zu den Motiven hinter der Erstellung von User-Generated-Content vertiefend u. a. Wang & Li, 2014 und Poch & Martin, 2015.

tale, deren prominenteste Vertreterin *kino(x).to* ist. Die Rechtslage ist in diesem Zusammenhang unstrittig und das zustimmungslose öffentliche Teilen fremder Inhalte als urheberrechtswidrig zu qualifizieren. Unstrittig ist zugleich, dass durch solche Handlungen die wirtschaftliche Verwertung dieser Inhalte durch den Berechtigten nicht unerheblich beeinträchtigt wird.[2]

(3) Zwischen den soeben beschriebenen Polen liegen solche nutzergenerierten Medieninhalte, in denen **fremdes Werkschaffen mit substantiellen kreativen Eigenleistungen der Nutzer verbunden** ist. In der Literatur werden diese als "User-Derived Content" (Gervais, 2009) oder "Derivative Content" (Lev-Aretz, 2012) bezeichnet. In der Praxis fallen darunter unter anderem Remixes, Mashups, Sampling, Cover Versionen, Fan Art oder Memes. Diese Phänomene bilden den Inbegriff der "Prosuming Culture" und zeichnen sich dadurch aus, dass die Nutzer auf Basis fremder kreativer Leistungen zum kulturellen Leben beitragen. Das Charakteristikum solcher Medieninhalte und der Anknüpfungspunkt für die urheberrechtliche Problemlage besteht darin, dass fremde Leistungen oftmals zustimmungslos verwendet werden und eine gesetzliche Privilegierung der Nutzung fehlt. Dessen ungeachtet findet das Teilen solcher Inhalte eine breite soziale Akzeptanz und ist soziale Realität. Mit Blick auf Inhalte dieser Art muss auch die Diskussion über eine angemessene Beteiligung der Kreativschaffenden und Rechteinhaber der vorbestehenden Werke an einer etwaigen Wertschöpfung durch den Nutzer und/oder die Content-Plattform geführt werden.

3 Nutzungshandlungen bei der Verwertung von User Uploads

Im interessierenden Zusammenhang liegt der Fokus auf transformativen Werknutzungen ("User Derived Content"), also dem breiten Graubereich zwischen "User Authored Content" (i. S. unabhängiger Neuschöpfungen) und "User Copied Content" (i. S. reiner Reproduktion), und deren urheberrechtlicher Einordnung. Die rechtlichen Grenzen der Verwertung "abhängiger" Inhalte bilden dabei einen zentralen Aspekt. Sowohl die InfoSoc-RL 2001/29 als auch der aktuelle Legislativvorschlag der EK für ein Urheberrecht

---

[2] Aus diesem Grund sollten die Medieninhalte dieser Kategorie auch nicht als "User-Generated-Content" bezeichnet werden, weil dies die Diskussion um dessen urheberrechtliche Erfassung unnötig verzerrt (Homar & Lee, 2016).

am Digitalen Binnenmarkt (UDBM-RL-E)[3] enthalten keine Privilegierungen für Inhalte, die vorbestehende Werke in transformativer Weise einbeziehen und für nicht-
kommerzielle persönliche Zwecke erstellt und/oder geteilt werden. Eine mit Section
29.21 des kanadischen Copyright Acts vergleichbare Privilegierung von User-Generated-Content fehlt aktuell im EU-Urheberrecht.

3.1 Uploader

Mangels spezifischer Privilegierung ist die Erstellung und das Teilen von Inhalten, die
Nutzer auf Grundlage und/oder unter Einbeziehung vorbestehender Werke Dritter gestaltet haben, unter den allgemeinen freien Werknutzungen (Urheberrechtsschranken)
des Art. 5 InfoSoc-RL zu beurteilen. Bei der Beurteilung, ob Nutzer vorbestehende
Werke Dritter zustimmungs- und vergütungsfrei benutzen dürfen, kommen unterschiedliche gesetzliche Privilegierungen in Betracht: Zunächst ist festzuhalten, dass Werke
Dritter für nicht-kommerzielle persönliche Zwecke in einem zweckentsprechenden Umfang (auszugsweise) im Rahmen der Privatkopieschranke vervielfältigt (und adaptiert)
werden dürfen, sofern ideelle Interessen des Urhebers gewahrt bleiben.

Ein öffentliches Teilen dieser Reproduktionen ist jedoch nicht gestattet, sodass diese
Privilegierung nicht geeignet ist, Nutzern das Erstellen und (öffentliche) Teilen abhängiger Inhalte zu ermöglichen. Sohin kommen im interessierenden Zusammenhang nur
die Privilegierung für Forschung, Unterricht und Lehre (Art. 5 Abs. 3 lit. a InfoSoc-RL),
das Zitatrecht (Art. 5 Abs. 3 lit. d InfoSoc-RL), die Parodiefreiheit (Art. 5 Abs. 3 lit. k
InfoSoc-RL) oder die Privilegierung für die beiläufige Einbeziehung nach Art. 5 Abs. 3
lit. i InfoSoc-RL in Betracht (siehe zu den einzelnen Anknüpfungspunkten weiterführend Treitl, 2016, S. 161 ff.; Appl, 2016, S. 246 f.). Wenngleich die angeführten Privilegierungen einzelne Erscheinungsformen von User Derived Content abzudecken vermögen, ist der Großteil alltäglicher Sachverhalte (z. B. öffentliches Teilen von Memes,
Homevideos mit [zufälliger] Hintergrundmusik etc.) i. d. R. nicht davon erfasst.

Auch bestehen eine Reihe von Grenzfällen, wie etwa Video-Tutorials mit einem be-
lehrenden Charakter (siehe dazu Treitl, 2016, S. 162), deren Beurteilung sich komplex
gestaltet und die mit erheblichen Rechtsunsicherheiten einhergehen. Von Ausnahmen
abgesehen, ist das öffentliche Teilen abhängiger Inhalte, die geschützte Werke Dritter
einbeziehen, tendenziell ein unrechtmäßiger Eingriff in fremde Urheberrechte.

---

[3] UDBM-RL-E COM(2016) 593, 2016/0280 (COD)

Rechtssicherheit besteht aus Perspektive des Uploaders daher nur dann, wenn einbezogene Inhalte lizenziert werden (z. B. mittels Creative Commons Lizenzen o. Ä.).

3.2   Content-Plattform

Es existiert eine große Vielfalt von Dienstleistern, die Nutzern das Teilen von medialen Inhalten ermöglichen. Diese treten entweder als bloße "Host-Provider" (welche lediglich technische Infrastruktur bereitstellen) oder als "Content-Plattform" in Erscheinung. Im interessierenden Zusammenhang ist der Plattform-Begriff dahin zu verstehen, dass der Plattformbetreiber als "Broker" auftritt und solcherart eingespeiste Nutzerinhalte als Angebot für die Nachfrageseite aufbereitet. Als Broker bringt die Plattform Ordnung in ein unüberschaubares Spektrum individueller Beiträge, um diese dem interessierten Nutzer aufbereitet und in einem einheitlichen Nutzererlebnis zu präsentieren. Dies unterscheidet Content-Plattformen von Content-Diensten, wie Spotify, Netflix oder Amazon, die Inhalte auf eigenes wirtschaftliches Risiko "zukaufen" oder zumindest "in Kommission nehmen" und dem Publikum – ebenfalls als einheitliches Nutzererlebnis – zugänglich machen. Damit sind Content-Plattformen und Content-Dienst insb. hinsichtlich des Nutzererlebnisses einander sehr ähnlich.

Die Differenzierung in Host-Provider und Content-Plattformen ist für die urheberrechtliche Beurteilung bedeutsam, denn erstere genießen eine besondere Privilegierung nach Art. 14 E-Commerce-RL 2000/31 und sind für Inhalte, die sie im Auftrag ihrer Nutzer speichern, grds. nicht verantwortlich. Host-Provider müssen jedoch gespeicherte Inhalte löschen oder unzugänglich machen, wenn sie von einer etwaigen Rechtsverletzung durch den Uploader Kenntnis erlangen. Content-Plattformen gehen indes über reines Hosting von Nutzerinhalten hinaus: Sie strukturieren und aggregieren fremde Nutzerinhalte, um den Plattform-Nutzern (i. S. v. Rezipienten) ein einheitliches (mosaikartig aus Einzeluploads zusammengesetztes) Nutzererlebnis zu bieten. Der Gesamteindruck dieser Content-Plattformen wird nahezu ausschließlich von der Plattform selbst und kaum vom individuellen Uploader geprägt. Prominentestes Beispiel einer solchen Content-Plattform für audiovisuelle Inhalte ist YouTube. Aktuell ist es unklar, wie diese Content-Plattformen urheberrechtlich zu behandeln sind: Einerseits wählen diese Plattformen die hochgeladenen Inhalte nicht selbst aus, was grds. dagegensprechen würde, dass sie als unmittelbar Handelnde in das Recht der öffentlichen Zugänglichmachung (Art. 3 III InfoSoc-RL) eingreifen (Conrad, 2017, S. 293). Andererseits bündeln diese Plattformen die individuellen Nutzerinhalte in einem Gesamtservice und ihre Algorithmen und Empfehlungssysteme führen dazu, dass die Nutzerinhalte ein Publikum erreichen, dass einzelne Nutzer (etwa mit einem schlichten Blog oder einer eigenen Website) u. U. nicht hätten erreichen können. Häufig legen auch die Nutzungsbedingungen von Content-Plattformen nahe, dass es diesen nicht bloß um die Bereitstellung von Hosting-Infrastruktur geht, sondern eine Nutzung der Inhalte nach freiem Ermessen der Plattform erfolgen soll. So lassen sich Content-Plattformen, wie z. B. YouTube, in ihren Nutzungsbedingungen umfassende Nutzungsbefugnisse (vgl. Ziffer 8 der YouTube Nutzungsbedingungen, 06/2017) einräumen, um eine eigenständige Verwertung der Inhalte zu ermöglichen. Solche Nutzungsrechteinräumungen sind in reinen Hosting-Konstellation überflüssig, weil der Host-Provider lediglich die Infrastruktur bereithält ohne die dort hinterlegten Inhalte nach eigenem Ermessen zu aggregieren oder zu benützen. Mit anderen Worten kommt es Content-Plattformen gerade darauf an, Nutzerinhalte eigenständig (und unabhängig vom Uploader) zu verwerten (s. dazu weiterführend mit Blick auf Art 13 UDBM-RL-E: Appl, 2017).

Wenngleich gute Gründe dafürsprechen, dass Content-Plattformen als unmittelbar Handelnde in eigener Verantwortung die öffentliche Zugänglichmachung von Nutzerinhalten zu vertreten haben (s. bspw. Holzmüller, 2017, S. 302 f.; Leistner, 2016, S. 589; Stieper, 2017, S. 138), liegen in Deutschland gegenteilige Entscheidungen des OLG Hamburg (5 U 87/12, MMR 2016, 269) und des OLG München (29 U 2798/15, GRUR 2016, 612) vor. In diesen Entscheidungen wird darauf verwiesen, dass der Plattformbetreiber lediglich eine Infrastruktur zur Verfügung stellt, ohne sich die hochgeladenen Nutzerinhalte zu eigen zu machen. Dieser Beurteilung folgend unterliegen die Plattformen keiner Haftung als unmittelbare Täter, sondern haften lediglich als Vermittler i. S. d. Art 8 Abs 3 InfoSoc-RL bzw. als Störer. Im Ergebnis können die Plattformen dadurch nicht auf angemessene Vergütung und Schadenersatz, sondern nach In-Kenntnis-Setzung lediglich auf Entfernung der rechtsverletzenden Inhalte ("Notice-and-Takedown") sowie Verhinderung kerngleicher Rechtsverletzungen in der Zukunft ("Notice-and-Staydown") in Anspruch genommen werden (Holzmüller, 2017, S. 302; Hohlweck, 2017, S. 109 f.). Eine jüngere Entscheidung des EuGH (C-610/15) legt nunmehr allerdings nahe, dass Plattformen im Rahmen der öffentlichen Zugänglichmachung von Nutzerinhalten eine "zentrale Rolle" (EuGH C-610/15, Rz. 37) spielen, wenn sie zu kommerziellen Zwecken Inhalte indizieren, strukturieren, kategorisieren und solcherart den rezipierenden Plattformnutzern den Zugang zu den Nutzerinhalten erleichtern. Nach der hier vertretenen Auffassung haben daher Content-Plattformen, die nach freiem Ermessen sowie in eigener Verantwortung Nutzerinhalte in strukturierter Form aggregiert und

strukturiert für kommerziellen Zwecken benützen, als unmittelbar Handelnde für unge-
rechtfertigte Eingriffe in das Recht der öffentlichen Zugänglichmachung einzustehen.

4 Modelle der wirtschaftlichen Partizipation Kreativschaffender an transformativen Werknutzungen

Eine der wesensimmanenten Aufgaben des urheberrechtlichen Schutzes besteht darin,
den Urhebern eine angemessene Vergütung für die Nutzung ihrer Werke zu sichern (vgl.
§ 11 d UrhG 2. Satz). Sie sind deshalb tunlichst angemessen an dem wirtschaftlichen
Nutzen zu beteiligen, den andere aus der Verwertung ihrer Werke ziehen (Rehbin-
der/Peukert, 2015, S. 46; Loewenheim, 2017, S. 63). Diese als Beteiligungsgrundsatz
bezeichnete Maxime ist auch in der Rsp anerkannt (vgl. BVerfG 1 BvR 1842/11, GRUR
2014, 169 und BGH I ZR 94/05, GRUR 2008, 245) und erstreckt sich auch auf die Verwendung (geschützter) Werkteile und die Verwendung der Werke in veränderter Form.[4]
Vor diesem Hintergrund haben Urheber einen Anspruch auf Beteiligung an den Erlösen,
die durch die Verwertung von nutzergenerierten Medieninhalten erzielt werden, wenn
diese ihre Werke oder Teile ihrer Werke beinhalten (Bauer, 2011, S. 404).[5]

4.1 Situation nach geltendem Recht

An den in der Verwertungskette erzielten Erlösen partizipieren die Urheber vor allem
dadurch, dass sie als Gegenleistung für die Einräumung von (ausschließlichen oder nicht
ausschließlichen) Nutzungsrechten ein Entgelt erhalten.[6] Obwohl es in der Debatte um

---

[4] Dies zeigt sich darin, dass auch die Verwertung des Werks in veränderter Form ausschließlich dem
Urheber vorbehalten ist (vgl. § 23 dUrhG und § 14 Abs. 2 öUrhG). Für die unionsrechtlichen Verwertungsrechte hingegen einschränkend *v.* Ungern-Sternberg, 2015, S. 539.
[5] Die Urheber haben jedoch keinen Anspruch auf Beteiigung an sämtlichen Erlösen, die mit ihren Werken lukriert werden. In bestimmten Bereichen müssen sie etwa hinnehmen, dass ihre Werke (aufgrund
übergeordneter Allgemeininteressen) zustimmungs- und vergütungsfrei genutzt werden. Darunter fallen
etwa Nutzungen im Rahmen eines Zitats (Art. 5 Abs. 3 lit. d InfoSoc-RL) oder von Parodien (Art. 5
Abs. 3 lit. k InfoSoc-RL). Ferner haben die Urheber keinen Anspruch auf Beteiligung an den Verwertungserlösen, wenn ihre Werke lediglich als Anregung für das Werkschaffen der Nutzer (bspw. als Inspirationsquelle) verwendet und die schöpferischen Züge in dem entstehenden Werk vollständig in den
Hintergrund treten (vgl. § 24 dUrhG, § 5 Abs 2 öUrhG [Appl, 2016, S. 212 f.]).
[6] Daneben partizipieren Urheber auch dadurch an Verwertungserlösen, indem das Gesetz bestimmte
Nutzungen von der Reichweite der urheberrechtlichen Verwertungsrechte ausnimmt, ihnen im Gegenzug aber einen Anspruch auf angemessene Vergütung gewährt ("gesetzliche Lizenzen").

die Verteilungsgerechtigkeit unbestritten ist, dass durch die Verwertung von nutzergenerierten Medieninhalten eine nicht unerhebliche Wertschöpfung erfolgt, ergeben sich
hinsichtlich der angemessenen Beteiligung der Urheber zwei zentrale Problemfelder.

4.1.1 Der Beteiligungsgrundsatz knüpft an die Vornahme einer urheberrechtlichen Nutzungshandlung an

Zunächst droht der Grundsatz der angemessenen Beteiligung der Urheber zu versagen,
wenn Plattformen durch die Vermarktung urheberrechtlich geschützter Inhalte Erlöse
erzielen, ihr Handeln aber (nach strittiger, aber von deutschen Instanzgerichten und Teilen der Lehre vertretener Auffassung) nicht als urheberrechtliche Nutzungshandlungen
(bspw. als Vervielfältigung i. S. d. Art. 2 InfoSoc-RL oder als öffentliche Wiedergabe
bzw. Zugänglichmachung i. S. d. Art. 3 InfoSoc-RL) zu qualifizieren ist. Dadurch
scheint es nicht ausgeschlossen, dass für Plattformen keine ausreichenden Anreize zur
Klärung der Nutzungsrechte im Vorfeld der Nutzung bestehen, weil sie als Störer "im
schlimmsten Fall" nur verpflichtet sind, rechtsverletzende Inhalte (im Nachhinein) von
der Plattform zu entfernen (s. dazu 3.2).

Auch besteht gegen die durch den Upload unmittelbar in das Recht der Zugänglichmachung eingreifenden Nutzer keine wirksame Handhabung, weil diese aufgrund ihrer
Anonymität nicht (effektiv) verfolgt werden können und (in der weit überwiegenden
Anzahl der Fälle zumindest) auch keine Erlöse aus der Verwertung generieren. Nach
eigener Auffassung sind die Rechteinhaber deshalb darauf angewiesen, dass Plattformen
auf freiwilliger Basis mit ihnen (Lizenz-) Vereinbarungen abschließen (s. zu diesen Vereinbarungen Lev-Aretz, 2012, S. 137) und Lizenzentgelte für die Nutzungshandlungen
ihrer Nutzer leisten (s. jüngst die Einigung von GEMA und YouTube: Hanfeld, 2016).[7]
Obwohl Plattformen (allen voran *YouTube*) auch derzeit solche Vereinbarungen abschließen, würde es die Verhandlungsposition der Rechteinhaber verbessern, wenn die
Plattformen (nach u. E. zutreffender Auffassung, s. EuGH C-610/15) durch die Bereit-
haltung und Strukturierung der Inhalte eigene Nutzungshandlungen begehen und in das
Recht der öffentlichen Zugänglichmachung eingreifen (so auch zugegeben von Wimmers & Barudi, 2017, S. 333).

---

[7] Aus der Perspektive des Urheberrechts handelt es sich dabei um Lizenzentgelte, die im Rahmen einer
Geschäftsführung ohne Auftrag für die hochladenden Nutzer bezahlt werden und der Verpflichtung zur
Entfernung der Inhalte vorzubeugen (s. OLG München 29 U 2798/15, GRUR 2016, 612; Stieper, 2017,
S. 137). Insoweit trifft das Argument der freiwilligen Leistung nicht vollends zu.

4.1.2 Die wirtschaftliche Beteiligung der Verwerter führt nicht automatisch zu angemessener Beteiligung der Kreativschaffenden

In Anbetracht der gegenwärtigen Vergütungsstrukturen gerät die angemessene Vergütung der Kreativschaffenden auch aus einem weiteren Aspekt in Gefahr: In aller Regel nehmen Urheber und ausübende Künstler ihre Nutzungsrechte nicht selbst wahr, sondern räumen diese Verwertern (Verlagen, Filmproduzenten, Tonträgerherstellern etc.) exklusiv ein (Gerlach, 2017, S. 313). Konsequenterweise schließen Plattformen wie YouTube die Lizenzvereinbarungen nicht mit den einzelnen Urhebern (was in Anbetracht der Anzahl und Identifikation auch nahezu undurchführbar wäre), sondern mit Verlagen, Filmproduzenten oder Plattenlabels (Robertson, 2012). An diesen Erlösen werden die Kreativschaffenden nur dann angemessen beteiligt, wenn ihnen die Verwerter einen (ausreichenden) Anteil weiterleiten (s. dazu bspw. Rack, 2016).

Ob und in welchem Ausmaß Kreativschaffende an solchen Erlösen beteiligt sind, orientiert sich im Rahmen der Privatautonomie an deren individuellen Vereinbarungen mit den Verwertern. Wenngleich durch eine u. U. fehlende Parität der Verhandlungsposition von Urhebern und ausübenden Künstlern einerseits und Verwertern andererseits eine Aushandlung auf Augenhöhe nicht immer stattfinden wird, muss an dieser Stelle offenbleiben, inwiefern das Urheberrecht der richtige Ort zur gesetzlichen Beseitigung dieser Problemlage ist.

4.2   Mögliche Lösungsansätze de lege ferenda

Die unmittelbare Verantwortlichkeit der Content-Plattformen, von der angesichts jüngster Rechtsentwicklungen auf europäischer Ebene (s. UDBM-RL-Entwurf und EuGH C-610/15) ausgegangen werden kann, lässt eine Stärkung des urheberrechtlichen Beteiligungsgrundsatzes erwarten und wird die Verhandlungsposition der Rechteinhaber stärken. Content-Plattformen sind somit verpflichtet, im Vorfeld der Nutzung die Rechte zu klären und könnten im Fall der Rechtsverletzung auf Ersatz des dadurch verursachten Schadens in Anspruch genommen werden. Vor diesem Hintergrund müssen Content-Plattformen nicht unerheblichen Haftungsrisiken begegnen (Stieper, 2017, S. 138). Falls dies tatsächlich eine existenzielle Bedrohung für deren Geschäftsmodelle darstellt (so Conrad, 2017, S. 298), wäre freilich den Kreativschaffenden kaum gedient und eine wirtschaftliche Besserstellung wiederum nicht zwingend gesichert. Mit Blick auf den vieldiskutierten Art. 13 UDBM-RL-Entwurf wird sich die Situation der Content-Plattformen – gegenüber anderen Content-Diensten – insofern unterscheiden, als diese zur

Etablierung von technischen und/oder organisatorischen Maßnahmen (z. B. Inhaltser-kennungstechnologien) verpflichtet werden. Ob deren sorgfältiger Einsatz zumindest haftungsmindernd wirken könnte und solcherart nicht für jeden "eingeschlichenen" (rechtswidrigen) Nutzerinhalt gehaftet wird, sollte im legislativen Prozess noch geklärt werden.

Vor diesem Hintergrund werden im Schrifttum hinsichtlich einer nachhaltigen Stär-kung der wirtschaftlichen Position von Rechteinhabern und der Sicherung der wirt-schaftlichen Entfaltungsmöglichkeiten für Plattformen unterschiedliche Lösungswege vorgeschlagen: Einerseits könnte eine Schranke für das Recht der Zugänglichmachung vorgesehen werden, welche den Rechteinhabern im Gegenzug einen Anspruch auf eine angemessene Vergütung vermittelt (s. bspw. Leistner, 2017, S. 590; Stieper, 2017, S. 139). In diesem Fall wären die Plattformen ex lege zur Nutzung berechtigt und wür-den die Rechteinhaber über eine Zahlung an Verwertungsgesellschaften vergüten. An-dererseits könnte auch das Recht der Zugänglichmachung als Ausschließlichkeitsrecht aufrecht erhalten bleiben, den Plattformen aber wirksame Mechanismen zur Rechteklä-rung zur Verfügung gestellt werden, etwa durch eine zwingende kollektive Wahrneh-mung der Nutzungsrechte durch Verwertungsgesellschaften (Stieper, 2017, S. 140) oder durch Zwangslizenzen (s. dazu weiterführend Conrad, ZUM 2017, S. 299).

Obwohl es außer Frage steht, dass ein modernes Urheberrecht einen Rahmen zur Ent-wicklung und Entfaltung digitaler Geschäftsmodelle gewährleisten muss, darf keines-falls übersehen werden, dass die vorgeschlagenen Lösungsansätze mit erheblichen Ein-griffen in die Verfügungsmacht der Rechteinhaber einhergehen. Sie würden durch diese Modelle insb. die Befugnis verlieren, die Nutzungen im Einzelfall zu kontrollieren, und könnten mit den Plattformen keine individuellen Vereinbarungen treffen.[8] Dies würde im Ergebnis Marktmechanismen außer Kraft setzen (s. dazu Spindler, 2014, S. 100 f.) und zu einer Art "Kulturflatrate" führen, welche mit guten (rechtlichen und wirtschaft-lichen) Gründen abgelehnt wird und einer Kapitulation des Urheberrechts gleichkom-men würde (Melichar & Stieper, 2017, Rz. 60). Diese Modellvorschläge stellen daher

---

[8] Dies wäre lediglich dann möglich, wenn individuelle Lizenzvereinbarungen auch im Anwendungsbe-reich dieser Modelle möglich bleiben (s. bspw. Leistner, 2017, S. 592). Diese Parallelität zieht jedoch schwierige Abrechnungsmodalitäten mit sich (etwa müsste sichergestellt werden, dass sich die Beteili-gung der Rechteinhaber am kollektiv eingehobenen Vergütungsaufkommen in jenem Ausmaß reduziert, in dem sie Nutzungen individuell lizenziert haben) und würde neue Transaktionskosten (Leistner, 2017, S. 592) schaffen (s. weiterführend Stieper, 2017, S. 140).

auch keine "one-size-fits-all" Lösungen dar, sodass es vielmehr differenzierter Lösungsvorschläge bedarf, welche den individuellen Merkmalen der Plattformen und deren Geschäftsmodellen Rechnung tragen. Nach Ansicht der Autoren sind die vorgeschlagenen Lösungen nur in Betracht zu ziehen, soweit diese Nutzungshandlungen betreffen, die nicht mit der (primären) Verwertung der Inhalte konkurrieren.

Die Verwertung von transformativen nutzergenerierten Medieninhalten i. S. v. User Derived Content, welche Werke oder Werkteile fremder Urheber enthalten, stellt dabei ein mögliches Einsatzszenario dar. Zentrale Voraussetzung wäre dabei, dass die übernommenen vorbestehenden Inhalte Dritter in eine eigene kreative Leistung des Nutzers dergestalt eingebettet werden, dass der Medieninhalt des Nutzers die normale Verwertung der einbezogenen Inhalte nicht erheblich beeinträchtigt. Eine Privilegierung der Verwertung von Nutzerinhalten muss daher dort ihre zwingende Grenze finden, wo diese die einbezogenen Inhalte weitestgehend substituieren. In diesem Fall scheint es durchaus sachgerecht, nur die Nutzungshandlung des Uploaders, nicht aber jene der Content-Plattform zu privilegieren und wirtschaftlichen Interessen der Rechteinhaber über einen Vergütungsanspruch (der zentral bei den Plattformbetreibern eingehoben wird) zu berücksichtigen.

Content-Plattformen würden demgemäß weiterhin dem Verbotsrecht unterliegen und individuelle Lizenzen einholen müssen, wofür ggf. gesetzlich Erleichterungen – etwa durch Verhandlungs- und Mediationsmechanismen (vgl Art 10 UDBM-RL-Entwurf) – geschaffen werden könnten. Darüber hinaus kann über eine Abschwächung der Haftungsfolgen nachgedacht werden (vgl. Ohly, 2015, S. 315 f.; Stieper, 2017, S. 139). Diese Erleichterungen müssten aber so ausgestaltet werden, dass Plattformbetreiber zur Lizenzierung im Vorfeld der Nutzung und zur redlichen Verhandlungsführung angehalten sind, aber zugleich dem nachvollziehbaren Risiko Rechnung getragen wird, dass die fraglichen Inhalte von den Nutzern ausgewählt werden und von den Plattformen nicht flächendeckend oder vollständig überprüft werden können.

Von der hier angedachten Lockerung zugunsten bestimmter (qualifizierter) Formen von Nutzerinhalten, die fremde Leistungen transformativ einbeziehen, bleiben solche Nutzungen unberührt, die eine traditionelle Verwertung durch die Rechteinhaber substituieren. In diesen Fällen wird auch weiterhin das Verbotsrecht vollumfänglich greifen und eine individuelle Lizenzierung erforderlich sein.

5 Fazit

Wenngleich im Rahmen dieses Beitrags offenbleibt, in welchem Ausmaß aktuell ein "value gap" besteht, zeigt sich doch die dringende Notwendigkeit, das Thema User-Generated-Content aus urheberrechtlicher Sicht gesamthaft anzugehen. Demgemäß ist der sozialen Realität und dem Bedürfnis einer freien (nicht notwendig kostenlosen) transformativen Verwendung geschützter Leistungen ebenso Rechnung zu tragen, wie den wirtschaftlichen Interessen von Urhebern, ausübenden Künstlern und Rechteinhabern. Unstrittig leisten Content-Plattformen einen wichtigen Beitrag für die einfache Dissemination von Nutzerinhalten und sind damit Nucleus sozialer Interaktion. Durch Content-Plattformen generierte Erlöse beruhen insofern nicht bloß auf dem Trittbrettfahren auf fremden Leistungen, sondern zu einem Teil auf innovativen eigenen Leistungen. Dies anerkennend ist gleichermaßen den Kreativschaffenden und Rechteinhabern der verwendeten Werke, deren Leistungen unstrittig einfließen und maßgeblich zur Wertschöpfung der Content-Plattformen beitragen, eine angemessene wirtschaftliche Beteiligung zuzubilligen. Eine gesetzliche Privilegierung der Verwertung von Nutzerinhalten kommt dabei nur soweit in Betracht, als die Verwertung durch den Rechteinhaber nicht gefährdet oder gar vollständig substituiert wird.

Dieser Beitrag entstand im Rahmen des Sparkling Science Forschungsprojekts „User-Generated Copyright" (www.u-g-c.at), gefördert durch das österr. Bundesministerium für Wissenschaft, Forschung und Wirtschaft.

Literaturverzeichnis

Appl, C. (2016). Urheberrecht. In A.Wiebe (Hrsg.), *Wettbewerbs- und Immaterialgüterrecht*, 3. Auflage (S. 173–270). Wien: Facultas.

Appl, C. (2017). Urheberrecht im digitalen Binnenmarkt: Evolution statt Revolution. *ÖBl 2017*, 169.

Conrad, A. (2017). Zum Modell der Rechteklärung und Rechteverwaltung auf Hosting-Plattformen. *ZUM*, 289.

Dreier, Th. (2015). § 53. In Dreier, Th. / Schulze, G. (Hrsg), *Urheberrechtsgesetz 5. Auflage*, München: Beck.

Elken-Koren, N. (2011). Tailoring Copyright to Social Production. *Theoretical Inquiries in Law* (12), 309.

Gervais, D. (2009). The Tangled Web of UGC: Making Copyright Sense of User-Generated Content, *Vanderbilt Journal of Entertainment and Technology law*, 11, 841.

Grünberger, M. (2017). Die Entwicklung des Urheberrechts im Jahr 2016 – Teil 1. *ZUM*, 324.

Grünberger, M. (2017). Die Entwicklung des Urheberrechts im Jahr 2016 – Teil 2. *ZUM*, 361.

Grünberger, M. (2017). Internetplattformen – Aktuelle Herausforderungen der digitalen Ökonomie an das Urheber- und Medienrecht. *ZUM*, 89.

Hohlweck, M. (2017). Eckpfeiler der mittelbaren Verantwortlichkeit von Plattformbetreibern in der Rechtsprechung. *ZUM*, 109.

Holzmüller, Th. (2017). Anmerkungen zur urheberrechtlichen Verantwortlichkeit strukturierter Content-Plattformen. *ZUM*, 301.

Homar, Ph. / Lee, S. (2016). The Rise of the Prosumer. *MR-Int*, 152.

Jones, L. (2017). Tagungsbericht: Online Platforms and Intermediaries in Copyright Law. *GRUR*, 600.

Lausen, M. (2017). Unmittelbare Verantwortlichkeit des Plattformbetreibers. *ZUM*, 278.

Leistner, M. (2016). Reformbedarf im materiellen Urheberrecht: Online-Plattformen und Aggregatoren. *ZUM*, 580.

Lev-Aretz, Y. (2012). Second Level Agreements. *Arkon Law Review*, 45, 142.

Loewenheim, U. (2017). Einleitung. In G. Schricker & U. Loewenheim (Hrsg), *Urheberrecht*, 5. Auflage. München: Beck.

Melichar, F. / Stieper, M. Vor §§ 44a ff. In G. Schricker & U. Loewenheim (Hrsg), *Urheberrecht*, 5. Auflage. München: Beck.

Metzger, A. (2013). Beteiligungsgrundsatz und Fairness. In E. Obergfell (Hrsg.), *Zehn Jahre reformiertes Urhebervertragsrecht* (S. 37–53). Berlin: De Gruyter.

Nolte, G. (2017). Drei Thesen zur aktuellen Debatte über Haftung und Verteilungsgerechtigkeit bei Hosting-Diensten mit nutzergenerierten Inhalten (sog. »Value-Gap«-Debatte). *ZUM*, 304.

Ohly, A. (2015). Die Verantwortlichkeit von Intermediären. *ZUM*, 308.

Poch/Martin (2015). Effects of intrinsic and extrinsic motivation on user-generated content, *Journal of Strategic Marketing*, 23, 305.

Schulze, G. § 11. In Th. Dreier & G. Schulze (Hrsg), *Urheberrechtsgesetz 5. Auflage*. München: Beck.

Specht, L. (2017). Ausgestaltung der Verantwortlichkeit von Plattformbetreibern zwischen Vollharmonisierung und nationalem Recht. *ZUM*, 114.

Spindler, G. (2014). Internetplattformen und die Finanzierung der privaten Nutzung. *ZUM*, 91.

Stang, F. (2017). Zur Haftung von YouTube nach § BGB § 816 Abs. BGB § 816 Absatz 1 Satz 2 BGB. *ZUM*, 380.

Stieper, M. (2017). Ausschließlichkeitsrecht oder Vergütungsanspruch: Vergütungsmodelle bei Aufmerksamkeitsplattformen. *ZUM*, 132.

Treitl, V. (2016). UGC: Is there room for the "Dancing Baby" under the InfoSoc Directive? *MR-Int*, 160.

Ungern-Sternberg, J. (2015). Verwendungen des Werkes in veränderter Gestalt im Lichte des Unionsrechts. *GRUR*, 533.

Wang & Li (2014), Trust, Psychological Need, and Motivation to Produce User-Generated Content: A Self-Determination Perspective, *Journal of Electronic Commerce Research*, 15, 241.

Wimmers, J. & Barudi, M. (2017), Der Mythos vom Value Gap. *GRUR*, 327.

Teil 3:

Leben und Lernen in der Arbeitswelt von morgen

Koordination, Motivation und Loyalität

Benno Luthiger

Eidgenössische Technische Hochschule Zürich

Zusammenfassung

Die moderne Gesellschaft ist eine Wissensgesellschaft und die Produktion von Gütern und Dienstleistungen erfolgt in der Wissensökonomie. Dieser Sachverhalt hat mit der digitalen Revolution stark an Bedeutung gewonnen. In einer solchen Gesellschaft ist das Humankapital der ausschlaggebende Wertschöpfungsfaktor. Humankapital bedeutet in diesem Fall einerseits die Motivation der Angestellten, andererseits ihr Verhalten und ihre Kompetenz den Kunden gegenüber und ihre Bereitschaft bei der innerbetrieblichen Zusammenarbeit. Der Motivation der Mitarbeiter kommt eine entscheidende koordinierende Funktion zu. Dieser Befund wird anhand einer Studie über Open-Source-Entwickler erläutert. Die Resultate dieser Studie erlauben interessante Rückschlüsse über Motivation und Engagement nicht nur im Software-Bereich, sondern für die Wissensgesellschaft überhaupt. Vor diesem Hintergrund werden Szenarien, welche befürchten, der Gesellschaft gehe die Arbeit aus, kritisch beurteilt.

1   Arbeitsteilung und Loyalität

Schauen wir in die Geschichte der Menschheit zurück, erkennen wir, dass der Wohlstand pro Kopf im Verlauf der Jahrhunderte stetig gestiegen ist. Mit seiner gesellschaftlichen Organisation hat es der Mensch geschafft, ständig mehr Wert zu schöpfen. Aber mit welchen Organisationsformen und Anreizstrukturen schafften und schaffen es die Menschen, die Tätigkeiten der unzähligen Individuen so zu koordinieren, dass die einzelnen Aktivitäten sich nicht gegenseitig behindern und auslöschen, sondern sich wohlfahrtssteigernd ergänzen? Eine notwendige Bedingung für steigenden Wohlstand ist steigende Produktivität. Wenn es den Menschen gelingt, in ihrer Arbeitszeit mehr Güter oder Dienstleistungen zu produzieren, können sie diesen geschaffenen gesamtgesellschaftlichen Reichtum in der Folge als Wohlstand nutzbar machen.

Ein wichtiger Schritt zu mehr Produktivität wurde in der Vergangenheit durch die Arbeitsteilung möglich: In einer arbeitsteiligen Gesellschaft müssen nicht mehr alle ein bisschen alles machen, sondern die Menschen können ihre speziellen Fähigkeiten entwickeln. Eine arbeitsteilige Gesellschaft verstärkt allerdings das Koordinationsproblem. Damit eine arbeitsteilige Gesellschaft effektiv Wohlstand erzeugen kann, muss sie effiziente Mittel finden, die Beiträge der Einzelnen zu integrieren. Zu diesem Zweck gibt es zwei grundlegende Möglichkeiten: Einerseits können die Einzelbeiträge organisch integriert werden (vgl. Durkheim über «organische Solidarität», 1992), d. h. über Marktmechanismen wie Angebot und Nachfrage und Preissignale als Steuerungsmittel. Die andere Möglichkeit ist die mechanische Integration. Hier werden die Individuen über Kontrollmechanismen in eine gesellschaftliche Struktur eingeordnet.

Im den modernen Gesellschaften tauchen diese beiden Prinzipien gemischt auf. Die meisten Menschen arbeiten in organisatorischen Strukturen, die vertikal oder horizontal integriert sind. Solche Strukturen können privatwirtschaftlich organisierte Firmen oder Verwaltungen sein. Während die Individuen innerhalb solcher Organisationen mechanisch integriert werden, sind diese Strukturen ihrerseits organisch integriert, d. h. sie stehen im Wettbewerb zueinander. Wie die Geschichte und die Praxis zeigen, gelingt es dem Markt gut, weitgehend autonome Strukturen zu koordinieren. Wenn der Markt die Beiträge von organisatorischen Strukturen wie Firmen koordinieren und integrieren kann, warum kann der Markt seine Integrationsleistung nicht auch auf individueller Ebene entfalten? Warum braucht es noch Firmen?

Offensichtlich ist die Koordination mit Kosten verbunden und den Firmen gelingt es als Kooperationsarenen (Sprengers, 2016) mit ihrer Organisationsstruktur, die Individuen effizienter zu koordinieren als einer anonymen Struktur wie dem Markt. Wie lösen Firmen und Verwaltungen das Problem, das in der ökonomischen Literatur als Prinzipal-Agent-Problem bekannt ist? Wie schaffen sie es, die Interessen des einzelnen Individuums innerhalb der Organisation in Einklang mit dem Unternehmenszweck zu bringen?

Im tayloristisch organisierten Unternehmen, in welchem das Fliessband den Takt angab, war offensichtlich das Prinzip «Kontrolle» beispielhaft umgesetzt. Spätestens in der Wissensgesellschaft allerdings muss das Prinzip der Kontrolle fehlschlagen. Bestimmend für die Wissensgesellschaft ist der Umstand, dass im Gegensatz zur klassischen Industriegesellschaft nicht mehr fixes Sachkapital verwertet wird (Drucker, 1969).

Die Verwertung von Sachkapital kann mit klassischen Methoden – Produkteinheit pro Zeiteinheit – gemessen werden. In der Wissensgesellschaft wird stattdessen immaterielles Kapital (Humankapital) verwertet. Massgeblich für den Erfolg der Organisation ist also nicht mehr formelles, abrufbares Wissen, sondern lebendiges Wissen wie Erfahrungswissen, Urteilsvermögen, Selbstorganisation. Im Vergleich zu solchem Wissen kann formelles Wissen, welches für die Industriegesellschaft entscheidend war, einfach kopiert und reproduziert werden. Dieses formelhafte Wissen bildet den Input der Roboter, die in den modernen Fabriken die Massenproduktion auf ein neues Niveau gehoben haben. Die Dynamik in der Wissensgesellschaft wird dagegen durch Wissens- und Humankapital vorwärtsgetrieben. In der Wissensgesellschaft ist Wissen eine Ressource, welche kontinuierlich revidiert und permanent verbessert wird. Wissensarbeit zielt darauf, Wissen zu erzeugen und zu vermehren. Dies mit der Absicht, Innovationen zu schaffen und damit die Wettbewerbsfähigkeit des Unternehmens zu sichern und zu stärken.

In einem solchen Umfeld ist Kontrolle keine Option mehr, die Mitarbeiter auf das Unternehmensziel zu verpflichten, denn Arbeit nach Vorschrift ist das sicherste Mittel, die Kreativität der Mitarbeiter abzutöten. Wollen die Unternehmen erfolgreich sein, müssen sie stattdessen ein attraktives Arbeitsumfeld anbieten, damit sie gut ausgebildete Personen als Mitarbeiter gewinnen und halten können. Die Unternehmen müssen versuchen, die Loyalität der Mitarbeiter zu gewinnen. Nur so haben sie eine Chance, in der Wissensgesellschaft das Prinzipal-Agent-Problem zu lösen (Coase, 1937).

Das Kennzeichen von Loyalität ist, dass Mitarbeiter im Sinne des Unternehmens handeln, auch wenn das Arbeitsumfeld es ihnen erlauben würde, ihren persönlichen Neigungen zu folgen. Loyale und engagierte Mitarbeiter sind aus vielen Gründen vorteilhaft für das Unternehmen: Beispielsweise fehlen solche Mitarbeiter weniger am Arbeitsplatz, sie zeichnen ihren Bekannten gegenüber ein positives Bild der Firma und planen, ihre berufliche Karriere bei ihrem derzeitigen Arbeitgeber zu machen. Loyale Mitarbeiter zeichnen sich weiter durch eine hohe emotionale Bindung zu ihrem Arbeitgeber aus. Sie sind produktiver, haben weniger Arbeitsunfälle, leisten bessere Qualität und verursachen weniger Kosten durch Fluktuation als Angestellte mit niedriger emotionaler Bindung (Gallup, 2016).

Welche Faktoren begünstigen die emotionale Bindung der Mitarbeiter zu ihrem Unternehmen? Entscheidend für die Loyalität der Mitarbeiter ist das Versprechen, dass sie sich in der Firma entfalten können. Mit anderen Worten: Loyalität gibt es als Austausch gegen Entfaltungsmöglichkeiten (Martensen & Grønholdt, 2006). Was die Entfaltungsmöglichkeiten am Arbeitsplatz betrifft, sind grundsätzlich zwei Aspekte zu berücksichtigen: Einerseits geht es um die langfristigen Entwicklungsmöglichkeiten (Welche Chancen hat ein Arbeitnehmer, eine ihm passende Karriere innerhalb des Unternehmens machen zu können?); andererseits hat die Entfaltung einen kurzfristigen Aspekt. Hier geht es darum, ob die aktuelle Tätigkeit dem Arbeitnehmer Freude bereitet (Kann der Arbeitnehmer mit einem guten Gefühl sein Tagwerk antreten, weil die Arbeit unmittelbar als sinnvoll und belohnend empfunden wird?).

2   Arbeiten aus Spaß

In einer quantitativen Studie unter Open-Source-Entwicklern wurde dieser kurzfristige Aspekt untersucht. Bei Open-Source-Software geht es um Software, deren Quellcode frei verfügbar ist. Solche Software kann von interessierten Nutzern gratis installiert, betrieben und genutzt werden. Dieses Studiengebiet eignet sich ganz besonders zur Untersuchung der Motivation der beteiligten Personen. Open-Source-Software wird einerseits von Programmierern hergestellt, welche für ihre Arbeit bezahlt werden. Diese Programmierer sind primär extrinsisch motiviert. Andererseits arbeiten viele Software-Entwickler in ihrer Freizeit an Open-Source-Projekten. Solche Personen sind offensichtlich intrinsisch motiviert, denn kein äusserer Druck zwingt sie zu ihrer Tätigkeit.

In der 2004 durchgeführten Studie wurde untersucht, welche Rolle Spaß als Motiv für Open-Source-Entwickler spielt (Luthiger, 2006). Das Studiendesign war so ausgelegt, dass ich einerseits das Engagement der Entwickler an Open-Source-Projekten bestimmen konnte; andererseits wurde die Zeit erfasst, welche den befragten Personen als Freizeit zur Verfügung stand sowie der Spaß, den sie beim Programmieren empfanden. Für die Einschätzung des Spaßes verwendete ich das Flow-Konzept von Csikszentmihalyi (1974), welches ich mit einem geeigneten Fragebogen operationalisierte.

Der Online-Fragebogen, welchen ich an registrierte Entwickler auf bekannten Open-Source-Plattformen schickte, wurde von 1330 Personen ausgefüllt. Für die statistische Auswertung modellierte ich eine quadratische Funktion, in welcher *Engagement* als abhängige Variable auftaucht, die von den Variablen *Spaß/Flow* sowie der *verfügbaren Zeit* abhängt. Mit den erhobenen Daten konnte ich zeigen, dass mit Spaß ein relevanter Teil des Engagements von Open-Source-Entwicklern erklärt werden kann (27 % - 32 %). Dieses Resultat weist darauf hin, dass es noch weitere Motive gibt, Open-Source-Software herzustellen (z. B. Reputation (Watson, 2005), Signalproduktion (Lerner & Tirole, 2002), Altruismus (Haruvy, Prasad & Sethi, 2003) etc.).

In meinem Datensatz konnte ich zwei interessante Untergruppen von Open-Source-Entwicklern identifizieren (Luthiger & Jungwirth, 2007): 518 Personen, welche sich ausschliesslich in ihrer Freizeit in Open-Source-Projekten engagierten. Diese entsprechen dem klassischen Bild eines *Freizeit-Hackers*. Diesem Typ entgegengestellt sind die 153 Personen, welche sich ausschliesslich während ihrer Arbeitszeit an Open-Source-Projekten beteiligen. Hier handelt es sich um Personen, welche für ihre Tätigkeit bezahlt werden (*Professionals*).

Mich interessierte nun, ob diese beiden Untergruppen bei der gleichen Tätigkeit, dem Entwickeln von Software im Rahmen eines Open-Source-Projekts, unterschiedlich viel Spaß empfinden. Sollte ein Unterschied feststellbar sein, so wäre das ein Hinweis, dass der Kontext eine Auswirkung auf das Empfinden von Freude bei einer Tätigkeit hat. In der Tat zeigten die Freizeit-Hacker einen signifikant höheren Wert an Spaß.

Dieses Resultat wirft folgende Fragen auf: Welche Bedingungen führen dazu, dass die Software-Entwickler unter professionellen Bedingungen weniger Spaß beim Programmieren empfinden können? Falls solche Bedingungen identifiziert werden können: Sind sie eine zwingende Folge des Umstands, dass die Tätigkeit in einem Arbeitsverhältnis ausgeführt wird und demnach die Programmierer extrinsisch motiviert sind?

Wenn wir die Situation von Freizeit-Hackern mit Professionals vergleichen, so können wir fünf Merkmale feststellen, durch welche sich das Arbeitsumfeld der Programmierer unterscheidet (Tab. 1).

Projektvision: Ein Open-Source-Projekt, welches freiwillige Entwickler anziehen will, muss über eine Projektvision verfügen. Wenn sich ein Programmierer entscheidet, in einem bestimmten Projekt zu arbeiten, so spielt der Eindruck, im und durch das Projekt etwas Sinnvolles leisten zu können, eine große Rolle. Professionals bekommen dagegen von ihren Vorgesetzten den Auftrag, sich an einem bestimmten Projekt zu beteiligen. Für ihr Engagement ist eine Projektvision keine notwendige Bedingung. Das heißt allerdings nicht, dass ein solches Projekt keine Vision haben kann. Bloß ist diese Vision nicht ausschlaggebend dafür, dass sich der Professional an diesem Projekt beteiligt.

Optimale Herausforderung: Damit ein Programmierer Spaß im Sinne von Flow empfinden kann, müssen die Herausforderungen, welche das Projekt bietet, optimal an die Fähigkeiten des Entwicklers ausgerichtet sein. Ist der Entwickler überfordert, so empfindet er Frustration; ist er unterfordert, langweilt ihn die Tätigkeit. Ein Freizeit-Hacker kann das Projekt und damit auch den Grad der Herausforderung frei aussuchen und diejenige Wahl treffen, die seinen Bedürfnissen am besten entspricht. Ein Professional hat diese Wahl normalerweise nicht. Auch hier ist es möglich, dass der Professional optimale Herausforderungen findet. Weil die Projektwahl von seinem Arbeitgeber bestimmt (und bezahlt) wird, ist dieser Faktor keine Voraussetzung für sein Engagement.

Abgabetermine: Für einen Freizeit-Hacker spielen Abgabetermine keine Rolle. Das professionelle Umfeld ist dagegen an betriebliche Abläufe gebunden und Abgabetermine sind unausweichlich.

Formale Autorität: Ein Freizeit-Hacker kann sich jeglicher formalen Autorität entziehen. Ein Professional dagegen hat üblicherweise einen Vorgesetzten, der in einem gewissen Maß Anweisungen erteilen kann, welche der Entwickler als Angestellter eines Unternehmens befolgen muss.

Monetäre Anreize: Ein Professional wird für seine Arbeit bezahlt, auch wenn diese Arbeit zugunsten eines Open-Source-Projekts ist. Ein Freizeit-Hacker programmiert dagegen in seiner Freizeit, freiwillig und unbezahlt.

Tab. 1: Spaß in Abhängigkeit von Kriterien (Spalten: ist Kriterium vorhanden?)

Faktor	Freizeit-Hacker	Professional	Korrelation
Projektvision	ja	?	.358***
Optimale Herausforderung	ja	?	.270***
Abgabetermine	nein	ja	.256**
Formale Autorität	nein	ja	.115
Monetäre Anreize	nein	ja	

(Bem.: *** signifikant auf 1% Ebene, ** 5% Ebene)

Wie ändert sich nun das Empfinden von Spaß beim Programmieren in Abhängigkeit dieser Kriterien? Die Korrelationsanalyse ergab ein interessantes Resultat. Mit meinen Daten konnte ich einen signifikanten Zusammenhang zwischen Projektvision, optimaler Herausforderung und Abgabeterminen auf der einen, sowie dem Erleben von Spaß auf der anderen Seite nachweisen. Das Vorhandensein von formaler Autorität hatte keine Auswirkung auf das Spaßempfinden, ebenso die monetären Anreize.

Ganz besonders interessant ist das Resultat bezüglich des Abgabetermins. Meine Erwartung war, dass sich der Druck eines Abgabetermins negativ auf das Empfinden von Spaß und Flow auswirken würde. Die Daten legen einen umgekehrten Zusammenhang nahe. Programmierer, welche von Abgabeterminen berichten, empfinden nicht weniger, sondern mehr Spaß. Offensichtlich sind Abgabetermine kein Spaßkiller.

Wenn wir uns die Frage stellen, wie wir Arbeit gestalten müssen, sodass sie vom Arbeitenden als belohnend und motivierend empfunden wird, so lassen diese Resultate optimistische Folgerungen zu. Unter meinen fünf Kriterien, welche das Software-Programmieren im Freizeit-Umfeld vom beruflichen Umfeld unterscheiden, sind drei zwingend gegeben.

Im professionellen Umfeld wird es immer Abgabetermine, formale Autorität und monetäre Anreize geben. Das oben ausgeführte Resultat zeigt nun aber, dass formale Autorität und monetäre Anreize keine Auswirkungen auf das Spaß-Empfinden haben. Dementsprechend gibt es keinen zwingenden Grund, dass Arbeiten in einem professionellen Umfeld weniger Spaß machen *muss*. Dies steht in einem gewissen Widerspruch zu Studien, welche aufzeigen, dass monetäre Anreize die intrinsische Motivation verdrängen (z. B. Frey & Jegen, 2001). Gemäß den Resultaten meiner Studie kann der Druck von Abgabeterminen den Spaß-Effekt sogar noch fördern. Auch das steht im Widerspruch zu Resultaten früherer Studien (z. B. Amabile, DeJong, & Lepper, 1976). Aufgrund dieser Diskrepanzen wäre es interessant, zu untersuchen, ob die Befunde meiner Studie reproduzierbar sind und, falls ja, welche Umstände die früheren Ergebnisse bezüglich monetärer Effekte und Abgabeterminen relativieren.

Die Resultate meiner Untersuchung geben einen klaren Hinweis darauf, wie das Arbeitsumfeld organisiert werden muss, damit die Arbeit den beteiligten Personen Spaß machen *kann*. Erstens muss es den verantwortlichen Personen gelingen, ihren Mitarbeitern eine nachvollziehbare Vision des Projekts zu vermitteln. Zweitens muss die Tätigkeit so gestaltet werden, dass sie den Mitarbeitern eine optimale Herausforderung bietet.

Aufgrund dieser Studie komme ich zum Fazit: Arbeit kann Freude machen, sie kann als belohnend empfunden werden, ganz unabhängig davon, ob die Arbeit in der Freizeit oder unter den Bedingungen, welche im beruflichen Umfeld herrschen, ausgeführt wird.

3 Wertschöpfung und Koordination

Bei meinen Erörterungen zur heutigen Wissensgesellschaft bin ich von der Überlegung ausgegangen, dass unter Konkurrenzbedingungen diejenigen Unternehmen erfolgreich sind, welche fähige und innovative Mitarbeiter gewinnen und in ihren Reihen halten können. Weil es den Unternehmen nicht möglich ist, die Arbeit ihrer Angestellten zu kontrollieren, müssen sie deren Loyalität gewinnen, wollen sie sicher sein, dass die Angestellten im Sinne des Unternehmens arbeiten. Die Loyalität seiner Angestellten gewinnt das Unternehmen, wenn es den Beschäftigten Entfaltungsmöglichkeiten bietet. Wenn die Angestellten merken, dass sie sich im Unternehmen weiter entwickeln können und wenn sie ihre tägliche Arbeit als befriedigend empfinden, werden sie eine hohe emotionale Bindung dem Unternehmen gegenüber entwickeln.

In meiner Studie unter Open-Source-Entwicklern konnte ich zeigen, dass die Bedingungen, welche das berufliche Umfeld bestimmen, die Möglichkeiten, bei der Arbeit

Spaß zu empfinden, in keiner Weise behindern. Meiner Meinung nach gibt es keinen Grund, diese Erkenntnis auf den Bereich der Software-Entwicklung zu beschränken. Software-Entwicklung ist zweifellos ein typischer Beruf der Wissensgesellschaft. Die Tatsache, dass Arbeit als belohnend empfunden wird, dürfte jedoch für viele Tätigkeitsfelder in der Wissensgesellschaft prägend sein. Eine Investition in die Qualität der Arbeitsplätze, welche die Freude an der Arbeit steigert, ist somit eine Investition in das Humankapital und folglich eine Voraussetzung für den Unternehmenserfolg. Damit kommen wir zum interessanten Befund, dass die Wissensgesellschaft gute Arbeitsplätze schafft, weil die Firmen, welche diesen Anforderungen nicht genügen können, weniger Erfolg haben und unter Wettbewerbsbedingungen verlieren werden.

Diese Überlegungen führen mich zur optimistischen Einschätzung, dass Firmen in der Wissensgesellschaft aus eigenem Interesse gute Arbeitsplätze und befriedigende Arbeit anbieten werden. Damit ist allerdings die Frage nicht beantwortet, ob genügend dieser Arbeitsplätze angeboten werden. Mit den folgenden Überlegungen will ich zeigen, dass ein «Ende der Arbeit» nicht zwingend ist. Diese Überlegungen sind als Diskussionsbeitrag gedacht zur Frage, welche Bedeutung Arbeit in der heutigen Wissensgesellschaft, d. h. einer Gesellschaft, die durch fortschreitende Digitalisierung und Vernetzung geprägt ist, hat.

In der Wissensgesellschaft wird die Massenproduktion von Robotern erledigt. Roboter sind für das repetitive Geschäft zuständig, gut ausgebildete Menschen für die Problemlösung und die Innovationen. Auf diese Weise kann Wohlstand geschaffen werden, wie die Entwicklung in den letzten 100 Jahren zeigt. Es konnte so viel Wohlstand geschaffen werden, dass das Arbeitspensum und die Lebensarbeitszeit sukzessive gesenkt werden konnten. Diese Entwicklung bestärkte Initiativen, welche das Ziel hatten, Einkommen und Wohlstand von der Arbeitstätigkeit zu entkoppeln. Während es früher darum ging, mit der Arbeitslosenversicherung und Sozialhilfe Menschen, die unverschuldet in Not gerieten, die Existenz zu sichern, zielen die neueren Bestrebungen darauf hin, für jedes Individuum einen gewissen Wohlstand zu garantieren. Dies ganz unabhängig davon, ob die nutznießende Person fähig und willens ist, ihren Beitrag am gesellschaftlichen Wohlstand zu leisten (Initiative Unternimm die Zukunft, 2016). Bekannt geworden ist beispielsweise die Initiative über ein bedingungsloses Grundeinkommen (BGE), welches im Sommer 2016 von der Schweizer Bevölkerung abgelehnt wurde (Initiative Grundeinkommen, 2016). Sind solche Initiativen sinnvoll? Die Befürworter solcher Initiativen führen zwei Argumente an: Einerseits mache ein bedingungsloses Grundeinkommen die Menschen frei von ihren Jobs.

Eine Trennung von Arbeit und Grundeinkommen rücke den Sinn der Arbeit in den Vordergrund. Damit gibt das Grundeinkommen den Menschen die Freiheit, sich nach Gutdünken entfalten zu können. Andererseits wäre ein Grundeinkommen ein Ausweg aus der Gefahr, die sich mit der zunehmenden Digitalisierung ergibt. Mit der fortschreitenden Digitalisierung, so die Befürchtung, verschwinden immer mehr Arbeitsplätze. Dieser Abbau an Arbeitsplätzen gefährde die Existenz vieler Menschen, solang die menschliche Existenz an Arbeitseinkommen gebunden ist und das Sozialsystem durch Lohnbeiträge finanziert wird. Würde ein fixes Grundeinkommen eingeführt, könnte eine drohende Verarmung breiter Schichten als Folge der Digitalisierung verhindert werden.

Das zweite Argument ist ein Standardargument, das regelmäßig aufgeworfen wird, wenn Innovationen zu bedeutenden Produktivitätssteigerungen führen. Die Digitalisierung der Wirtschaft macht sicherlich viele Arbeitsplätze obsolet. Das heißt allerdings keineswegs, dass die davon betroffenen Personen aus der Erwerbsarbeit ausgeschlossen werden müssen. Es ist ein gesellschaftlicher Entscheid, den einen oder anderen Weg zu gehen. Ich bin der Ansicht, dass eine Gesellschaft, welche es schafft, neue Arbeitsplätze für solche Personen zu finden, besser dran ist, als eine Gesellschaft, welche an dieser Herausforderung scheitert. Auch die Erfahrung aus der Geschichte zeigt, dass die Gesellschaften nach solchen Produktivitätsschüben in der Regel nicht ärmer, sondern reicher wurden.

Gegen das erste Argument gibt es zwei schwerwiegende Einwände. Mit dem Argument, dass Menschen, die keine Lohnarbeit machen müssten, sich frei entfalten könnten, wird unterstellt, dass sich Menschen nur (oder zumindest besser) außerhalb eines Lohnverhältnisses verwirklichen könnten. Das mag für die Industriearbeiter innerhalb einer verhältnismäßig kurzen Zeit in der Menschheitsgeschichte gegolten haben. In der Wissensgesellschaft hat eine solche Einschätzung ihre Berechtigung verloren. Wie ich in meiner Studie über Open-Source-Entwickler aufzeigen konnte, empfinden die Software-Entwickler ihre Arbeit als belohnend ganz unabhängig davon, ob sie für diese Arbeit bezahlt werden oder nicht.

Zweitens beschränkt dieses Argument die Sicht auf das Individuum und blendet aus, dass der Mensch nicht unabhängig von der Gesellschaft gedacht werden kann. Wenn man sich fragt, unter welchen Umständen sich die Menschen am besten entfalten können, dann muss man sich folgerichtig auch fragen, unter welchen Umständen sich die Gesellschaft, in welcher sich diese Menschen bewegen, am besten entfalten kann. Unter Entfaltung verstehe ich in diesem Fall, dass die Gesellschaft als Ganzes reicher wird und ihren Mitgliedern mehr Wohlstand bieten kann.

Güter, welche keine Abnehmer finden, müssen weggeworfen werden. Sie sind wertlos, ganz unabhängig davon, wieviel Material und Energie bei ihrer Erzeugung aufgewendet werden musste. Statt Wert geschöpft, wurde Verschwendung produziert. Das Gleiche gilt, wenn eine Dienstleistung von keiner Person nachgefragt wird. Sie bleibt unnütz und wertlos. Wertschöpfung findet ihre Erfüllung in der Wertschätzung und diese findet statt, wenn das Angebot auf eine Nachfrage stößt. Das gilt auch für die Menschen. Damit die Menschen mit ihren unterschiedlichen Anlagen und Fähigkeiten die beste Wirkung entfalten können, müssen sie ein passendes Arbeitsumfeld finden. Nachfrage und Angebot muss auf allen Ebenen koordiniert sein und in einer komplexen und dynamischen Gesellschaft erfolgt diese Koordination am effizientesten über Marktmechanismen.

Damit sich eine moderne, komplexe Gesellschaft entfalten kann, müssen sich die Individuen in dieser Gesellschaft koordiniert entfalten. Im Gegensatz dazu leistet ein sich frei entfaltendes Individuum keinen Beitrag zum Wohlstand, wenn es nicht in der Lage ist, Wert zu schöpfen. Guter Wille ist keine hinreichende Bedingung für Wertschöpfung, denn Wertschöpfung braucht notwendigerweise Koordination. In der Wertschöpfungskette ist es die Erwerbsarbeit, die Koppelung von Arbeit und Einkommen, welche diese Koordination sicherstellt. Aus diesem Grund hege ich den starken Verdacht, dass eine Gesellschaft, welche ihre arbeitsfähige Bevölkerung von der Erwerbsarbeit freistellt, nicht reicher, sondern ärmer wird.

Die Digitalisierung der Arbeitswelt ist eine typische Entwicklung der Wissensgesellschaft. Wenn eine Gesellschaft Wissen und Humankapital als Grundlage für die Wertschöpfung erkennt, dann darf es nicht verwundern, dass eine solche Gesellschaft immer wieder technisch revolutionären Fortschritt schafft. Solche Veränderungen machen Produktivitätssteigerungen möglich und diese wiederum führen zu Verwerfungen in der Arbeitswelt. Es ist allerdings ein Fehlschluss, aus der Tatsache, dass die menschliche Produktivität gestiegen ist, zu folgern, dass den Menschen die Arbeit ausgeht. Der Bedarf nach Arbeit ist, wie der Bedarf nach Wohlstand, grundsätzlich unendlich groß. In einer Gesellschaft geht die Arbeit dann aus, wenn die Gesellschaft es nicht mehr schafft, Arbeitsplätze zu erzeugen. Aber warum soll eine Gesellschaft, die mithilfe von Innovationen die Produktivität dermaßen steigern kann, dass die Produktion von Gütern von immer weniger Menschen bewältigt werden kann, nicht auch in der Lage sein, neue Arbeitsplätze zu erschaffen? Schlussendlich ist es ein gesellschaftlicher Entscheid, ob Arbeitsplätze geschaffen werden oder nicht (z. B. die 35-Stunden-Woche in Frankreich, vgl. Estevão & Sá, 2008). Der Entscheid für ein bedingungsloses Grundeinkommen bewirkt genau dies, dass nicht mehr Arbeitsplätze für alle geschaffen werden.

Mit dem Entscheid für ein leistungsloses Einkommen für alle werden die Anreize in Gesellschaft und Wirtschaft so gesetzt, dass Erwerbsarbeit und damit auch Vollbeschäftigung nicht mehr als erstrebenswertes Ziel angesehen wird. Ein solcher Entscheid setzt folgerichtig den Anreiz, dass sich die Mitglieder der Gesellschaft vom Wertschöpfungsprozess ablösen können. Ein solcher Anreiz wirkt nicht für alle in gleicher Weise. Für einen bestimmten Teil der Bevölkerung wird er aber die Wirkung haben, dass dieser Teil keinen Beitrag mehr zur gesellschaftlichen Wertschöpfung leisten wird.

Umgekehrt hat ein gesellschaftlicher Konsens, dass die Menschen grundsätzlich nur am gesellschaftlichen Wohlstand teilhaben sollen, wenn sich auch bereit sind, ihren Beitrag zu diesem Wohlstand zu leisten, zahlreiche zwingende Konsequenzen. Wenn man erkennt, dass die Wertschöpfung von den Beiträgen aller Gesellschaftsmitglieder abhängig ist, muss man die Gesellschaftsmitglieder auch befähigen, ihren Beitrag liefern zu können. Dies führt erstens zum Gebot der Bildung für alle. Die Menschen müssen in die Kulturtechniken der Gesellschaft eingeführt werden, sie müssen das Wissen der Gesellschaft ihren Fähigkeiten entsprechend lernen, damit sie ihr Potential aufbauen können. Zweitens müssen die ausgebildeten Menschen in der Folge einen Arbeitsplatz finden, an welchem sie diese Fähigkeiten nutzbringend und wertschöpfend einsetzen können. Dies ist ein hochkomplexer und dynamischer Abstimmungsprozess. Einerseits bringen die Menschen gewisse Anlagen mit, welche durch die Ausbildung zur Reife (für den Arbeitsmarkt) gebracht werden können. Allerdings ist nicht jede Fähigkeit ist in jedem Augenblick nützlich. Welche Fähigkeiten zu einem bestimmten Zeitpunkt in welchem Maß gesucht werden, ist eine Frage, welche beispielsweise am Arbeitsmarkt abgelesen werden kann. Man könnte versuchen, dieses Koordinationsproblem mit einer zentralen Planung zu lösen. Angesichts seiner Komplexität erscheint diese Lösung allerdings illusorisch. Realistisch gesehen kann dies nur ein flexibler Arbeitsmarkt und eine freie Wirtschaft leisten, und dies auch nicht immer krisenfrei.

4   Schlussfolgerungen

Die digitale Revolution wird Arbeitsplätze zerstören. Die Frage ist, ob die Gesellschaft genug neue Arbeitsplätze schaffen wird, um die verschwundenen zu ersetzen. Wenn die Gesellschaft das will, muss sie einerseits in Bildung und andererseits in die Koordinationsmechanismen investieren. Über den Stellenwert der Bildung in unserer modernen Gesellschaft herrscht ein breiter Konsens.

Die Bedeutung und Funktionsweise der Koordinationsmechanismen ist dagegen schwieriger zu erkennen. Folgerichtig ist diesbezüglich kein eindeutiger Konsens erkennbar. Aus gesellschaftlicher Sicht geht es darum, die Aktionen der vielen autonom handelnden Individuen so zu koordinieren, dass sie mit ihren Tätigkeiten Werte erschaffen und zum Wohlstand beitragen. Als Intermediäre in diesem Koordinationsprozess haben sich Organisationsformen wie Unternehmen oder Verwaltungen etabliert. Diese organisatorischen Strukturen geben dem Koordinationsprozess einen gewissen Halt. Sie treten als Arbeitgeber auf und definieren über die Arbeitsplätze, welche sie anbieten, Arbeitsprofile und -inhalte. Allerdings sind diese Beschreibungen lückenhaft und vorläufig. Was die Mitarbeiter in den Unternehmen leisten müssen, entscheidet sich immer neu. Die Mitarbeiter müssen deshalb die Fähigkeit mitbringen, sich immer wieder in neue Situationen einbringen zu können. Weil der Arbeitsinhalt in der Wissensgesellschaft nicht deterministisch festgelegt ist, können die Unternehmen die Angestellten nicht über Kontrolle vollständig in den Arbeitsprozess einbinden. Sie müssen die Loyalität der Angestellten gewinnen, wenn sie sichergehen wollen, dass die Mitarbeiter im Sinne des Unternehmens handeln. Mitarbeiter verhalten sich loyal zum Unternehmen, wenn sie sich im Unternehmen entfalten können, wenn sie sich einerseits weiter entwickeln können und wenn ihnen andererseits die Arbeit Freude bereitet.

In der Wissensgesellschaft sind die Unternehmen gezwungen, gute Arbeitsplätze anzubieten, wenn sie auf diese Weise loyale Mitarbeiter gewinnen können und wenn sie diese brauchen, um in einem Wettbewerbsumfeld bestehen zu können. Auf paradoxe Weise fördert der Wettbewerbsdruck die Qualität der Arbeitsplätze und somit die Möglichkeit der Menschen, sich am Arbeitsplatz entfalten zu können. Die Idee, man müsse die Menschen von der Arbeit befreien, damit sie sich entfalten können, entspricht nicht der Realität in der modernen Arbeitswelt. Hingegen ist absehbar, dass solche Konzepte die gesellschaftlichen Anreize verändern. Dies kann zu folgenschweren Auswirkungen auf die Koordinationsmechanismen führen, welche die Tätigkeiten der verschiedenen Akteure im Wertschöpfungsprozess steuern.

Literaturverzeichnis

Amabile, T.M., DeJong, W., & Lepper, M.R. (1976). Effects of externally imposed deadlines on subsequent intrinsic motivation. *Journal of Personality and Social Psychology*, 34(1), 92–98.

Coase, R.H. (1937). The Nature of the Firm. *Economica. New Series*, 4:16, 386-405.

Csikszentmihalyi, M. (1974). *Beyond Boredom and Anxiety*. San Francisco: Jossey-Bass.

Drucker, P. (1969). *The Age of Discontinuity*. Amsterdam: Elsevier.

Durkheim, E. (1992). *Über soziale Arbeitsteilung*. Berlin: Suhrkamp.

Estevão, M., & Sá, F. (2008). The 35-Hour Workweek in France: Straight Jacket or Welfare Improvement? *Economic Policy*, 23(55): 418-463.

Frey, B. S., & Jegen, R. (2001). Motivation Crowding Theory. *Journal of Economic Surveys*, 15(5), 589-611.

Gallup (2016). *Präsentation zum Engagement Index 2015*. URL: www.gallup.de/file/190028/Praesentation%20zum%20Gallup%20Engagement%20Index%202015.pdf.

Haruvy, E. Prasad, A. & Sethi, S. P. (2003). Harvesting Altruism in Open-Source Software Development. *Journal of Optimization Theory and Applications*, 118:2, 381–416.

Initiative Unternimm die Zukunft (2016). *Zum Grundeinkommen*. URL: http://www.unternimm-die-zukunft.de/de/zum-grundeinkommen/.

Initiative Grundeinkommen (2016). *Grundeinkommen*. URL: http://www.grundeinkommen.ch/.

Lerner, J. & Tirole, J. (2002). Some Simple Economics of Open Source. *Journal of Industrial Economics*, 52:6, 197–234.

Luthiger, B. (2006). *Spass und Software-Entwicklung*. Stuttgart: ibidem.

Luthiger, B. & Jungwirth, C. (2007). *Pervasive fun*. URL: http://firstmonday.org/ojs/index.php/fm/article/view/1422/1340.

Martensen, A., & Grønholdt, L. (2006). Internal Marketing: A Study of Employee Loyalty, its Determinants and Consequences. *Innovative Marketing*, 2(4), 92–115.

Sprengers, R.K. (2016). Die Logik des Scheiterns. *Schweizer Monat*, 1042, 25–29.

Watson, A. (2005). *Reputation in Open Source*, URL: http://opensource.mit.edu/papers/watson.pdf.

Wikipedia (2016). *Wissensgesellschaft*. URL: https://de.wikipedia.org/wiki/Wissensgesellschaft.

Entgrenzung und Entbetrieblichung von Arbeitsverhältnissen als Herausforderung für die betriebliche Mitbestimmung

Niels Bialeck und Hans Hanau

Professur für Bürgerliches Recht, Handels-, Wirtschafts- und Arbeitsrecht
Helmut-Schmidt-Universität Hamburg

Zusammenfassung

Die Arbeitsrechtswissenschaft sieht sich durch die digitale Vernetzung von Wertschöpfungsketten vor besondere Herausforderungen gestellt. Immer mehr Unternehmen machen Gebrauch von den vielfältigen Möglichkeiten digitaler und vernetzter Technologien. Dabei nähern sie sich immer mehr dem Ziel einer vollständigen digitalen Vernetzung der Wertschöpfungsprozesse. Damit einher gehen vielfältige Veränderungen der Arbeitsprozesse wie auch der Betriebs- und Unternehmensstrukturen. Vielfach kommt es zu einer Fragmentierung der zugrundeliegenden Rechtsbeziehungen und zur Entgrenzung und Entbetrieblichung von Arbeitsverhältnissen. Dadurch können sowohl Anknüpfungspunkt als auch Anwendungsvoraussetzungen der betrieblichen Mitbestimmung wegfallen, und das Partizipations- und Schutzinstrumentarium der Betriebsverfassung droht zunehmend, seine Passgenauigkeit zu verlieren. Der Beitrag geht der Frage nach, ob die betriebliche Mitbestimmung in Deutschland für die damit verbundenen Herausforderungen gerüstet ist.

1   Einleitung

Die digitale Vernetzung von Wertschöpfungsketten, Arbeitssystemen, Maschinen und Menschen untereinander mittels elektronischer Informations- und Kommunikationstechnologien (IKT) stellt nicht zuletzt auch die Arbeitsrechtswissenschaft vor besondere Herausforderungen. Dieses vor allem unter den Schlagworten „Industrie 4.0", „vierte industrielle Revolution" oder *„connected industry"* zusammengefasste Phänomen erfährt immer breitere Aufmerksamkeit. Auch die Rechtspolitik reagiert und hat mit dem „Grünbuch Arbeiten 4.0" des Bundesministeriums für Arbeit und Soziales (BMAS,

2015) einen breiten teils öffentlichen, teils fachlichen Diskussionsprozess zu den Handlungsfeldern und gesellschaftlichen Fragen im Zusammenhang mit der Arbeitswelt der Zukunft angestoßen, dessen Schlussfolgerungen im „Weißbuch Arbeiten 4.0" (BMAS, 2016) zusammengefasst wurden. Digitale und vernetzte Technologien halten vermehrt Einzug in die Arbeitswelt. Unternehmen machen verstärkt Gebrauch von den vielfältigen Möglichkeiten, die digitale Kommunikationsprozesse zwischen Maschinen, Werkstücken, Beschäftigten und Kunden – auch und gerade über weite Entfernungen hinweg – eröffnen, um ihre Arbeits- und Absatzprozesse zu optimieren und zu erweitern. Erklärte Zielvorstellung ist vielfach die Vision eines vollständig digital vernetzten Wertschöpfungszusammenhangs. Dabei sollen „smarte" Produktions- und Fertigungsprozesse geschaffen werden, in denen sich in dezentralen und digital vernetzten Strukturen Mitarbeiter und Ressourcen (Fertigungsanlagen, Logistiksysteme, Produkte und Werkstücke) durch digitalen Informationsaustausch untereinander weitestgehend selbst organisieren und koordinieren. Dadurch geraten Organisationsstrukturen zunehmend in Bewegung: Wo feste Arbeits- und Betriebsstätten immer mehr an Bedeutung verlieren und einzelne Arbeitsprozesse immer leichter aufgespalten und projektweise externalisiert werden können, werden tradierte arbeitsorganisatorische Verbindungen gelockert, aufgebrochen und neu geordnet. Das „Normalarbeitsverhältnis" (Mückenberger, 1985, S. 415 ff., 457 ff.) als klassischer Bezugspunkt des Arbeitsrechts ist noch mit einer Vielzahl von Schutz- und Partizipationsrechten ausgestattet. Die Etablierung neuartiger Beschäftigungsverhältnisse und das Arbeiten in „verprojektierten" und mehr oder weniger lose vernetzten Wertschöpfungsketten führen indes zu einer organisationalen Entgrenzung, zur Fragmentierung und Entbetrieblichung der Arbeitsbeziehungen. In der Folge verliert das arbeitsrechtliche Schutz- und Partizipationsinstrumentarium zunehmend seine Passgenauigkeit und droht, künftig in weiten Teilen leerzulaufen. Dies gilt auch und insbesondere für die betriebliche Mitbestimmung, da ihre Anknüpfungspunkte und Anwendungsvoraussetzungen auf klar definierte Akteure, abgrenzbare Organisationseinheiten und hierarchische Strukturen abzielen. Der Beitrag soll ausloten, ob und inwieweit das System der betrieblichen Mitbestimmung kollektive Schutz- und Teilhabeinstrumente zu einem „Arbeitsrecht 4.0" beisteuern kann und muss.

2   Entbetrieblichung durch Netzwerkbildung als Rechtsproblem

Die stetig fortschreitende technische Entwicklung ermöglicht und begünstigt arbeitsorganisationale Veränderungen, die das Betriebsverfassungsrecht vor ein grundlegendes

Dilemma stellen: Die zentralen rechtlichen Anknüpfungs- und Zuordnungsbegriffe des Betriebsverfassungsrechts, nämlich Arbeitnehmer, Arbeitgeber, Betrieb(steil) und Unternehmen, setzen in ihren definitorischen Grundannahmen eine Trennschärfe voraus, die sich von Phänomenen wie verstärkter Projektorientierung und Ausbildung von Mehrakteurs- oder Netzwerkbeziehungen herausgefordert sieht.

2.1 Betriebsverfassungsrechtliche Anknüpfungsobjekte

Dreh- und Angelpunkt für das deutsche Arbeitsrecht ist das Arbeitsverhältnis. Dieses auf Dauer angelegte Austauschverhältnis zwischen Arbeitnehmer und Arbeitgeber entsteht aufgrund zweier wesentlicher korrespondierender Entscheidungen: Auf der einen Seite entschließt sich der Arbeitnehmer, zur Daseinsvorsorge seine ureigene Ressource, die persönliche Arbeitskraft, nicht durch selbständiges Auftreten auf den Güter- und Dienstleistungsmärkten zu verwerten, sondern sie dauerhaft einem Arbeitgeber zur Verfügung zu stellen, der sie – unter Übernahme des Wirtschaftsrisikos als Gegenleistung – für eigene unternehmerische Zwecke nutzen kann (Hanau, 2016, S. 2613).

Auf der anderen Seite entschließt sich ein Unternehmer, Arbeitskraft nicht jeweils nach Bedarf ad hoc auf den Dienstleistungsmärkten nachzufragen, sondern sie durch mindestens einen eigenen Mitarbeiter erbringen zu lassen, den er sich dauerhaft hierarchisch unterstellt. Dadurch kann er ihn in seine betrieblichen Arbeitsprozesse integrieren und jederzeit mittels unternehmerischer Weisungen über dessen Arbeitskraft verfügen, ohne jeweils neue Verträge schließen zu müssen und dabei neue Transaktionskosten zu verursachen. Dieser grundlegende Entscheidungsprozess ist zuerst beschrieben worden von Coase (1937), der in seiner Theorie der Unternehmung einerseits zwischen der transaktionsgesteuerten Güterallokation (Markt) und andererseits der hierarchisch gesteuerten unternehmensinternen (Hierarchie) unterscheidet.

2.1.1 Arbeitgeber

Durch die hierarchische Unterstellung von Mitarbeitern, die unternehmensinterne Allokation von Arbeitskraft, wird der Unternehmer zum Arbeitgeber. Die Rechtswissenschaft macht es sich mit der Begriffsbestimmung des Arbeitgebers traditionell leicht und bestimmt ganz allgemein denjenigen zum Arbeitgeber, der mindestens einen Arbeitnehmer vertraglich beschäftigt, mithin schlicht den jeweiligen Arbeitsvertragspartner des Arbeitnehmers.[1]

---

[1] Bundesarbeitsgericht, Urteil vom 21.1.1999 – 2 AZR 648/97. *NZA* 1999 (10), 539–543.

2.1.2 Arbeitnehmer

Auch der rechtswissenschaftliche Arbeitnehmerbegriff knüpft zentral an die hierarchische Unterstellung an. Arbeitnehmer ist danach, wer aufgrund eines privatrechtlichen Vertrages zur unselbständigen Dienstleistung für einen anderen verpflichtet ist. Die Abgrenzung zum Selbständigen erfolgt durch das Merkmal der *persönlichen Abhängigkeit*, der Fremdbestimmtheit des Dienstverpflichteten. Entscheidend für diese persönliche Abhängigkeit sind vor allem die Weisungsgebundenheit hinsichtlich Inhalt, Ort und Zeit der Arbeitsleistung sowie die Eingliederung in eine fremde Arbeitsorganisation, den Herrschaftsbereich des Arbeitgebers.[2] Allerdings ist keines dieser Merkmale hinreichende oder notwendige Bedingung für die Arbeitnehmereigenschaft. Der Begriff des Arbeitnehmers ist vielmehr ein Typusbegriff, für dessen Bestimmung die Gesamtumstände der Dienstleistung und dabei eine Vielzahl von Einzelkriterien indiziell herangezogen werden, ohne dass es notwendigerweise gerade auf das Vorliegen eines bestimmten Merkmals ankommen soll. Das Fehlen eines oder mehrerer Merkmale kann durch stärkere Gewichtung eines anderen kompensiert werden, wodurch sich im Einzelfall Wertungsspielräume ergeben.

Mit Wirkung vom 01.04.2017 hat sich der Gesetzgeber unter Rückgriff auf die in der Rechtsprechung entwickelte Begriffsbestimmung in § 611a BGB erstmals an einer gesetzlichen Definition des Arbeitsvertrags versucht (kritisch dazu Richardi, 2017).

2.1.3 Betrieb

Von wesentlicher Bedeutung für die deutsche Betriebsverfassung ist der Begriff des Betriebes, er bildet ihre Grundlage. Als Betrieb im Sinne des Betriebsverfassungsgesetzes (BetrVG) wird gemeinhin die organisatorische Einheit bezeichnet, innerhalb derer der Inhaber (Arbeitgeber) allein oder gemeinsam mit den von ihm beschäftigten Arbeitnehmern mit Hilfe von sachlichen oder immateriellen Betriebsmitteln fortgesetzt bestimmte arbeitstechnische Zwecke unmittelbar verfolgt. Diese betriebsverfassungsrechtliche Betriebsbegriffsbestimmung knüpft also räumlich-gegenständlich an und setzt eine in irgendeiner Weise materialisierte Arbeits- und Betriebsstätte voraus (Franzen, 2016). Die in der Betriebsstätte vorhandenen Betriebsmittel müssen für die Verfolgung des oder der arbeitstechnischen Zwecke zusammengefasst, geordnet und gezielt eingesetzt und

---

[2] Bundesarbeitsgericht, Urteil vom 20.7.1994 – 5 AZR 627/93. *NZA* 1995 (4), 161–165.

die menschliche Arbeitskraft von einem einheitlichen Leitungsapparat gesteuert werden, dessen Leitungsmacht sich auf alle wesentlichen Arbeitgeberfunktionen in personellen und sozialen Angelegenheiten erstreckt.[3] Dabei ist die Herstellung von Arbeitnehmer- und Entscheidungsnähe des Betriebsrats wesentlich: Das Mitbestimmungsgremium soll dort installiert werden, wo die arbeitnehmer- und mitbestimmungsrelevanten Entscheidungen getroffen werden (Koch, 2017). Die zentralen Merkmale des Betriebsbegriffs setzen sich demnach zusammen aus einheitlichem Rechtsträger, einheitlicher Leitung, räumlicher Einheit, gewisser Dauer sowie organisierter Zweckverfolgung (Franzen, 2016). Wie bei der Bestimmung der Arbeitnehmereigenschaft bedient sich die Arbeitsrechtswissenschaft also auch beim Betriebsbegriff einer typologischen Methode.

2.1.4 Unternehmen

Mit dem Betriebsbegriff korrespondiert schließlich der grundsätzlich weiter gefasste Begriff des Unternehmens, gemeinhin verstanden als diejenige organisatorische Einheit, mit der der Inhaber einen entfernteren, hinter dem arbeitstechnischen Zweck liegenden wirtschaftlichen oder ideellen Zweck verfolgt.[4]

2.2 Organisationale Entgrenzung und Fragmentierung von Arbeitsbeziehungen

Im Zuge aktueller arbeitsorganisationaler Entwicklungen verlieren sowohl die Arbeitnehmer- als auch die Arbeitgeberrolle immer weiter an Kontur (Franzen, 2016), vor allem durch das Auftreten von Mehr-Arbeitgeberbeziehungen und durch die fortschreitende Verbreitung und Einbindung intermediärer Organisationen in Arbeitsprozesse, insbesondere in virtuellen Formen (Deinert & Helfen, 2016, S. 86). Dabei lässt sich grundsätzlich eine verbreitete unternehmerische Tendenz wieder weg von der Hierarchie zurück zum Markt konstatieren (Hanau, 2016, S. 2613).

2.2.1 Leiharbeit

Eine Ausprägungsform ist dabei die Vergabe von Leiharbeit, bei der es zwar grundsätzlich bei einer hierarchischen Arbeitsorganisation verbleibt: Der entliehene Arbeitnehmer wird zumindest für die Dauer des Einsatzes in der unternehmerischen Sphäre des Entleihers tätig und ist dessen Arbeitsanweisungen unterstellt. Vertraglich ist er allerdings an den Verleiher gebunden. Das wirtschaftliche Risiko der Verwertbarkeit der

---

[3] Bundesarbeitsgericht, Beschluss vom 15.10.2014 – 7 ABR 53/12. *NZA* 2015 (16), 1014–1019.
[4] Bundesarbeitsgericht, a .a. O.

Arbeitskraft wird – zusammen mit dem Kündigungsschutz der Arbeitnehmer – auf den Entleiher ausgelagert und abgewälzt, was sich dieser regelmäßig durch entsprechende Kostenaufschläge entgelten lässt. Letztlich kauft also der Entleiher die Arbeitskraft am Markt ein (Hanau, 2016, S. 2613).

2.2.2 Outsourcing

Noch stärker marktorientiert ist das Phänomen des Outsourcings. Dabei werden mittels Dienst- und Werkverträgen die Arbeitsprozesse vollständig aus der Hierarchie herausgelöst und der Arbeitsbedarf unmittelbar auf dem Markt nachgefragt. Hierbei lassen sich sowohl Tendenzen zur temporären „Projektifizierung" (Helfen & Nicklich, 2016) beobachten, also zur Aufspaltung von Wertschöpfungs- und Arbeitsprozessen in kleine Teileinheiten und deren zeitlich begrenzte Abwicklung. Outsourcing wird aber auch in verstetigten kooperativen Formen betrieben, beispielsweise in Form von sogenannten Onsite-Werkverträgen, bei denen Unternehmen dauerhaft Leistungen in den Kernbereichen ihrer Wertschöpfung an kooperierende rechtlich selbständige Werkvertragsunternehmen delegieren, die in den Räumen und im Bereich des Werkbestellers („Onsite") tätig werden (Hertwig et al., 2016; Henssler, 2017).

2.2.3 Matrixorganisationen

Eine hybride Form der Arbeitsorganisation zwischen Markt und Hierarchie stellen unternehmensübergreifende Kooperationen dar. Diese können konzernintern in Form sogenannter Matrixstrukturen umgesetzt werden, bei denen die klassisch eindimensionale Organisationsstruktur mit ausschließlich unternehmensinternen Weisungs- und Berichtspflichten aufgelöst und mehrere Unternehmen nicht hierarchisch gegliedert, sondern zweidimensional nach Funktions- und Produktbereichen organisiert werden (Bauer & Herzberg, 2011). Bestimmte zentrale Funktionen werden bei einem oder mehreren konzernangehörigen Unternehmen gebündelt und zugleich bei den anderen Konzerngesellschaften minimiert oder abgeschafft. Dies bewirkt ein Auseinanderfallen von disziplinarischer und fachlicher Führung, und zusätzlich zu den für die einzelnen Konzernunternehmen typischen vertikalen Hierarchien treten bei solchen Matrixstrukturen dann horizontale Verantwortlichkeiten hinzu (Kort, 2013, S. 1318).

Arbeitsrechtlich schaffen Matrixstrukturen eine Arbeitsorganisation, die unabhängig vom Vertragsarbeitgeber gestaltet ist und bei der die Arbeitnehmer häufig in zwei oder mehr Weisungsbeziehungen stehen und so oftmals auch zwei oder mehr Vorgesetzte haben, die ihrerseits in unterschiedlichen konzernzugehörigen Unternehmen angestellt sein können (Kort, 2013, S. 1319). Durch den Einsatz moderner IKT können global agierende Unternehmen immer leichter funktionale Einheiten (wie etwa HR, Finance oder IT), aber auch bestimmte Produktbereiche konzernweit und international in unternehmensübergreifenden Matrix-Strukturen bündeln.

2.2.4 Netzwerkbildung

Gänzlich außerhalb gesellschaftsrechtlicher Verflechtungen operieren sog. Unternehmensnetzwerke als intermediäre, hybride Organisationsform zwischen marktlicher und hierarchischer Koordination. Die Wirtschaftswissenschaft beschreibt ein Unternehmensnetzwerk als eine auf die Realisierung von Wettbewerbsvorteilen zielende Organisationsform ökonomischer Aktivitäten, die sich durch komplex-reziproke, eher kooperative denn kompetitive und relativ stabile Beziehungen zwischen rechtlich selbstständigen, wirtschaftlich jedoch zumeist abhängigen Unternehmen auszeichnet (Sydow, 1992).

Unternehmensübergreifende Netzwerkstrukturen treten vielgestaltig auf, in besonders verdichteter Form etwa als virtuelle Unternehmen, d. h. als Netzwerke mehrerer Unternehmen, die – über interorganisationale Informationssysteme verbunden – eine gemeinsame Leistung erstellen und nur dem Kunden gegenüber als Einheit erscheinen (Köhler, 1999, S. 38). Weitere Erscheinungsformen sind etwa Zulieferer- und Produktionsnetzwerke, die beispielsweise auch Produktionsformen wie Just-In-Time- oder In-House-Produktion umfassen (Krebber, 2005, S. 67), ferner Cluster (Deinert, 2014, S. 75), temporäre Projektnetzwerke, wie z. B. Arbeitsgemeinschaft/ ARGE, Joint Venture oder Konsortium (Krebber, 2005, S. 60 ff.) sowie strategische Netzwerke, die von einem oder mehreren fokalen Unternehmen geführt werden (Krebber, 2005, S. 45 ff.), oder schließlich schlicht geographisch konzentrierte (Regional-) Netzwerke (Köhler, 1999, S. 38).

Arbeitsrechtlich problematisch sind Netzwerkstrukturen vor allem in Hinblick auf die fremdsteuernden Einflüsse. Ein fokales Unternehmen beispielsweise, das einen Netzwerkverbund führt und steuert, erlangt dadurch zwar noch keine rechtliche Verfügungsmacht über die Arbeitnehmer der anderen Netzwerkunternehmen. Gleichwohl hat es zumindest faktischen Einfluss auf die Arbeitsorganisation, da bei Beachtung der Steuerungs- und Führungsvorgaben regelmäßig kein substanzieller eigener Gestaltungsspielraum für die nachgeordneten Netzwerkunternehmen verbleibt (Hanau, 2016, S. 2614).

2.2.5 Plattformökonomie

Eine neuere Entwicklung, die erst durch leistungsfähige IKT ermöglicht wurde, ist die Organisation von Arbeitsprozessen über internetbasierte Plattformen im Wege der sogenannten Share- oder Gig-Economy. Der Share- oder auch Sharing-Economy liegt die Grundidee einer gemeinschaftlichen Anschaffung und/oder zeitlich begrenzten Nutzung von Gebrauchsgütern zugrunde (Lingemann & Otte, 2015). Der auf die Nutzung freier personeller Ressourcen zielende Bereich stellt mittlerweile einen eigenen Zweig der Share-Economy dar. In Form des sogenannten Crowdsourcings oder Crowdworkings werden vorwiegend über das Internet organisiert Arbeiten oder (Teil-) Aufgaben an eine – regelmäßig unbestimmte – Gruppe von Menschen (die „Crowd") ausgelagert bzw. vergeben (Däubler & Klebe, 2015, S. 1033).

Der alternativ gebräuchliche Begriff der sog. Gig-Economy rührt daher, dass die betreffenden Arbeitskräfte je Auftrag („Gig") bezahlt werden. Bei der sog. On-Demand-Economy ist die Tätigkeit selbst das von einem Verbraucher nachgefragte Endprodukt (Krause, 2016, S. 99), während es sich bei Crowdworking im engeren Sinne um ein von einem Unternehmen fremdvergebenes Element einer Wertschöpfung handelt (Kocher & Hensel, 2016, S. 985). Crowdworking kann intern mit den Stammbeschäftigten eines Unternehmens durchgeführt werden, dann stellt die eigene Belegschaft die Crowd dar, an die die Arbeitsanfragen gerichtet werden. Sie kann aber auch extern über eigene oder von Dritten betriebene Plattformen organisiert werden. Dann lässt sich die Crowd aus einem frei bestimmbaren Nutzerkreis und damit letztlich weltweit aus einer fast unbegrenzten Zahl von Internetnutzern rekrutieren.

Über das Internet angebahntes und abgewickeltes externes Crowdworking wird in aller Regel vom arbeitsrechtlichen Schutzinstrumentarium nicht erfasst. Denn die Aufgliederung und selbständige Übertragung einzelner Arbeitsschritte führt dazu, dass regelmäßig schon keine Arbeitsverhältnisse begründet werden: Es fehlt an der persönlichen Abhängigkeit, an der dauerhaften Eingliederung in eine fremdbestimmte Arbeitsorganisation, und meist ist auch die Weisungsgebundenheit nur schwach ausgeprägt (Krause, 2016, S. 104). Crowdworker sind daher in aller Regel Solo-Selbständige (Hanau, 2016, S. 2615), weshalb diese Arbeitsorganisationsform grundsätzlich außerhalb der Betriebsverfassung angesiedelt ist.

2.2.6 Künftige Entwicklungen

Eine besondere, derzeit noch visionäre Ausgestaltungsform sind „Kapazitätsbroker".
Darunter sind Plattformen zu verstehen, auf denen die unterschiedlichen Kapazitätsbedarfe und -angebote angeschlossener Unternehmen derart zusammengeführt werden,
dass eine unternehmensübergreifende Flexibilitätsreserve an Personal- und Produktionskapazitäten gebildet wird (BMBF, 2013, S. 27). Auf Beschäftigungsseite könnte dies
beispielsweise dazu führen, dass sich mehrere Arbeitgeber (als Joint- oder Co-Employer) einen Mitarbeiter im Wege eines Employee-Sharings teilen (Däubler & Klebe,
2015, S. 1032). Ebenso könnten Arbeitgeber ein Labour-Pooling betreiben, bei dem im
Wege einer kollegialen Arbeitnehmerüberlassung wechselseitig eigene Mitarbeiter, je
nach quantitativem oder auch qualitativem Bedarf, überlassen werden (Uffmann, 2016,
S. 983).

In Anlehnung an das französische „Trägermodell" zur Überlassung sozial abgesicherter unabhängig Beschäftigter („portage salarial") könnten auch Mitarbeiter direkt bei
einer Plattform als Trägergesellschaft angestellt werden, von wo aus sie dann rotierend
ihre Tätigkeit als Selbständige bei den angeschlossenen Unternehmen ausüben. Bei dem
französischen Modell in Reinform fungiert die Trägergesellschaft als Auftragsabwickler, die Geschäftsbeziehung zum Auftraggeber führt aber der dort selbständig tätig werdende jeweilige Mitarbeiter initiativ selbst herbei. Diese Konstruktion trägt damit zwar
Züge von Leiharbeit, da ein Unternehmen einem anderen Arbeitskräfte zur Verfügung
stellt und dabei teilweise Arbeitgeberfunktionen ausübt. Tatsächlich handelt es sich allerdings letztlich nicht um Leiharbeit, da diese durch die Vermittlung von abhängig beschäftigten Arbeitnehmern gekennzeichnet ist. Sozialversicherungsrechtlich soll die
Konstruktion dieser Gruppe von Selbstständigen zumindest teilweise eine Rechtsstellung ähnlich der von Arbeitnehmern verschaffen (Kessler, 2015).

2.3 Technische Entwicklungen als Erosionsbeschleuniger für die Betriebsverfassung

Die vorgenannten Entwicklungen und der Trend zur Hierarchieverschiebung werden
durch den Einsatz moderner IKT ermöglicht, vereinfacht und beschleunigt. Information
und Kommunikation zwischen netzwerkförmig kooperierenden Akteuren werden
ebenso vereinfacht wie die gegenseitige Steuerung und Kontrolle. So werden Netzwerkbildungen auch über große räumliche Distanz und Unternehmensgrenzen hinweg begünstigt.

Dies ermöglicht eine arbeitsteilige Wertschöpfung durch unternehmensübergreifende Planung und Steuerung von Geschäftsprozessen. Gleichzeitig werden damit aber auch die technischen und prozeduralen Grundlagen für eine fortschreitende Entbetrieblichung geschaffen: Wenn die Notwendigkeit der Konzentration von Betriebsmitteln und Mitarbeitern an einem physischen Ort entfällt, führt dies zur Erosion des Betriebes als einer räumlich-organisatorischen Einheit, in die die Arbeitnehmer eingegliedert sind und in der sie ihrer Tätigkeit kontinuierlich nachgehen. Die zentrale Rolle des Betriebes als soziale Basis für institutionalisierte Einflussnahme der Arbeitnehmer auf arbeitgeberseitige Entscheidungsprozesse verliert an Bedeutung (Krause, 2016, S. 19).

Das klassische Arbeitsverhältnis wird zunehmend durch alternative und neue selbständige Beschäftigungsformen verdrängt, so dass es schon an der zentralen Anwendungsvoraussetzung für die Betriebsverfassung fehlt. Wo zwar noch reguläre Arbeitsverhältnisse begründet werden, kann der interne Bedeutungsverlust der Hierarchie im Unternehmen indes zum Problem des „machtlosen Vertragsarbeitgebers" (Däubler, 2016, S. 246) führen, der seine Rechte nicht ausübt oder nicht ausüben kann, weil er sie – etwa im Rahmen eines strategischen Netzwerks an ein fokales Unternehmen – delegiert hat. Der formelle Vertragsarbeitgeber ist in diesen Fällen also gar nicht mehr notwendigerweise auch der maßgebliche Unternehmer, der die zentralen Arbeitgeberfunktionen ausübt und/oder die wesentlichen Entscheidungen trifft. Damit läuft betriebliche Mitbestimmung, die diesen Arbeitgeber ohne Leitungsmacht adressiert, letztlich weitestgehend leer.

Die betriebliche Mitbestimmung ist jeweils auf einen einheitlichen Entscheidungsträger im Betrieb, Unternehmen oder Konzern ausgerichtet und auch angewiesen; auf die neuen flüchtigen Beeinflussungs- und Entscheidungswege in einer in Verbünden außerhalb gesellschaftsrechtlicher Verflechtungen organisierten und vernetzten Wertschöpfungskette ist sie kaum vorbereitet (Rieble, 2014). Rechtswissenschaftliche Ansätze, das Netzwerk oder den Netzverbund als Entität greifbar und vor allem rechtlich handhabbar und zu einem Adressaten für das Arbeitsrecht zu machen (Rohe, 1998; Lange, 1998), konnten sich bislang nicht durchsetzen.

Hinzu kommt, dass zwischen verschiedenen Betriebsräten rein faktisch regelmäßig Abstimmungsbedarf hinsichtlich solcher Angelegenheiten besteht, die das ganze Netzwerk betreffen. Die verschiedenen Betriebsräte müssen aber mit den Arbeitgebern getrennt verhandeln. Eine wie auch immer ausgestaltete Kooperation oder Zusammenarbeit von Betriebsräten verschiedener Unternehmen ist vom BetrVG nicht vorgesehen – jedenfalls nicht, wenn die Unternehmen nicht konzerniert sind (Rieble, 2014, S. 28).

Erst recht ist der Betriebsverfassung die Institution eines „Netzwerkbetriebsrats" unbekannt, mit dessen Hilfe die Arbeitnehmerseite etwa analog einem Konzernbetriebsrat nach §§ 54 ff. BetrVG Einfluss auf die maßgeblichen Steuerungsinstanzen eines Netzwerkverbunds nehmen könnte (Hanau, 2016, S. 2614).

3 Ansätze für ein Betriebsverfassungsrecht 4.0?

Damit stellt sich die Frage, ob das geltende Betriebsverfassungsrecht Lösungsansätze bereithält, um mit den skizzierten Problemen, insb. der Erosion des Betriebes und dem Problem machtloser Arbeitgeber, umzugehen oder wie es sich gegebenenfalls entsprechend fortentwickeln ließe.

3.1 Fortentwicklung des Betriebsbegriffs

Zunächst fragt sich, ob das rechtliche Konstrukt des gemeinsamen Betriebes geeignet ist, einen Teil problematischer Sachverhalte netzwerkförmiger Arbeitsorganisation zu erfassen. Sobald Arbeitgeberfunktionen auf unterschiedliche Unternehmen aufgeteilt werden, kann ein gemeinsamer Betrieb nach § 1 Abs. 2 Nr. 1 BetrVG vorliegen. Ein gemeinsamer Betrieb wird danach gesetzlich vermutet, wenn zur Verfolgung gemeinschaftlicher arbeitstechnischer Zwecke die Betriebsmittel sowie die Arbeitnehmer von Unternehmen gemeinsam eingesetzt werden.

Die gemeinschaftliche Verfolgung eines einheitlichen Zwecks wird beispielsweise in Matrix- oder Netzwerkstrukturen regelmäßig gegeben sein. Ein Gemeinschaftsbetrieb setzt darüber hinaus allerdings voraus, dass die wesentlichen Arbeitgeberfunktionen in personellen und sozialen Angelegenheiten aufgrund einer zumindest stillschweigenden rechtlichen Verbindung zur gemeinsamen Führung einheitlich ausgeübt werden.[5] Dies ist bei einer bloßen Matrixstruktur noch nicht der Fall, da die disziplinarische Eigenständigkeit der Unternehmen auch innerhalb einer solchen Struktur bestehen bleibt (Günther & Böglmüller, 2015, S. 1026). Das gilt erst recht innerhalb von sonstigen Netzwerkstrukturen. Die Rechtsfigur des gemeinsamen Betriebes ist daher nicht geeignet, die aufgezeigten Problemfälle zu erfassen.

Allgemein ist allerdings zu überlegen, ob sich nicht die Natur des Betriebsbegriffs als Typus künftig mehr betonen ließe. So könnte stärker als bislang auf eine Gesamtwertung

---

[5] Bundesarbeitsgericht, Beschluss vom 11.2.2004 - 7 ABR 27/03. *NZA* 2004 (11), 618–620.

der maßgeblichen Faktoren im Einzelfall abgestellt werden, um so der im Zuge der Digitalisierung sich wandelnden Arbeitswelt und damit der Bedeutung der Einzelmerkmale des Betriebsbegriffs Rechnung zu tragen (Franzen, 2016).

3.2　Alternative Organisationsstrukturen nach § 3 BetrVG

Wenn die faktische arbeitgeberische Entscheidungsmacht nicht mehr beim Vertragsarbeitgeber angesiedelt ist und sich der taugliche Ansprechpartner betrieblicher Mitbestimmung nicht mehr ohne weiteres lokalisieren lässt, erscheint es sinnfällig, die Einrichtung von Mitbestimmungsinstanzen auf den tatsächlich einschlägigen Entscheidungsebenen zuzulassen, etwa durch Ermöglichung des bereits angesprochenen Netzwerkbetriebsrats. Mit § 3 Abs. 1 Nr. 3 BetrVG hat der Gesetzgeber gerade Vorsorge für passgenaue Vertretungsstrukturen „aufgrund anderer Formen der Zusammenarbeit von Unternehmen" treffen wollen. Ausweislich der Gesetzesbegründung sollte dies auch außerhalb einer Konzernorganisation ermöglicht werden, etwa „entlang der Produktionskette" (BT-Drs. 14/5741, S. 34), so dass durch Tarifvertrag ein solches Vertretungsgremium etabliert werden könnte. Allerdings gelten die nach § 3 Abs. 1 Nr. 3 BetrVG gebildeten eigenen betriebsverfassungsrechtlichen Organisationseinheiten gem. § 3 Abs. 5 BetrVG als Betriebe i.S.d. BetrVG.

§ 3 Abs. 1 BetrVG ermöglicht damit nach zutreffender, aber nicht unumstrittener Auffassung (a. A. etwa Kania & Klemm, 2006) nur die Festlegung der untersten Ebene der Betriebsverfassung, der jeweiligen Basisvertretungseinheit (Franzen, 2016). Dadurch wird die gesetzliche Struktur abgelöst, und diese Vertretung tritt an die Stelle der vorhandenen Betriebsräte und nicht zusätzlich neben sie (Krebber, 2005, S. 338). § 3 Abs. 5 BetrVG statuiert wegen vermuteter unauflösbarer Konflikte bei parallel bestehenden Vertretungseinheiten den von Rieble (2014, S. 29) prägnant als betriebsverfassungsrechtliches „Highlander-Prinzip" bezeichneten Grundsatz, demzufolge es immer nur einen Betriebsrat geben kann, der „seine Belegschaft" im Rahmen seiner Zuständigkeit umfassend vertritt. In diesem Rahmen müssten alle in einem Netzwerk beschäftigten Arbeitnehmer einen gemeinsamen Betrieb bilden und einen gemeinsamen Betriebsrat wählen. An einer solchen Repräsentation werden sie in aller Regel jedoch wegen vorhandener widerstreitender Interessen kaum interessiert sein, da schließlich nicht alle sie berührenden Angelegenheiten auch immer einen Netzwerkbezug haben (Krause, 2016, S. 93).

Hinzu kommen weitere Praktikabilitätsprobleme: Als informelle Zusammenschlüsse außerhalb gesellschaftsrechtlicher Verflechtungen sind Netzwerke häufig instabil und in ihrem Mitgliederbestand volatil. Auf Arbeitgeberseite müsste zudem erst einmal ein von allen beteiligten Unternehmen mit hinreichender Vertretungsmacht ausgestatteter Verhandlungspartner gefunden werden (Hanau, 2016, S. 2615). Schließlich könnte sich das Erfordernis eines Tarifvertrages für die Begründung abweichender Strukturen entlang der Produktionskette angesichts der Instabilität von Netzwerken und Flüchtigkeit von Kunden- und Lieferantenbeziehungen als zu unflexibel und damit hinderlich erweisen (Günther & Böglmüller, 2015, S. 1027). Die zusätzliche Bildung von Arbeitnehmergremien auf Netzwerkebene bleibt damit § 3 Abs. 1 Nr. 4 und Nr. 5 BetrVG vorbehalten. Zusätzliche Arbeitnehmervertreter nach diesen Vorschriften können indes keine vollwertigen Mitbestimmungsrechte ausüben (Rieble, 2014, S. 30).

Gänzlich verschlossen bleibt der Weg über eine Mitbestimmungsflexibilisierung durch Aufgabenübertragung auf Arbeitsgruppen nach § 28a BetrVG. Diese Option ist nämlich ausschließlich an den Betrieb gebunden und bezieht sich weder auf betriebsübergreifende Arbeitsgruppen innerhalb eines Unternehmens noch auf unternehmensübergreifende Arbeitsgruppen (Oetker, 2016, S. 823). Um einen Netzwerksbetriebsrat als zusätzliches Mitbestimmungsgremium zu ermöglichen, müsste der Gesetzgeber § 3 Abs. 5 BetrVG ändern (Hanau, 2016, S. 2615).

3.3 Kardinalnorm der digitalen Vernetzung § 87 Abs. 1 Nr. 6 BetrVG?

Ist der Anwendungsbereich der betrieblichen Mitbestimmung im Zusammenhang mit vernetzten digitalen Techniken einmal eröffnet, stellt sich die Frage, inwieweit der Betriebsrat bei ihrer Einführung und Anwendung zu beteiligen ist. Als Kardinalnorm könnte sich insoweit § 87 Abs. 1 Nr. 6 BetrVG erweisen. Danach unterliegt die „Einführung und Anwendung von technischen Einrichtungen, die dazu bestimmt sind, das Verhalten oder die Leistung der Arbeitnehmer zu überwachen", der stärksten Form der erzwingbaren Mitbestimmung. Nach aktueller Lesart und ständiger Rechtsprechung ist die Einführung technischer Einrichtungen bereits dann nach § 87 Abs. 1 Nr. 6 BetrVG mitbestimmungspflichtig, wenn sie objektiv geeignet ist, das Leistungsverhalten der Arbeitnehmer zu überwachen.[6] Die digitale Vernetzung von Maschinen und Beschäftigten mittels IKT führt zwangsläufig dazu, dass laufend Daten erhoben werden, die unmittelbar oder mittelbar Rückschlüsse auf Arbeits- und Leistungsverhalten der Arbeitnehmer

---

[6] Bundesarbeitsgericht, Beschluss vom 9.9.1975 - 1 ABR 20/74. *NJW* 1976 (6), 261–262.

zulassen (Günther & Böglmüller, 2015, S. 1026). § 87 Abs. 1 Nr. 6 BetrVG würde damit dem Betriebsrat ein umfassendes Vetorecht gegenüber jeglicher Form digitaler Vernetzung im Arbeitsverhältnis eröffnen. In dieser Gestalt könnte sich die Regelung zum überschießenden Investitions- und Innovationshemmnis entwickeln. Deshalb sollte diese Norm restriktiver ausgelegt werden: Erst die gezielte Auswertung von Leistungsdaten darf den Mitbestimmungstatbestand auslösen (Hanau, 2016, S. 2615; für gesetzgeberisches Tätigwerden hingegen tendenziell Zumkeller, 2015 sowie Günther & Böglmüller, 2015, S. 1027).

Zudem wird auch die Betriebspraxis bedarfsgerechtere und flexiblere Ausübungsformen betrieblicher Mitbestimmung entwickeln müssen. Etablierte Formen der Mitbestimmung hinken notwendig der technischen Entwicklung hinterher. Es wird für die Beteiligten immer schwerer, alle technisch relevanten Aspekte zu verstehen und rechtzeitig bzw. proaktiv regulativ zu gestalten. Selbst bereits eingeführte Technik wandelt sich bei *Software-Updates*, *Upgrades* oder *Crossgrades* zunehmend schneller und grundsätzlicher als bisher und erfordert immer wieder Neueinschätzungen und gegebenenfalls Anpassungen (Pfeiffer, 2016, S. 49). Beispielsweise gleichen allein die zugrundeliegenden technischen Prozessbeschreibungen bei IKT-Betriebsvereinbarungen nach § 87 Abs. 1 Nr. 6 Betr-VG in der Praxis oft mehrbändigen Kompendien, sind aber häufig bereits kurz nach Fertigstellung inhaltlich schon wieder Makulatur. Die Hinzuziehung externer Sachverständiger zur Erfüllung der Betriebsratsaufgaben gem. § 80 Abs. 3 BetrVG sollte angesichts der steigenden spezifischen Know-How-Anforderungen durch vernetzte IKT eklatant an Bedeutung gewinnen.

4   Fazit

Das immense Potential der digitalen Vernetzung von Wertschöpfungsketten ist dazu geeignet, beträchtliche Teile der Arbeitswelt erheblich zu verändern, wenn nicht zu revolutionieren. Die bereits vielerorts beklagte Erosion des klassischen „Normalarbeitsverhältnisses" und des „Normalbetriebs" wird unweigerlich fortschreiten. Betriebsgebundenheit und Verstetigung der Arbeitsbeziehungen mit klarer Rollenverteilung zwischen den Parteien werden weiter an Bedeutung und die hergebrachten Rollenzuschreibungen und -funktionen der Parteien des Arbeitsverhältnisses zunehmend an Kontur verlieren. Damit einhergehend ist ein Bedeutungsverlust des Betriebsverfassungsrechts in seiner jetzigen Form absehbar. Es wird auf die Entwicklungen reagieren müssen, auf dem

Wege legislatorischer Regulierung oder durch Änderung und Erweiterung im Wege richterlicher Rechtsfortbildung.

In der Breite sind relevante Auflösungserscheinungen der Betriebsverfassung indes noch nicht zu beobachten. Dräuende Visionen von im digitalen World Wide Web versprengten Massen betriebsverfassungsrechtlich recht- und schutzlos gestellter Arbeitsmonaden dürften sich in absehbarer Zukunft nicht erfüllen. Erosionstendenzen sowohl am Fundament als auch in einzelnen Räumen des Altbaus Betriebsverfassung zeichnen sich allerdings bereits ab. Es besteht also Renovierungsbedarf – hin zu einer zukunftsfähigen „Betriebsverfassung 4.0".

Literaturverzeichnis

Bauer, J.-H. & Herzberg, D. (2011). Arbeitsrechtliche Probleme in Konzernen mit Matrixstrukturen. *NZA* 2011, 13, 713–719.

Bundesministerium für Arbeit und Soziales (2015). *Arbeit weiter denken. Grünbuch Arbeiten 4.0.* URL: http://www.bmas.de/SharedDocs/Downloads/DE/PDF-Publikationen-DinA4/gruenbuch-arbeiten-vier-null.pdf?__blob=publicationFile&v=2.

Bundesministerium für Arbeit und Soziales (2016). *Arbeit weiter denken. Weißbuch Arbeiten 4.0.* URL: http://www.bmas.de/SharedDocs/Downloads/DE/PDF-Publikationen/a883-weissbuch.pdf?__blob=publicationFile&v=4.

Bundesministerium für Bildung und Forschung (2013). *Zukunftsbild „Industrie 4.0".* URL: https://www.bmbf.de/pub/Zukunftsbild_Industrie_40.pdf.

Coase, R. H. (1937). The nature of the firm. *Economica*, 4(16), 386–405.

Däubler, W. (2016). Steigende Schutzdefizite im Arbeitsrecht? *Industrielle Beziehungen*, 23(2), 236–247.

Däubler, W. & Klebe, T. (2015). Crowdwork: Die neue Form der Arbeit – Arbeitgeber auf der Flucht? *NZA* 2015, 17, 1032–1041.

Deinert, O. & Helfen, M. (2016). Entgrenzung von Organisation und Arbeit? Interorganisationale Fragmentierung als Herausforderung für Arbeitsrecht, Management und Mitbestimmung. *Industrielle Beziehungen*, 23(2), 85–91.

Deinert, O. (2014). Kernbelegschaften – Randbelegschaften – Fremdbelegschaften. Herausforderungen für das Arbeitsrecht durch Reduzierung von Stammbelegschaften. *RdA* 2014, 2, 65–77.

Franzen, M. (2016). Folgen von Industrie 4.0 für die Betriebsverfassung – Betriebsbegriff und Vereinbarungen nach § 3 BetrVG. In *Industrie 4.0 als Herausforderung des Arbeitsrechts* (S. 107–126). München: ZAAR-Verlag.

Günther, J. & Böglmüller, M. (2015). Arbeitsrecht 4.0 – Arbeitsrechtliche Herausforderungen in der vierten industriellen Revolution. *NZA* 2015, 17, 1025–1031.

Hanau, H. (2016). Schöne digitale Arbeitswelt? *NJW* 2016, 36, 2613–2617.

Helfen, M. & Nicklich, M. (2016). Dienstleistungsorientierte Projektifizierung und tarifpolitische Fragmentierung: Zwei Fallstudien aus dem Maschinen- und Anlagenbau. *Industrielle Beziehungen*, 23(2), 142–161.

Henssler, M. (2017). Fremdpersonaleinsatz durch On-Site-Werkverträge und Arbeitnehmerüberlassung – offene Fragen und Anwendungsprobleme des neuen Rechts. *RdA* 2017, 2, 83–100.

Hertwig, M. & Kirsch, J. & Wirth, C. (2016). Onsite-Werkverträge und Industrielle Beziehungen: Praktiken der Betriebsräte zwischen Ablehnung und Akzeptanz. *Industrielle Beziehungen*, 23(2), 113–141.

Kania, T. & Klemm, C. (2006). Möglichkeiten und Grenzen der Schaffung anderer Arbeitnehmervertretungsstrukturen nach § 3 Abs. 1 Nr. 3 BetrVG. *RdA* 2006, 1, 22–27.

Kessler, F. (2015). „Arbeitnehmer ohne Arbeitgeber" Der portage salarial in Frankreich. *RdA* 2015, 3, 161–166.

Koch, U. (2017). BetrVG § 1 Errichtung von Betriebsräten. In R. Müller-Glöge, U. Preis & I. Schmidt (Hrsg.) *Erfurter Kommentar zum Arbeitsrecht* (16. Aufl.). München: C.H. Beck.

Kocher, E. & Hensel, I. (2016). Herausforderungen des Arbeitsrechts durch digitale Plattformen – ein neuer Koordinationsmodus von Erwerbsarbeit. *NZA* 2016, 16, 984–990.

Köhler, H.-D. (1999). Auf dem Weg zum Netzwerkunternehmen? Anmerkungen zu einem problematischen Konzept am Beispiel der deutschen Automobilkonzerne. *Industrielle Beziehungen*, 6(1), 36–51.

Kort, M. (2013). Matrix-Strukturen und Betriebsverfassungsrecht. *NZA* 2013, 23, 1318–1326.

Krause, R. (2016). *Digitalisierung der Arbeitswelt – Herausforderungen und Regelungsbedarf.* Verhandlungen des 71. Deutschen Juristentages, Essen 2016, Bd. I, Gutachten, B. München: C. H. Beck.

Krebber, S. (2005). *Unternehmensübergreifende Arbeitsabläufe im Arbeitsrecht.* München: C. H. Beck.

Lange, K. W. (1998). *Das Recht der Netzwerke: Moderne Formen der Zusammenarbeit in Produktion und Vertrieb*. Heidelberg: Verlag Recht und Wirtschaft.

Lingemann, S. & Otte, J. (2015). Arbeitsrechtliche Fragen der „economy on demand". *NZA* 2015, 17, 1042–1047.

Mückenberger, U. (1985). Die Krise des Normalarbeitsverhältnisses. Hat das Arbeitsrecht noch Zukunft? *Zeitschrift für Sozialreform*, 31, 7, 415–434, 8, 457–475.

Oetker, H. (2016). Digitalisierung der Arbeitswelt – Herausforderungen und Regelungsbedarf. *JZ* 71, 17, 817–824.

Pfeiffer, S. (2016). Soziale Technikgestaltung in der Industrie 4.0. In Bundesministerium für Arbeit und Soziales (Hrsg.). *Werkheft 01 – Digitalisierung der Arbeitswelt* (S. 47-51). URL: http://www.arbeitenviernull.de/fileadmin/Downloads/BMAS_Werkheft1.pdf.

Richardi, R. (2017). Der Arbeitsvertrag im Licht des neuen § 611 a BGB. *RdA* 2017, 1, 36–39.

Rieble, V. (2014). Mitbestimmung in komplexen Betriebs- und Unternehmensstrukturen. *NZA-Beilage* 2014, 1, 28–30.

Rohe, M. (1998). *Netzverträge*. Tübingen: Mohr Siebeck.

Sydow, J. (1992). *Strategische Netzwerke. Evolution und Organisation*. Wiesbaden: Gabler.

Uffmann, K. (2016). Digitalisierung der Arbeitswelt. Wie gestalten wir die notwendigen Veränderungen? *NZA* 2016, 16, 977–983.

Zumkeller, A. R. (2015). Arbeitsrecht 4.0: Mittendrin statt nur dabei! *BB* 2015, 30, Die erste Seite.

Urbane Produktion: Ökotone als Analogie für eine nachhaltige Wertschöpfung in Städten

Max Juraschek[1], Benjamin Vossen[2], Holger Hoffschröer[2], Christa Reicher[2] und Christoph Herrmann[1]

[1] Institut für Werkzeugmaschinen und Fertigungstechnik
Technische Universität Braunschweig
[2] Fachgebiet Städtebau, Stadtgestaltung und Bauleitplanung
Technische Universität Dortmund

Zusammenfassung

Die Produktion erfährt in Zeiten von Digitalisierung und Personalisierung einen grundlegenden Paradigmenwechsel. Dabei wird das urbane Umfeld in Zukunft der wichtigste Standort für Wertschöpfung sein, da es aufgrund seiner hohen Dichte an Wissen und Kreativität, Arbeitskräften, Infrastruktur sowie Verbrauchern und Prosumern viele Potentiale bietet. Fabriken in städtischen Gebieten werden häufig mit negativen Auswirkungen assoziiert. Heutzutage können jedoch veränderte Produktionsformen und technische Entwicklungen Emissionen verringern. Darüber hinaus kann die urbane Produktion positive Impulse für ihre Umgebung generieren und eine Grundlage für neue Geschäftsmodelle bilden. Für die Beschreibung der urbanen Fabrik und deren Verknüpfungen mit der Stadt wird das Konzept der Ökotone adaptiert. Ökotone sind Übergangsbereiche zwischen verschiedenen Ökosystemen. Ein eingehendes Verständnis der Fabrik-Stadt-Schnittstellen soll eine ökologische, wirtschaftliche und sozial vorteilhafte Wertschöpfung ermöglichen.

1 Hintergrund

Städte gehören wohl zu den komplexesten und aufregendsten Ökosystemen der Welt. Die große räumliche Ausdehnung sowie die hohe Zahl und Vielfältigkeit seiner Bewohner wird nur durch ihre Kreativität und ihren Erfindungsreichtum übertroffen. Menschen sind auf unterschiedlichste Arten miteinander verbunden. In der Stadt treten ihre vielfältigen Verflechtungen zu Tage.

Trotz des damit einhergehenden hohen Konfliktpotentials der Bewohner, der räumlichen Enge und Dichte mit hohen Bodenpreisen, gewinnt der urbane Raum wieder zunehmend an Attraktivität für große Teile der Bevölkerung (Geppert & Gornig, 2010). Städte gelten als wirtschaftliche Motoren und Zentren von wissensintensiven Ökonomien und werden in einer zunehmend stärker verknüpften Welt auch wieder attraktiver für produzierende Unternehmen, die Teil wissensintensiver Wertschöpfungsketten sind (Florida, 2012).

Während bis zum Beginn des 20. Jahrhunderts Produktion und Stadt eng miteinander verknüpft waren, kam es vor allem ab Mitte des 20. Jahrhunderts zu einer Trennung von Produktion, Wohnen und Freizeit. Die schlechten Lebens- und Arbeitsbedingungen des 19. Jahrhunderts, bei der die Industrialisierung nahezu untrennbar mit der Stadt verbunden war, löste einen Paradigmenwechsel und damit die Abkehr von der nutzungsgemischten Stadt aus (Thienel, 1973). In der Folge führte dies in Deutschland zu einer Trennung der Funktionen Wohnen, Arbeiten, Erholung und Freizeit und somit auch zu einer Verlagerung der Produktion in Industriegebiete am Stadtrand (Benevolo, 1984).

Aktuell mehren sich die Anzeichen einer Rückkehr produzierender Unternehmen in die Stadt. Neue Produktionsformen und Technologien erlauben eine konflikt- und emissionsärmere Produktion. Gleichzeitig sind Unternehmen auf Innovationen und Wissen angewiesen. Dieses Know-how findet sich vor allem bei hoch qualifizierten Mitarbeitern und in urbanen Räumen. Gleichzeitig ermöglicht eine verbesserte Technologie die Reduktion von Emissionen. Durch die größere räumliche Nähe kann die Reintegration der Produktion in die Stadt zu einer Intensivierung der Austauschbeziehungen mit anderen urbanen Nutzungen und Funktionen entstehen. Von dieser Intensivierung können sowohl Unternehmen als auch die Stadtgesellschaft profitieren.

2   Urbane Produktion

2.1   Der urbane Raum

Um die Integration der Produktion in der Stadt zu verstehen, werden sowohl das System der Produktion und der Stadt als auch ihre Schnittstellen betrachtet. Ähnlich der Ökosysteme in der Natur bildet die Stadt ein komplexes Beziehungsgeflecht mit Stoff-, Energie-, Bewohner- und Wissensströmen. Diese Austauschbeziehungen erfolgen auf unterschiedlichen räumlichen Ebenen, über das Quartier (Bewegungsraum Bewohner, lokale Wärmeversorgung), die Stadtregion (Pendlerverflechtungen, Müllkreislauf) bis zu einer globalen Perspektive (Luftaustausch, Wasserkreisläufe, Wissen). Die Betrachtung der Stadt konzentriert sich in diesem Fall auf die Austauschbeziehungen von Menschen (Pendlern), Stoff-, Energie- und Wissensströmen auf der Quartiers- und stadtregionalen Ebene.

Unser Verständnis des urbanen Raums im Kontext der urbanen Produktion ist das eines multifunktionalen Siedlungsgebiets mit komplementären Nutzungen für die Produktion in unmittelbarer räumlicher Nähe zueinander. Urbane Räume besitzen vielfältige Funktionen und Nutzungen wie beispielsweise Wohnen, soziale Infrastruktur oder Handel. Daher können monofunktionale Gewerbe- oder Einzelhandelsgebiete ohne einen direkten Austausch mit anderen Nutzungen nach unserem Verständnis nicht als urbane Produktion angesehen werden. Die spezifische Urbanität der multifunktionalen Gebiete lässt sich nur schwer in städtische und nicht-städtische Gebiete kategorisieren, da Urbanität selbst ein komplexes Konzept mit vielschichtigen Dimensionen ist. Der urbane Raum ist eine offene Umgebung, welche Elemente des urbanen Systems enthält. Dabei bestimmen im Kontext der urbanen Produktion das Vorhandensein und die Intensität der vorhandenen Elemente die spezifische Qualität des urbanen Raums sowie die möglichen Effizienzpotentiale. Im Kontext der urbanen Produktion sind diese Bestandteile: 1. Wissen/Mensch/Stadtgesellschaft/Bildung/Know-how; 2. Wasser/Luft (Emissionen) 3. Energie; 4. Rohstoffe.

Eine der wichtigsten Schnittstellen im System Stadt ist der Mensch. Mit seinen Grundbedürfnissen nach Wohnen, Arbeit, Versorgung und Freizeit besitzt er die intensivsten Austauschbeziehungen im System der Stadt. Aus städtischer Perspektive tritt er vor allem als Arbeitskraft, als Konsument/Abnehmer von Waren und Gütern und als Bewohner auf, der Emissionen ausgesetzt ist. Hierbei erzeugt er Warenströme durch Konsum, Energie- und Stoffströme. Der wesentliche materielle Austausch zwischen den Systemen erfolgt über die Schnittstelle Infrastruktur. Der Austausch kann dabei im Quartier aber auch mit dem Umfeld der Stadt erfolgen. Eine weitere Schnittstelle ist die Umwelt. Hierbei fungieren vor allem der Faktor Boden bzw. Flächenverfügbarkeit sowie Luft und Wasser als Austauschschnittstelle. Das System der urbanen Produktion mit seinen immateriellen und materiellen Stoffströmen wird in Abb.1 dargestellt. Wissen und Innovationen sind elementare Produktionsmittel der Zukunft, die in städtischen Räumen, in Bildungseinrichtungen und kreativen Quartieren erzeugt werden (Schössler et al., 2012). Der Austausch und die Vermehrung von Wissen sind immaterielle Ströme und Kreisläufe, die nicht unbedingt nur an Städte gebunden sind, aber hier einen Ursprung haben können.

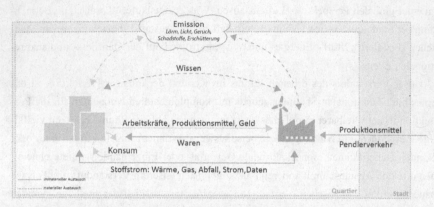

Abb. 1: System der urbanen Produktion mit materiellem und immateriellem Austausch

2.1 Fabriken im urbanen Raum

Produktion ist ein wichtiger Bestandteil des Wirtschaftssystems nahezu überall auf der Welt. Im Jahr 2014 betrug der Anteil des verarbeitenden Gewerbes an der Bruttowertschöpfung aller Wirtschaftsbereiche in Deutschland 22,3% (EU: 15,3%) (Statistisches Bundesamt, 2015). Der Sekundärsektor ist ein wichtiger Bestandteil einer ausgeglichenen und nachhaltigen Volkswirtschaft. Fabriken sind Orte der Produktion, in denen wertschöpfende Prozesse stattfinden. Dabei wird ein Produktionsstandort häufig mit negativen Einflüssen auf seine Umgebung wie Lärm- und Partikelemissionen oder einer Verkehrsbelastung assoziiert. Die dafür verantwortlichen Technologien und Prozesse werden im Zuge der technologischen Entwicklung stetig energie- und ressourceneffizienter und Unternehmen werden zunehmend auch an der Nachhaltigkeit ihrer Geschäftsmodelle gemessen (Herrmann et al., 2014).

Mit dem Einsatz der neu verfügbaren Technologien können Fabriken ihre negativen Auswirkungen vermindern, eliminieren oder sogar positive Einflüsse für die Umgebung anbieten und so stadtkompatibler werden (Herrmann et al., 2015). Fabriken in der Stadt haben dabei die Chance, neue Geschäftsmodelle und Produkt-Service-Systeme zu eröffnen. Unter Einbezug aktueller Megatrends wie Urbanisierung, Digitalisierung oder der steigenden Personalisierung von Produkten wird der urbane Raum ein wichtiger und attraktiver Ort für das verarbeitende Gewerbe sein. Dabei gilt es aber auch, eine Vielzahl von Herausforderungen zu bewältigen, die mit urbaner Produktion verbunden sein können. Dazu zählen neben Emissionen durch urbane Fabriken auch Zielkonflikte in den räumlichen Entwicklungsbedarfen von Stadt und Fabrik zu wichtigen Handlungsfeldern. Viele dieser Herausforderungen sind durch „unbeabsichtigte" urbane Fabriken entstanden, die ursprünglich am Stadtrand oder außerhalb des urbanen Raumes geplant und errichtet, aber im Zuge der Urbanisierung durch das Wachstum der Städte eingeholt wurden (Reicher, 2014). Eine Auswahl von Interaktionen zwischen Fabrik und Stadt über die Werksgrenze ist in Abbilding 2 dargestellt.

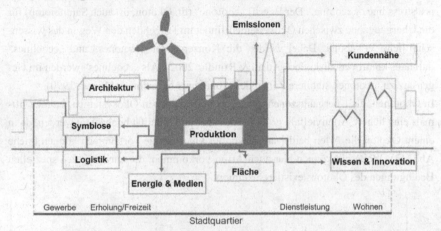

Abb. 2: Ausgewählte gegenseitige Auswirkungen und Potentiale urbaner Produktion, aufbauend auf (Schössler et al., 2012)

Für die positive Einbindung von Produktion in eine Stadt und die systematische Erschließung der Potentiale urbaner Produktion ist ein besseres Verständnis der unterschiedlichen gegenseitigen Wechselbeziehungen zwischen einer oder mehreren Fabriken und dem umgebenden urbanen Raum notwendig.

3   Urban Factory Ecotones

3.1   Ökosysteme und Ökotone

Ökosysteme und deren Beschreibung stehen im Fokus der Umweltwissenschaften. In diesem Bereich blickt die Forschung auf eine lange Tradition zurück. Ein Ökosystem ist ein mehr oder weniger definiertes Gebiet, in dem Gemeinschaften lebender Organismen zusammen mit einer abiotischen Umwelt in einem stabilen Zustand existieren

(Townsend et al., 2009). Zum Beginn des 20. Jahrhunderts rückt die Grenze bzw. Übergangzone zwischen verschiedenen Ökosystemen in den wissenschaftlichen Fokus. Beispiele für solche Übergangszonen sind ein Flussufer oder ein Waldrand. Livingston beschrieb im Jahr 1903 eine „Spannungszone" zwischen biologischen Gemeinschaften (Livingston, 1903). Dieses Konzept wurde zwei Jahre später von Clements aufgegriffen und erweitert mit der Beschreibung "[…] accumulated or abrupt change in the symmetry is a stress line or ecotone". Der Begriff „ecotone" (dt. Ökoton, oft auch Saumbiotop) für die Übergangzone zwischen Ökosystemen findet im Folgenden den Weg in das wissenschaftliche Vokabular. Dabei werden die Konzepte' der „ecotones" und „ecoclines" durchaus kontrovers diskutiert (Attrill & Rundle, 2002). Als „ecoclines" werden im Gegensatz zu Ökotonen stabilere Zonen des Übergangs bezeichnet (Maarel, 1990).

In Ökotonen, als Übergangszonen zwischen verschiedenen Ökosystemen, können oftmals eine höhere Artenvielfalt, größere Aktivität und Vitalität beobachtet werden, da in einem Ökoton die Arten beider angrenzender Ökosysteme vorkommen können (siehe Abb. 33). Weiterhin können hier auch Arten vorkommen, die nur unter den speziellen Bedingungen des Ökotons existieren können.

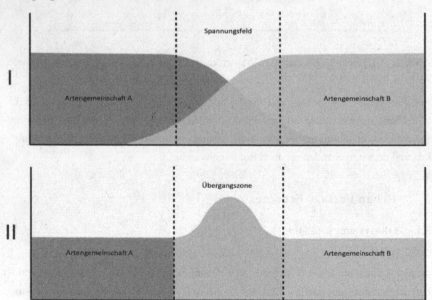

Abb. 3: Artenverteilung im Spannungsfeld (dem Ökoton) zwischen den Artengemeinschaften A und B (I), (II) zeigt die kumulierte Anzahl der Lebewesen in der Übergangszone, nachgebildet von (Biology Discussion, n.d.)

Zu den besonderen Bedingungen eines Ökotons zählen die in der Regel große Biodiversität und hohe Primär- und Sekundärproduktivität, durch die die Ströme von Wasser und Nährstoffen hier konzentriert werden (McArthur & Sanderson, 1999). Prendergast and Berthon haben vier Haupteigenschaften von Ökotonen beschreiben, die beobachtet und zur Definition herangezogen werden können (Prendergast & Berthon, 2000):

- Ökotone sind Zonen der Interaktion zwischen zweien oder mehreren nebeneinanderliegenden Ökosystemen mit Mechanismen, die nicht in diesen Ökosystemen vorkommen. Die Interaktion wird von außen bestimmt.
- Ökotone sind in die Ökosysteme hineinreichende Übergangszonen. Dieser Grenzbereich hat eine oder mehrere beobachtbare Variablen.
- Ökotone zeigen in der Regel einen höheren Artenreichtum auf, da sie Arten beider benachbarter Ökosysteme und dem Ökoton eigene Arten unterhalten können.
- Ökotone sind externen Kräften ausgesetzt und von diesen beeinflusst, sodass sich die Gestalt eines Ökotons mit der Zeit verändert.

3.2   Gestalt von Ökotonen

Ökotone können empirisch in wiederkehrende, aber bedingt durch die Umgebungsbedingungen der benachbarten Ökosysteme doch einzigartige Erscheinungsformen unterteilt werden. Die Bestimmung von Ökotonen und deren Ausmaßen wird häufig von der Identifikation der Ökosysteme und ihrer Grenzen abgeleitet. Hierfür kann eine Vielzahl unterschiedlicher Methoden zum Einsatz kommen, die sich im zeitlichen Aufwand, den Kosten, der Genauigkeit und dem spezifischen Anwendungsfall unterscheiden. Diese Bestimmungsmethoden decken eine hohe Bandbreite ab. Sie reichen von einer visuellen Einschätzung von Karten und Luftbildern, dem manuellen Zählen bestimmter Arten in Zusammenhang mit ihrem Erscheinungsort (Beckage et al., 2008), über die automatisierte Bildauswertung bis hin zu einer Quantifizierung durch mit Drohnen aufgenommenen Daten. Abhängig von der funktionellen und räumlichen biogenen Durchmischung zwischen Ökosystemen können Ökotone als deren Übergangszone eine Vielzahl von Gestalten annehmen; von klar definierten, scharfen Grenzen (Klippen, die aus dem Meer herausragen) bis zu fließenden, unscharfen Grenzbereichen (Waldrand, an dem sich der Baumbestand sukzessiv ausdünnt). Eine Übersicht ausgewählter beobachteter Erscheinungsformen von Ökotonen ist in Abb.4 dargestellt.

Das Konzept der Ökotone als Beschreibungsform wurde in verschiedenen Ansätze in andere Wissenschaftsfelder übertragen, zum Beispiel im Marketing (Prendergast & Berthon, 2000) oder für nachhaltige Produktservice-Systeme (Herrmann et al., 2011).

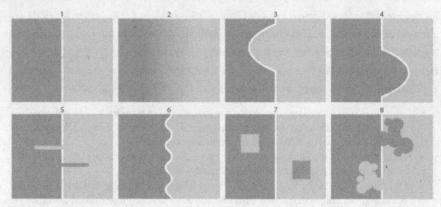

Abb. 4: Unterschiedliche Typologien und Formen von Ökotonen nach (Jurschitza, 2009)

4   Anwendung von Ökotonen für urbane Fabriken

Die Anwendung der beschreibenden Methode der Ökotone aus der Ökologie für urbane Fabriken erlaubt die Analyse der gemeinsamen Übergangszone zwischen einer Produktionsstätte und der umgebenden Stadt. Dabei können die Unterschiedlichkeit der Gestalt und die Diversität der Funktionen dieser Schnittstellen eine ähnliche Komplexität aufweisen wie bei den zuvor beschriebenen Ökosystemen. Eine an die Ökotone angelehnte Methode kann zur Beschreibung und Analyse der unterschiedlichen Manifestationen der Übergangszonen zwischen Fabrik und urbanem Raum genutzt werden. Das damit einhergehende tiefere Verständnis der Fabrik-Stadt-Schnittstelle erlaubt eine ökologisch, ökonomisch und sozial vorteilhaftere Wertschöpfung.

Eine Fabrik kann, wie eine Stadt oder ein Stadtquartier, als eigenständiges System in Analogie zu einem Ökosystem betrachtet werden, da es eine eingegrenzte Gemeinschaft von unterschiedlichen Organismen (Arbeitende/Angestellte) darstellt in Verbindung mit einer nicht lebenden Umwelt. Es werden unterschiedliche Aufgaben durch spezialisierte Individuen ausgeführt. Die Produktivität – in einem Ökosystem gilt die Primärproduktion von Biomasse als eine wichtige Leistungskennzahl – ist im Fall eines Produktionssystems verbunden mit der Herstellung von Produkten unter der Nutzung biotischer und abiotischer Ressourcen. Korrespondierend zu den Parametern biologischer Ökotonparameter sind die beobachtbaren Indikatoren von „Urban Factory Ecotones" Aktivität und Lebendigkeit. Unter dem Begriff „Aktivität" sind alle Handlungen zusammengefasst, die zur Wertschöpfung führen. Dies umfasst sowohl Produktionsprozesse und unterstützende Prozesse als auch Forschung und Entwicklung. Lebendigkeit beschreibt die Intensität der unterschiedlichen urbanen Nutzungen. Die Entwicklung der hier beschriebenen Methodik beruht im ersten Schritt auf qualitativen Indikatoren. Für die Bewertung der Aktivität einer Fabrik können die funktionalen messbaren Parameter Produkt- und Dienstleistungsvielfalt (analog zur Artenvielfalt eines Ökosystems), die Anzahl der hergestellten Produkte (analog zur Anzahl der Individuen) und der generierte Umsatz (analog zur biologischen Produktivität) sein. Für die „Urban Factory Ecotones" ergeben sich die folgenden vier Haupteigenschaften:

- Urban Factory Ecotones sind eine Zone der Interaktion zwischen dem benachbarten urbanen System und dem Fabriksystem mit Mechanismen, die in den beiden Einzelsystemen vorkommen. Die Interaktion wird von außen aus der Stadt und der Fabrik bestimmt.
- Urban Factory Ecotones sind eine in das urbane System und in das Fabriksystem hineinreichende Übergangszone. Diese Grenze hat eine oder mehrere beobachtbare Variablen.
- Urban Factory Ecotones zeigen in der Regel eine höhere Interaktion und Innovation auf, da sie Aktivitäten beider benachbarter Systeme und dem Ökoton eigene unterhalten können.
- Urban Factory Ecotones sind externen Kräften ausgesetzt und von diesen beeinflusst, sodass sich die Gestalt eines Ökotons mit der Zeit verändert.

Analog zu den Ökotonen in der Ökologie wird die Gestalt der Übergangszone zwischen Stadt und Fabrik maßgeblich durch die Stoff-, Energie- und Informationsflüsse über die Systemgrenzen hinweg geformt. Ist der Grenzbereich am Punkt des Aufeinandertreffens der beiden Systeme Stadt und Fabrik räumlich und funktional undurchlässig, so werden Aktivität und Lebendigkeit beider Seiten nicht miteinander interagieren wie in Abb.5 gezeigt. Hier entsteht keine Innovation durch Durchmischung. Dennoch können Auswirkungen das benachbarte System beeinflussen.

Im Fall des scharfen Grenzbereichs ohne Durchmischung sind diese Auswirkungen meist negativer Art, zum Beispiel Lärmemissionen der Fabrik oder räumliche Beschränkungen. Demgegenüber stehen Übergangszonen, die räumlich und/oder funktional zwischen Fabrik und Stadt geteilt sind. Durch die Durchmischung beider Systeme im Grenzbereich kann eine hohe Interaktion resultieren und durch die Vielfältigkeit der Aktivitäten können Innovationen entstehen (Abb.6).

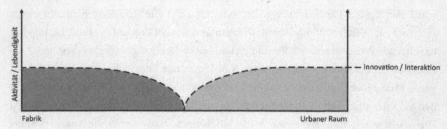

Abb. 5: Verteilung der Aktivität und Lebendigkeit mit resultierender Innovation und Interaktion für eine scharfe Grenze ohne räumliche Durchmischung von Fabrik und urbanem Raum

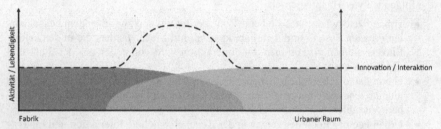

Abb. 6: Verteilung der Aktivität und Lebendigkeit mit resultierender Innovation und Interaktion für eine hohe räumliche und funktionale Durchmischung von Fabrik und urbanem Raum

Dass Vielfältigkeit (Diversity) in Unternehmen zu einer höheren Innovationsfähigkeit führen kann, wurde in mehreren Studien untersucht und bestätigt (Forbes, 2011). In einem Urban Factory Ecotone befähigt diese Vielfältigkeit neue Geschäftsmodelle für das Unternehmen, kann Innovation, Forschungs- und Entwicklungsarbeiten unterstützen, die Attraktivität des Stadtquartiers steigern und die Implementierungs-möglichkeiten für Produkt-Service-Systeme (PSS) bis hin zu Fabrik-Service-Systeme (FSS) stärken. Eine Fabrik kann ein Ort werden, an dem die Stadtbewohner Einrichtungen und Anlagen nutzen können für ihren eigenen Bedarf oder innovative Projekte. Die beiden benachbarten Systeme Stadt und Fabrik sind voneinander abhängig mit Blick auf die grenzüberschreitenden Ströme von Energie, Ressourcen, Menschen und Informationen. Diese Systeme selbst können dabei in unterschiedlichen Auflösungen betrachtet werden – ein Ökoton kann sowohl zwischen benachbarten Fabriken oder urbanen Gebieten als auch zwischen mehreren Fabriken beobachtet werden. Basierend auf den Erscheinungsformen ökologischer Ökotone wurden fünf für die urbane Produktion hergleitet.

Diese sind in Tab. 1 dargestellt mit einer Beschreibung der Eigenschaften, Potentiale und Herausforderungen. Diese beschreibende Methode kann in allen Lebensphasen urbaner Fabriken genutzt angewendet werden: Neuerrichtung einer Produktionsstätte in einem urbanen Gebiet, räumliche Erweiterung einer existierenden Fabrik, Hinzufügen neuer funktionaler Fertigkeiten, Konsolidierung und Konfliktlösung sowie in der Gestaltung vorteilhafter Nachnutzungen am Ende des Lebenszyklus einer urbanen Fabrik.

5   Zusammenfassung und Ausblick

Urbane Produktion und urbane Fabriken leisten einen Beitrag zur Wertschöpfung und Produktivität einer Stadt. Dabei stimulieren sie neue Geschäftsmodelle und Innovationen, wenn eine positive Verbindung von Stadt und Fabrik gesucht und etabliert werden kann. Vor dem Hintergrund der fortschreitenden Urbanisierung, Digitalisierung, Personalisierung von Produkten und Dezentralisierung sind urbane Fabriken wichtige Standorte für die Zukunft der Wertschöpfung. Der urbane Raum bietet ein hohes Potential auf Grund der hohen Dichte von Wissen und Kreativität, qualifizierten Arbeitskräften, Infrastruktur und Kunden. Fabriken in Städten sind in der Lage, neue Geschäftsmodelle zu erschaffen und können die urbane Vielfältigkeit für einen höheren Innovationsgrad nutzen. Die nachhaltige Verbindung von Stadt und Fabrik kann sich dabei positiv auf die Lebensqualität für die Bewohner der Stadt auswirken. Ein tieferes Verständnis der Fabrik-Stadt-Schnittstelle wird mit der Methode der Urban Factory Ecotones erreicht. Dieses Vorgehen ist anwendbar in allen Lebenszyklusphasen einer urbanen Fabrik, um die ökonomischen, ökologischen und sozialen Einflüsse des urbanen Produktionsstandorts unter Einbezug der umgebenden Stadt positiver zu gestalten. Aus der räumlichen Übergangszone resultierende funktionale Interaktionsformen können mit den Urban Factory Ecotones beschrieben werden. Limitierend für positive urbane Produktion sind maßgeblich planungsrechtliche Eingrenzungen. Die Möglichkeiten der Raumnutzung und der Durchmischung in Städten werden durch nationales und regionales Planungsrecht bestimmt. In Deutschland wird die Baunutzungsverordnung um die neue Gebietskategorie "Urbanes Gebiet" erweitert. In diesen verdichteten und nutzungsdurchmischten Gebieten erlauben angepasste Emissionsgrenzwerte und Abstandsvorschriften eine höhere Nutzungsmischung. Weiterführende Forschungsarbeiten im Feld der urbanen Produktion und der Methode der Urban Factory Ecotones sollten insbesondere die Messbarkeit der gegenseitigen Einflüsse von Stadt und Fabrik sowie der Aktivität, Lebendigkeit und Interaktion untersuchen.

Tab. 1: Beschreibung ausgewählter Urban Factory Ecotones

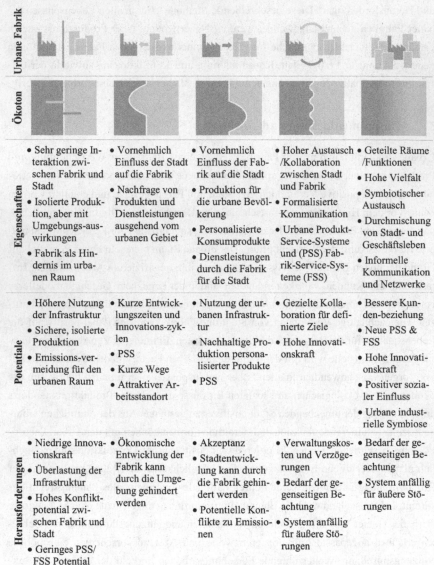

Eigenschaften	**Urbane Fabrik / Ökoton**			
• Sehr geringe Interaktion zwischen Fabrik und Stadt • Isolierte Produktion, aber mit Umgebungs-auswirkungen • Fabrik als Hindernis im urbanen Raum	• Vornehmlich Einfluss der Stadt auf die Fabrik • Nachfrage von Produkten und Dienstleistungen ausgehend vom urbanen Gebiet	• Vornehmlich Einfluss der Fabrik auf die Stadt • Produktion für die urbane Bevölkerung • Personalisierte Konsumprodukte • Dienstleistungen durch die Fabrik für die Stadt	• Hoher Austausch /Kollaboration zwischen Stadt und Fabrik • Formalisierte Kommunikation • Urbane Produkt-Service-Systeme und (PSS) Fabrik-Service-Systeme (FSS)	• Geteilte Räume /Funktionen • Hohe Vielfalt • Symbiotischer Austausch • Durchmischung von Stadt- und Geschäftsleben • Informelle Kommunikation und Netzwerke
Potentiale	• Höhere Nutzung der Infrastruktur • Sichere, isolierte Produktion • Emissions-vermeidung für den urbanen Raum	• Kurze Entwicklungszeiten und Innovations-zyklen • PSS • Kurze Wege • Attraktiver Arbeitsstandort	• Nutzung der urbanen Infrastruktur • Nachhaltige Produktion personalisierter Produkte • PSS	• Gezielte Kollaboration für definierte Ziele • Hohe Innovationskraft	• Bessere Kunden-beziehung • Neue PSS & FSS • Hohe Innovationskraft • Positiver sozialer Einfluss • Urbane industrielle Symbiose
Herausforderungen	• Niedrige Innovationskraft • Überlastung der Infrastruktur • Hohes Konfliktpotential zwischen Fabrik und Stadt • Geringes PSS/FSS Potential	• Ökonomische Entwicklung der Fabrik kann durch die Umgebung gehindert werden	• Akzeptanz • Stadtentwicklung kann durch die Fabrik gehindert werden • Potentielle Konflikte zu Emissionen	• Verwaltungskosten und Verzögerungen • Bedarf der gegenseitigen Beachtung • System anfällig für äußere Störungen	• Bedarf der gegenseitigen Beachtung • System anfällig für äußere Störungen

Diese Arbeit ist Teil des vom BMWI geförderten Verbundforschungsprojekts "Urban Factory – Entwicklung ressourcen-effizienter Fabriken in der Stadt".

Literaturverzeichnis

Attrill, M. ., & Rundle, S. . (2002). Ecotone or Ecocline: Ecological Boundaries in Estuaries. *Estuarine, Coastal and Shelf Science*, *55*(6), 929–936. https://doi.org/10.1006/ecss.2002.1036

Beckage, B., Osborne, B., Gavin, D. G., Pucko, C., Siccama, T., & Perkins, T. (2008). A rapid upward shift of a forest ecotone during 40 years of warming in the Green Mountains of Vermont. *Proceedings of the National Academy of Sciences of the United States of America*, *105*(11), 4197–4202. https://doi.org/10.1073/pnas.0708921105

Benevolo, L. (1984). *Die Geschichte der Stadt* (7. Auflage). Frankfurt/Main: Campus Verlag.

Biology Discussion. (n.d.). *Study of Communities: Meaning and Community Composition*. URL: http://www.biologydiscussion.com/ecology/study-of-communities-meaning-and-community-composition/6770

Florida, R. (2012). *The Rise of the Creative Class*. New York: Basic Books.

Forbes. (2011). Global diversity and inclusion: Fostering innovation through a diverse workforce. *Forbes Insights*, 1–20.

Geppert, K., & Gornig, M. (2010). *Mehr Jobs, mehr Menschen: Die Anziehungskraft der großen Städte wächst*. Wochenbericht des Deutschen Instituts für Wirtschaftsforschung (DIW).

Herrmann, C., Blume, S., Kurle, D., Schmidt, C., & Thiede, S. (2015). The Positive Impact Factory–Transition from Eco-efficiency to Eco–effectiveness Strategies in Manufacturing. *Procedia CIRP*, *29*, 19–27. https://doi.org/10.1016/j.procir.2015.02.066

Herrmann, C., Dettmer, T., Kuntzky, K., & Egede, P. (2011). Product-Service-Systems in Manufacturing: Ecotones as a Perspective for Sustainability. *International Conference on Sustainable Manufacturing: Issues, Trends and Practices*, 1–8.

Herrmann, C., Schmidt, C., Kurle, D., Blume, S., & Thiede, S. (2014). Sustainability in manufacturing and factories of the future. *International Journal of Precision Engineering and Manufacturing-Green Technology*, *1*(4), 283–292. https://doi.org/10.1007/s40684-014-0034-z

Jurschitza, E. (2009). Schematic representation of different types of ecotones on a square surface. July 10, 2016, URL: https://en.wikipedia.org/wiki/File:ÉcotoneLamiotCommons4.jpg

Livingston, B. E. (1903). *The Distribution of the Upland Plant Societies of Kent County*. Michigan: The University of Chicago Press.

Maarel, E. Van Der. (1990). Ecotones and ecoclines ar different. *Journal of Vegetation Science*, 135–138.

McArthur, E. D., & Sanderson, S. C. (1999). Ecotones: introduction, scale, and big sagebrush example. *Forest Service Proceedings RMRS-P-11*, 3–8.

Prendergast, G., & Berthon, P. (2000). Insights from ecology: an ecotone perspective of marketing. *European Management Journal*, *18*(2), 223–232. https://doi.org/http://dx.doi.org/10.1016/S0263-2373(99)00094-8

Reicher, C. (2014). *Städtebauliches Entwerfen*. Wiesbaden: Springer Fachmedien Wiesbaden. https://doi.org/10.1007/978-3-658-06677-2

Schössler, M., Baer, D., Ebel, G., Eickemeyer, L., Hoffschröer, H., Koch, T., … Sonntag, R. (2012). *Future Urban Industries – Produktion, Industrie, Stadtzukunft, Wachstum. Wie können wir den Herausforderungen begegnen?* Policy Brief (Vol. 11). URL: http://www.stiftung-nv.de/publikation/produktion-industrie-stadtzukunft-wachstum-wie-können-wir-den-herausforderungen-begegnen

Statistisches Bundesamt. (2015). Anteil der Industrie am BIP seit 20 Jahren nahezu konstant. *Pressemitteilung Vom 08.04.2015*, URL: https://www.destatis.de/DE/PresseService/Presse/Pressemitteilungen/2015/04/PD15_124_811.html

Thienel, I. (1973). *Städtewachstum im Industrialisierungsprozess des 19. Jahrhunderts: das Berliner Beispiel. Veröffentlichungen der Historischen Kommission zu Berlin* (Vol. Bd. 39: Pu). Berlin: de Gruyter.

Townsend, C. R., Begon, M., & Harper, J. L. (2009). *Ökologie*. Berlin, Heidelberg: Springer. https://doi.org/10.1007/978-3-662-44078-0

Entwicklung und Einsatz von Open Source Software im Bildungsbereich am Beispiel von ILIAS

Karola Koch

Koordinationsstelle E-Lernen
Helmut-Schmidt-Universität Hamburg

Zusammenfassung

Open Source Projekte und Software im Speziellen eröffnen neue Potenziale für den Bildungsbereich. Dieser Beitrag diskutiert am Beispiel einer Universität Fragestellungen und Herausforderungen, die sich für eine Bildungseinrichtung bei einem frühen Einstieg in ein Open Source-Projekt ergeben, und beleuchtet, wie die Wechselwirkungen zwischen Open Source Software-Entwicklung und Anwendern im Bildungsbereich einen kooperativen Prozess in Gang setzen, der die Wertschöpfungsketten von Software-Entwicklung und Bildungsprozess verzahnt und damit inspirieren kann.

1   Einführung

Der Einsatz von Open Source Software (OSS) im Bildungsbereich eröffnet Chancen – aber er birgt auch Risiken, wenn die OSS-Software beispielsweise nicht mehr weiterentwickelt oder nachgefragt wird. Dieses Risiko ist umso größer, je früher ein Anwender das OSS Produkt in seinem Lebenszyklus einsetzt (wiki.opensourceecology.de, 2014). Auf der Basis einer Evaluation von E-Lernplattformen im Bundesleitprojekt „Virtuelle Fachhochschule", die Kriterien für die Auswahl einer E-Lernplattform lieferte (Arnold, 2001), wurde im Jahr 2001 ein Open Source Produkt für den Einsatz an der Helmut Schmidt Universität / Universität der Bundeswehr Hamburg (HSU) ausgewählt und mit Gründung der Koordinationsstelle E-Lernen Anfang 2002 für die gesamte Universität bereitgestellt. Dabei handelte es sich um die E-Lernplattform ILIAS 2[1].

---

[1] Die Software ILIAS 2 entstand 1997/1998 im VIRTUS-Projekt der Universität zu Köln und wurde im September 2000 unter die GNU General Public License gestellt. Sie hatte einen personalisierten Arbeitsbereich, den persönlichen Schreibtisch, und ihre zentrale Metapher war die Lerneinheit, die Multiple Choice-Testaufgaben, Glossare, Bilder und Multimediaelemente enthalten konnte.

Am Beispiel der HSU wird in diesem Beitrag beschrieben, wie ein Early Adopter den OSS-Prozess in einem frühen Stadium aufgefasst und modelliert hat. Es wird argumentiert, dass die Zusammenarbeit von OSS-Anwendern und -Entwicklern einen abgestimmten Rahmen braucht, und erläutert, wie ein Mehrwert für einen Anwender von OSS entsteht.

2   Digitalisierung im Bildungsbereich

Ab Mitte der 1990er Jahre hielten die Informations- und Kommunikationstechnologien (IuK) in Deutschland zunehmend Einzug in den Bildungsbereich. Der Webauftritt wurde allmählich zum Standard und Lernmanagementsysteme, virtuelle Klassenräume, Video-Conferencing, Videocasts und -Streaming ergänzten zunehmend die traditionellen Lehr- und Lernformen. Dabei entstanden neben den zum damaligen Zeitpunkt dominierenden proprietären Lernmanagementsystemen, deren Geschäftsmodell sich auf die Erhebung von Lizenzgebühren stützt, auch erste Open Source-E-Lernplattformen. Open Source Software ist immer quelloffen: Sie kann kopiert, geändert und frei verteilt werden und ist in der Nutzung in der Regel kostenlos. Dabei unterliegt sie Lizenzbedingungen (Open Source Initiative, abgerufen am 07.06.2017), die von vorbehaltloser Nutzungsfreiheit bis zu einer lizenzrechtlich an bestimmte Bedingungen geknüpften Nutzung reichen. Mittlerweile ist „Open Source zu einer weltweiten sozialen Bewegung geworden, die antritt, nach der Software nun auch Wissen und Kultur zu befreien" (Bundeszentrale für politische Bildung: Gesellschaft, Medien, Open Source, o. S.). So stießen z. B. Informatikkurse der Stanford University, die 2011 als Massive Open Online Courses (MOOCs) angeboten wurden, Fragen der Teilhabe an Bildung neu an. MOOCs sind frei zugängliche kostenlose Online-Kurse mit großen Teilnehmerzahlen, die im Unterschied zu Open Educational Resources (OER) als Lehrveranstaltungen konzipiert sind. Bei OER handelt es sich um freie Bildungsmaterialien im Netz, die „für unser heutiges Verständnis von Bildung als offenen, partizipativen Prozess, der nicht nur innerhalb institutioneller Rahmen stattfindet" (vgl. Wikimedia Deutschland: Praxisrahmen für Open Educational Resources (OER) in Deutschland, 2016, S. 11), stehen. Vor dem Hintergrund der Diskussion zum Urheberrecht sind mit OER vorrangig auch Fragen der Lizenzierung[2] und Rechtssicherheit verbunden.

---

[2] Vgl.: Creative Commons and Educational Resources

Wie allerdings der Kompetenzerwerb bei dem Lernen mit MOOCs oder OER dokumentiert werden kann, ist noch eine offene Frage. Traditionell vergibt eine Bildungseinrichtung dafür Zeugnisse oder Zertifikate. Für den digitalen Nachweis von Fähigkeiten und Fertigkeiten beim non-formalen Lernen im Rahmen von Open Education hat die *Mozilla Foundation* mit dem Funding der *Mac Arthur Foundation* Open Badges, einen offenen Standard, entwickelt (openbadges.org, 2016); die Weiterentwicklung hat ab 2017 das *IMS Global Learning Consortium* übernommen.

Open Badges werden zunehmend auch von Schulen und Hochschulen eingesetzt. Sie sind Bestandteile von E-Lernplattformen und das Erasmus+ Projekt *Open Badge Network* (OBN) hat sich zum Ziel gesetzt, Organisationen aus Europa zusammenzubringen, die die Entwicklung eines Open Badge-Ökosystems unterstützen wollen (Buchem, 2017). Für die breite Nutzung von OER bzw. MOOCs spielen das Internet und eine Anwendungs-Software, die jeder ohne Zugangsbarriere nutzen kann, eine zentrale Rolle. OSS E-Lernplattformen sind in dieser Hinsicht eine geeignete Lösung.

3 Aufbau einer Infrastruktur zum E-Lernen

3.1 Die OSS Wertschöpfungskette am Beispiel der E-Lernplattform ILIAS

Aus heutiger Sicht ist zu sagen, dass die Entwicklung der OSS Lernplattform ILIAS die einzelnen Wertschöpfungsstufen des klassischen Modells der Software-Herstellung (Abb. 1) nach und nach abgebildet hat. Damit war die Basis für ein tragfähiges Geschäftsmodell gelegt.

Abb. 1: Generische Wertschöpfungsstufen nach Buxmann, S. 144 (i. A. a. Wolf et al. (2010))

Die Wertschöpfungsstufen verteilen sich je nach vorhandenem Wissen und Kompetenzen in variablen mehr oder minder großen Anteilen auf die Anwender, das Dienstleister-Netzwerk und den ILIAS-Verein, die die Wertschöpfungskette für das OSS-Produkt in einem kooperativen Prozess koordinieren und gemeinsam tragen. Reichwald und Piller (2009) sprechen in einem solchen Fall von einer interaktiven Wertschöpfungskette.

3.2   Keine Wertschöpfung ohne ein (gutes) Produkt

ILIAS 2 war um die Jahrtausendwende zwar ein interessantes OSS-Produkt zur Präsentation von Vorlesungsinhalten in einem Lernraum, genügte aber nicht den Qualitätsmerkmalen für Software-Systeme[3] wie in der Norm ISO/IEC 9126 beschrieben. Da ein nachhaltiges Software-Produkt eine klare, wartungsfähige und erweiterbare Software-Struktur braucht, fassten die Anwender von ILIAS 2 im Jahr 2002 den Entschluss, ILIAS 3 auf den Weg zu bringen – nicht im Sinne eines Reengineerings von ILIAS 2, sondern als komplette Neuentwicklung.

ILIAS 3 wurde objektorientiert auf PHP-Basis entwickelt, war durchgängig XML-basiert, modular aufgebaut und erhielt mit dem RBAC (Role Based Access Control als Rechtesystem vom National Institute of Standards bereitgestellt) ein leistungsfähiges Rechtesystem. Als zentrale Metapher bei ILIAS 3 wählte man das (Bibliotheks-) Magazin, in dem alle Lernobjekte in einer den Nutzern bekannten Explorer-Struktur abgelegt und gemäß vergebener Berechtigung zugänglich gemacht werden konnten. Offene Standards und Schnittstellen sollten eine einfache Integration in bestehende Architekturen und eine hohe Interoperabilität mit anderen Software-Systemen erlauben. Von Anfang an wurden zudem software-ergonomische Reviews durchgeführt, um die Plattform möglichst intuitiv bedienbar zu machen.

3.3   Der Kundennutzen muss sichtbar sein

Bei der Konzeption und Entwicklung der Ausstattung der Plattform orientierte sich die Koordinationsstelle E-Lernen an den Bedarfen und Prozessen der Hochschule, die in E-Learning Gesprächskreisen abgefragt und rückgekoppelt wurden. Darüber hinaus waren die Ausstattung und der Funktionsumfang von Referenzprodukten im Markt handlungsleitend für die Optimierung des Produkts ILIAS. So waren die Präsentation von Vorlesungsinhalten in Lernmodulen, der Editor zu ihrer Erstellung, Glossar, Test- und Fragenpool, Kurs, Gruppe, Umfrage, Forum, Chat oder Kalender zentrale Elemente der Neuentwicklung. Durch Projekte der HSU mit der Bundeswehr wurden Schnittstellen, wie die zu dem virtuellen Klassenraum *Adobe Connect* realisiert, und ein einheitliches Aktionsmenü für alle ILIAS-Objekte bezüglich Kopieren, Verschieben und Im- und Export implementiert. Reporting-Funktionen wurden schon früh in Angriff genommen,

---

[3] In der Norm ISO/IEC 9126 werden Qualitätsmerkmale für Software-Systeme in Bezug auf Funktionalität, Zuverlässigkeit, Benutzbarkeit, Effizienz, Wartbarkeit und Portabilität beschrieben (Balzert, S. 110 ff.).

und die speziellen Bedarfe großer Organisationen kamen dergestalt zum Tragen, dass Fragen des Wissensmanagements und der Social Community-Funktionen eine prominente Rolle spielten. Mit der Marktreife – so war die Erwartung – würden sich weitere Community-Mitglieder an der Entwicklung beteiligen und die Entwicklung von ILIAS würde unabhängig von den notwendigen Anfangsinvestitionen weitergehen.

3.4 Das gesellschaftliche Umfeld muss mitgedacht werden

Die Anforderungen großer Organisationen wie Bundeswehr und NATO machten es unabdingbar, den rechtlichen Anforderungen zu Barrierefreiheit, Datenschutz und IT-Sicherheit zu entsprechen. So hat die NATO Communication Security Agency (NCSA) ILIAS aufwändigen Sicherheitsprüfungen unterworfen, und die Software wurde offiziell zur Verwendung von klassifizierten, geheimen Daten akkreditiert. Darüber hinaus musste die Software den Anforderungen der Personalvertretungen genügen.

3.5 Produktentwicklung und -einsatz brauchen kompetente Service-Provider

Mit dem Ende des VIRTUS-Projekts, aus dem ILIAS 2 hervorgegangen war, gab es an der Universität zu Köln eine kleine Zahl an Programmierern, die sich in der ILIAS 3 Entwicklung engagieren wollten. Die Neuprogrammierung von ILIAS 3 bedeutete einen stetigen Aufwuchs an Entwicklungs- und Supportleistungen. Damit wurde ILIAS 3 für Software-Firmen interessant, die eine wachsende Zahl von Entwicklern dafür qualifizierten und bereitstellten. Mit steigenden Anwenderzahlen bildete sich zudem der Verkauf von Komplementärprodukten wie Installation und Konfiguration der Software, Überwachung, Schulung und Beratung heraus. Damit war die Grundlage für den Verkauf von Dienstleistungen rund um die OSS ILIAS gelegt. Bildungsinstitutionen, Firmen oder Organisationen konnten so, gemäß ihren Möglichkeiten, Leistungen ein- oder zukaufen, die sie selber nicht erbringen können oder wollen.

3.6 Ein Open Source Produkt steht und fällt mit seiner Community

Die HSU war einer der ersten Anwender, ein Early Adopter, der ILIAS 2 Software und hatte daher auch im Sinne der Sicherung des eigenen Engagements ein großes Interesse an der Gewinnung von „Followern", die Teil einer Open Source Community werden wollten. Dabei war offen, wie der Aufbau der OSS Community aussehen würde. Bekannte Modelle aus dem OSS-Sektor (Raymond, 2001, S. 19), die vor allem die Entwicklerseite im Blick hatten, reflektierten die Anwenderperspektive im Bildungsbereich nur ungenügend. Da Anwender wie Hochschulen, Firmen oder große Organisationen auf Kontinuität und Support im Sinne einer Nachhaltigkeit ihres Engagements angewiesen sind, musste die OSS-Community durch Schaffung einer verlässlichen Struktur ein stabiles Fundament erhalten. Ein erster Schritt auf dem Weg zu einer OSS-Community war die Ausrichtung der ersten ILIAS-Konferenz an der HSU im September 2002 mit mehr als 100 Teilnehmern, auf der der Bildungsbereich auf die OSS-Entwicklung traf.

4   „One Face to the Customer": Ein kooperativer Prozess nimmt Form an

In der Zusammenarbeit von Early Adoptern und Software-Entwicklern entstand allmählich ein marktreifes Produkt[4]. Entsprechend wuchs die Zahl der Anwender weiter und auch die der professionell arbeitenden Service-Provider wurde größer: Es entstand eine aktive Community (Kunkel, 2011, S. 30). Für den Austausch und die Kooperation der Stakeholder fehlte aber immer noch eine unabhängige und transparente Plattform, die die Anwenderinteressen zusammenbringen, bündeln und die die Entwicklung der Software im weitesten Sinne motivieren, begleiten, koordinieren und steuern konnte. Zudem mussten Software-Entwickler und -Anwender in einem moderierten und gerahmten Prozess planbar und rechtssicher interagieren können. 2009 wurde daher der Verein „ILIAS open source E Learning e. V." gegründet, der für die Koordination der Software-Entwicklung und Dokumentation, die Prozessgestaltung und Qualitätskontrolle, die Außendarstellung der Software, das Release-Management u. v. m.[5] zuständig ist (Kunkel, 2011, S. 40 u. 41). Das „Technical Board", das die in der ILIAS-Entwicklung und -beratung engagierten Firmen stellen, deckt als Expertengremium das gesamte Spektrum des Software-Engineerings[6] ab. Die strategische Ausrichtung und Steuerung der ILIAS-Entwicklung obliegt dem ILIAS-Beirat, der aus der Vertretung der institutionellen Mitglieder und der Service Provider innerhalb des Vereins besteht.

Im ILIAS Feature Wiki, in den Special Interest Groups (Nutzergruppen zu spezifischen ILIAS-Themen) oder auf den seit 2002 jährlich stattfindenden Konferenzen (Entwickler-Konferenzen und ILIAS-Konferenz) findet der soziale Austausch der Anwender statt.

---

[4] ILIAS ist standardkonform, technisch auf Stand, vielseitig einsetzbar: Sie ist verfügbar für die Desktop-Nutzung und als App. Weltweit gibt es tausende Installationen mit tlw. mehr als 100.000 Nutzern.
[5] Vgl. Homepage ILIAS open source E Learning e.V.
[6] Software-Architektur, Sicherheit, Performanz, Usability, Rahmenbedingungen für den Entwicklungsprozess und Qualitäts-Management

Wenn die Schnittmenge gemeinsamer Interessen es zulässt, bringen eine gemeinsame Konzeption von Software-Projekten und die Kooperation bei der Software-Entwicklung aufgrund der gemeinschaftlichen Finanzierung im Rahmen von Crowdfundings und der arbeitsteiligen Vorgehensweise eine deutliche Kostenersparnis und eine geringere personelle Belastung bei den Anwendern mit sich. Da sich Forschung und Entwicklung im OSS-Bereich nicht über Lizenzgebühren refinanzieren, fließen in die produktbezogene Forschung und Entwicklung im Bildungsbereich stets Ideen und Konzepte ein, die sich aus den Bedarfen der Anwender oder auch aus Förderprogrammen des Bundes und der EU speisen.

Hier treffen sich die Wertschöpfungskette der Software-Entwicklung und die (digitale) Wertschöpfungskette von Bildungsinstitutionen, insbesondere auch durch die Entwicklung, dass laut Kerres (2016) der reale Lernraum immer digitaler und der virtuelle Lernraum immer sozialer wird. Da das Wissen der unterschiedlichen Anwender in die Konzeption und die Entwicklung der Open Source Software einfließt und im Rahmen der Distribution des Open Source-Produkts allen Anwendern zur Verfügung steht, profitieren die einzelnen Nutzer von den Erfahrungen und Innovationen der jeweils anderen. Durch die Partizipation am Knowhow der gesamten Software-Community in der Open Source Software als solcher und dem damit einhergehenden Wissenstransfer sind gerade auch im Hochschulbereich positive externe Effekte zu erwarten, die im besten Fall in Verbesserungen und/oder Innovationen im Bildungsangebot der jeweiligen Organisation oder Hochschule münden. Abbildung 2 verdeutlicht in diesem Zusammenhang, dass die OSS-Distribution nicht nur Produzenten und Konsumenten kennt, sondern auch einen sogenannten Prosumenten, der sowohl Konsument als auch Produzent der Software ist. Bei der Digitalisierung der Wertschöpfungskette stellt sich für Bildungsinstitutionen die Frage, ob sie ein „All in One"-System mit einem mächtigen Kern wie bspw. ILIAS oder eine Software mit einem schlankeren Kern einsetzen wollen.

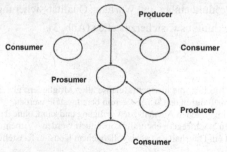

Abb. 2: Open Source Software Distribution (Brocco und Frapolli, 2011, S. 10)

Mit der Philosophie des „All in One" versuchte die ILIAS-Entwicklung, möglichst viele Elemente des Bildungsprozesses im Core[7] der ILIAS-Software abzubilden. Dahinter stand die Überlegung, dass ein öffentliches Gut[8] wie eine Open Source Software mit jeder neuen Entwicklung auch allen anderen Nutzern in vergleichbarer Qualität zur Verfügung stehen würde. Diese Überlegungen gewinnen gerade in Zeiten höherer Anforderungen an die IT-Sicherheit von Software-Systemen zunehmend an Bedeutung. Funktionalität, die nicht im Kern ist, wird als Plug-in oder Zusatzmodul über eine API zur Laufzeit eingebunden. Die Software-Erweiterung wird in der Regel für spezifische Bedarfe einer Institution entwickelt und eingesetzt und muss von dieser Institution mit entsprechendem finanziellen Aufwand gepflegt und qualitätsgesichert werden: Günstigstenfalls entstehen unilaterale Kooperationen mit anderen Anwendern. Im Falle der ILIAS-Community hängen an der Frage, welche Module in den Kern aufgenommen werden und damit dem Vereinsreglement unterliegen, letztlich auch betriebswirtschaftliche Überlegungen bei Anwendern und Service Providern.

5   Der Kreis schließt sich: Wartung und Schulung

Software ist ein Erfahrungsgut[9]. Damit erschließt sich das Potential einer Software erst mit ihrem Gebrauch und mit dem Aufbau von Knowhow. „Erst die Verbindung von Software und Humankapital führt zu dem Kundennutzen" (Pasche & v. Engelhardt, 2004, S. 3). Um einerseits von dem Prozess und dem Produkt ILIAS profitieren zu können und andererseits zu dem OSS-Prozess beitragen und die eigenen Ideen, Erfahrungen und Bedarfe wirksam in der Community platzieren zu können, braucht es einen Ort, wo beide Aspekte sich treffen. Mit den Anforderungen an die ILIAS-Supportstruktur (Community und Dienstleister) und in Wechselwirkung mit der technischen und strukturellen Entwicklung der Software ging der Aufbau der HSU-internen Dienstleistung im Rahmen des IT-Managements für ein OSS-Produkt einher, um Wartung, Qualitätssicherung, Upgrade der Software, Software-Entwicklung usw. sicherzustellen (Abb. 3).

---

[7] Der ILIAS-Core steht für die Gesamtheit der Module, die in einem Release allen Mitgliedern gleichermaßen zur Verfügung stehen und satzungsgemäß durch den ILIAS-Verein bereitgestellt werden.
[8] Ein öffentliches Gut steht allen Konsumenten im gleichen Ausmaß zur Verfügung und kann, ohne dass es zu Nutzeneinbußen kommt, von allen anderen Nachfragern ebenfalls konsumiert werden. (Vimentis)
[9] Ein Erfahrungsgut ist ein Gut, dessen Qualität ein Haushalt erst nach vollzogenem Konsum feststellen kann. (Gabler Wirtschaftslexikon)

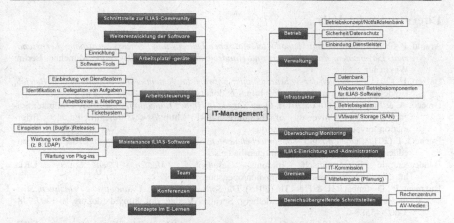

Abb. 3: IT-Management im E-Lernen – wie es an der HSU praktiziert wird

Die Koordinationsstelle E-Lernen stellt den Lehrenden und Studierenden der HSU jedes Jahr einen neuen Release zur Verfügung. Softwarefehler oder Sicherheitsprobleme werden zeitnah in Bugfix- oder Sicherheitsreleases behoben. Mit jedem Releasewechsel werden den Hochschulangehörigen mit der ILIAS-Software neue Features und damit neue Handlungsoptionen bereitgestellt. Für den Aufbau von Knowhow sind Schulungen unabdingbar, die turnusgemäß auch für jeden neuen Release angeboten werden. Sie führen neben der Vermittlung von Basiswissen über die Möglichkeiten der E-Lernplattform u. a. auch in die neuen Optionen der Software ein.

6   Fazit und Ausblick

Um ein erfolgreiches OSS-Produkt zu etablieren, muss die Wertschöpfungskette der Software-Entwicklung abgebildet und während des Produktlebenszyklus unterhalten werden. Den Anwendern kommt dabei eine zentrale Rolle zu. Dabei fordert der Anspruch, den ein kooperativer Prozess an eine Bildungsinstitution stellt, die gesamte Institution heraus. Soll in diesem Zusammenhang ein echter Mehrwert im Sinne der fortschreitenden Digitalisierung entstehen, muss eine Diskussion über die Gestaltung von Lehren und Lernen stattfinden, die eine echte Teilhabe am OSS-Prozess ermöglicht. Nur so können sich die beschriebenen Wertschöpfungsketten gegenseitig inspirieren und antreiben.

Literaturverzeichnis

Arnold, P. (2001). *Didaktik und Methodik telematischen Lehrens und Lernens: Lernräume, Lernszenarien, Lernmedien, state of the art und Handreichung.* Münster, New York, München, Berlin: Waxmann.

Balzert, H. (2011). *Lehrbuch der Softwaretechnik: Entwurf, Implementierung, Installation und Betrieb.* Heidelberg: Spektrum Verlag. doi: http://dx.doi.org/10.1007/978-3-8274-2246-0

Brocco, A. & Frapolli, F. (14.02.2011). *Open Source in Higher Education.* Case Study Computer Science at the University of Fribourg. URL: http://sr-sc-8f00.unifr.ch/didactic/fr/formation/travaux-didactic#informatique.

Buchem, I. (2017). *Open Badges – die unterbeleuchtete Seite von Open Education.* URL: http://open-educational-resources.de/buchem-open-badges/.

Bundeszentrale für politische Bildung. *Gesellschaft, Medien, Open Source.* URL: http://www.bpb.de/gesellschaft/medien/opensource/

Buxmann P., Diefenbach H. & Hess Th. (2015). *Die Softwareindustrie: Ökonomische Prinzipien, Strategien, Perspektiven.* Berlin, Heidelberg: Springer-Verlag. doi: http://dx.doi.org/10.1007/978-3-662-45589-0

Creative Commons. (15.10.2012). *Creative Commons and Open Educational Resources.* URL: https://wiki.creativecommons.org/wiki/Creative_Commons_and_Open_Educational_Resources.

ILIAS open source e-Learning e.V. (07.06.2017). Homepage des ILIAS open source e-Learning e.V. URL: http://www.ilias.de/docu/goto_docu_cat_1669.html.

Kerres, M. (2016). E-Learning oder Digitalisierung in der Bildung: Neues Label oder neues Paradigma? *Grundlagen der Weiterbildung – Praxishilfen,* Heft 7.30.10.80. 159–171.

Kunkel, M. (2011). *Das offizielle ILIAS 4-Praxisbuch: Gemeinsam online lernen, arbeiten und kommunizieren.* München: Addison-Wesley Verlag.

Mozilla Foundation: Open Badges. (2016). *About Open Badges.* URL: https://openbadges.org/about.

Open Source Ecology Germany. (31.03.2014). *Vorteile/Nachteile von Open Source Software.* URL: https://wiki.opensourceecology.de/Vorteile/Nachteile_von_Open_Source_Software

Open Source Initiative. (abgerufen am 07.06.2017). *Open Source Licenses by Category.* URL: https://opensource.org/licenses/category

Pasche, M. & v. Engelhardt, S. (2004). *Jenaer Schriften zur Wirtschaftswissenschaft: Volkswirtschaftliche Aspekte der Open-Source-Softwareentwicklung* 18/2004. Wirtschaftswissenschaftliche Fakultät Friedrich-Schiller-Universität Jena. URL: http://www2.wiwi.uni-jena.de/Papers/wp-sw1804.pdf

Raymond Eric S. (2001). *The Cathedral and the Bazaar: Musings on Linux and Open Source by an accidental Revolutionary.* Beijing u. a.: O'Reilly & Associates.

Reichwald, R. & Piller F. (2009). *Interaktive Wertschöpfung, Open Innovation, Individualisierung und neue Formen der Arbeitsteilung.* Wiesbaden: Gabler. doi: http://dx.doi.org/10.1007/978-3-8349-9440-0

Springer Gabler Verlag (Hrsg.). *Gabler Wirtschaftslexikon.* Stichwort: Erfahrungsgut. URL: http://wirtschaftslexikon.gabler.de/Archiv/7655/erfahrungsgut-v8.html.

Varian, H. R. (2016). Grundzüge der Mikroökonmik. Berlin, Boston. Wahlter de Gruyter GmbH

Vimentis: *Stichwort: Öffentliches Gut.* URL: www.vimentis.ch/d/lexikon/82/Öffentliches+Gut.html.

Wikimedia Deutschland (2016). Praxisrahmen für Open Educational Resources (OER) in Deutschland. URL: http://mapping-oer.de/praxisrahmen/.

Wikipedia, die freie Enzyklopädie. *Open Source.* URL: https://de.wikipedia.org/wiki/Open_Source.

Die Digitalisierung der Arbeit: Arbeitsintegriertes Lernen als Strategie vorausschauender Personalpolitik

Götz Richter, Mirko Ribbat und Birgit Thomson

Bundesanstalt für Arbeitsschutz und Arbeitsmedizin

Zusammenfassung

Der folgende Beitrag analysiert Veränderungen der Wertschöpfung auf organisationaler Ebene. Aktuelle Herausforderungen für Unternehmen und Beschäftigte sind die Antizipation des digitalen Wandels und die Bewältigung permanenter Restrukturierungen in den Organisationen. Dabei ist es eine zentrale Aufgabe, Offenheit für diese Veränderungen zu erreichen, um bei den Beschäftigten eine aktive Gestaltung des Wandels zu ermöglichen. Dazu bedarf es einer vorausschauenden und transparenten Personalpolitik, die die Umbrüche begleitet, die Ressourcen der Beschäftigten systematisch fördert und so ihre Arbeitsfähigkeit in der sich wandelnden Arbeitswelt sichert. Arbeitsintegriertes Lernen ist die fundamentale Strategie einer solchen Personalpolitik.

1   Einleitung

Wirtschaft und Gesellschaft befinden sich gegenwärtig in einem dynamischen Wandlungs- und Anpassungsprozess. Digitale Produkte, Dienstleistungen und Anwendungen bestimmen den beruflichen wie den privaten Alltag und werden darüber hinaus immer weiter vernetzt. Das Kunden- und Nutzerverhalten ändert sich. Innovationen drängen in immer kürzeren Abständen auf die Waren- und Dienstleistungsmärkte, immer häufiger auch disruptiv. Bei der Entwicklung, Verarbeitung und Vermarktung von Produkten und Dienstleistungen gewinnt der digitale Fluss von Informationen und Daten immer mehr an Bedeutung und damit Wissen als Ressource (Boes et al., 2016). Der Schlüssel zu wirtschaftlichem Wachstum in der Wissensgesellschaft liegt „in der Geschwindigkeit der kumulativen Wissensverbreitung" (Redlich, 2011).

Geschäftsprozesse von Unternehmen und Verwaltungen sind durch die fortschreitende Digitalisierung nicht nur einer hohen technologischen, sondern auch einer organisatorischen Innovations- und Veränderungsdynamik ausgesetzt. Beispielsweise stellt die wachsende Bedeutung des Internets als Vertriebskanal etablierte Geschäftsmodelle in Frage. Banken etwa bieten vermehrt Onlinekredite an, Fachhändler schließen Filialen zugunsten des Versandhandels. Diese Wandlungs- und Anpassungsprozesse konfrontieren die Organisationen mit strukturellen Veränderungen, was sich unmittelbar auch auf die Arbeitswelt auswirkt und damit Unternehmen wie Beschäftigte gleichermaßen vor Herausforderungen stellt.

In diesem Beitrag sollen auf organisationaler Ebene Perspektiven aufgezeigt werden, wie Unternehmen auf die Umbrüche reagieren können, welche Strategien dabei die Gesundheit und die Arbeitsfähigkeit der Beschäftigten erhalten und welche Folgen die Herausforderungen für die Arbeit der Beschäftigten haben. Die Überlegungen in diesem Beitrag gehen davon aus, dass gesunde, handlungsfähige und motivierte Arbeitnehmerinnen und Arbeitnehmer die Voraussetzung für den Erfolg der Betriebe, für Innovationen und damit für die erfolgreiche Bewältigung des digitalen Wandels sind (Ducki, 2013). Denn was zeichnet die Mitarbeiterinnen und Mitarbeiter aus, die erfolgreiche Träger von Innovationsprozessen sind? Es sind Menschen, die neben fundiertem Fachwissen über Veränderungs- und Gestaltungskompetenz verfügen und diese weiterentwickeln. Arbeitsintegriertes Lernen ist deshalb eine fundamentale Strategie vorausschauender Personalpolitik in diesem volatilen Umfeld sich verändernder Wertschöpfungs- und Organisationsprozesse.

2 Wandel der Wertschöpfung, fortschreitende Digitalisierung und veränderte Arbeitsanforderungen

Der Wandel der bisher überwiegend industriell geprägten Wertschöpfung lässt sich daran erkennen, dass Ökonomien heute immer mehr durch „Bottom-Up"-Prozesse bestimmt werden, statt durch „Top-Down"-Entscheidungen. Wesentliche Kennzeichen dafür sind die zunehmende Einbeziehung der Kundinnen und Kunden und die Verschmelzung von Produktion und Konsum (Redlich, 2011). Die Herstellung von Gütern wird schon jetzt in hohem Maße von wissensintensiven Dienstleistungen begleitet, wie zum Beispiel Forschung und Entwicklung, Design, Logistik, Marketing, Beratung und Kundendienst (Bittlingmayer, 2001). Genau wie die Dienstleistungsbranche selbst ist das produzierende Gewerbe heute maßgeblich auf Service, spezielle Kundenbedürfnisse und Personalisierung ausgerichtet. Für die Organisationen bedeutet dies, ihren bisherigen Aufbau in Frage zu stellen und zu verändern. In der heutigen Managementliteratur ist von der „Überwindung des Silodenkens" die Rede und vom Aufbau „crossfunktionaler Einheiten" (Roock, 2015).

Auch bei der Entwicklung von Innovationen sind zunehmend „Bottom-Up"-Prozesse zu beobachten. Innovationen entstehen zum einen inkrementell, also durch die Verbesserung oder Erweiterung bestehender Produkte und Dienstleistungen durch die führenden Unternehmen – dabei verkürzen sich in vielen Bereichen die Zyklen. Zum anderen drängen Innovationen zunehmend disruptiv auf den Markt. Innovative Produkte und Dienstleistungen konstituieren dabei im Zuge neuer Technologien, Ideen oder Geschäftsmodelle neue Marktsegmente erst für einen kleineren Kundenkreis, bevor sie anschließend größere Märkte dominieren (Christensen, 2011). Kleine Start-Up-Unternehmen können so zu Innovationstreibern werden – Produkte, Dienstleistungen und Geschäftsstrategien werden neu gedacht.

Neben technologischen Innovationen gewinnen soziale Innovationen an Bedeutung. Soziale Innovationen können als Prinzip, Gesetz, Organisation, Verhaltensänderung oder Prozess auftreten (Buhr, 2014). Vielfach können sich technologische Innovationen erst dann durchsetzen, wenn sie von sozialen Innovationen begleitet werden. Vollautonomes Fahren im Privatverkehr wird sich zum Beispiel nur dann durchsetzen, wenn alle Insassen des Kraftfahrzeugs den Rollenwechsel vom Lenker zum Passagier nachvollziehen. Die „Freude am Fahren" (Slogan des Autoherstellers BMW) und die Vorstellung, dass ein individueller Fahrstil Ausdruck der Persönlichkeit ist, weisen auf die Notwendigkeit komplementärer sozialer Innovationen wie Verhalts- und Rollenmodifikationen hin, damit sich die technologische Innovation durchsetzen kann.

Daher liegt es nahe, dass es auch bei der Regulierung und Gestaltung von Arbeit sozialer Innovationen bedarf, damit Unternehmen, Beschäftigte und Gesellschaft langfristig von neuen Wertschöpfungsprozessen profitieren. Beispielsweise ist innerhalb vieler Organisationen die Verbreitung „agiler" Methoden und Prozesse zu beobachten, die schwerfällige und starr hierarchische Verfahren zu überwinden versuchen, um schneller auf Veränderungen reagieren zu können. Konkret geht damit vielfach die Entformalisierung von Prozessen, der Abbau von Hierarchieebenen und die Auflösung von Bereichsgrenzen einher (Kühl, 2017). Als Folge verändern sich die Rollen für Beschäftigte und Führungskräfte in den Organisationen (Link, 2014). Eine solche Arbeit in flachen Hierarchien und in beweglichen Teams macht jede und jeden einzelnen Beschäftigten noch mehr als vorher zum Subjekt innovativer Prozesse und Produkte.

Aktuell entfaltet die Entwicklung digitaler Informations- und Kommunikationstechnologien (IKT) auch in der Arbeitswelt eine große Dynamik und erfasst deutlich mehr Arbeitsplätze und Tätigkeiten als zu Zeiten des ersten Internet-Booms zu Beginn der 2000er Jahre. Anders als damals sind heute fast alle Tätigkeiten und Berufe von der Digitalisierung betroffen.

Während diese Entwicklungen in der Produktion unter dem Schlagwort „Industrie 4.0" bereits in einer breiten Öffentlichkeit diskutiert werden, erhält die Dienstleistungsbranche in diesem Zusammenhang bisher weniger Aufmerksamkeit. Aber auch dort sind die Folgen einer zunehmenden Digitalisierung spürbar. So sind marktvermittelnde und kundenberatungsbezogene Dienstleistungsbereiche wie zum Beispiel in Banken oder Versicherungen sowohl von sich verkürzenden Innovationszyklen als auch von einer hohen Restrukturierungsdynamik gekennzeichnet. Diese Branchen sind wesentlich durch administrative, ordnende und beratende Tätigkeiten bestimmt, die in der Regel EDV-unterstützt von Sachbearbeiterinnen und Sachbearbeitern erledigt werden. Beratende Tätigkeiten sind im Dienstleistungssektor vor allem durch die Kundenbetreuung charakterisiert. In Banken werden Geschäftsmodelle und -prozesse zum Beispiel durch die wachsende Bedeutung des Onlinebankings in Frage gestellt, also durch verändertes Kundenverhalten. Eine hohe Veränderungsdynamik führt dazu, dass die Arbeit verdichtet wird, die inhaltliche Komplexität steigt und die Aufgaben auf den fachlich anspruchsvollen Kern konzentriert werden (Blättel-Mink, 2013).

In einer aktuellen Studie im Auftrag des Bundesministeriums für Arbeit und Soziales (BMAS, 2016) geben 83 Prozent der Befragten aus Betrieben mit mehr als 50 Beschäftigten an, bei ihrer beruflichen Tätigkeit digitale Informations- oder Kommunikationstechnologien wie Internet, Computer, Laptop, Tablet oder Smart Phone zu nutzen. In Bezug auf die Auswirkungen der Digitalisierung stimmen 65 Prozent der vom technologischen Wandel Betroffenen der Aussage zu, dass immer mehr Aufgaben zu erledigen seien, 78 Prozent der Betroffenen nehmen eine gestiegene Notwendigkeit wahr, die eigenen Fähigkeiten laufend weiterzuentwickeln. Der überwiegende Teil derjenigen Beschäftigten, die vom technologischen Wandel betroffen sind, berichtet damit von gestiegenen Anforderungen. Es kommt also vielfach zu einer spürbaren Intensivierung der Arbeit und zu einem erkennbaren Anpassungs- und Entwicklungsbedarf.

Neue Muster der Wertschöpfung führen dazu, dass Unternehmen ihre Organisationsstruktur, ihren Aufbau und ihre Abläufe modifizieren. Dies verändert auch die Arbeit selbst. Neue Arbeitsmittel und veränderte Arbeitsprozesse erzeugen veränderte Arbeitsinhalte und eine veränderte organisationale Einbindung dieser Tätigkeiten (Walker,

2016). Daher ist die vorausschauende Gestaltung des digitalen Wandels und der permanenten Restrukturierungen in den Organisationen eine der zentralen Herausforderungen für Unternehmen und Beschäftigte.

3   Vorausschauende Gestaltung des digitalen Wandels und von permanenten Restrukturierungen

Der hohe Innovations- und Veränderungsdruck durch den digitalen Wandel wird von vielen Organisationen durch permanente Restrukturierungen beantwortet. Die Einführung neuer Wertschöpfungsprozesse verändert die bestehenden Strukturen einer Organisation. In der Phase der Einführung sind Entscheidungen mit großer Unsicherheit belastet, denn bewährte und stabile Strukturen und Routinen werden eben gerade ersetzt. Ein charakteristisches Merkmal von organisationalen Veränderungsprozessen und insbesondere von radikalen Innovationen auf Organisationsebene ist die Ergebnisoffenheit. Zwar geht es um bewusst gestaltete Interventionen. Die Komplexität ist jedoch so groß, dass eine positive Bilanz von intendierten und nichtintendierten Effekten nicht allein durch eine überzeugende Reformidee erreicht werden kann (Bohn, 2007). Zudem erscheinen Organisationen in Veränderungsprozessen als „Arenen", in denen Machtbeziehungen und -differenzen eine entscheidende Rolle spielen, wie auch das Verfolgen von individuellen und kollektiven Interessen im Sinne von (Mikro-) Politik (von Willich, 2010).

Für die Organisationsmitglieder, ob Beschäftigte oder Führungskräfte, bedeuten diese Übergangszeiten geringere Sicherheiten: Verliere ich meinen Arbeitsplatz? Verändern sich meine Aufgaben? Verändert sich die Arbeitsteilung? Habe ich es mit einer neuen Vorgesetzten oder einem neuen Kollegen zu tun? Verliere ich die Zuständigkeit für bestimmte Kunden? Welche Karriereerwartungen verschließen sich durch die Veränderung, welche neuen Optionen entstehen? Das lang andauernde Changemanagement setzt nicht nur die Beschäftigten unter Druck, sondern auch die Führungskräfte (Köper & Richter, 2016). Ihre Kommunikations- und Beteiligungsstrategien sind für diese Aufgabe oftmals nicht hinreichend professionell.

Proaktiv agierende Unternehmen erkennen Veränderungen als Teil des Arbeitslebens und lernen aus den Erfahrungen der Restrukturierungen. Sie stellen sicher, dass alle Schlüsselpersonen, insbesondere Führungskräfte, für die Durchführung von Veränderungen geschult werden, damit diese die potenziellen gesundheitlichen Auswirkungen von Stress erkennen, die durch eine schlecht durchgeführte Restrukturierung entstehen können (Armgarth, 2009).

Das Einbeziehen und das Schulen der Führungskräfte sind entscheidend für den Erfolg organisatorischer Veränderungsprozesse, da eine vertrauensvolle Zusammenarbeit mit den Führungskräften den Widerstand der Beschäftigten gegenüber Veränderungen reduziert. Die Bereitschaft zur Veränderung ist ein wichtiger Moderator für ihre Bewältigung (Herscovitch & Meyer, 2002). Offenheit für Veränderungen zu schaffen ist daher eine zentrale Aufgabe, um eine erfolgreiche Gestaltung des Wandels zu ermöglichen. Dafür ist eine transparente Kommunikation über die Ziele und den Prozess der Restrukturierung unabdingbar. So können die Beschäftigten die Veränderung nachvollziehen, tragen und voranbringen.

Für die Beschäftigten ist entscheidend, zu wissen, was mit Blick auf ihr Beschäftigungsverhältnis geschehen wird, wie die Organisation künftig aussehen soll und welche Rolle sie in der Organisation künftig spielen werden. Allerdings gibt es bei jeder Restrukturierung eine unvermeidliche Spannung zwischen Planung und Kommunikation (Richter et al., 2013). In der Planungsphase ist es nahezu unmöglich, verbindliche und kommunizierbare Zielzustände festzulegen, die dann auch eine verlässliche Informationsbasis für die Mitarbeiterinnen und Mitarbeiter darstellen. In Restrukturierungsphasen ändern sich die Rahmenbedingungen und auch die Detailbedingungen für die Veränderungen in der Organisation. Transparenz und Kommunikation sind daher in den Phasen starker Veränderung alles andere als einfach. Dennoch: Mehr als der Change-Prozess selbst könnte eine fehlende Kommunikation negative Auswirkungen auf die Arbeitnehmerinnen und Arbeitnehmer haben, da fehlende Informationen Unsicherheit über die Zukunftsaussichten der Beschäftigten hervorrufen, Vertrauen untergraben und das Vertrauen in die Kompetenz und Autorität der Führungskräfte reduzieren (Henry, 2011). Vertrauensvolle, transparente und zeitnahe Kommunikation im Verlauf der Änderungsprozesse führt demgegenüber zu einer Reduzierung der Unsicherheit, mehr Arbeitszufriedenheit und erhöhtem Engagement (Miller & Monge, 1985).

Organisation und Beschäftigte stehen vor der Herausforderung, wachsenden Qualitäts- und Leistungsanforderungen in einem volatilen Umfeld gerecht zu werden. Dies kann nur gelingen, wenn die Organisation die Ressourcen der Beschäftigten systematisch fördert. Jürgen Kädtler (2013) eröffnet mit einer heuristischen Unterscheidung eine sozial ausbalancierte Perspektive auf organisatorische Veränderungsprozesse. Er differenziert zwischen kostenorientierter und potenzialorientierter Restrukturierungsperspektive und bezieht sich dabei auf die von Lazonick und O'Sullivan (2000) entwickelte idealtypische Unterscheidung zwischen kostenorientierten und innovativen Unternehmen: „Während das kostenorientierte Unternehmen gegebene Markt- und technologische Bedingungen als Gegebenheiten hinnimmt und das eigene Handeln innerhalb des so abgesteckten Rahmens optimiert, stellt das innovative Unternehmen darauf ab, diese Gegebenheiten zu verändern und auf diese Weise neue Märkte zu erschließen bzw. grundlegend veränderte Kostenstrukturen hervorzubringen" (Kädtler, 2013, S. 8).

Demnach steht Kostenorientierung für „Strategien kalkulierbaren bzw. als kalkulierbar unterstellten Risikos, Innovationsorientierung für Strategien der bewussten Inkaufnahme wirklicher, d. h. nicht kalkulierbarer Ungewissheit" (Kädtler, 2013, S.27). Bei der kostenorientierten Perspektive geht es um die „möglichst effiziente Nutzung gegebener Ressourcen und bekannter Potenziale für die Herstellung gegebener Produkte und Dienstleistungen, unter der innovationsorientierten um die Schaffung neuer Ressourcen und die Erschließung neuer Potenziale bzw. neuer Nutzungsmöglichkeiten vorhandener Ressourcen und Potenziale für Produkte und Dienstleistungen, die man (so) vorab noch gar nicht kennt" (Kädtler, 2013, S. 27).

Zwar handelt es sich bei den hier skizzierten Strategien um Idealtypen, die sich im realen Arbeitsleben in dieser Deutlichkeit nicht wiederfinden lassen. Neben dem Erreichen von Offenheit für Veränderung kann der gezielte und systematische Ausbau der fachlichen und persönlichen Ressourcen der Beschäftigten mit dieser Gegenüberstellung jedoch als wichtiger Treiber für potenzialorientierte und innovative Geschäftsprozesse herausgestellt werden. Daher bedarf es auf der organisationalen Ebene neben der vorausschauenden Gestaltung von Restrukturierungen ebenso einer vorausschauenden und transparenten Personalpolitik und Arbeitsorganisation, die die Umbrüche begleiten.

4   Arbeitsintegriertes Lernen als Strategie vorausschauender Personalpolitik

Ein Modell für die zukunftsorientierte Gestaltung von Arbeitsprozessen bietet das „Haus der Arbeitsfähigkeit" (Ilmarinen & Tempel, 2002). Kern des Modells ist die Vorstellung des kontinuierlichen Ausbalancierens von Anforderungen, Belastungen und Ressourcen durch Präventions- und Kompensationsstrategien. „Arbeitsfähigkeit" wird als die Fähigkeit eines Menschen verstanden, eine gegebene Arbeit zu einem bestimmten Zeitpunkt zu bewältigen. Dabei ist es immer eine Vielzahl von Faktoren, die die Arbeitsfähigkeit eines Menschen beeinflussen. Der Erhalt der Arbeits- und Beschäftigungsfähig-

keit für die Arbeitswelt von morgen erfordert daher eine Perspektive, die die Arbeitsbedingungen im Zusammenhang mit individuellen, beruflichen und überbetrieblichen
Faktoren betrachtet.

Bereits jetzt ist zu erkennen, dass eine einmalige Berufsausbildung, durch Spezialisierung und Routine erworbene Handlungsmuster für die Arbeitsaufgaben neuer, digitalisierter Geschäfts- und Arbeitsprozesse nicht mehr ausreichen. Arbeits- und Beschäf-
tigungsfähigkeit sind spätestens mit der gestiegenen Komplexität vieler Arbeitsanforde-
rungen maßgeblich durch umfassende Kompetenzprofile und deren Weiterentwicklung
bestimmt. Fundierte Fachkenntnisse verlieren dabei nicht an Bedeutung, sondern gelten
vielmehr als eine selbstverständliche Handlungsressource. Darüber hinaus wird allerdings erwartet, „die eigenen Fähigkeiten ständig im Sinne eines Kompetenzmanage-
ments zu erweitern" (Bittlingmayer, 2001, S. 19). Die Kompetenzentwicklung ist als
notwendiger aktiver Prozess lebensbegleitenden individuellen Lernens zu verstehen.
Wissen kann in der Wissensökonomie also nicht als starre Ressource betrachtet werden.
Es bedarf vielmehr kontinuierlicher Lernprozesse, die sowohl zu dem Erwerb von Wissen führen, als auch zu dem Wissen darüber, wie und in welchem Kontext dieses Wissen
anzuwenden ist (Bigalk, 2006).

Wie können Erwerbstätige also darauf vorbereitet werden, im ständigen Wandel des
Arbeitslebens ihre Identität zu erhalten, dabei Sinn in Veränderungen zu finden und
diese motiviert zu gestalten? Wie können im Arbeitsprozess die Voraussetzungen geschaffen und erhalten werden, damit die Beschäftigten im dynamischen Geschehen handelnde Akteure bleiben, eigene Interessen artikulieren, Ziele setzen und sich einbringen?
Die Antwort liegt in der Entwicklung und dem Erhalt von Gestaltungs- und Veränderungskompetenz.

Veränderungskompetenz steht für die Fähigkeit eines Individuums, seine Kenntnisse,
Fertigkeiten und sein Wissen in wechselnden Situationen zielorientiert einzusetzen. Es
geht um die Fähigkeit, auf die unterschiedlichen und wechselnden Anforderungen der
Arbeits- bzw. Lebenssituationen einzugehen und die jeweiligen Anforderungen im Hinblick auf die individuelle berufliche Entwicklung produktiv zu verarbeiten (Wittwer,
2001). Die entscheidende Voraussetzung dafür ist Reflexivität. Das bedeutet die bewusste, kritische und verantwortliche Einschätzung und Bewertung von Handlungen auf
Basis eigener Erfahrungen und verfügbaren Wissens und schließt Strukturen und Umgebung genauso ein, wie die Vorbereitung, Durchführung und Steuerung von Arbeitsaufgaben (Dehnbostel, 2015). Reflexives Arbeitshandeln ist durch die Fähigkeit gekennzeichnet, neue Denkmodelle und Klassifikationssysteme zu entwickeln, die es den

Beschäftigten ermöglichen mit der Ambiguität umzugehen, die charakteristisch für die Einführung neuer Geschäftsprozesse ist (Wilkens et al., 2014).

Veränderungskompetenz kann auf der institutionell-organisatorischen, der sozialen und der fachlichen Ebene wirken (Wittwer, 2001). Auf der institutionell-organisatorischen Ebene geht es um die Fähigkeit, sich in einer neuen Organisation selbstbewusst zu bewegen. Auf der sozialen Ebene bedeutet Veränderungskompetenz, in neuen und wechselnden Situationen mit fremden Personen in Kontakt treten und kommunizieren zu können. Dazu gehört das jeweilige Werte- und Normensystem, sowie die tradierten Gewohnheits- und Verhaltensmuster zu erkennen, mit den bisherigen Erfahrungen abzugleichen und zu bewerten. Auf der fachlichen Ebene meint Veränderungskompetenz, das in einem ganz bestimmten Kontext erworbene Wissen auch in anderen (Arbeits-) Situationen anwenden zu können. Veränderungskompetenz ermöglicht so den Transfer der individuellen Kompetenzen und Qualifikationen. Das Wissen, das einmal gelernt wurde, kann den Anforderungen der neuen Situation angepasst werden.

Gestaltungskompetenz geht über Veränderungskompetenz hinaus. Sie beinhaltet den Erwerb von Wissen im Hinblick auf die Möglichkeit, Dinge, Sachverhalte, soziale Situationen und auch gesellschaftliche Prozesse zu beeinflussen. Hier passt sich der Mensch nicht der Umwelt an und versucht, sich in dieser zu bewähren, sondern nimmt Einfluss auf die Umwelt selbst (INQA, 2016).

Beide Kompetenzen sind unverzichtbar. Das Individuum braucht Veränderungskompetenz, um die Veränderungen der Umwelt nachvollziehen zu können. Um (mikro)politisch gestalten und eigene Ziele verwirklichen zu können, reicht dies allerdings nicht aus. Dafür muss Gestaltungswillen auch durch kollektives Handeln auf unterschiedlichen Ebenen gezeigt werden, beispielsweise im Team oder in der Abteilung, in Netzwerken mit Kundinnen/Kunden und Zulieferern, interessenspolitisch in Verbänden oder Gewerkschaften (Wittwer & Witthaus, 2001).

Großen Einfluss haben Arbeitsorganisation und Arbeitsgestaltung darauf, inwieweit Beschäftigte Zugang zu Wissen bekommen und inwieweit sie in der Lage sind, Kompetenzen im Prozess ihrer Arbeit zu entwickeln (Fuller & Unwin, 2013). Neben formalen Lernformen wie Schulungen oder Seminaren spielt daher das arbeitsintegrierte Lernen eine entscheidende Rolle. Beim arbeitsintegrierten Lernen stehen das Aufdecken von Erfahrungswissen und die Generierung von neuem Wissen im Arbeitskontext im Mittelpunkt (Seufert et al., 2013).

Durch die zeitliche und räumliche Nähe zu den Arbeitsaufgaben und zu den Kolleginnen und Kollegen wird das Transferproblem formaler Bildung umgangen, das Gelernte in den eigenen betrieblichen Alltag übertragen zu müssen.

Dabei stehen Expertise, erfahrungsbasiertes Handeln und unbewusstes Lernen in einer engen wechselseitigen Beziehung zueinander (Bigalk, 2006). Über das Verstehen und das bewusste Reflektieren von Erfahrungen als Ergebnis sinnlicher, emotionaler, sozialer und kognitiver Wahrnehmungen kann die Kompetenzentwicklung im Arbeitsalltag jedoch unterstützt und gefördert werden (Dehnbostel, 2015). Um die Chancen des Lernzugangs zu verbessern, ist es aus arbeitsmarkt- und betriebspolitischer Perspektive erforderlich, das arbeitsintegrierte Lernen „in ein Konzept von lern- und kompetenzförderlicher Arbeitsgestaltung einzubetten, es mit formalen Prozessen des Lernens zu verknüpfen und vor allem die notwendigen Supportstrukturen bereitzustellen" (Dobischat & Schurgatz, 2015, S. 28). Arbeitsintegrierte Lernprozesse zu organisieren und zu unterstützen bedeutet also, Arbeit lernförderlich zu gestalten, das heißt Tätigkeitsbedingungen zu schaffen, die das Lernen bei der Arbeit möglich machen (Bigalk, 2006).

Besonders relevant für Betriebe und Beschäftigte ist dabei der Zuwachs an Reflexivität. Mit ihr steigt die Chance der Bewusstwerdung und Verfestigung von Lernerfahrungen, was die Übertragung des erworbenen Wissens auf andere Handlungskontexte wesentlich erleichtert. Auf diese Weise bewirkt Lernerfolg nicht nur, Überforderung vorzubeugen, sondern kann auch zu einem proaktiven Umgang mit Veränderungen und neu aufkommenden Problemen befähigen. Arbeitsintegriertes (Erfahrungs-)Lernen wird damit zur Voraussetzung dafür, dass Beschäftigte im Zuge neuer, digitalisierter Arbeits- und Geschäftsprozesse gesund, motiviert und arbeitsfähig bleiben.

Ziel ist eine Arbeit, die den Arbeitenden Freude macht und nicht als fremdbestimmte Last empfunden wird, eine Arbeit, die man gerne macht und bis ins Alter ausüben kann und die dabei produktiv genug ist, um im (internationalen) Wettbewerb zu bestehen (Richter & Schröer, 2017). Die Organisation sollte dafür die strukturellen Rahmenbedingungen schaffen und die Lernkultur fördern. Die lernförderliche Arbeitsgestaltung ist Aufgabe der operativen Vorgesetzten, die die Arbeitsmenge und die Verteilung der Aufgaben steuern, so Handlungsspielräume und Abwechslung bei der Tätigkeit für die Beschäftigten schaffen, dies mit dem notwendigen Feedback verbinden können, sowie Ansprechpartner bei Fehlern sind.

5 Schlussfolgerungen

Organisationen, konkret Personalabteilungen, Führungskräfte und die Interessenvertretungen, stehen vor der Aufgabe, in dem dynamischen Umfeld wirtschaftlicher und gesellschaftlicher Veränderungen präventive Strategien zum Erhalt der Arbeits- und Leistungsfähigkeit ihrer Beschäftigten zu verwirklichen, die sie zu handelnden Akteuren machen und ihnen die aktive Gestaltung des Wandels ermöglichen. Dazu sind alle zur Verfügung stehenden Ressourcen zu nutzen, soziale, materielle und personelle Ressourcen. Nur mit dieser ganzheitlichen Sicht und einem systemischen Herangehen können die Potenziale in einer digitalen und sich verändernden Arbeitswelt genutzt werden. Die hohe Innovations- und Veränderungsdynamik erfordert soziale Innovationen im Sinne neuer Prinzipien, Prozesse und Gesetze, durch die sich Arbeitsbedingungen, Arbeitspolitik, Arbeitskultur und das individuelle Verhalten an die neuen Herausforderungen anpassen. Diese müssen zum Erhalt der Arbeitsfähigkeit der Beschäftigten institutionalisiert werden.

Eine vorausschauende und transparente Personalpolitik ist dafür entscheidend. Insbesondere in kleinen und mittleren Unternehmen (KMU) bedarf es einer Systematisierung der Personalpolitik. Zwar geben nach einer Studie im Auftrag des BMAS (2015) zur Fachkräftesicherung heute 65 % der Betriebe mit mindestens 50 Beschäftigten an, über einen Personalplan zu verfügen. Allerdings planen von diesen Betrieben nur 28 % ihren Personalbedarf für drei Jahre oder mehr im Voraus.

Systematische und langfristige Personalpolitik sollte mit einer Arbeitspolitik verbunden werden, die am Erhalt der Arbeitsfähigkeit orientiert ist. Gefährdungsbeurteilung, Qualifikationsbedarfsanalyse und Altersstrukturanalyse müssen regelmäßig durchgeführt und im Zusammenhang ausgewertet werden. Prävention muss als Selbstverständlichkeit in den betrieblichen Alltag integriert werden. Durch das Präventionsgesetz werden Gesundheitsförderung und Prävention zur gemeinsamen Aufgabe aller Sozialversicherungsträger. Das Gesetz schafft auf Bundes-, Landes- und Kommunalebene Institutionen, damit die maßgeblichen Akteure dem gesetzlichen Auftrag nachkommen können (Kraushaar, 2016).

Führungskräfte haben durch die Gestaltung von Arbeitsplätzen, Arbeitsabläufen und Arbeitsbeziehungen ganz besonderen Einfluss auf die Leistungsfähigkeit der Beschäftigten und auf das arbeitsintegrierte Lernen. Sie ermöglichen oder behindern Lernchancen am Arbeitsplatz, indem sie Herausforderungen zu Lernen und Entwicklung schaffen und Unterstützung leisten (Richter & Cernavin, 2016). Arbeitsintegriertes Lernen im

Sinne einer kontinuierlichen Kompetenzentwicklung, insbesondere mit Bezug auf Veränderungs- und Gestaltungskompetenz, ist eine wesentliche begleitende und ermöglichende personal- und arbeitspolitische Strategie für neue, digitalisierte Geschäfts- und Arbeitsprozesse und muss stärker als bisher in den Arbeitsalltag integriert werden.

Schließlich sollte aus der organisationalen Perspektive auch soziale Sicherheit für Beschäftigte nicht außer Acht gelassen werden. Soziale Sicherheit bedeutet für Beschäftigte vor allem Schutz vor dem Verlust des Arbeitsplatzes. Beispielsweise haben die Tarifpartner der Metall- und Elektroindustrie in Baden-Württemberg und anderen Bezirken mit dem Tarifvertrag zur Beschäftigungssicherung und zum Beschäftigungsaufbau ein Instrument geschaffen, mit dem durch Betriebsvereinbarungen auf betriebsbedingte Kündigungen verzichtet wird (Richter, 2002). Die Betriebsparteien geben den Beschäftigten damit ein wichtiges Signal und erhöhen somit auch die Chance auf größere Offenheit der Mitarbeitenden für Veränderungen. Umgekehrt gilt es, Arbeitsplatzunsicherheit als bedeutsamen Stressor zu vermeiden und Personalpolitik beispielsweise auch in Hinblick auf die Ausweitung atypischer Beschäftigung zu überdenken, hinreichende Information und Transparenz sicherzustellen sowie soziale Unterstützung zu leisten (Köper & Gerstenberg, 2016).

Literaturverzeichnis

Armgarth, E. (2009). Human resources management protocol on restructuring. In T. Kieselbach (Hrsg.), *Health in restructuring - Innovative approaches and policy recommendations* (S. 187-191). München: Hampp.

Bigalk, D. (2006). Lernförderlichkeit von Arbeitsplätzen – Spiegelbild der Organisation? Eine vergleichende Analyse von Unternehmen mit hoch und gering lernförderlichen Arbeitsplätzen. Kassel: Kassel University Press.

Bittlingmayer, U. (2001). "Spätkapitalismus" oder "Wissensgesellschaft"? *Aus Politik und Zeitgeschichte*, 36, 15-22.

Blättel-Mink, B. (2013). Wirtschaft und nachhaltige Innovationen. Neue Chancen durch Beteiligung? In S. Klinke & H. Rohn (Hrsg.), *RessourcenKultur. Vertrauenskulturen und Innovationen für Ressourceneffizienz im Spannungsfeld normativer Orientierung und betrieblicher Praxis* (S. 207-221). Baden-Baden: Nomos.

Boes, A., Kämpf, T., Gül, K., Langes, B., Lühr, T., Marrs, K. & Ziegler, A. (2016). Digitalisierung und „Wissensarbeit": Der Informationsraum als Fundament der Arbeitswelt der Zukunft. *Aus Politik und Zeitgeschichte*, 18-19, 32-39.

Bohn, U. (2007). Vertrauen in Organisationen: Welchen Einfluss haben Reorganisationsmaßnahmen auf Vertrauensprozesse? Eine Fallstudie. Dissertation, Ludwig-Maximilians-Universität, München.

Buhr, D. (2014). *Soziale Innovationspolitik* (WISO Diskurs). Bonn: Abteilung Wirtschafts- und Sozialpolitik, Friedrich-Ebert-Stiftung.

Bundesministerium für Arbeit und Soziales, BMAS (2015). *Fachkräftesicherung und -bindung. Aktuelle Ergebnisse einer Betriebs- und Beschäftigtenbefragung* (Forschungsmonitor). Berlin: Bundesministerium für Arbeit und Soziales.

Bundesministeriums für Arbeit und Soziales, BMAS (2016). *Digitalisierung am Arbeitsplatz* (Forschungsbericht 468). Berlin: Bundesministerium für Arbeit und Soziales.

Christensen, C. (2011). *The innovator's dilemma*. New York: Harper Business.

Dehnbostel, P. (2015). Betriebliche Bildungsarbeit. Kompetenzbasierte Aus- und Weiterbildung im Betrieb. Baltmannsweiler: Schneider.

Dobischat, R., & Schurgatz, R. (2015). Informelles Lernen: Chancen und Risiken im Kontext von Beschäftigung und Bildung. In G. Niedermair (Hrsg..), *Informelles Lernen. Annäherungen - Problemlagen - Forschungsbefunde* (S. 27-42). Linz: Tauner.

Ducki, A. (2013). Innovationsfähigkeit von Unternehmen demografie- und gesundheitssensibel stärken. In S. Jeschke (Hrsg.), *Innovationsfähigkeit im demografischen Wandel* (S. 167-182). Frankfurt/New York: Campus.

Fuller, A. & Unwin, L. (2013). Workplace learning and organization. In L. Cairns, K. Evans, M. Malloch & B. N. O'Connor (Hrsg.), *The Sage handbook of workplace learning* (S. 46-59). Los Angeles: Sage.

Henry, L. (2011). *The health impact of restructuring on public sector employees and the role of social dialogue* (HIRES.public). Brüssel: DG Employment Social Affairs and Inclusion, European Commission.

Herscovitch, L. & Meyer, J. (2002). Commitment to organizational change: Extensiton of a three-component model. *Journal of Applied Psychology*, 87, 347-487.

Ilmarinen, J. & Tempel, J. (2002). Arbeitsfähigkeit 2010. Was können wir tun, damit Sie gesund bleiben? Hamburg: VSA-Verlag.

Initiative neue Qualität der Arbeit, INQA (2016). Kompetenz gewinnt. Wie wir Arbeits-, Wettbewerbs- und Veränderungsfähigkeit fördern können. Drittes Memorandum. URL:http://www.inqa.de/SharedDocs/PDFs/DE/Publikationen/kompetenz-gewinnt.pdf?__blob=publicationFile

Kädtler, J. (2013). Restrukturierung, Innovation und fairer Tausch? In Bundesanstalt für Arbeitsschutz und Arbeitsmedizin, BAuA (Hrsg.), *Arbeitnehmer in Restrukturierungen. Gesundheit und Kompetenz erhalten* (S. 13-28). Bielefeld: WBV.

Köper, B., & Gerstenberg, S. (2016). *Psychische Gesundheit in der Arbeitswelt. Arbeitsplatzunsicherheit (Job Insecurity)* (Forschungsbericht F2353). Dortmund: Bundesanstalt für Arbeitsschutz und Arbeitsmedizin.

Köper, B., & Richter, G. (2016). Restrukturierung und Gesundheit. In B. Badura, A. Ducki, H. Schröder, J. Klose & M. Meyer (Hrsg.), *Fehlzeitenreport 2016* (S. 159-170). Berlin: Springer.

Kraushaar, R. (2016). Das Präventionsgesetz - Motor für eine nachhaltige Förderung der Gesundheit. *Impulse für Gesundheitsförderung*, 91, 2-3.

Kühl, S. (2017). Die Dimension Macht: Funktion bei Veränderungen. *Changement*, 2, 20-23.

Lazonick, W. & O'Sullivan, M. (2000). *Perspectives on Corporate Governance, Innovation, and Economic Performance* (CGEP Report to the European Comission). Brüssel: European Comission.

Link, P. (2014). Agile Methoden im Produkt-Lifecycle-Prozess - Mit agilen Methoden die Komplexität im Innovationsprozess handhaben. In K. Schoenenberg (Hrsg.), *Komplexitätsmanagement in Unternehmen Herausforderungen im Umgang mit Dynamik, Unsicherheit und Komplexität meistern* (S. 65-92). Wiesbaden: Springer Gabler.

Miller, K. & Monge, P. (1985). Social information and employee anxiety about organizational change. *Human Communication Research*, 11(3), 365-386.

Redlich, T. (2011). *Wertschöpfung in der Bottom-up-Ökonomie*. Heidelberg: Springer.

Richter, G. (2002). Anpassung oder Gestaltung? Der Beschäftigungssicherungstarifvertrag in der Metall- und Elektroindustrie. In H. Seifert (Hrsg.), *Betriebliche Bündnisse für Arbeit. Rahmenbedingungen - Praxiserfahrungen - Zukunftsperspektiven* (S. 120-135). Berlin: Sigma.

Richter, G. & Cernavin, O. (2016). Büro als Treiber gesundheitsförderlicher und produktiver Arbeitsbedingungen. In M. Klaffke (Hrsg.), *Arbeitsplatz der Zukunft* (S. 81-101). Wiesbaden: Springer.

Richter, G., Köper, B., Dorschu, J. & Thompson, G. (2013). Gestaltungsanregungen für Restrukturierungen. In Bundesanstalt für Arbeitsschutz und Arbeitsmedizin, BAuA (Hrsg.), *Arbeitnehmer in Restrukturierungen. Gesundheit und Kompetenz erhalten* (S..183-196). Bielefeld: WBV.

Richter, G. & Schröer, A. (2017). *Kompetenz und Gesundheit in der Arbeitswelt fördern* (WISO Direkt). Bonn: Abteilung Wirtschafts- und Sozialpolitik, Friedrich-Ebert-Stiftung.

Roock, A. (2013). Cross-funktionale Teams bei Jimdo. In H. Wolf (Hrsg.), *Agile Projekte mit Scrum, XP und Kanban. Erfahrungsberichte aus der Praxis* (S.139-152). Heidelberg: dpunkt.

Seufert, S., Fandel-Meyer, T., Meier, C., Diesner, I., Fäckeler, S. & Raatz, S. (2013). *Informelles Lernen als Führungsaufgabe. Problemstellung, explorative Fallstudien und Rahmenkonzept* (Arbeitsbericht). St. Gallen: Swiss Competence Centre for Innovations in Learning, Universität St. Gallen.

von Willich, G. (2010). Restrukturierung und Macht: Fallstudie einer Konzernorganisation. München: Hampp.

Walker, E.-M. (2016). "Dadurch wird unsere Arbeit weiter nach vorne verlagert in der Prozesskette" - Organisationale Anerkennungsphänomene bei der Einführung eines digitalen Warenwirtschaftssystems. *Arbeits- und Industriesoziologische Studien*, 9(1), 80-101.

Wilkens, U., Süße, T. & Voigt, B.-F. (2014). Umgang mit Paradoxien von Industrie 4.0. Die Bedeutung reflexiven Arbeitshandelns. In W. Kersten, H. Koller & H. Lödding (Hrsg.), *Industrie 4.0: wie intelligente Vernetzung und kognitive Systeme unsere Arbeit verändern* (S. 199-210). Berlin: Gito.

Wittwer, E. (2001). Berufliche Weiterbildung. In H. Schanz (Hrsg.), *Berufs- und wirtschaftspädagogische Grundprobleme* (S. 229-247). Baltmannsweiler: Schneider.

Wittwer, E., & Witthaus, U. (2001). Veränderungskompetenz - Navigator in einer zunehmend vernetzten Arbeitswelt. *Berufsbildung*, 72, 3-9.

Interdisziplinäres Projektmanagement – Strategische Handlungsempfehlungen für Kooperationsverbünde in akademischen Kontexten

Bianca Meise, Franziska Schloots, Jörg Müller-Lietzkow und Dorothee M. Meister

Institut für Medienwissenshaften
Universität Paderborn

Zusammenfassung

Universitäre Projekte im Rahmen der Kulturwissenschaften werden häufig nicht unter der Berücksichtigung eines systematisch-ökonomischen Projektmanagements durchgeführt. Zudem hat sich die Forschung zum Projektmanagement in den letzten Jahrzehnten eher auf industrielle Projektanforderungen konzentriert. Bei sehr kleinen und homogenen Forschungsteams ist ein weniger strukturiertes Vorgehen evtl. problem- und folgenlos, jedoch steigt die Relevanz eines strategisch-planerischen Projekmanagements je größer und heterogener Forschungsgruppen und -konsortien angelegt sind. Im folgenden Beitrag werden anhand von exemplarischen Ergebnissen einer Fallstudie der qualitativen Projektevaluation die besonderen Herausforderungen im Rahmen interdisziplinärer Forschung im Bereich der Digital Humanities vorgestellt und diskutiert.

1 Einleitung

In kulturwissenschaftlichen Einrichtungen an Universitäten sind strategische und systematische Organisationsentwicklung sowie Projektmanagement häufig kaum strukturell und systematisch implementiert. Vielfach ist ein „muddling through" (Lindblom, 1959) zu beobachten. Selbst unter Berücksichtigung des Unschärfe-Prinzips (Davis & Meyer, 2000) und der Offenheit der Forschung ist dies kein wünschenswerter Zustand. Hieraus wachsen Transaktionskosten und auch die Chancen auf längerfristig stabile Forschungsverbünde können vermindert werden. Die Forschung beschäftigt sich wenig mit dem Projektmanagement in akademischen Kontexten. Vor allem die ökonomisch geprägte Managementforschung (Bea et al., 2011; Steinmann & Schreyögg, 2005) orientiert sich mehr an Projektmanagementprozessen in Unternehmen, Konzernen, Netzwerkverbünden oder auch anderen Kooperationsformen. Signifikant sind dabei Untersuchungen im Zusammenhang mit unternehmensübergreifenden Zusammenschlüssen. Hier tragen so genannte „Boundary Spanner" (Sydow, 1992) erheblich zum Projekterfolg bei. Eine simple Übertragung dieser Erkenntnisse auf akademische Projekte ist jedoch nicht möglich, da die Zieldimension akademischer und wirtschaftlicher Projekte eine grundlegend andere ist. Es geht nicht um einen typischen messbaren ökonomischen Rohertrag oder definierbare Zielstellungen. Gerade die Ergebnisoffenheit von Forschung benötigt eine tendenziell modifizierte Form des Projektmanagements. Im Rahmen dieses Beitrags wird anhand eines konkreten Fallbeispiels gezeigt, welche Besonderheiten dies im Umfeld der Digital Humanities sein können. Ein kurzer Blick auf die Ausgangslage verdeutlicht die Dringlichkeit des Themas: Angesichts stetig steigender Relevanz von Drittmittelprojekten an Universitäten jenseits der reinen Grundfinanzierung und damit einhergehenden komplexer werdenden Fragestellungen, werden Forschungsverbünde häufig größer, heterogener und interdisziplinärer. Gerade im Rahmen der Digital Humanities ist das Aufeinandertreffen von kulturwissenschaftlichen Forschungsgebieten mit z. B. Informatikern mit dem Zusammentreffen von zwei Unternehmen vergleichbar. Werden darüber hinaus mehrere Fachgebiete integriert, entspricht dies in der Wirtschaftswelt einem typischen temporären Projektnetzwerk. Das interdisziplinäre Forschungskonsortium *Zentrum Musik - Edition - Medien* (ZenMEM) befasst sich mit diesen Herausforderungen und wird hier aus interner Perspektive als Fallbeispiel aufgegriffen.

Die Digital Humanities beschäftigen sich unter anderem mit der Digitalisierung von „Ausgangsdaten", der Entwicklung von Algorithmen im Umgang mit großen geisteswissenschaftlichen Datensätzen sowie der Entwicklung von Werkzeugen und Praktiken, welche die neuen Forschungsmethoden unterstützen (Gold, 2012; Warwick, 2012). In diesem Zusammenhang spielen der Aufbau von Forschungsinfrastrukturen und ein vernetztes, kooperatives und kollaboratives wissenschaftliches Arbeiten eine wichtige Rolle (Reichert, 2014). Nicht nur durch diesen hohen Grad der Konnektivität und Interdisziplinarität haben sich die Digital Humanities als ein dynamisches Feld mit hohen Diskursgeschwindigkeiten erwiesen (Gold, 2012).

Projektmanagement befasst sich generell mit der Gestaltung, Orientierung, Koordination und Kontrolle von Aufgaben. Ohne einen strukturierten und geplanten Prozess sind die meisten Projekte nicht zuletzt aufgrund stetig steigender Komplexität zum Scheitern verurteilt. Die operative Umsetzung dieser Aufgabe wird häufig personell durch eine oder mehrere zentrale übergeordnete Führungsposition(en) besetzt, denen temporär eine gewisse Weisungsbefugnis auch ressort- oder unternehmensübergreifend eingeräumt wird. Diese fungiert/(en) als Entscheidungsträger innerhalb und zwischen den Bereichen (Pohlmann & Markova, 2011). Sie oder die Gruppe muss dafür sowohl fachliche, strukturelle als auch soziale Kompetenzen besitzen (Bea et al., 2011) und diese adäquat in den Prozess einfließen lassen.

Zudem muss bedacht werden, dass die Steuerung eines Projektes ein reziproker Prozess ist und daher alle beteiligten Akteure entsprechende Wirkung generieren, die im Rahmen des Projektmanagements aufgefangen und entsprechend kanalisiert wird. Weiterhin sollte das Projektmanagement nicht als starr interpretiert werden, da spezifische Situationen im Organisationsprozess unter Umständen anderer Führungsstile bedürfen (Pohlmann & Markova, 2011) – in diesem Sinne spricht man auch von Agilität. Diese basalen Erkenntnisse über Funktionen des Projektmanagements und Aufgaben der Projektleitung sind in den technischen Disziplinen weitestgehend bekannt, weit weniger aber in kooperativen Verbundprojekten unter Einbindung der Kulturwissenschaften. Hier fehlt es auch an geeigneten und bekannten spezifischen Routinen, die über generelle Empfehlungen des allgemeinen Projektmanagements hinausgehen.

Um sich diesem Thema zu stellen, soll im Folgenden auf Basis der systematischen Evaluation eines konkreten (laufenden) Projektprozesses innerhalb der Digital Humanities die Umsetzung eines Projektmanagements vorgestellt werden. Diese formative Evaluation stellt im Rahmen des gesamten (laufenden) Projektprozesses entsprechend eine Reflexion dar, dient der Optimierung von Abläufen und hilft zudem die Projektziele weiterzuentwickeln. Die Besonderheit der Darstellung liegt auch darin, dass alle Autorinnen und Autoren dieses Beitrags aktiv in den noch laufenden Projektprozess eingebunden sind. Anders als bei üblichen Fallstudiendarstellungen (Yin, 2008) wird also hier nicht retrospektiv auf Basis finaler Erkenntnisse und Ergebnisse, sondern aktiv über Erfahrungen in einem laufenden Prozess berichtet. Dies macht diese Fallstudie besonders und begründet eine von der wirtschaftswissenschaftlichen Norm der Fallstudienanalyse abweichende methodische Vorgehensweise (die Diskussion über die Bedeutung der Einzelfallstudie gegenüber multiplen Fallstudien wird an dieser Stelle ausgeblendet; Eisenhardt, 1989).

2 Fallstudie ZenMEM

Im Projekt ZenMEM erforschen WissenschaftlerInnen der Universität Paderborn, der Hochschule für Musik Detmold und der Hochschule Ostwestfalen-Lippe seit September

2014 die Veränderungen und neuen Möglichkeiten beim Übergang von analogen zu digitalen Musik- und Medieneditionen. Das vom Bundesministerium für Bildung und Forschung (BMBF) für vorerst drei Jahre geförderte Projekt bündelt sowohl Erfahrungen und Kompetenzen als auch Konzepte und Methoden aus der Musikwissenschaft, verschiedenen Bereichen der Informatik (Kontextuelle Informatik, Mensch-Computer-Interaktion, Musik- und Filminformatik sowie Softwaretechnik) und den Medienwissenschaften (Medienpädagogik und Medienökonomie), um musikalische und weitere, primär nicht-textuelle Objekte im Kontext digitaler Editionen in den Fokus der Forschung zu rücken.

Hierbei knüpfen die WissenschaftlerInnen an eigene Vorarbeiten und internationale Entwicklungen an, wie etwa dem Edirom[1]-Projekt oder den Standards der Music Encoding Initiative (MEI)[2] und der Text Encoding Initiative (TEI)[3]. Sie beteiligen sich an deren Weiterentwicklung und erforschen neuartige Interaktions- und Bearbeitungsfunktionen. Neben der Forschungsarbeit werden zusätzlich entsprechende Software-Werkzeuge entwickelt, externe Projekte fachspezifisch und technisch beraten, koordiniert und Fortbildungsmaßnahmen in Form von Workshops, Lehrveranstaltungen und Vorträgen durchgeführt und ausgebaut. Begleitet werden alle Schritte durch qualitative und quantitative Studien, die den gesamten Prozess der Erstellung digitaler Editionen in den Blick nehmen. Die Ergebnisse fließen direkt in die Forschungs- und Entwicklungsarbeit innerhalb des Zentrums zurück.

In dieser kurzen Beschreibung wird schnell ersichtlich, wie komplex die Aufgaben im Verbundprojekt sind und wie viele, teilweise heterogene Forschungsfragen durch die Kooperationspartner bearbeitet werden. Unmittelbar ist es die Softwareentwicklung für digitale Musik- und Medieneditionen, die nationale und internationale Beratung von Musikeditionsprojekten, die Weiterentwicklung und Aushandlung internationaler Standards der TEI und MEI sowie Vermittlung und Lehre des im Projekt erarbeiteten Wissens. In diesem Sinne kommen in Bezug auf das Projektmanagement zahlreiche komplexitätssteigernde Variablen hinzu. Zunächst werden unterschiedliche Aufgaben interdisziplinär bearbeitet und erforscht und finden im universitären Kontext statt. Somit werden gleich mehrere Dimensionen von Komplexität wie Rinza (1998) sie skizziert

---

[1] Edirom ist eine Software, welche die MusikeditorInnen bei der Erstellung digitaler Musikeditionen u. a. bei der Kollationierung von Quellenmaterial unterstützt, siehe hierzu: http://www.edirom.de/
[2] Siehe hierzu: http://music-encoding.org/
[3] Siehe hierzu: http://www.tei-c.org/index.xml

angesprochen: ein hoher wissenschaftlicher Neuheitsgrad und somit ein hohes Risiko für die zu erreichenden Projektziele, eine verhältnismäßig große Projektgruppe und hohe Abhängigkeiten im Projektverlauf durch enge Verzahnung von Softwareentwicklung, Evaluation und wissenschaftlicher Reflexion.

Das Projektmanagement muss diese Variablen miteinbeziehen, um erfolgreich arbeiten zu können. Darüber hinaus gilt Interdisziplinarität als eine der Schlüsselqualifikationen in der Wissensarbeit (Mainzer, 2013), jedoch weisen Dressel et al. (2014) auf die Schwierigkeiten der Organisation von Interdisziplinarität hin. Nur allzu leicht wird vergessen, wie sehr akademische Wissenschaft um das jeweilige fachdisziplinäre Wissen zentriert und organisiert ist: *„Denn hier kooperieren nicht nur Menschen mit unterschiedlichen Wissensparadigmen und Erkenntnisinteressen, sondern verschiedene Organisationen und soziale Systeme. (...) Fast alle universitären Institute wie auch die meisten Studiengänge sind monodisziplinär ausgerichtet."* (Dressel et al., 2014, 207) Hier bedarf es einer stringenten Anleitung, um interdisziplinäre Forschung zu ermöglichen. In diesem konkreten Projekt wurde die fachdisziplinäre Deutungshoheit durch zahlreiche gegenseitige Hospitationen sowie Begriffsverständigungen aufgebrochen und reflektiert, so dass eine basale Egalität der beteiligten Forschungspartner erarbeitet und stetig evolviert wurde.

Wenngleich bereits die Situation der Institute an Universitäten und Hochschulen angesprochen wurde, beschreibt dies noch nicht in Gänze die strukturellen Anforderungen, um kollaborative Projekte in diesem Umfeld zu planen, durchzuführen und zu organisieren. Die MitarbeiterInnen sind in der Mehrheit in unterschiedlichen Projekten und Lehrfunktionen involviert oder haben weitere Arbeitsaufträge, z. B. in der Selbstverwaltung. Darüber hinaus sind sie nicht zuletzt auch mit eigenen Qualifikations-, Publikations- und Vortragstätigkeiten ausgelastet. Diese Strukturen verlaufen häufig nicht komplementär zueinander, sondern bedeuten konfligierende Ziele und lösen systemimmanent entsprechende Probleme aus.

3 Methodisches Vorgehen: Erhebung und Auswertung

Die bereits angesprochene Konzentrierung von interdisziplinären Projekten in akademischen Kontexten geht einher mit einem zunehmenden Bedarf an wissenschaftlich abgesicherten Nachweisen über deren Effizienz und Qualität (von Kardorff, 2000). Zu diesem Zweck werden Evaluationen genutzt, um die Wirksamkeit und das Erreichen gesetzter Ziele in Projekten zu überprüfen. Zugleich stellen Evaluationen Grundlage weiterer strategischer Entscheidungen dar und regen projektinterne Veränderungen an (ebd.) Während summative Evaluationen am Projektende die Wirksamkeit von Maßnahmen und Prozessen in den Fokus stellen, sind formative Evaluationen prozessbegleitend und helfen bei der Feststellung von Maßnahmen zur Optimierung laufender Prozesse (ebd.). Für das vorliegende Projekt wurde eine formative Evaluation in Form einer qualitativen halbstandardisierten schriftlichen Befragung gewählt. Die schriftlichen Fragen wurden dabei allen Befragten gleichermaßen vorgegeben. Um den Befragten möglichst viel Freiraum bei der Beantwortung zu geben, wurden die Antworten offen erhoben. Die Kategorisierung als qualitative Methode ist nicht unumstritten. So tendiert Flick (2011) bei einer schriftlichen Befragung mit offenen Fragen eher dazu, von einer quantitativen Methode zu sprechen, im vorliegenden Fall wird aufgrund des Charakters der Fragen und der qualitativen Auswertungsmethoden aber eine Zuordnung als qualitative Methode vorgenommen.

Diese qualitative Vorgehensweise eignet sich umso mehr, da in diesem Sonderfall immanente spezifische Herausforderungen und Chancen kontextintensiv herausgearbeitet werden können, um die Projektziele voranzutreiben (Flick et al., 2000). Die Wahl der schriftlichen Befragung per E-Mail ergab sich einerseits aus der Zeitunabhängigkeit. Andererseits stehen die Befragten so nicht unter der direkten Beeinflussung des Interviewers (Diekmann, 1997). Zudem handelt es sich um ein noch wenig erschlossenes Forschungsfeld, daher bietet sich eine qualitative Methode durch deren offenen und explorierenden Charakter an. Jedoch verlangt eine qualitative schriftliche Befragung, dass die Fragen eindeutig formuliert sind, da eine Hilfestellung durch den Interviewer nicht gegeben ist (Atteslander, 2008). Die Problematik der fehlenden Kontrolle, die sich bei schriftlichen Befragungen normalerweise ergibt, spielt bei homogenen Gruppen, im vorliegenden Fall MitarbeiterInnen desselben Projekts, eine zu vernachlässigende Rolle (ebd.).

Für die interne, qualitative, formative Evaluation wurde ein Fragebogen mit insgesamt 18 Fragen entwickelt. Die Fragen fokussierten unter anderem Vorerfahrungen in Bezug auf die Arbeit in interdisziplinären Projekten und Aussagen zu den besonderen Herausforderungen im laufenden Projekt, die konkrete Arbeit sowie persönliche Ziele im Rahmen des Projekts. Im letzten Abschnitt wurde nach einer Bewertung laufender Prozesse und konstruktiven Verbesserungsvorschlägen gefragt. Zusätzlich wurde ein verkürzter Fragebogen an die Projektverantwortlichen ausgegeben. Somit konnten die Perspektiven der verschiedenen Projektstatusgruppen ganzheitlich erhoben werden.

Durch die standardisierten Fragen war eine Vergleichbarkeit der Antworten gegeben, so dass bei der Auswertung ähnliche Antworten zusammengefasst wurden. In Anlehnung an das Konzept der SWOT-Analyse wurden die Kategorien „Stärken", „Schwächen", „Chancen" und „Herausforderungen" des Projekts identifiziert. Die SWOT-Analyse wurde in den 1960er-Jahren für die strategische Planung in Unternehmen entwickelt, ist aber als Werkzeug vielseitig einsetzbar (Schawel & Billing, 2009). Die Beschreibung der Stärken (Strenghts), Schwächen (Weaknesses), Chancen (Opportunities) und Risiken bzw. Herausforderungen (Threats) einer Unternehmung ergeben ein aufschlussreiches Grundgerüst, auf dessen Basis strategische Ansätze entwickelt werden können (Kotler et al., 2016).

Zudem muss die Kategorisierung aber, um wirklich aussagekräftig zu sein, nochmals verfeinert und kategorisiert werden, um unter diesen vier Dimensionen eine konkretere Diagnose erstellen zu können. Hierzu wird mit Bezug auf die Auswertungsmethode des Kodierens nach der Grounded Theory (Przyborski & Wohlrab-Sahr, 2009) eine differenzierte Kategorisierung innerhalb der Oberkategorien vorgenommen. In diesem Kontext bleibt anzumerken, dass die Grounded Theory sowohl eine Methodologie als auch ein Auswertungsverfahren darstellt (Strübing, 2004). Hier wurde die Auswertungsmethode gewählt, um die Phänomene zu sammeln, auf Konzepte zu verdichten, Kategorien zu identifizieren und Zusammenhänge zwischen diesen aufzudecken. Tabelle 1 zeigt die SWOT-Analyse der Evaluation mit den entwickelten Unterkategorien.

4   Interpretation der Ergebnisse

Aus der zusammenfassenden Betrachtung der Kategorien, zum Beispiel der Stärken-Herausforderungen-Kombination, werden im Abschluss Strategien erarbeitet, um Prozesse innerhalb des Projekts zu optimieren. Diese liefern Anhaltspunkte, welche Aktivitäten im Sinne des Projekterfolgs fokussiert und welche vermieden werden sollten (Pepels, 2005). Die beschriebene Vorgehensweise bietet sich also an, um strategische Handlungsempfehlungen für Kooperationsverbünde in akademischen Kontexten zu generieren.

4.1   Kommunikation und Wissensaufbau

Wie die Auswertung verdeutlicht, sind Erfahrungen in interdisziplinären Forschungsverbünden in akademischen Kontexten in unserem Beispiel weit verbreitet und gut tradiert.

Gleichzeitig gestaltet sich das kollaborative Arbeiten nicht reibungslos. Sehr zeitintensiv sind beispielsweise der *interdisziplinäre Austausch, der Aufbau fachfremden Wissens* und die Aushandlung von gemeinsamen Fragestellungen. Maßgeblich dafür verantwortlich ist das weitestgehend unerprobte Vorgehen der Kollaboration in dieser Zusammensetzung, der spezifische Aufbau unterschiedlicher Denktraditionen und, damit verbunden, divergierende Arbeitsmethoden und Vorgehensweisen (Reinmann-Rothmeier et al., 2001).

Tab. 1: Kombinierte Auswertung (SWOT und Kodierung) der qualitativen Evaluation im Projekt ZenMEM (Eigene Darstellung)

Stärken	Schwächen
Wissenskapital der Beteiligten • Viele diverse Perspektiven/ Kompetenzen • Sehr guter Theorie/Praxis Transfer • Integration von Musikphilologie/Technik • Integration heterogener Musikwelten **Interdisziplinarität** • Gut entwickelte Erfahrungen • Hohe Motivation • disziplinären Fachwissens- transdisziplinäre Fragestellungen • Offenheit der Beteiligten • Interdisziplinarität ermöglicht Innovation	**Unsicherheiten** • Technische Entwicklungen • Dynamische Anpassung der Projektziele • Komplexes Projektmanagement/ Verantwortungen • Personalentwicklung an Universitäten • Kommunikationsmanagement zw. Statusgruppen • Viele Abhängigkeiten **Interdisziplinarität** • Unbekannte Theorie- und Denktraditionen • Hoher Einarbeitungsaufwand/keine Planressourcen
Chancen	Herausforderungen
Wissensertrag • Kompetenzzentrum (inter-) national • Individuelle, sehr spezielle Kompetenzen • Wissensvermittlung im Projektkontext • Interdisziplinäre innovative Forschung • Experten für DH ausbilden **Produktertrag** • Neue Software • Neue Werkzeugtools • Aushandlung Auszeichnungsstandards • Grundlagen für neue Aufführungsformen • Publikationen **Monetärer Ertrag** • Mehr Stellen • Absicherung der Arbeitsbereiche	**Wissensmanagement** • Vermittlung (inter- /intradisziplinär) • Information und Kommunikation • geringe Projektlaufzeit • Geographische Distanz • Sichtbarkeit der (Teil-) Ergebnisse • Infrastrukturaufbau (personell/sachlich) • Strukturelle Abstimmung Universitäten **Interdisziplinarität** • Interdisziplinäre Gleichberechtigung • Kommunikationskultur • Aufbau gemeinsamer Forschungsinteressen • Kooperation unerprobt (Arbeitsweise, -methoden, -inhalte) • Hoher Zeitaufwand sich einzuarbeiten

Die Einzelstatusgruppen vernetzen sich recht gut miteinander. Gleichzeitig sensibilisiert dieser Befund für die Probleme der *Kommunikation* auf der gesamten Projektebene sowie der unterschiedlichen Statusgruppen untereinander. Dort wo die Kommunikationswege kurz (geographisch wie hierarchisch) und direkt sind, gestaltet sich der Informationsaustausch sehr einfach. Die Information aller Projektmitglieder über einzelne Arbeitsschritte im Projekt ist jedoch schwierig, ebenso der Austausch zwischen Projektverantwortlichen und ProjektmitarbeiterInnen. Die Mitarbeitermotivation ist sehr hoch, da komplexe Projekte zahlreiche Möglichkeiten der persönlichen Qualifikation und Profilierung bieten. Es bleibt jedoch angesichts knapp bemessener Budgets wenig Zeit, tatsächlich an sich ergebenden synergetischen Fragestellungen zu arbeiten und den Mehrwert solcher Kooperationen vollends auszuschöpfen.

4.2   Innovation, Komplexität und Unsicherheit

Die Schwächen in solchen Projekten sind leicht spiegelbildlich auszumachen: *Veränderungen und Unsicherheiten* bei Arbeitspaketen, konkreten Arbeitsaufgaben und Projektzielen. Zudem kommt es im Zuge des Wissenschaftszeitgesetzes immer wieder zu personellen Veränderungen, die nicht ohne weiteren Aufwand aufzufangen sind. Darüber hinaus ist es bei innovativen Projekten schwierig, die Entwicklung von Arbeitspaketen und Fragestellungen abzusehen, so dass neue Fragen entstehen und sich Arbeitsaufgaben zeit- und ressourcenintensiver darstellen als zunächst anvisiert. Als sehr problematisch stellt sich die strukturelle Verankerung des *Managements* in solchen Großprojekten dar. Da es in universitären Kontexten relativ autarke, an Professuren gebundene Arbeitsgruppen gibt, ist eine quer und parallel dazu verlaufende Organisation und Führung mit großen Problemen verbunden. Deutlich wird aber, dass Organisation, Planung, Steuerung und Verantwortlichkeit klar geregelt und strukturiert werden sollten, damit Arbeitsaufgaben konsequent verfolgt und Projektziele erreicht werden. Dies bedarf jedoch erhöhten organisatorischen Aufwandes, um die verschiedenen Teilbereiche überblicken, zu informieren und weiterentwickeln zu können.

4.3   Chancen und Herausforderungen

Im Sinne der Interdisziplinarität muss in solchen Kooperationsverbünden stärker auf die Abstimmung von Projektaufgaben und -zielen eingegangen werden. Auch die Auseinandersetzung mit Arbeits- und Vorgehensweisen sowie Begrifflichkeiten sollte stärker fokussiert und dokumentiert werden, damit sich Annäherungsprozesse etablieren können. Aus diesen durchaus herausfordernden Problemlagen erwachsen dennoch große

Chancen. So bietet sich für den jeweiligen Fachbereich und die entsprechenden MitarbeiterInnen die Möglichkeit, hochspezialisiertes Wissen aufzubauen, um somit wieder
in anderen Forschungsverbünden tätig zu sein, neue Projektideen zu entwickeln sowie
das eigene Fach voranzubringen und sichtbarer zu machen. Zudem ergibt sich durch die
interdisziplinären Verbünde tatsächlich die Möglichkeit über Fächergrenzen hinweg
neue Fragestellungen und innovative Methoden zu erforschen und zu erproben, sei dies
auch erst in Nachfolgeprojekten realisierbar.

5 Handlungsempfehlung 1: Interdisziplinarität nutzen, Kommunikation gestalten und Wissen aufbauen

Einerseits werden die verschiedenen Fachdisziplinen, ihr eingebrachtes Wissen und unterschiedliche Methoden als sehr fruchtbar für Zusammenarbeiten empfunden. Dennoch
birgt dies gerade in der Fremdheit der Perspektiven und dem hohen Aufwand der Erschließung fachfremden Wissens viele Problematiken. Hier könnten Anleihen aus der
Forschung zur interkulturellen Kompetenz hilfreich sein. Obwohl hierbei der respektvolle Umgang und die Etablierung von Empathie mit andere Kulturen aufgebaut werden
sollen, weist dieser Ansatz bemerkenswerte Parallelen zur interdisziplinären Arbeit auf
(Schrembs, 2010). Im Management interdisziplinärer Projekte kommt dem Projektma-
nager die Aufgabe des *„Mittlers zwischen den Kulturen"* (Schrembs, 2010, 275) zu.
Dafür sollte dieser spezielle interkulturelle Kompetenzen mitbringen. Mit Rekurs auf
Erpenbeck und Heyse (2009) sind das „kultursensible Empathie, Vorurteilsfreiheit und
Ambiguität (personale Kompetenzen), Handlungsfähigkeit in kulturellen Überschneidungssituationen (Aktivitäts- und Handlungskompetenz, selbstorganisiertes Handeln
aufgrund von kulturbezogenen Wissen (Fach- und Methodenkompetenz) sowie Kom-
munikationsfähigkeit in kulturellen Überschneidungssituationen" (Schrembs 2010,
273). Wird nun interkulturell und kulturell durch interdisziplinär ersetzt, stellt dies
schon einmal sehr gute Hinweise für Basiskompetenzen der interdisziplinären Kollaboration bereit. Der Mehrwert solcher Kooperationsprojekte findet sich neben den erarbeiteten Ergebnissen auch in der Kooperationstätigkeit an sich. Hier gilt es ein stringentes
Wissensmanagement zu verfolgen, indem einzelne Projektergebnisse iterativ analysiert,
dokumentiert, evaluiert, kommuniziert und repräsentiert werden. Dazu gehört ebenso
ein fein abgestimmtes Informations- und Kommunikationsmanagement, um die verschiedenen Teilbereiche zu informieren und Wissensbestände und Projektfortschritte zu
kommunizieren (ebd.).

6 Handlungsempfehlung 2 Agiles Projektmanagement: Unsicherheiten bearbeiten – Planbarkeit erhöhen

Wie die Ergebnisse belegen, bedürfen interdisziplinäre, kulturwissenschaftliche Projekte in digitalen Kontexten einer stärkeren Managementorientierung. Dieses muss jedoch kontinuierlich weiterentwickelt werden, um auf die zahlreichen Unwägbarkeiten in solchen Zusammenschlüssen reagieren zu können. Somit sind Managementprozesse im Sinne des agilen Projektmanagements adaptiv für das jeweilige Projekt zu gestalten (Bea, Scheurer & Hesselmann, 2011)[4]. Zunächst ist dafür ein iteratives und inkrementelles Vorgehen notwendig. Die Projektziele können somit erst einmal unspezifisch sein, jedoch über die Projektlaufzeit und die Teilergebnisse spezifiziert und angepasst werden. Dieses Vorgehen kann innerhalb der Projektlaufzeit auch iterativ durchlaufen werden. Innerhalb der Prozessschleifen können Revisionen (Projektziele/ Arbeitspakete) notwendig werden, besonders, wenn viele Abhängigkeiten zwischen verschiedenen Projektbereichen existieren. Zuweilen kann im Sinne des agilen Projektmanagements die besondere Forcierung (auch Timeboxing genannt) von Teilaufgaben erforderlich sein, etwa, wenn bestimmte Aufgaben besonders dringlich sind und mehr Zeit und Ressourcen in diesen Teilaspekt einfließen, um das Projektziel voranzubringen. Die Projekte sollten, um später tatsächlich Nutzen zu generieren mit der Praxis (Kunden, Nutzer, Wissenschaftler) abgestimmt sein, um am Ende für diese nicht irrelevant zu sein.[5]

Da die Aufgaben im Projekt wie zu Beginn aufgeführt als äußerst komplex kategorisiert wurden, müssen auch für die diversen Aufgabenpakete, die hohen Abhängigkeiten zwischen den einzelnen Teilbereichen und die große Mitgliederzahl eine Managementlösung gefunden werden. Diese findet sich im agilen Projektmanagement: Um die Projektziele realisieren zu können, ist der Einbezug aller Projektbeteiligten notwendig. Dafür ist ein hohes Maß an Eigenverantwortung und Selbstorganisation der einzelnen Beteiligten und deren Arbeitspakete sinnvoll (ebd.). Zudem können bspw. Klausurtagungen sinnvoll sein, um die Kompetenzen Aller zusammenzubringen und konzentriert an Herausforderungen, Störungen und Weiterentwicklungen zu arbeiten. Gleichzeitig sollten diese, wie die Ergebnisse der Evaluation belegen, übergreifend moderiert werden, um Impulse, Bedenken, Ideen und somit auch Verantwortung und Expertise durch die

---

[4] Agiles Projektmanagement wird im Teilarbeitsbereich Softwareentwicklung bereits mit der SCRUM-Methode realisiert.
[5] Die „Kundeneinbindung" erfolgt im Projekt durch eine differenzierte quantitative und qualitative Begleitforschung der Nutzer, Editoren, Wissenschaftler und Seminarteilnehmer.

Projektverantwortlichen einzubringen (ebd.). Zudem sollte diese Steuerungsfunktion auch zur Förderung der Mitarbeiterentwicklung eingesetzt werden. Dies kann durch die systematische Unterstützung bei Qualifikationsarbeiten, die an das Projekt angelehnt sind, beginnen. Zudem kann durch gezielte Vortrags- und Publikationsplanung die individuelle Motivation gesteigert werden.

7   Fazit und Ausblick

Wie dieser Beitrag zeigt, ist das Projektmanagement in universitären interdisziplinären Kontexten mit vielen Herausforderungen konfrontiert. Diese werden in universitären Diskursen bislang kaum wissenschaftlich kritisch untersucht und hinterfragt, da sich die Forschung nicht auf das akademische Projektmanagement ausrichtet. Angesichts komplexer werdender Fragestellungen und heterogener, größerer Forschungskonsortien wird Projektmanagement jedoch immer bedeutsamer im Kontext akademischer Forschung. Insbesondere bei Disziplinen, denen diese Art der Projektsteuerung eher fremd ist, scheint eine Beschäftigung mit der Thematik notwendig, sollen Projektziele erreicht, Nachfolgeprojekte bewilligt und Arbeitsbereiche abgesichert werden.

Wie herausgearbeitet wurde, sind die Digital Humanities ein solches Gebiet. Exemplarisch konnten wir anhand der Einzelfallstudie in Bezug auf die Forschung im Konsortium Zentrum Musik – Edition – Medien (ZenMEM) den strategischen Einsatz qualitativer Evaluationsmethoden als ein zentrales Steuerungsinstrument im laufenden Projektbetrieb aufzeigen, welches kontextsensitiv Chancen und Risiken des Projektprozesses eruiert und auch notwendige Veränderungen zulässt. Die aus der SWOT-Analyse resultierenden Ergebnisse wurden dem Auswertungsverfahren des Kodierens aus der Grounded Theory entsprechend nochmals einer semantischen Unterkategorisierung unterzogen und offenbarte Kernelemente der Projektoptimierung im Sinne des Ablaufs. Diese fanden sich vor allem in einer stärkeren Ausrichtung an ein agiles Projektmanagement, was aber additiv noch um die Erfordernisse der Förderung von Interdisziplinarität und des Wissensmanagements ergänzt wurde. Diese Vorgehensweise ist sicherlich nicht für alle universitären Kontexte sinnvoll, zeigt aber adaptive und innovative Lösungswege zur Lösung von Herausforderungen im Projektmanagementprozess auf, die auch für andere Projekte Inspiration liefern.

Literaturverzeichnis

Atteslander, P. (2008). *Methoden der empirischen Sozialforschung.* 12. Aufl. Berlin: Erich Schmidt.

Bea, F. X., Scheurer, S. & Hesselmann, S. (2011). *Projektmanagement.* Konstanz: UVK.

Davis, S. & Meyer, C. (2000). *Das Prinzip Unschärfe. Managen in Echtzeit.* Niedernhausen: Falken.

Diekmann, A. (1997). Empirische Sozialforschung. Grundlagen, Methoden, Anwendungen. 3. Aufl. Hamburg: Rowohlt.

Dressel, G., Heimerl, K., Berger, W., Winiwarter, V. (2014). Interdisziplinäres und transdisziplinäres Forschen organisieren. In Diess. (Hrsg.) *Interdisziplinär und transdisziplinär forschen. Praktiken und Methoden.* Bielefeld: Transcript.

Eisenhardt, K. M. (1989). Building Theories From Case Study Research. *Academy of Management. The Academy of Management Review,* 14(4), 532–550.

Erpenbeck, J., Heyse, V. (2009). Kompetenztraining. Stuttgart: Schäffer-Poeschel.

Flick, U. (2011). *Qualitative Sozialforschung. Eine Einführung.* Reinbek bei Hamburg: Rowohlt.

Flick, U, von Kardorff, E & Steinke I. (Hrsg.) (2000). *Qualitative Forschung. Ein Handbuch.* Hamburg: Rowohlt.

Gold, M. K. (2012). The Digital Humanities Moment. In: M. K. Gold (Hrg.). *Debates in the Digital Humanities.* (S. 9–16). Minneapolis: University of Minnesota Press.

Kotler, P., Berger, R. & Bickhoff, N. (2016). *The Quintessence of Strategic Management. What You Really Need to Know to Survive in Business.* Second Edition. Berlin/ Heidelberg: Springer.

Lindblom, C. (1959). The Science of „Muddling-Through". *Public Administration Review,* 19(2),79-88.

Mainzer, K. (2013). Interdisziplinarität und Schlüsselqualifikationen in der globalen Wissensgesellschaft. In M. Jungert et al. (Hrsg.), *Interdisziplinarität. Theorie, Praxis, Probleme* (S. 6–8). Darmstadt: WBG.

Pepels, W. (2005). Grundlagen der Unternehmensführung. Strategie – Stellgrößen – Erfolgsfaktoren – Implementierung. München: Oldenbourg Wissenschaftsverlag.

Pohlmann, M. & Markova, H. (2011). *Soziologie der Organisation. Eine Einführung.* Konstanz: UVK.

Przyborski, A & Wohlrab-Sahr, M. (2009). *Qualitative Sozialforschung. Ein Arbeitsbuch.* München: Oldenbourg.

Reichert, R. (2014). Digital Humanities. In J. Schröter (Hrsg.), *Handbuch Medienwissenschaft* (S. 511-515). Weimar: Verlag J.B. Metzler.

Reinmann-Rothmeier, G. (2001). *Wissensmanagement in der Forschung. Gedanken zu einem integrativen Forschungs-Szenario.* (Forschungsbericht Nr. 132). München: Ludwig-Maximilians-Universität, Lehrstuhl für Empirische Pädagogik und Pädagogische Psychologie.

Reinmann-Rothmeier, G., Mandl, H., Erlach, C., Neubauer, A. (2001). *Wissensmanagement lernen.* Weinheim/Basel: Beltz.

Rinza, P. (1998). Projektmanagement. Planung. Überwachung und Steuerung von technischen und nichttechnischen Vorhaben. 4. neubearb. Aufl. Berlin/Heidelberg: Springer.

Schawel, C. & Billing, F. (2009). *Top 100 Management Tools. Das wichtigste Buch eines Managers.* 2. Aufl. Wiesbaden: Gabler.

Schrembs, Robert. (2010). Wertemanagement in Projekten der Entwicklungszusammenarbeit. In Schweizer, G., Müller, U., Adam, T. (Hrsg.). *Wert und Werte im Bildungsmanagement. Nachhaltigkeit – Ethik – Bildungscontrolling* (S. 269–292). Bielefeld: wbv.

Steinmann, H., Schreyögg, G. (2005). Management. Grundlagen der Unternehmensführung. Konzepte, Funktionen, Fallstudien. Wiesbaden: Gabler.

Strübing, Jörg. (2004). Grounded Theory. Zur sozialtheoretischen und epistemologischen Fundierung des Verfahrens der empirisch begründeten Theoriebildung. Wiesbaden: VS.

Sydow, J. (1992). Strategische Netzwerke. Evolution und Organisation. Wiesbaden: Gabler.

von Kardorff, E. (2000). Qualitative Evaluationsforschung. In U. Flick, E. von Kardorff & I. Steinke (Hrsg.), *Qualitative Forschung. Ein Handbuch* (S. 238-250). Hamburg: Rowohlt.

Warwick, C. (2012). Studying users in digital humanities. In C. Warwick, M. Terras, J. Nyhan (Hrsg.). *Digital Humanities in Practice* (S. 1-21). London: Facet Publishing.

Yin, R. K. (2008): *Case Study Research. Design and Methods.* London: Sage.

Zur Organisation von Arbeit 4.0: Crowdsourcing als Sozialtechnologie

Sascha Dickel[1] und Carolin Thiem[2]

[1] Institut für Soziologie
Johannes Gutenberg-Universität Mainz
[2] Lehrstuhl für Wissenschaftssoziologie
Technische Universität München

Zusammenfassung

Der digitale Wandel verändert bestehende Arbeitsverhältnisse. Insbesondere Ansätze der Flexibilisierung und Dezentralisierung beherrschen aktuell den Diskurs um "Arbeiten 4.0". Eine zentrale Rolle wird dabei einer neuen digitalen Arbeitsteilung in Form des Crowdsourcing zugeschrieben. In diesem Beitrag erfolgt eine theoretische Einordnung dieses Phänomens: Crowdsourcing wird als neue Sozialtechnologie zur Organisation von Arbeit rekonstruiert.

1   Einleitung

Der digitale Wandel ermöglicht neue Formen der Organisation kollektiven Handelns in allen gesellschaftlichen Teilbereichen (Dolata & Schrape, 2014). Dies betrifft auch und gerade die Organisation von Arbeit. Die Digitalisierung der Arbeitswelt wird in Politik und Wirtschaft aktuell als „Arbeit 4.0" verhandelt (Bundesministerium für Arbeit und Soziales, 2015; Bundesverband Informationswirtschaft, Telekommunikation und neue Medien e.V., 2016).[1] Als entscheidender Aspekt derselben gilt die Flexibilisierung und Dezentralisierung von Arbeit. Die von der Arbeitssoziologie schon seit längerem diagnostizierte Entgrenzung von Arbeit durch neue Technologien und damit verknüpfte Steuerungsformen gewinnt dabei eine neue Aktualität (Jochum, 2013).

---

[1] Dieses Schlagwort knüpft an das Konzept der „Industrie 4.0" an, welches als zeitgenössisches Leitbild für Transformationsprozesse im industriellen Sektor fungiert (Forschungsunion & acatech, 2013). „Arbeit 4.0" geht gleichwohl über den industriellen Sektor hinaus und bezieht sich auch und gerade auf den Dienstleistungsbereich.

Eine Schlüsselstellung nimmt vor diesem Hintergrund der Begriff des *Crowdsourcing* ein. Die erste und wohl auch bekannteste Definition des Begriffs stammt von Jeff Howe. Er bezeichnet mit Crowdsourcing das Auslagern von Aufgaben an eine unbestimmte Menge potenzieller Zuarbeiter (Howe, 2009). Diese Aufgaben reichen von Routineaufgaben (z. B. Kategorisieren von Bildern) bis hin zu komplexeren Arbeiten (z. B. Entwerfen einer Corporate Identity für ein Start Up). Seine besondere Relevanz bezieht das Phänomen weniger aufgrund seiner quantitativen Verbreitung, sondern aufgrund seiner prototypischen Bedeutung: Am Crowdsourcing lässt sich wie in einem Brennglas zeigen, wie Digitalisierung die Arbeitswelt verändert hat und in Zukunft verändern könnte. Im Konzept des Crowdsourcing kreuzen sich Erwartungen einer Erweiterung flexibler gesellschaftlicher Beteiligungs- und Wertschöpfungsoptionen mit Befürchtungen institutionell unbeschränkter digitaler Ausbeutung sowie der Entgrenzung von Arbeit und Freizeit.

In diesem Beitrag nehmen wir eine theoretische Einordnung des Phänomens als *neue Sozialtechnologie zur Organisation von Arbeit unter digitalen Bedingungen* vor. Dabei werfen wir zunächst einen Blick zurück auf die soziologische Thematisierung von Crowds. Darauf aufbauend stellen wir allgemeine Merkmale von Crowdsourcing vor und rekonstruieren, wie Crowds als produktive Kollektive sozialtechnologisch versammelt und gesteuert werden. ·

2   Crowds und Infrastrukturen

Im Kontrast etwa zu formalen Organisationen oder Gemeinschaften, werden mit dem Begriff der „Crowd" klassischerweise relativ voraussetzungsarme und schwach integrierte Formen von Kollektivität beschrieben. Crowds eint zunächst nicht mehr als ein kollektives Verhalten in Zeit und Raum. Sie können sich formieren, ohne eigene Identitäten oder Selbstbeschreibungen auszubilden (Stäheli, 2012). Während frühere Thematisierung von Crowds oft die destruktiven oder zumindest destabilisierenden Merkmale solcher Kollektive in den Mittelpunkt der Betrachtung stellten, rückten sukzessive Zuschreibungen auch und gerade die kreativen Potentiale von Crowds ins Zentrum der Aufmerksamkeit (vgl. etwa Park, 1972). Zu den diesbezüglichen Klassikern gehören die frühen Vertreter der Chicago School Robert E. Park und sein Schüler Herbert Blumer. Letzterer betonte etwa die Bedeutung von Stimuli, die Crowds versammeln, für kurze Zeit stabilisieren – und deren Wegfall für die Auflösung von Crowds verantwortlich ist (Blumer, 1939). Denken könnte man hier etwa an künstlerische Straßendarbietungen,

Unfälle im öffentlichen Raum oder Sportveranstaltungen. Diese Ereignisse stimulieren jeweils die Versammlung spezifischer Mengen.

Nachdem Crowds längere Zeit kaum ein Thema soziologischer Auseinandersetzung waren, hat in jüngerer Zeit Urs Stäheli den theoretischen Faden wieder aufgegriffen. An die Arbeiten Blumers anknüpfend weist er darauf hin, dass zusätzlich zum besprochenen crowdgenerierenden Stimulus eine Infrastruktur vorliegen oder gebaut werden muss, welche eine Crowd stabilisiert. Diese „Infrastrukturen des Kollektiven" (Stäheli, 2012) gilt es, breit zu denken. Dazu gehören materielle Arrangements wie Plätze, Stadien oder Fähren, auf denen sich Kollektive versammeln. Infrastrukturen organisieren die Zirkulation von Gütern, Menschen und Informationen. In sie sind Regelsysteme eingeschrieben, z. B. Fahrpläne, Modi der Eingangskontrolle und des Wartens und andere Formen der Regulierung von Verweildauer, welche die materiellen Artefakte erst benutzbar machen – und zwar so und nicht anders. Die regulierende Macht der Infrastrukturen resultiert nicht nur aus ihrer Materialität, sondern auch und gerade aus den Protokollen ihres Gebrauchs. Dolata und Schrape (2014) greifen diesen Gedanken Stählis in ihren Arbeiten zu kollektiven Formationen im Web 2.0. auf und arbeiten ihn weiter aus. Sie schreiben *digitalen* Infrastrukturen drei Funktionen für Kollektivität zu: Ermöglichung von Kollektivität, Koordinierung kollektiven Verhaltens und neue Möglichkeiten sozialer Kontrolle.

Viele Online-Crowds operieren auf Infrastrukturen, ohne dass diese spezifisch für eben *diese* Crowdaktivität designt wurden – man denke etwa an Shitstorms im Kontext sozialer Medien. Ganz anders verhält es sich hingegen beim Crowdsourcing. Hier geht es nämlich um die Konstruktion von Infrastrukturen, welche spezifische Crowds *erzeugen* sollen, damit diese eine spezifische Leistung erbringen (Estelles-Arolas & Gonzalez-Ladron-de-Guevara, 2012; Wexler, 2011).

3   Eine neue Sozialtechnologie der Arbeitsorganisation

Crowdsourcing basiert auf den neuen Modi der Ermöglichung, Kanalisierung und Kontrolle kollektiven Verhaltens durch digitale Infrastrukturen – und zwar, um Arbeit jenseits etablierter und formalisierter Angestelltenverhältnisse zu organisieren. Es handelt sich um eine neue Sozialtechnologie des Organisierens von Arbeit. Unter Sozialtechnologien verstehen wir Mittel, um Kollektive zu versammeln, zu kanalisieren und für vielfältige Zwecke verfügbar zu machen (Maasen & Merz, 2006). Sozialtechnologien basieren auf dem Zusammenspiel von materialen Infrastrukturen und Interfaces, Anreiz-

und Gratifikationssystemen, sowie Mechanismen der Handlungskanalisierung. Die klassischen Bürokratien formaler Organisationen gehören in diesem Sinne zu den effektivsten Sozialtechnologien, welche moderne Gesellschaften bislang hervorgebracht haben. Von diesen unterscheidet sich die Organisation von Arbeit 4.0 im Modus des Crowdsourcing in markanter Weise. Das rasant wachsende Interesse an Crowdsourcing in unterschiedlichen gesellschaftlichen Feldern verweist darauf, dass hier ein scheinbar ubiquitär einsetzbares Instrument gefunden wurde, das neue Formen des Zugriffs auf eine in Raum und Zeit verteilte Arbeitskraft verspricht. Fünf Merkmale sind für den Einsatz dieses sozialtechnologischen Instruments typisch:

- **Interfacebasierter, offener Zugang:** Der Zugang zu Crowdsourcing ist vergleichsweise niedrigschwellig und erfolgt durch ein Online-Interface. Durch diesen webbasierten Beteiligungsmodus kann der Inklusionsraum tendenziell global geöffnet werden.

- **Stimulierendes Versammeln:** Crowdsourcing-Projekte können weder auf formale Hierarchien noch auf die Bindungskraft von Gemeinschaften zurückgreifen. Aufgrund der Fluidität der Beteiligung ist von Seiten der Crowdsourcing-Plattformen vielmehr eine durchgängige Versammlungsarbeit zu leisten, die Kollektive anzieht und bindet. Dazu ist eine Immer-Wieder-Aktualisierung von Stimuli notwendig (etwa in Form eines Versprechens von Vergnügen, Ermöglichung von Verdienst oder einem Beitrag zum Gemeinwohl).

- **Vordefinierte Beteiligungsmuster:** Die Interfaces und Infrastrukturen, die Crowdsourcing ermöglichen, legen zugleich fest, wer dort wie agieren kann. Die Arten und Weisen der Beteiligung sind fest in die digitale Infrastruktur eingeschrieben. Die Folge ist ein So-und-nicht-anders-handeln-können.

- **Asymmetrische Rollen:** Obgleich Crowdsourcing nicht selbst in Form einer hierarchischen Organisation erfolgt, sind die Rollen der involvierten Akteure grundsätzlich asymmetrisch. Dabei sind minimal zwei Rollen vorgesehen: a) Crowdsourcer, welche eine Crowd für einen bestimmten Zweck einspannen und b) Crowdworker, welche als Arbeitskräfte versammelt werden. Dazu kann c) noch eine Plattform als Intermediär treten, welche Crowdsourcer und Crowdworker vermittelt und als Infrastruktur für mehrere Crowdsourcing-Projekte fungiert.

- **Kollektivinszenierung:** Die Crowd ist im Crowdsourcing nicht unmittelbar sinnlich erfahrbar und ist zudem (aufgrund kaum steuerbarer Selbst-Inklusion und -Exklusion) eher flüchtig. In vielen Crowdsourcing-Formaten ist noch nicht einmal eine

Online-Interaktion der Crowd-Akteure untereinander vorgesehen. Das Kollektiv existiert hier nicht als für sich sichtbare Menge, sondern als Ansammlung individueller Beiträge *zu etwas*, dessen Kollektivität unsichtbar bleibt. Gerade deshalb wird Kollektivität durch die Plattformbetreiber und Projektinitiatoren konstant inszeniert (etwa durch Zahlen, Bilder oder textförmige Selbstbeschreibungen).

Die möglichen Aufgaben, die durch Crowdsourcing bearbeitet werden sollen, sind mittlerweile unüberschaubar geworden. Sie reichen von standardisierbaren Routinetätigkeiten (z. B. Bewertungen von Videos oder Blogeinträgen) für Unternehmen bis hin zu kreativen Arbeiten für Verwaltungen, Nonprofit-Organisationen oder Konzerne. Zu diesen Arbeiten gehören etwa das Erarbeiten von Prototypen für komplexe Problemstellungen (z. B. für aktuelle politische Herausforderungen auf lokalem oder globalem Niveau) oder kreative Designlösungen (z. B. neue Anwendungsmöglichkeiten für Swarovski-Steine). Ebenso gestaltet sich unterschiedlich, ob und wie die Beteiligten entlohnt werden. Die Spannweite beinhaltet kleine Beträge bei Routineaufgaben (Amazons *Mechanical Turk*), größere Geldpreise (*InnoCentive*) oder gar keine monetäre (sondern allenfalls symbolische) Entschädigung. Crowdsourcing ist einstweilen in allen Branchen und gesellschaftlichen Teilbereichen angekommen.

Am Crowdsourcing kann in der Regel jedes Gesellschaftsmitglied teilhaben – auch und gerade in institutionellen Feldern, zu denen sonst nur ganz bestimmte Organisations- und Professionsmitglieder Zutritt haben: etwa der Produktentwicklung oder der wissenschaftlichen Forschung. Die Infrastrukturen des Kollektiven, die durch die Digitalisierung ermöglicht wurden, erlauben eine weitgehende Offenheit hinsichtlich der Teilnehmer/-innen – zugleich aber eine Ausrichtung bzw. Verwertung von deren Aktivitäten für eine sehr spezifische Sache: sei es die Auswertung von Forschungsdaten oder die Generierung eines Modedesigns. Man muss die Arbeit von Individuen offenbar nicht zwingend in das formalisierte, rollendifferenzierte und hierarchisch organisierte Gebilde klassischer Organisationen einbauen, um sie als Ressource nutzen zu können.

4   Crowdsourcing als neuer Zugriff auf Arbeitskraft

Crowdsourcing ermöglicht eine hochgradig flexible Form der Arbeitsorganisation durch die Herstellung einer Verfügbarkeit von Arbeit, die erst mit der Digitalisierung in dieser Form möglich wurde. Diese Verfügbarkeit ist durchaus wechselseitig zu verstehen: Zum einen eröffnet sich für Crowdsourcer die Option auf einen tendenziell globalen Raum potenzieller Crowdworker. Zum anderen können potentielle Crowdworker mittlerweile an einer Unzahl von Projekten (entgeltlich und unentgeltlich) mitarbeiten.

Die Infrastrukturen von Crowd-Plattformen ermöglichen das Immer-Wieder-Erzeugen einer Crowd, unabhängig von der Identität der einzelnen Crowdworker. Im Kontrast zu den Angestellten formaler Organisationen sind die Crowdworker den Crowdsourcern gegenüber weitaus weniger sozial gebunden und verpflichtet – und zugleich wesentlich leichter austauschbar. Man könnte somit mit Heidegger von einer neuen Form des „Bestellens" von Arbeit sprechen – nämlich als Erzeugung einer stets abrufbaren Disponibilität. Für Heidegger liegt das ganze Wesen der industriellen Technik in dieser Verwandlung von Phänomenen in abrufbare Verfügbarkeiten.[2]

Industrielle Technik, so Heidegger, schafft sich einen Zugriff auf Produktivkräfte, die so kanalisiert werden, dass sie als abrufbarer Bestand zur Verfügung stehen. Dadurch wird die Identität des „bestellbar" gemachten Phänomens selbst neu bestimmt. Heidegger verdeutlicht das am Fall der Transformation eines Flusses zu einem Energielieferanten. „Das Wasserkraftwerk ist nicht in den Rheinstrom gebaut wie die alte Holzbrücke, die seit Jahrhunderten Ufer mit Ufer verbindet. Vielmehr ist der Strom in das Kraftwerk verbaut. Er ist, was er jetzt als Strom ist, nämlich Wasserdrucklieferant, aus dem Wesen des Kraftwerks" (Heidegger, 2000, S. 16). Von den Eigenarten des Rheinstroms kann im Zuge der Energiegewinnung immer weiter abstrahiert werden – bis zu dem Punkt, dass er für den/die Stromnutzer/in als Fluss selbst völlig unsichtbar wird. Dies ist möglich durch eine infrastrukturelle Kanalisierung und Übersetzung der Bewegungen des Flusses.

Im Crowdsourcing geht es nun darum, Arbeit durch digitale Infrastrukturen in einer Weise zu orchestrieren, dass trotz der Austauschbarkeit der konkreten Teilnehmer/innen eine bestimmte Leistung immer wieder abrufbar ist. Die (Infra-)Strukturierungen der Crowd können so im Extremfall einen Grad der Kontrolle über Aktivitäten erreichen wie formale Organisationen – wie etwa auch die Arbeit in Crowdworking-Plattformen wie Amazons *Mechanical Turk* demonstriert.

Crowdsourcing ist somit eine Variante von Arbeit 4.0, in der digitale Infrastrukturen als funktionale Äquivalente formaler Organisation fungieren können. Gesellschaftlich

---

[2] Dieser generalisierenden Interpretation muss man genauso wenig folgen wie den kulturkritischen Implikationen von Heideggers Technikphilosophie. Gleichwohl sind seine Beobachtungen für den hier betrachteten Fall instruktiv, denn eben dieser Mechanismus des Bestellbar-Machens scheint das Phänomen des Crowdsourcing treffend zu beschreiben.

brisant ist Crowdsourcing zum einen durch die Neustrukturierung von Arbeit, die Raum-
grenzen überwindet, und zum anderen durch die soziale Informalisierung und Flexibilisierung von Tätigkeitsfeldern. Crowdsourcing erscheint damit als neue Technologie der
„Bestellung" von Arbeit, deren Implikationen weit über die bislang beobachtbaren An-
wendungsfälle hinausreichen dürfte – und dessen empirische Erforschung wie theoretische Durchdringung gerade erst begonnen hat.

Literaturverzeichnis

Blumer, H. (1939). Collective Behaviour. In A. Lee McClung (Hrsg.), *New outline of the principles of sociology* (S. 166–222). New York: Barnes & Noble.

Bundesministerium für Arbeit und Soziales. (2015). *Grünbuch Arbeiten 4.0: Arbeit weiter denken.* URL: http://www.bmas.de/SharedDocs/Downloads/DE/PDF-Publikationen-DinA4/gruenbuch-arbeiten-vier-null.pdf;jsessinid=82E93952793FE7A21D07 E46250EC125E?blob=publication-File&v=2

Bundesverband Informationswirtschaft, Telekommunikation und neue Medien e.V. (2016). Thesenpapier Arbeit 4.0. URL: https://www.bitkom.org/noindex/Publikationen/2016/Positionspapiere/Thesenpapier-Arbeit-40/20160929-Bitkom-Thesenpapier-A rbeit-40-Final.pdf

Dolata, U., & Schrape, J.-F. (2014). Kollektives Handeln im Internet: Eine akteurtheoretische Fundierung. *Berliner Journal für Soziologie, 24*(1), 5–30. https://doi.org/10.1007/s11609-014-0242-y

Estelles-Arolas, E., & Gonzalez-Ladron-de-Guevara, F. (2012). Towards an integrated crowdsourcing definition. *Journal of Information Science, 38*(2), 189–200. https://doi.org/10.1177/016555151 2437638

Forschungsunion & acatech. (2013). Deutschlands Zukunft als Produktionsstandort sichern: Umsetzungsempfehlungen für das Zukunftsprojekt Industrie 4.0. Abschlussbericht des Arbeitskreises Industrie 4.0. URL: http://www.acatech.de/fileadmin/user _upload/Baumstruktur_nach_Website/Acatech/root/de/Material_fuer_Sonderseiten/Industrie_4.0/Abschlussbericht_Industrie4.0_barrierefrei.pdf

Heidegger, M. (2000). Die Frage nach der Technik. In M. Heidegger (Hrsg.), *Vorträge und Aufsätze* (9. Aufl.). Stuttgart: Verlag Günther Neske.

Howe, J. (2009). Crowdsourcing: *Why the power of the crowd is driving the future of business* (1. paperbacked). New York, NY: Three Rivers Press.

Jochum, G. (2013). Kybernetisierung von Arbeit – Zur Neuformierung der Arbeitssteuerung. *Arbeits- und Industriesoziologische Studien, 6*(1), 25–48.

Maasen, S., & Merz, M. (2006). TA-Swiss erweitert seinen Blick: Sozial- und kulturwissenschaftlich ausgerichtete Technologiefolgen-Abschätzung. URL: http://www.taswiss.ch/a/meth_soku/2006_TADT36_AD_SoKuTA_d.pdf

Park, R. E. (1972). The crowd and the public and other essays. Phoenix books: Vol. 459. Chicago, Ill.: Univ. of Chicago Press.

Stäheli, U. (2012). Infrastrukturen des Kollektiven: alte Medien neue Kollektive. *Zeitschrift für Medien- und Kulturforschung, 3*(2), 99–116.

Wexler, M. N. (2011). Reconfiguring the sociology of the crowd: Exploring crowdsourcing. *International Journal of Sociology and Social Policy, 31*(1/2), 6–20. https://doi.org/10.1108/014433311111 04779

Crowdsourcing – Eine arbeitsrechtliche Verortung

Hans Leo Bechtolf[1] und Thomas Matthias Zöllner[2]

[1] Universität Viadrina Frankfurt (Oder)
[2] Rechtsreferendar im Bezirk des OLG Schleswig

Zusammenfassung

Der Beitrag untersucht, wie das Phänomen Crowdsourcing nach derzeitiger Rechtslage erfasst werden kann. Dabei zeigt sich, dass die Instrumente und Mechanismen des Arbeitsrechts nur bedingt auf die neuen Erscheinungsformen von Arbeit übertragen werden können. Die rechtliche Qualifizierung muss meist anhand des Einzelfalls erfolgen und birgt für alle Beteiligten ein großes Potential an Rechtsunsicherheit. Oft ist unklar, was für eine Vertragskonstellation vorliegt, insbesondere ob die Crowdworker als arbeitnehmerähnliche Personen zu werten sind oder nicht. Die Schutzvorschriften für arbeitnehmerähnliche Personen oder Heimarbeiter würden das Crowdsourcing in seiner jetzigen Form unmöglich machen. Der Forderung von einigen Stimmen aus der Rechtswissenschaft, das HAG zu novellieren, schließen sich die Autoren nicht an. Sie sind der Ansicht, dass ein gesetzgeberisches Handeln zu diesem Zeitpunkt übereilt wäre, da es an belastbaren Studien fehlt, die einen Legislativakt rechtfertigen können. Die aktuelle rechtswissenschaftliche Diskussion erfolgt zunehmend einseitig und die vorgeschlagenen Lösungswege sind nicht zwingend mit den Bedürfnissen der Crowdworker vereinbar.

1   Einleitung

Unser Leben wird immer stärker von den Möglichkeiten moderner Informations- und Kommunikationstechnologien beeinflusst. Rund um die internetgestützte Vermittlung von Waren und Dienstleistungen des täglichen Bedarfs an Verbraucher haben sich in den letzten Jahren, durch international auftretende Plattformen dominierte, Geschäftsfelder etabliert, die zunehmend an tatsächlicher und wirtschaftlicher Relevanz gewin-

nen. In Anbetracht eines in weiten Bereichen globalisierten und vernetzten Marktum-
feldes liegt es nahe, dass auch Unternehmen versuchen, die Verheißungen dieser sog.
Plattformökonomie für die Optimierung ihrer eigenen Wertschöpfungsprozesse nutzbar
zu machen. Ein Ergebnis dieser Entwicklung ist der in einigen Branchen zu beobach-
tende Trend, Projekte oder einzelne betriebsintern anfallende Aufgaben nicht mehr angestellten Stammkräften zur Erledigung zuzuweisen, sondern auf speziellen Internetplattformen auszuschreiben.

Dieses als »Crowdsourcing« bezeichnete Phänomen war in jüngster Vergangenheit
vermehrt Gegenstand der rechtspolitischen Diskussion: Seitens der Gewerkschaften
fürchtet man ein Zurückdrängen des zum Ideal der sozialen Marktwirtschaft erklärten
Normalarbeitsverhältnisses [unbefristet, in Vollzeit, bei auskömmlicher sozialversiche-
rungspflichtiger Entlohnung]. Es wird gewarnt vor der Rückkehr zu Arbeitsrealitäten
»wie zum Beginn des Industriezeitalters« und der Entstehung eines »digitalen Prekariats«, bestehend aus [solo-]selbständigen »Tagelöhnern schlimmsten Kalibers« (Bauer-
mann & Ruzio, 2016). Die Arbeitsbedingungen der Betroffenen werden in diesen Zusammenhängen schon einmal mit den Zuständen in einem mittelalterlichen Bergwerk
verglichen (Kraft, 2016). Auch berge diese Arbeitsform erhebliche Sprengkraft hinsichtlich der Arbeitsorganisation, indem es zur weiteren Fragmentierung von Arbeitsprozessen sowie der übermäßigen Individualisierung des persönlichen Arbeitsalltages
beitrage (UNI Global Union, 2016 sowie Deinert & Helfen, 2016).

Teile der Rechtswissenschaft haben sich der Kritik angeschlossen und fordern Rechtsprechung wie Gesetzgeber dazu auf, das Crowdsourcing rechtlich einzuhegen (Klebe,
2016). Auch die Politik hat das Thema für sich entdeckt: Das Bundesministerium für
Arbeit und Soziales hat sich in dem Weißbuch »Arbeiten 4.0« mit dem Crowdsourcing
auseinandergesetzt und hierin erste Vorschläge zu dessen Reglementierung formuliert.
Doch stellt sich die Umsetzung solcher politischen Vorhaben erfahrungsgemäß als lang-
wieriger Prozess dar. Bis dahin ist die Praxis gezwungen, das Crowdsourcing mit vorhandenen rechtlichen Instrumenten handhabbar zu machen.

Dies setzt eine sichere rechtliche Einordnung des Crowdsourcings voraus. Insbesondere aus der arbeitsrechtlichen Perspektive stellt sich eine solche Festlegung jedoch als
schwierig dar und ist auch im wissenschaftlichen Diskurs hoch umstritten. Anliegen
dieses Beitrages ist, einen Überblick über die verschiedenen denkbaren arbeitsrechtlichen Einordnungen des Crowdsourcings zu geben und diese zu bewerten.

2   Das Phänomen Crowdsourcing

Im Folgenden wird zunächst der Begriff Crowdsourcing allgemein definiert. Es schließt sich eine Darstellung seiner üblichen Erscheinungsformen an. Dies ist notwendig, da unter den Begriff sehr heterogene Fallgestaltungen gefasst werden, deren arbeitsrechtliche Beurteilung trotz gewisser Gemeinsamkeiten sinnvollerweise nicht einheitlich erfolgen kann.

2.1   Begriffsbestimmung und Grundkonzept

Beim Crowdsourcing handelt es sich, wie bereits kurz angerissen, um die Synthese von klassischen Outsourcing-Strategien und den Möglichkeiten webbasierter Kommunikations- und Arbeitsmittel (Howe, 2006). Die gewünschten Dienstleistungen werden vom Auftraggeber [Crowdsourcer] auf Internetplattformen ausgeschrieben. Die Bearbeitung der abgefragten Aufgaben erfolgt durch registrierte Plattformnutzer [Crowd bzw. Crowdworker], typischerweise unter ausschließlicher Zuhilfenahme der persönlichen EDV-Endgeräte.

2.2   Unterscheidung anhand der Tätigkeit

Grundsätzlich eignet sich nahezu jede Aktivität innerhalb von Leistungserstellungsprozessen dazu, im Wege des Crowdsourcings vergeben zu werden. Dies betrifft sowohl die primären als auch sekundären Wertaktivitäten im Sinne der Porter'schen Wertschöpfungskette (Leimeister et al., 2015, mit weiteren Nachweisen). So können einfache wie komplexe Projekte als Ganzes vergeben werden. Regelmäßig bietet es sich jedoch an, diese in einem ersten Schritt in eine Vielzahl abgrenzbarer Teilaufgaben zu zergliedern, wobei nochmals zwischen relativ simplen Mikrotasks und weniger standardisierten und, teilweise spezielle Qualifikationen voraussetzenden, Makrotasks zu unterscheiden ist (Leimeister et al., 2015). Diese Teilaufgaben werden der Crowd zu Bearbeitung überantwortet und die individuellen Arbeitsergebnisse final zum ausgeschriebenen Projekt zusammengefügt. In diesen Zusammenhängen wird das Crowdsourcing auch als digitale Form des Taylorismus bezeichnet (Krause, 2016).

Zur Veranschaulichung dieses Vorganges denke man etwa an die Erstellung einer Software zum automatischen Filtern jugendgefährdender Webinhalte. Dieses Projekt ließe sich natürlich einheitlich ausschreiben, eignet sich jedoch auch zur Zergliederung in verschiedene abgrenzbare Arbeitsschritte. Als Makrotasks wären in diesem Fall etwa die Erstellung des Quellcodes und die Gestaltung der Benutzeroberfläche zu qualifizieren. Bei der Anfertigung eines einzelnen Icons nach bestimmten Vorgaben oder der Kontrolle konkreter Webseiten auf jugendgefährdende Inhalte zwecks Pflege der Datenbank und Feinjustierung des Filter-Algorithmus handelt es sich hingegen um Mikrotasks. In ihrer Gesamtheit bilden die Tasks das Projekt »Filtersoftware« (Abb. 1).

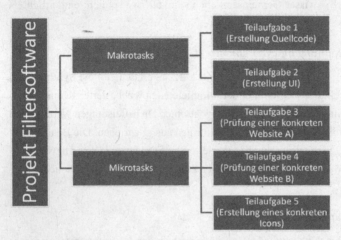

Abb. 2: Beispiel einer Projektzergliederung in Mikro- und Makrotasks

2.3   Unterscheidung anhand der Adressaten

Bezüglich der Zusammensetzung der adressierten Crowd lassen sich internes und externes Crowdsourcing unterscheiden. Beim internen Crowdsourcing wendet sich ein Unternehmen bzw. ein Konzern ausschließlich an die eigene Belegschaft (Selzer, 2014). Im Unterschied hierzu adressiert das externe Crowdsourcing eine Menge von Internetnutzern unabhängig von ihrer Beziehung zum Unternehmen oder Konzern (Selzer, 2014).

2.4   Unterscheidung anhand der Vermittlungsplattform.

Der Crowdsourcer kann sowohl beim internen als auch beim externen Crowdsourcing die genutzte Vermittlungsplattform in Eigenregie betreiben. Üblicher ist jedoch die Einschaltung eines hierauf spezialisierten Anbieters [Intermediär] (Leimeister & Zogaj & Blohm, 2015). Dieser Intermediär stellt die für die Vergabe der Projekte benötigte IT-Infrastruktur zur Verfügung und vermittelt den Kontakt zwischen Crowdsourcer und Crowdworker. Dieses Geschäftsmodell ist vergleichbar mit dem Vermittlungskonzept des Online-Auktionshauses *eBay*: Vertragliche Beziehungen werden zwischen allen drei Beteiligten etabliert, wobei die Konditionen der Arbeitserbringung im Vertragsverhältnis zwischen Crowdworker und Crowdsourcer geregelt werden (Selzer, 2014) [Crowdworkingverhältnis]. Im Verhältnis zum Intermediär sind jeweils nur die Voraussetzungen zur Nutzung der Plattform geregelt. Es entsteht somit ein schuldrechtliches Dreiecksverhältnis (Abb. 2).

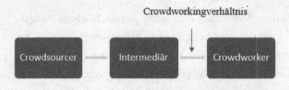

Abb. 2: Zwischenschaltung des Intermediärs

Manche Intermediäre beschränken sich jedoch nicht auf die bloße Kontaktvermittlung, sondern übernehmen zugleich die Zergliederung des Projekts in Teilaufgaben, organisieren deren Verteilung auf die Mitglieder der Crowd und übermitteln das aus den einzelnen Arbeitsergebnissen zusammengesetzte Projekt an den Crowdsourcer (Selzer, 2014). Auch wenn die Übernahme dieser Tätigkeiten nicht zwingend gegen die Annahme eines Dreiecksverhältnisses spricht, ist es in dieser Gestaltung regelmäßig so, dass hier keine unmittelbare Vertragsbeziehung zwischen Crowdsourcer und Crowdworker entstehen soll, sondern das Crowdworkingverhältnis zwischen Crowdworker und Intermediär etabliert wird (Däubler & Klebe, 2015). Man hat es also mit einer Leistungskette zu tun, bei der der Intermediär zwischen Crowdsourer und Crowdworker positioniert ist (Abb. 3).

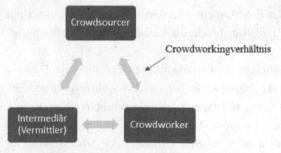

Abb. 3: Reine Vermittlerfunktion des Intermediärs

3   Rechtliche Verortung des Crowdworkingverhältnisses

Nachdem im Vorgehenden das Crowdsourcing in seiner praktischen Ausgestaltung sowie die maßgeblichen Rechtsbeziehungen dargestellt wurden, soll im Folgenden nun eine rechtliche Einordnung des Crowdworkingverhältnisses erfolgen.

3.1   Internes Crowdsourcing

Ein Arbeitnehmer des Crowdsourcers übernimmt eine intern ausgeschriebene Aufgabe und handelt typischerweise in Erfüllung des bestehenden Arbeitsvertrages. Die Annahme einer neben das Arbeitsverhältnis tretenden Vertragsbeziehung ist jedoch nicht ausgeschlossen (Selzer, 2014), muss im Einzelfall jedoch eindeutig vereinbart werden. Der Crowdsourcingvorgang erweist sich bei dieser Gestaltung lediglich als besondere Form der Ausübung des dem Arbeitgeber zustehenden Direktionsrechts und als Möglichkeit des unternehmens- resp. abteilungsübergreifenden Rückgriffs auf vorhandenes Knowhow.

3.2   Externes Crowdsourcing. Komplizierter stellt sich die Lage beim externen Crowdsourcing dar

3.2.1   Crowdworker als Arbeitnehmer

Arbeitnehmer ist, wer sich durch privatrechtlichen Vertrag gegen Entgelt zur Leistungen von Diensten in persönlicher Abhängigkeit verpflichtet hat. Den Arbeitsvertrag prägt das Direktionsrecht des Arbeitgebers sowie die Eingliederung des Arbeitnehmers in eine fremdbestimmte Arbeitsorganisation [vgl. § 84a Abs. 1 S. 2 HGB]. Das Crowdworkingverhältnis wird regelmäßig nicht unter diese Definition zu fassen sein: So schuldet der Crowdworker typischerweise das Bewirken eines konkreten Arbeitserfolges im Sinne eines Werkvertrages gem. § 631 BGB und nicht die zeitbestimmte Zurverfügungstellung seiner Arbeitskraft (Selzer, 2014).

Aber selbst, wenn im Einzelfall vom den Crowdworker eine Leistung von Diensten zugesagt worden sein sollte, wird es häufig an der persönlichen Abhängigkeit und Einbindung des Crowdworkers in eine fremdbestimmte Arbeitsorganisation fehlen (Krause, 2016). Denn Crowdworker arbeiten zumeist unter freier Zeiteinteilung und an einem selbstbestimmten Ort. Allenfalls dann, wenn dem Gläubiger der Arbeitsleistung die Möglichkeiten zur effektiven Kontrolle und Steuerung der Leistungserbringung eingeräumt wird, ist eine persönliche Abhängigkeit des Crowdworkers in Betracht zu ziehen.

Auch hier kommt es jedoch auf die Bewertung des konkreten Einzelfalles an. Problematisch wären in dieser Hinsicht etwas das Recht des Vertragspartners zur Kontrolle und digitalen Aufzeichnung der geleisteten Arbeitszeit oder die Einräumung einer effektiven Überwachungsinfrastruktur, etwa in Form der beständigen Anfertigung und Versendung von Screenshots des privaten Endgeräts (Däubler & Klebe, 2015).

3.2.2 Crowdworker als arbeitnehmerähnliche Person

Bei einer arbeitnehmerähnlichen Person handelt es sich um einen selbständigen Unternehmer, der wirtschaftlich abhängig und einem Arbeitnehmer vergleichbar sozial schutzbedürftig ist, weil er überwiegend für eine Person tätig ist, die geschuldete Leistung persönlich und im Wesentlichen ohne Mitarbeit eigener Arbeitnehmer erbringt. Das vom Auftraggeber bezogene Einkommen muss seine entscheidende Existenzgrundlage darstellen; ist er für mehrere Auftraggeber tätig, muss mehr als die Hälfte des Gesamteinkommens auf einen von ihnen entfallen [vgl. § 12a TVG]. Ob Dienste oder die Erstellung eines konkreten Erfolges geschuldet werden, ist, anders als bei der Frage der Arbeitnehmereigenschaft, unerheblich. In den Fällen, in den der Intermediär lediglich als Vermittler auftritt (Abb. 2), der Crowdworker also in unmittelbare vertragliche Beziehungen mit dem Crowdsourcer tritt, wird eine entsprechende wirtschaftliche Abhängigkeit eher selten auftreten. Wahrscheinlicher erscheint dies im Bereich der Leistungskette (Abb. 3). In diesen Konstellationen erbringt der Crowdworker wiederholt Arbeiten für einen bestimmten Intermediär. Kommt dem hierdurch erzielten Einkommen existenzsichernde Bedeutung zu und unterhält der Crowdworker keine Beziehungen (oder nur im geringen Umfang) zu anderen Plattformen, liegt die Annahme einer arbeitnehmerähnlichen Stellung nicht fern (Selzer, 2014).

Auch hinsichtlich der Klassifizierung des Crowdworkers als arbeitnehmerähnliche Person wird man also keine generelle Aussage treffen können, sondern hat stets die Begebenheiten des konkreten Einzelfalls zu betrachten.

3.2.3 Crowdworker als Heimarbeiter

Teilweise wird vertreten, dass es sich bei Crowdworkern um Heimarbeiter im Sinne des Heimarbeitergesetzes [HAG] handelt (Selzer, 2014). Diese Untergruppe der arbeitnehmerähnlichen Personen unterliegt besonderen Schutzvorschriften und wird den Arbeitnehmern partiell gleichgestellt. De lege lata wird diese Ansicht jedoch mehrheitlich abgelehnt, da sich das Arbeitsbild des Crowdworkers wesentlich von dem des klassischen Heimarbeiters unterscheidet und zentrale Wertungen und Bestimmungen des HAG, etwa § 11 HAG, nicht zu den Begebenheiten des Crowdsourcings passen (Däubler & Klebe, 2015). Das Bundesministerium für Arbeit und Soziales erachtet eine Regulierung von Crowdwork, die sich an den bewährten, schon lange bestehenden Regelungen für Heimarbeitnehmerinnen und -arbeitnehmer orientiert, als naheliegend (BMAS, 2016).

4 Konkrete Folgen der jeweiligen rechtlichen Verortung

Crowdworkern ist also in aller Regel der Arbeitnehmerstatus abzusprechen. Doch welche rechtlichen Folgen zeitigt diese Feststellung? Auch hier hängt die Beantwortung von den jeweiligen Umständen des Einzelfalls ab. Das Arbeitsrecht hält einen umfangreichen Katalog an Schutzmechanismen parat, der jedoch nur in Arbeitsverhältnissen zur Geltung gelangt; Teilbereiche greifen aber ebenso für arbeitnehmerähnliche Personen und Heimarbeiter. Im Folgenden soll eine Übersicht der jeweils einschlägigen Gesetzesregelungen und Rechtsprechungspraxen dargestellt werden, die je nach Qualifizierung des Crowdworkingverhältnisses zu beachten sind.

4.1 Arbeitnehmerähnliche Personen

Sollte die Ausgestaltung des Crowdworkingverhältnisses die Annahme eines arbeitnehmerähnlichen Verhältnisses begründen, finden einige arbeitsrechtlichen Bestimmungen Anwendung. Zu beachten ist etwa § 2 S. 2 BurlG, wonach arbeitnehmerähnlichen Personen ein Anspruch auf einen gesetzlichen Erholungsurlaub von vier Wochen jährlich zu gewähren ist. Nach § 2 Abs. 2 Nr. 3 ArbSchG ist das Arbeitsschutzgesetz grundsätzlich auf arbeitnehmerähnliche Personen anwendbar. Für das Crowdsourcing ist § 18 Abs. 2 Nr. 5 ArbSchG von besonderer Bedeutung. Über diese Vorschrift findet etwa die Bildschirmarbeitsverordnung Anwendung. In der aktuellen arbeitsrechtlichen Diskussion ist umstritten, ob die Verordnung auch auf mobile Arbeitsplätze Anwendung finden muss (Calle Lambach & Prümper, 2014); sollte dies aber in Anbetracht der extensiven Vorgaben der Rechtsprechung des EuGH bejaht werden [EuGH, Urteil vom 6.7.2000, NZA 2000, 877], kommt dem Vertragspartner des Crowdworkers die Pflicht zu, die Arbeitsplätze seiner Crowdworker entsprechend den Vorgaben des § 4 BildscharbV einzurichten (Kohte, 2015).

Daneben sind arbeitnehmerähnliche Personen über § 6 Abs. 1 Nr. 3 AGG vom AGG und dessen Diskriminierungsverboten umfasst. Nach § 3 Abs. 11 Nr. 6 BDSG beschränkt sich der Schutz nicht auf Arbeitnehmer, sondern erfasst generell »Beschäftigte«. Weiterhin ist für arbeitnehmerähnliche Personen eine Einbeziehung in die betriebliche Altersversorgung nach § 17 Abs. 1 S. 2 BetrAVG vorgesehen und nach § 5 Abs. 1 S. 2 ArbGG auch das Arbeitsgericht für ihre Streitigkeiten zuständig. Sie haben Anspruch auf Ausstellung eines Arbeitszeugnisses [*BGH*, Urteil vom 9.11.1967, NJW 1968, 396].

Schließlich sind die Tarifvertragsparteien nach § 12a TVG ermächtigt, für arbeitnehmerähnliche Personen, die keine Handelsvertreter sind [§ 12a Abs. 4 TVG], Tarifverträge abzuschließen. Den betroffenen Crowdworkern steht insoweit auch das Recht zur Führung von Arbeitskämpfen i. S. d. Art. 9 Abs. 3 GG zu (Däubler, 2015).

Die Integration der arbeitnehmerähnlichen Personen in die Schutzinstrumente des klassischen Arbeitsrechts ist jedoch nur partiell und enumerativ erfolgt. Sensible Bereiche wie etwa das Maßregelungsverbot des § 612a BGB, der Kündigungsschutz oder der Mutterschutz sind ausgeklammert. Wesentliche Schutzelemente des Arbeitsrechts bleiben den Crowdworkern daher auch als arbeitnehmerähnlichen Personen vorenthalten (Däubler, 2013).

4.2 Heimarbeiter

Sollten Crowdworker entgegen der herrschenden Ansicht als Heimarbeiter zu qualifizieren sein, fände das HAG Anwendung. Dieses Gesetz sieht in mehrfacher Hinsicht eine Annäherung an die schutzrechtlichen Standards von Arbeitnehmern vor. So stellt § 29 HAG etwa Kündigungsfristen auf, die dem des § 622 BGB angepasst sind. Eine Beschränkung der Kündigungsgründe – wie etwa in § 1 KSchG vorgesehen – existiert im HAG zwar nicht, jedoch hat die Rechtsprechung den aus Art. 12 Abs. 1 GG hergeleiteten Basiskündigungsschutz auch den Heimarbeitern zugesprochen [BAG, Urteil vom 24.3.1998, NZA 1998, 1001]. Im Laufe der Kündigungsfrist ist der Auftraggeber zudem verpflichtet, den Heimarbeiter sein bisheriges Durchschnittsentgelt weiter zu zahlen [BAG, Urteil vom 11.7.2006, NZA 2007, 1375]. Dabei kann sich der Auftraggeber nach BAG Rechtsprechung sogar schadensersatzpflichtig machen, sofern er in diesem Zeitraum die Arbeitsmenge kürzt (dazu BAG, Urteil vom 13.9.1983, NZA 1984, 42).

Nach § 4 HAG sind sog. Heimarbeitsausschüsse einzurichten, die aus je drei Besitzern aus Kreisen der Auftraggeber und der Beschäftigten sowie einem neutralen Vorsitzenden bestehen. § 19 HAG sieht vor, dass die Entgelte und Vertragsbedingungen mit bindender Wirkung für alle Auftraggeber und Beschäftigten ihres Zuständigkeitsbereiches festgesetzt werden können. Die Wirkung entspricht dem eines für allgemein verbindlich erklärten Tarifvertrags und ist nach Einschätzung des Bundesverfassungsgerichts als verfassungskonform anzusehen [BVerfG, Beschluss vom 27.2.1973, NJW 1973, 1320]. Nennenswert ist in diesem Zusammenhang auch § 25 HAG, der dem Landesarbeitsministerium das Recht einräumt, die Differenz zwischen den tatsächlich ausgezahlten Beiträgen und dem festgesetzten Mindestentgelt selbst gerichtlich einzuklagen.

§ 8 HAG garantiert die Einhaltung der entgeltlichen Minimalstandards: Danach müssen in den Räumen des Auftraggebers Entgeltverzeichnisse und Nachweise über die Vertragsbedingungen offen vorliegen. § 9 HAG sieht vor, dass Auftraggeber für jeden Beschäftigten ein Entgeltbuch austeilen müssen, das Auskunft über die Ausgabe und Abnahme von Arbeit, ihre Art und ihren Umfang, das Entgelt sowie die vereinbarten Termine geben muss.

In §§ 10 und 11 HAG finden sich dem Arbeitsschutzrecht zuzuordnende Vorschriften. Nach § 10 HAG soll unnötige Zeitversäumnis bei der Ausgabe oder Abgabe von Arbeit vermieden werden. § 11 HAG sieht vor, dass die Arbeitsmenge durch den Auftraggeber gleichmäßig auf alle Beschäftigten unter Berücksichtigung ihrer Leistungsfähigkeit aufgeteilt werden soll. Nach § 11 Abs. 2 HAG soll der Heimarbeiterausschuss sogar eine Höchstmenge von Arbeitskapazität festlegen können, falls dies zur Beseitigung von Missständen erforderlich ist. § 30 HAG regelt konkret, wann ein Verbot der Ausgabe von Heimarbeit angeordnet werden kann. Hierbei handelt es sich um eine Sanktionsmaßnahme bei Verstößen gegen die im HAG geregelten Vorschriften.

Auch in anderen Einzelgesetzen werden die Heimarbeiter den Arbeitnehmern gleichgestellt. So beinhaltet § 11 EFZG eine Entgeltfortzahlung für Heimarbeiter. Ihnen wird zudem auch Jugendarbeits- und Mutterschutz gewährt [vgl. § 1 Abs. 1 Nr. 2 JArbSchG, § 1 Nr. 2 MuSchG]. Ein gesetzlicher Urlaubsanspruch besteht gem. § 12 BUrlG.

Schließlich findet eine Berücksichtigung von Heimarbeitern im Rahmen der Betriebsverfassung statt, gem. § 5 Abs. 1 S. 2 BetrVG. Hier gilt jedoch, dass Heimarbeiter nur zu berücksichtigen sind, sofern sie in der Hauptsache für den Betrieb arbeiten. Das BAG hat diese Vorgabe durch seine Rechtsprechung konkretisiert und lässt es genügen, dass die Arbeit für den Betrieb gegenüber sonstiger Arbeit für andere Auftraggeber überwiegt [BAG, Beschluss vom 27.9.1974, DB 1975, 936]. Liegt diese Voraussetzung vor, muss der Betriebsrat sogar bei der erstmaligen Verteilung der Heimarbeit, bei der Festsetzung der Vorgabezeiten und bei der Kündigung beteiligt werden (Däubler, 2015). Der Heimarbeiter hat einen Anspruch auf Teilnahme an der Betriebsversammlung und kann im Zuge dessen auch seine Fahrtkosten sowie eine Vergütung für die dadurch investierte Zeit verlangen (Däubler, 2015).

4.3   Crowdworker als Selbständige

Typischerweise werden Crowdworker als Selbständige tätig. Rechtsfolge ist ein Ausschluss der Crowdworker von den arbeits- und sozialrechtlichen Schutzvorschriften. Als vertragsbezogene Schutzmechanismen greifen für sie insoweit nur die allgemeinen Generalklauseln der §§ 134, 138, 242 BGB sowie die Grundsätze der AGB-Kontrolle nach §§ 305 ff. BGB. Absehbar ist bereits jetzt, dass eine Vielzahl der gestellten AGB auf den Crowdsourcing-Portalen als unwirksam zu qualifizieren sein wird, dies betrifft u. a. Regelungen zur doppelten Schriftformklausel, zum einseitigen Kündigungsrecht und verschuldensunabhängige Haftungsausschlüsse. Bei der AGB-Kontrolle ist zu bedenken, dass Crowdworker in aller Regel Unternehmer sein werden (Hötte, 2014). Dennoch kann im Rahmen der AGB-Kontrolle der strukturelle Nachteil der Crowdworker berücksichtigt werden. In der Literatur gibt es bereits Ansätze, die sich um einen adäquaten Schutz von Crowdworkern durch die allgemein zivilrechtlichen Schutznormen bemühen (Reiter, 2014).

Von Bedeutung sind weiterhin die §§ 19 und 20 GWB. § 19 GWB sieht eine Wettbewerbsbeschränkung bei Missbrauch einer marktbeherrschenden Stellung und § 20 GWB ein Verbot der Benachteiligung ohne sachlichen Grund sowie die unbillige Behinderung eines anderen Marktteilnehmers vor.

5   Aushebelung des Arbeitsrechts durch digitalen Taylorismus?

Die Flucht aus dem Normalarbeitsverhältnis ist kein dem Arbeitsrecht unbekanntes Phänomen; die Erscheinung prekärer Arbeitsverhältnisse wie der Leiharbeit und die Umgehung arbeitsrechtlicher Schutzvorschriften sind seit geraumer Zeit Gegenstand der rechtswissenschaftlichen Diskussion. Doch die Kumulation der Fragmentierung der Arbeitswelt in Verbindung mit dem erleichterten Zugang durch die, von den Plattformbetreibern bereitgestellte, digitale Infrastruktur begründet die arbeitsrechtliche Brisanz des Crowdsourcings.

Die Befürchtung eines digitalen Prekariats prägt auch die gegenwärtige juristische Auseinandersetzung der Praxis und Wissenschaft mit dem Thema Crowdsourcing: In der Diskussion dominieren zum einen die Fragestellung zur rechtlichen Qualifizierung des Crowdsourcings und der Anwendbarkeit arbeitsrechtlicher Regelungsmechanismen; primär mit dem Motiv einer Mobilisierung bestehender arbeitsrechtlicher Schutzbestimmungen und Mitbestimmungsregime zugunsten der betroffenen Dienstleister. Zum anderen wird über den rechtlichen Umgang mit erwerbsschwachen Solo-Selbständigen diskutiert, deren Schutz einer Reformation bedürfe (Krause, 2016).

6 Bewertung und Ausblick

Festhalten lässt sich zunächst, dass das Crowdsourcing und die von ihm ausgehenden Chancen und Gefahren in aller Munde sind. Dies zeigt sich nicht zuletzt daran, dass sich der 71. Deutsche Juristentag dem Thema der Digitalisierung der Arbeitswelt widmete und die Herausforderungen und den Regelungsbedarf, u. a. auch im Bereich des Crowdsourcings, diskutierte. Der Gutachter Prof. Dr. Rüdiger Krause plädierte – wie auch andere Stimmen in der Literatur – für eine Novellierung des HAG (Krause, 2016 sowie Selzer, 2014). Die darin enthaltenen Vorschriften zum Arbeitsschutz, der Entgeltregelung und den Kündigungsfristen sollen als kurzfristige Lösung für die befürchtete Schutzlosigkeit von Crowdworkern fruchtbar gemacht werden. Konkretere Vorschläge neben der Erweiterung des persönlichen Anwendungsbereichs werden dabei nicht formuliert.

Dies verwundert, kommen die strengen Regulierungsmechanismen des HAG doch einem Aus des Crowdsourcings in Deutschland gleich. Vorschriften wie § 11 HAG, die eine gleichmäßige Verteilung der Aufträge auf alle Crowdworker vorsehen, konterkarieren ebenso wie eine strenge Arbeitszeitregulierung die Anreize, die das Crowdsourcing setzt. Die Forderung nach derartigen Schutzinstrumenten verkennt, dass Crowdsourcing nicht nur für die Arbeitgeberseite attraktiv ist. Zahlreiche Studien belegen den stetig steigenden Wunsch nach zeitlicher Flexibilität und dem Bedürfnis größerer Handlungsautonomie von Arbeitnehmern (Kienbaum, 2009/2010 sowie BMAS, 2015). Das Crowdsourcing bietet in dieser Hinsicht ein beachtliches Potential, sowohl örtlich, zeitlich als auch sachlich selbstbestimmt an der Arbeitswelt zu partizipieren. Bei arbeitsrechtlichen Regulierungsmaßnahmen muss Rücksicht darauf genommen werden, dass den Beschäftigten von morgen kein Verhaltensmuster von gestern aufgezwungen wird.

So wie die Vorzüge für die Autonomie von Beschäftigten wenig betont werden, wird das eigentlich ambivalente Profil von Crowdworken meist nur einseitig beleuchtet. Als Impuls für einen gesetzlichen Regulierungsbedarf dienen meist die einkommensschwachen Crowdworker, die als Clickworker tätig werden. Ob es in Deutschland aber tatsächlich Betroffene gibt, die ihren Lebensunterhalt allein durch Crowdworking bestreiten, ist weiterhin ungeklärt. Hier offenbart sich der noch dringend notwendige Forschungsbedarf, der ein Einschreiten des Gesetzgebers rechtfertigen könnte (Risak, 2015). Zutreffend hat auch die Bundesregierung 2014 noch festgestellt, dass es an belastbaren Studien fehlt, die den – in der rechtswissenschaftlichen Diskussion herbeigeschworenen – Gefahren Grundlage bieten (Däubler, 2015). Insbesondere der Umstand, dass ungewiss ist, wie viele Menschen in Deutschland tatsächlich ihren Lebensunterhalt durch Crowdsourcing bestreiten, lässt einen gesetzgeberischen Eingriff als voreilig erscheinen (Kocher & Hensel, 2016).

Die Schutzbedürftigkeit ertragsschwacher Solo-Selbständiger ist kein Novum in der rechtswissenschaftlichen Diskussion, wobei die Probleme hier überwiegend sozialversicherungsrechtlicher Natur sind (Brose, 2017). Die Gewährleistung einer angemessenen Altersversorgung ist etwa nur bedingt aus arbeitsrechtlicher Sicht regulierbar (Waltermann, 2010).

Die Dynamik technologischer und wirtschaftlicher Entwicklungen zwingt den Gesetzgeber, seine Initiativen zunehmend nachziehend und punktuell zu gestalten. Die Aufschreie seitens der Gewerkschaften in Furcht vor »digitalen Tagelöhner«, »Lohn-Dumpingspiralen« und der »digitalen Sklaverei«, suggerieren einen Zugzwang der Legislative. Doch muss wohl überlegt sein, welche Folgen die Regulierung für das Phänomen mit sich zieht und wessen Interessen letztendlich befriedigt werden. Die teilweise geforderte Anwendung des HAG kommt dem Ende des Crowdsourcings gleich. Der Versuch, das Normalarbeitsverhältnis weiterhin als Leitbild zu begreifen, mit der Folge, dass die modernen Umgehungsformen verhindert oder eingedämmt werden sollen, scheint dennoch wenig praktikabel. Der digitale Wandel fordert stets ein Ausgleich konkurrierender Interessen: Ziel muss ein Kompromiss zwischen dem Schutz der Beschäftigten und den unternehmerischen Interessen sein, denen im Hinblick auf den globalen Wettbewerb im digitalen Zeitalter besondere Bedeutung zugestanden muss (Bücker, 2016).

Die Regelungsmechanismen des HAG müssten grundlegend überarbeitet werden und zwar in einem solchen Maße, dass sich die Frage stellt, wieso das HAG überhaupt als Anknüpfungspunkt herangezogen werden sollte. Das Gesetz entstand schließlich unter einer völlig anderen Prämisse; der Bezug zum Crowdsourcing lässt allein durch den Wortlaut des Gesetzes [»Heim«] erschließen. Insoweit ist auch der vorgenannte Handlungsvorschlag des Bundesministeriums für Arbeit und Soziales kritisch zu bewerten.

Für punktuelle, kurzfristige Lösungen bietet es sich an, die Besonderheiten des Crowdsourcings in den AGB-Kontrollen entsprechend zu berücksichtigen, die insbesondere
das strukturelle Ungleichgewicht würdigen können.

Bislang erfuhr das Selbstregulierungspotential, welches von der Crowd ausgeht, wenig Aufmerksamkeit. Externe Reputationssysteme wie etwa *Turkopticon* funktionieren
als Warnsystem unter Crowdworkern und ermöglichen eine Bewertung der Auftraggeber. Crowdworker können hier Auskunft über Arbeitsergebnisse, Verlässlichkeit, Ku-
lanz, Fairness, Kommunikationsverhalten und Feedbackbereitschaft erlangen. Derartige
externe Anwendungen bieten einen Kontrollmechanismus, der es Crowdworkern ermöglicht, über die Arbeitsbedingungen und Arbeitsstandards zu verhandeln und Min-
deststandards durchzusetzen (Hensel et al., 2016).

Vergleichbare selbstorganisatorische Prozesse zur Gestaltungs- und Durchsetzungs-
macht der Crowd können durch eine kollektivrechtliche Interessensvertretung ermög-
lich werden. Beispielhaft hat die IG Metall Anfang 2015 ihre Plattform faircrow-
dwork.org ins Leben gerufen und bietet Crowdworkern dort die Möglichkeit, sich beraten und helfen zu lassen. Die Gewerkschaften *ver.di* und *IG-Metall* haben in ihren Sat-
zungen die Mitgliedschaft von Crowdworkern ermöglicht Mit dieser Öffnung des Mit-
gliederkreises ist jedoch nicht zwangsläufig die Möglichkeit zur wirksamen tarifvertrag-
lichen Regelung der Arbeitsbedingungen organisierter Crowdworker verbunden. Die
normative Festlegung von Arbeitsbedingungen steht in einem Konflikt mit dem europarechtlichen Kartellverbot des Art. 101 AEUV, das Absprachen verbietet, die den Handel
zwischen Mitgliedstaaten zu beeinträchtigen geeignet sind und eine Verhinderung, Ein-
schränkung oder Verfälschung des Wettbewerbs innerhalb des Binnenmarkts bezwecken oder bewirken. Insbesondere Preisabsprachen unter Unternehmern sind untersagt.
Der EuGH hat entschieden, dass Art. 101 AEUV nur dann keine Anwendung auf tarif-
vertragliche Bestimmungen zugunsten von selbständigen Dienstleistern findet, wenn es
sich bei den Dienstleistern um Scheinselbständige handelt, sie sich also in einer ver-
gleichbaren Situation wie Arbeitnehmer befinden [EuGH, Urteil vom 4.12.2014, NZA
2015, 55] (Hanau, 2016).

Misslich für alle Beteiligten ist hingegen die bestehende Rechtsunsicherheit über die
Natur der Vertragsverhältnisse. Ob ein Crowdworker im Einzelfall als arbeitnehmer-
ähnlicher Selbständiger, als Solo-Selbständiger oder sogar als Arbeitnehmer tätig wird,
ist für alle Parteien schwierig zu erfassen. Hier müssen insbesondere die Plattformbetreiber vorausschauend bei der Vertragsgestaltung agieren.

Literaturverzeichnis

Baurmann, J. & Ruzio K. (2016). *Crowdworking – Die neuen Handwerker.* URL: http://pdf.zeit.de/2016/18/crowdworking-freelancer-digital-arbeitsmarkt.pdf.

Brose, W. (2017). Von Bismarck zu Crowdwork: Über die Reichweite der Sozialversicherungspflicht in der digitalen Arbeitswelt. *Neue Zeitschrift für Sozialrecht,* 7–14.

Bücker, S. (2016). Arbeitsrecht in der vernetzten Arbeitswelt. *Industrielle Beziehungen,* 23(2),187–222.

Bundesministerium für Arbeit und Soziales *[BMAS]* (2015). *Mobiles und entgrenztes Arbeiten.* URL: http://www.bmas.de/DE/Service/Medien/Publikationen/a873.html.

Bundesministerium für Arbeit und Soziales *[BMAS]* (2016). Arbeit weiter denken – Weißbuch Arbeiten 4.0. URL: http://www.bmas.de/DE/Service/Medien/Publikationen/a883-weissbuch.html.

Calle Lambach, I. & Prümper, G. (2014). Mobile Bildschirmarbeit: Auswirkungen der Bildschirmrichtlinie 90/270/EWG und der BildscharbV auf die Arbeit an mobil einsetzbaren IT-Geräten. *Recht der Arbeit,* 67(6), 345–354.

Däubler, W. (2015). *Arbeitsrecht und Internet* (5. Aufl.). Köln: Bund-Verlag.

Däubler, W. & Klebe, T. (2015), Crowdwork: Die neue Form der Arbeit – Arbeitgeber auf der Flucht? *Neue Zeitschrift für Arbeitsrecht,* 32(17), 1032–1041.

Deinert, O. & Helfen, M. (2016) Entgrenzung von Organisation und Arbeit? Interorganisationelle Fragmentierung als Herausforderung für Arbeitsrecht, Management und Mitbestimmung – Einleitung zum Schwerpunktheft. *Industrielle Beziehungen,* 23(2), 85–91.

Hanau, H. (2016). Schöne digitale Arbeitswelt? *Neue juristische Wochenschrift,* 69(39), 2613–2617.

Hensel, I. et al. (2016). Crowdworking als Phänomen der Koordination digitaler Erwerbsarbeit – Eine interdisziplinäre Perspektive. *Industrielle Beziehungen,* 23(2), 162–186.

Hötte, D. (2014), Crowdsourcing. Rechtliche Risiken eines neuen Phänomens. *MultiMedia und Recht,* 17(12), 795–798.

Howe, J. (2006). *The Rise of Crowdsourcing.* URL: http://www.wired.com/2006/06/crowds/.

Kienbaum (2009/2010). *Was motiviert die Generation Y im Arbeitsleben?* URL: www.kienbaum.de/Portaldata/1/Resources/downloads/servicespalte/Kienbaum_Studie_Generation_Y_2009_2010.pdf.

Klebe, T. (2016). Crowdwork: Faire Arbeit im Netz? *Arbeit und Recht,* 64(7), 277–281.

Kocher, E. & Hensel, I. (2016). Herausforderungen des Arbeitsrechts durch digitale Plattformen – ein neuer Koordinationsmodus von Erwerbsarbeit. *Neue Zeitschrift für Arbeitsrecht,* 984–990.

Kohte, W. (2015). Arbeitsschutz in der digitalen Arbeitswelt. *Neue Zeitschrift für Arbeitsrecht,* 32(23), 1417–1424.

Kraft, A. (2016). Ein Tag in der Content-Hölle. *Magazin Mitbestimmung,* 25(2), 18–19.

Krause, R. (2016). Verhandlungen des 71. Juristentages Essen 2016 Bd. I: Gutachten Teil B: *Digitalisierung der Arbeitswelt – Herausforderungen und Regelungsbedarf.* München: C.H. Beck.

Leimeister, J., Zogaj, S. & Blohm, I. (2015). Crowdwork – digitale Wertschöpfung in der Wolke, In C. Brenner (Hrsg), *Crowdwork – zurück in die Zukunft?* (S. 9–41). Frankfurt am Main: Bund.

Reiter, A. (2014). *Die ganze Welt als Konkurrenz.* URL: http://www.zeit.de/2014/47/crowdsourcing-freelancer-digital-arbeitsmarkt.

Risak, M. (2015). Crowdwork – Eine erste rechtliche Annäherung. *Zeitschrift für Arbeits- und Sozialrecht,* 50(1), 11–19.

Selzer, D. (2014). Crowdworking – Arbeitsrecht zwischen Theorie und Praxis. In T. Husemann & A. Wietfeld (Hrsg.), *Zwischen Theorie und Praxis – Herausforderungen des Arbeitsrechts* (S. 27–49). Bochum: Nomos.

UNI Global Union (2016). *Dutch Study on Crowdworking shows growing Individualisation and Fragmentation in the digital Economy.* URL: http://www.uni-europa.org/2016/06/30/dutch-study-crowdworking-shows-growing-individualisation-fragmentation-digital-economy/.

Waltermann, R. (2010). Welche arbeits- und sozialrechtlichen Regelungen empfehlen sich im Hinblick auf die Zunahme Kleiner Selbständigkeit? *Recht der Arbeit,* 63(3), 162–170.

Teil 4:

Kollaborative Wertschöpfung als Chance für soziale, ökonomische und ökologische Nachhaltigkeit

Das Projekt „FindingPlaces". Ein Bericht aus der Praxis zwischen Digitalisierung und Partizipation

Nina Hälker, Katrin Hovy und Gesa Ziemer

HafenCity Universität Hamburg

Zusammenfassung

Unterstützt durch ein digitales interaktives Stadtmodell hat das Beteiligungsprojekt „FindingPlaces" einen Dialog zwischen Zivilgesellschaft, Politik, Verwaltung und Wissenschaft initiiert, der die Suche nach Flächen für die Unterbringung von Geflüchteten begleiten sollte. Der Beitrag beschreibt das Design und die Durchführung des Beteiligungsprojekts und analysiert exemplarisch, wie durch den Einsatz digitaler Technologien und ein auf Kollaboration fokussiertes Design neue Formen der partizipativen Stadtplanung entwickelt werden können.

1 Auf der Suche nach Flächen

Die bestehenden Flüchtlingsunterkünfte in der Freien und Hansestadt Hamburg waren durch den stetigen Zuzug Schutzsuchender Ende 2015 bis zur Belegungsgrenze ausgelastet. Aufgrund der anhaltenden kriegerischen Konflikte in Ländern wie Afghanistan und Syrien prognostizierte die Stadt Hamburg für das Jahr 2016 die Ankunft weiterer 40.000 Schutzsuchender, die zeitnah eine Unterbringung benötigen würden (Holtz, 2017). Dies stellte die Bürgerschaft vor die Herausforderung, vor dem Hintergrund der geringen Flächenverfügbarkeit im Stadtstaat, in kürzester Zeit ausreichend Unterbringungsplätze für Geflüchtete bereitzustellen. Immer wieder kam es aus der Bevölkerung zu Protesten gegen geplante Flüchtlingsunterkünfte. Auch formierte sich eine Volksinitiative[1], die eine aus ihrer Sicht „gerechtere Verteilung der Flüchtlingsunterkünfte" forderte und wiederholt Klage gegen neue Standorte erhob.

---

[1] https://www.gute-integration.de

In der erhitzen und emotional geführten Debatte beschloss der Erste Bürgermeister Hamburgs, Olaf Scholz, das CityScienceLab (CSL) der HafenCity Universität Hamburg (HCU), eine Kooperation mit dem MIT Media Lab in Cambridge/USA, zu beauftragen, ein Beteiligungsprojekt zu entwickeln, um zu einer Lösung der politisch aufgeladenen Situation beizutragen. Zentraler Bestandteil des Projekts sollte ein digitales Stadtmodell sein, um durch die Visualisierung städtischer Daten eine gemeinsame Informationsgrundlage für eine sachliche und qualifizierte Diskussion bereitzustellen. Dabei sollte die lokale Expertise von BürgerInnen in einen konstruktiven Dialog mit städtischen MitarbeiterInnen gebracht werden, um gemeinsam Lösungen für die Unterbringung von Geflüchteten zu erarbeiten. Ausgehend von dieser Situation hat das CSL im Frühjahr 2016 in enger Kooperation mit der Stadt Hamburg das Projekt „FindingPlaces – Hamburg sucht Flächen für Flüchtlingsunterkünfte" entwickelt.

2 Digitalstrategie und Partizipationsexpertise: Der hamburgspezifische Kontext von FindingPlaces

Zwei Rahmenbedingungen haben für das Zustandekommen von FindingPlaces eine wesentliche Rolle gespielt: zum einen das Bestreben der Stadt Hamburg, die Potenziale neuer Technologien in die städtische Verwaltungs- und Planungspraxis einzubeziehen, zum anderen die Tatsache, dass die Stadt Hamburg als Bürgerstadt weiterhin Möglichkeiten der direkten Beteiligung vertiefen möchte.

2.1 Die Digitalstrategie der Stadt Hamburg

Mit dem im Jahr 2012 von Hamburg als erstes Bundesland Deutschlands verabschiedeten Transparenzgesetz hat sich die Stadt zu einer Politik der offenen Daten verpflichtet: Über die Online-Plattform ‚Transparenzportal Hamburg' sind seither städtische Geodaten ebenso wie die Daten von über 50 weiteren hamburgischen Datenbeständen für die Öffentlichkeit einsehbar (FHH, o.J.). Die Behörden stellen amtliche Daten seither zweckungebunden und anfrageunabhängig online der Bevölkerung zur Verfügung, um „über die bestehenden Informationsmöglichkeiten hinaus die demokratische Meinungs- und Willensbildung zu fördern und eine Kontrolle des staatlichen Handelns zu ermöglichen" (FHH, 2012, S. 271).

2.2 Bürgerbeteiligung in der Stadt Hamburg

Maßnahmen der Bürgerbeteiligung sind seit den 1970er Jahren in vielen Kommunen Teil städtischer Planungspraxis geworden und haben dazu geführt, dass StadtplanerInnen und Behörden vermehrt darauf achten, Projekte an den Bedürfnissen von BewohnerInnen zu orientieren. Top-down-Denken wird dabei durch Bottom-up-Ansätze ergänzt (Nanz & Fritsche, 2012, S. 9; Gehl, 2013; FHH, 2013). Mittlerweile ist Bürgerbeteiligung 'en vogue'. Dennoch liegt in der Praxis von Bürgerbeteiligung oftmals weniger der „Austausch von Argumenten mit dem Ziel einer gemeinschaftlichen Willensbildung" (Nanz & Fritsche, 2012, S. 11) im Fokus als vielmehr das Ziel, BürgerInnen einen Einblick in aktuelle Planung zu geben.

Ein wesentlicher Hinderungsgrund dabei ist nicht nur der Zeit- und Kostenfaktor, sondern auch das bestehende Wissensgefälle zwischen städtischen VertreterInnen und BügerInnen, das eine gleichberechtigte Diskussion über stadtplanerische Projekte oftmals erschwert. Dieser Aspekt berührt die Definition der Ziele von Partizipationsprojekten – und damit die Frage, ob sie BürgerInnen einen Einblick gewähren sollen oder eine gemeinsame, kollaborative Erarbeitung stadtplanerischer Lösungen beabsichtigen. Die Überschneidungen von und die Grenzen zwischen den Definitionen der Begriffe Partizipation und Kollaboration sind nicht eindeutig, weisen jedoch einen wesentlichen Unterschied auf: Während der Begriff „Partizipation" dem lateinischen Wort „participare" entlehnt ist – „jemanden an etwas teilnehmen lassen", weist die Wortherkunft von „Kollaboration", „collaborare" – „mitarbeiten lassen" – deutlich stärker auf eine aktive Rolle der zum Prozess Eingeladenen hin. Als Kollaboration wird in der Praxis zumeist eine Zusammenarbeit bezeichnet, die auf ein gemeinsames Ziel ausgerichtet ist und bei der alle Beteiligten ein Interesse an Veränderung haben (Terkessidis, 2015). Dem gegenüber steht bei vielen Partizipationsprojekten weiterhin das Informieren der Teilnehmenden (mit einer inhärenten Wissenshierarchie) im Vordergrund – und damit vor dem Anliegen einer gemeinsamen Planung und Gestaltung.

In Hamburg haben in den vergangenen Jahren verschiedene sowohl von der Stadt initiierte als auch zuvor von Bürgerinitiativen geforderte Beteiligungsprojekte stattgefunden: In manchen Projekten stand die Information von AnwohnerInnen im Vordergrund, andere experimentierten bewusst mit neuen Dialogformen, um kollaborative Planung zu ermöglichen (u. a. Park Fiction[2], Esso-Häuser[3], A7-Deckel[4]). Ergänzend zu ‚analogen' Projekten gibt es eine wachsende Anzahl von Online-Beteiligungsprojekten (u. a. NextHamburg[5], Bauleitplanung-Online[6] und die von der Hamburger Stadtwerkstatt initiierten Projekte wie z. B. Oberbillwerder und Eimsbüttel[7]).

Die Frage, wie Wissenshierarchien zugunsten einer stärkeren Mitbestimmungsmöglichkeit von BürgerInnen reduziert werden können, um so Politik, Verwaltung und Zivilgesellschaft in einen gemeinsamen Dialog zu bringen, hat die Planung von FindingPlaces maßgeblich begleitet: Das Projekt wurde als Partizipationsprojekt konzipiert, dessen Design sich durch einen kollaborativen Ansatz auszeichnete: Den TeilnehmerInnen des Projekts sollten zu Beginn der Workshops das Wissen vermittelt werden, das für eine qualifizierte Diskussion über die Eignung städtischer Flächen für eine Nutzung als Flüchtlingsunterkünfte erforderlich sein würde. Dies bedeutete für das CSL, im Vorfeld der Workshopphase in Diskussionen mit der Stadt zu entscheiden, welche Fachinformationen für die Diskussion über Potenziale und Einschränkungen städtischer Flächen sein würden.

Betrachtet man die Kritik an vielen Beteiligungsverfahren (keine Diskussion auf Augenhöhe, wenige Beteiligte, zu spät informiert oder ‚nur informiert') trifft man oft auf das Argument fehlender Transparenz. Die Nutzung neuer Technologien bei der Durchführung von Beteiligungsverfahren hat genau in diesem Punkt großes Potenzial (Denecke et al., 2016). Mobile Partizipation ebenso wie der Einsatz von Online-Tools sind eine Bereicherung von Vor-Ort-Beteiligungsverfahren und verändern Teilhabemöglichkeiten nicht zuletzt durch neue Möglichkeiten der Darstellung und Vermittlung von Informationen: Die Aufbereitung und Visualisierung digitaler Daten ermöglicht, Planungsprozesse transparent und die Komplexität städtischer Planung verständlich zu machen – und schafft auf diese Weise eine Voraussetzung für einen konstruktiven Dialog. Nach Abschluss des Projekts stellt sich nun die Frage nach dem Mehrwert der spezifischen Methodik – dem Einsatz von CityScopes. Im Folgenden werden aus diesem Grund zunächst die Methodik und der Ablauf des Projekts skizziert. Daran anschließend erfolgt

---

[2] http://www.stadtteilarbeit.de/themen/brachen-freiflaechen/49-park-fiction.html
[3] http://www.hamburg.de/pressearchiv-fhh/4346988/buergerbeteiligung-esso-haeuser/
[4] http://www.hamburg.de/fernstrassen/planung-beteiligung/
[5] http://www.nexthamburg.de/
[6] http://www.hamburg.de/bauleitplanung/6408246/bauleitplanung-online/
[7] http://www.hamburg.de/eimsbuettel/eimsbuettel-wohnen-bauen-und-verkehr/eimsbuettel2040/

eine qualitative Auswertung des Projekts, die das Spannungsverhältnis von Partizipation und Kollaboration unter der Fragestellung untersucht, inwieweit die eingesetzte Methodik neue Möglichkeiten für politische Partizipation und neue Arten der Entscheidungsunterstützung eröffnet hat.

3   Die Methodik – CityScopes

Seit Juni 2015 besteht eine Kooperation zwischen der Freien und Hansestadt Hamburg und dem Media Lab des Massachusetts Institute of Technology (MIT). Ziel der Kooperation ist der Aufbau des CityScienceLab an der HafenCity Universität Hamburg. Das CSL ist dabei eins der Projekte, die von der Stadt im Rahmen der Digitalstrategie initiiert worden sind. Zur Erforschung der Digitalisierung von Städten eingerichtet, erprobt das CSL an digitalen Stadtmodellen neue Formen der Entscheidungsunterstützung – unter anderem bei Partizipationsprojekten (Hälker & Ziemer, 2017; Ziemer et al., 2017). Die dabei eingesetzten Stadtmodelle wurden in ihrem Grundkonzept von der Changing Places Group am MIT Media Lab entwickelt. Ein CityScope besteht in der Regel aus einem Modelltisch mit ‚Daten-Blöcken‘, auf denen Informationen projiziert werden, einem Analysecomputer und einem Monitor, auf dem weitere Informationen dargestellt werden (Hadhrawi & Larson, 2016). Vielschichtige Zusammenhänge können so schnell dargestellt und verändert werden, wobei das CityScope direktes visuelles Feedback zu potenziellen Auswirkungen gibt.

4   Gesucht – gefunden: Die Flächensuche bei FindingPlaces

Für FindingPlaces waren BürgerInnen eingeladen, im Rahmen von zweistündigen Workshops an einem digitalen Stadtmodell Flächen für temporäre Flüchtlingsunterkünfte vorzuschlagen, die Eignung der Flächen gemeinsam mit städtischen VertreterInnen zu diskutieren und dabei ihre Lokalexpertise einzubringen.

4.1   Konzeption

Um die BürgerInnen aktiv an der geplanten Flächensuche für Flüchtlingsunterkünfte zu beteiligen, wurde eine Workshopreihe entwickelt, bei der die Visualisierung spezifischer Flächeninformationen durch den Einsatz von CityScopes stattfand, um so die Komplexität städtischer Planungen nachvollziehbar zu machen. Die Datenvisualisierung sollte diskussionsfördernd und entscheidungsunterstützend sein. Die Ergebnisse –

konkrete Flächenvorschläge – sollten zudem einen Mehrwert für die Stadt Hamburg haben. In enger Abstimmung mit dem Zentralen Koordinierungsstab Flüchtlinge (ZKF) und der Senatskanzlei wurden im Vorwege der Workshopreihe ca. 30 Kriterien (wie beispielsweise Überschwemmungs-, Natur- oder Landschaftsschutzgebiete, Lärmbelastung und Emissionen) in sogenannte ‚harte' und ‚weiche' Merkmale eingeteilt. Alle städtischen Flächen wurden auf dieser Basis mit einem ‚geringen', ‚mittleren' oder ‚hohen' Einschränkungsgrad farblich markiert. Um die große Menge an Informationen für alle 250.000 städtischen Flurstücke zu veranschaulichen, kamen GIS[8]-basierte Karten zum Einsatz. Zusätzlich wurde die Information über bestehende und geplante Unterkünfte, aktuelle Belegungszahlen, Schulen und Kitas sowie öffentlichen Nahverkehr visualisiert.

Jeder der zweistündigen Workshops fand zu einem einzelnen Hamburger Bezirk statt, damit BürgerInnen sich entsprechend ihrer lokalen Expertise für einen Workshop über einen ihnen bekannten Bezirk anmelden – und zusätzlich ihre qualifizierenden Alltagsbeobachtungen einbringen konnten. Bei jedem Workshop war je ein/e Vertreter/in des Bezirks und des ZKF anwesend, so dass auch deren Fachexpertise in die Diskussionen mit einfließen und einige Fragen der TeilnehmerInnen direkt geklärt werden konnten.

4.2   Workshop-Ablauf

Jeder Workshop begann mit einer Einführung in die Thematik und der Darlegung der ‚Spielregeln' für die Flächensuche. Dies diente der Vermittlung relevanter Informationen. So wurden z. B. auf einer Leinwand alle städtischen Flächen entsprechend ihren Einschränkungen sowie die bestehenden und geplanten Unterkünfte gezeigt. Auch wurden Themen wie z. B. die Frage, wie eine gerechte Verteilung von Unterkünften aussehen kann, angeschnitten und auf diese Weise eine gemeinsame Wissengrundlage geschaffen.

Anschließend wechselte die Gruppe an einen Datentisch, auf dem jeweils ein Bezirk dargestellt war. Auch hier waren alle öffentlichen Grundstücke entsprechend ihres Einschränkungsgrads farblich markiert und die bestehenden und geplanten Flüchtlingsunterkünfte mit den aktuellen Belegungszahlen angezeigt.

---

[8] Geographische Informationssysteme (GIS) ermöglichen die Erfassung, Bearbeitung, Analyse und Darstellung von lokationsbezogenen (Geo-)Daten.

An dieser Station entschieden sich die TeilnehmerInnen für sogenannte ‚Suchräume‘: kleinräumige Quartiere innerhalb eines Bezirks, in denen sie Flächenpotenziale vermuteten und in denen sie im Verlauf des Workshops im Detail Grundstücke betrachten und diskutieren wollten.

An der Station ‚Quartier und Grundstück‘ fand der Schwerpunkt der Workshops statt. Sie zeigte die festgelegten Suchräume in einem so detaillierten Maßstab, dass die Diskussion einzelner Grundstücke möglich war. Mit Hilfe von Datensteinen konnte ein Flurstück angewählt werden und ergänzende Informationen (z. B. Größe, Baurecht sowie spezifische Merkmale eines Flurstücks) wurden auf einem Bildschirm angezeigt. Einigte sich die Gruppe auf ein bestimmtes Grundstück, wurde der Vorschlag durch das Setzen eines Datensteins, der eine von den Anwesenden gewählte Unterkunftsgröße symbolisierte, gespeichert.

4.3 Ergebnisse

Alle in den Workshops identifizierten Flächen wurden zusammen mit der dokumentierten Diskussion der TeilnehmerInnen direkt an das ZKF übermittelt und eine erste Prüfung zur grundsätzlichen Eignung der Fläche für temporäre Flüchtlingsunterkünfte nach bereits zwei Wochen im Internet veröffentlicht. Insgesamt haben zwischen Mai und Juli 2016 insgesamt 400 BürgerInnen in 34 Workshops 161 Flächen für die temporäre Unterbringung von Geflüchteten vorgeschlagen, von denen 44 in der Ersteinschätzung durch das ZKF positiv bewertet wurden.[9] Neben den Ergebnissen zu gefundenen Flächen gab es eine Reihe von qualitativen Erkenntnissen. Diese beziehen sich insbesondere auf die Diskussionskultur während der Workshops und die Kombination von Lokal- und Fachexpertise: FindingPlaces entstand in einem experimentell angelegten Forschungssetting und funktionierte für diesen praktischen Anwendungsfall gut. Die Workshops haben erstaunlich sachliche Diskussionen hervorgebracht und die politische Situation entschärft. Aus der Perspektive der Forschung stellt sich nun jedoch die Frage, wie dieses Tool weiterentwickelt und auch auf andere Inhalte angewendet werden kann. Um dem nachzugehen, werden sowohl Stärken als auch Schwächen des Projekts im Folgenden anhand einer SWOT-Analyse exemplarisch aufgezeigt.

---

[9] Eine Dokumentation des Projekts findet sich auf der Seite www.findingplaces.hamburg.

5   Reflektion: SWOT-Analyse

Ursprünglich aus der Betriebswirtschaftslehre kommend, ermöglicht eine SWOT-Analyse eine systematische Erfassung aller „Schlüsselfaktoren" eines Projekts. Hierbei wird zwischen internen (Stärken und Schwächen) und externen (Chancen und Gefahren) Faktoren unterschieden. Die SWOT-Analyse gibt, dargestellt in einer Matrix, einen strukturierten Überblick zur Bewertung einer Situation, die in Handlungsempfehlungen münden können (u. a. Scholles, 2008; Wollny & Paul, 2015). Für die Auswertung von FindingPlaces erscheint diese Methode geeignet, um das Zusammenspiel verschiedener Faktoren möglichst differenziert betrachten zu können.

Durch eine Einteilung in interne und externe Faktoren sowie die Differenzierung von nützlichen und hinderlichen Aspekten wird ein Überblick geschaffen, der sich konkret auf die Beteiligung der BürgerInnen und den damit entstehenden Dialog zwischen FachexpertInnen und Laien und die Nutzung des CityScopes in einem Partizipationsprojekt bezieht. Als interne Faktoren werden alle Aspekte verstanden, die im Zusammenhang mit dem CSL und dem wissenschaftlichen Ansatz stehen. Als externe Faktoren werden politische Interessen, Beiträge der Behörden, das Transparenzportal und die BürgerInnen betrachtet. Die entsprechend der SWOT-Methode als Matrix dargestellte Auswertung des Projekts (Tab. 1) dient einer schnell erfassbaren Übersicht. Sie wird nachfolgend kurz erläutert.

Deutlich wird, dass die enge Zusammenarbeit zwischen WissenschaftlerInnen und BehördenmitarbeiterInnen sowie die behördenübergreifende Zusammenarbeit ein wichtiger Bestandteil für das Gelingen der Workshops war. Auch wenn der frühe Einbezug der BürgerInnen in den Prozess der Flächensuche als sehr positiv zu werten ist, so fehlte ein weiterführendes oder anschließendes Beteiligungsformat, um den Mehrwert der Diskussionskultur und des Wissentransfers während der Workshops in der Stadtbevölkerung nachhaltig zu verankern. Darüber hinaus änderte sich die Prognose der zu erwartenden Schutzsuchenden, und damit das Interesse der BürgerInnen an dem Thema, stark: Während noch Anfang 2016 mit einem hohen Zuzug zu rechnen war, führte das im April 2016 zwischen der Europäischen Union und der Türkei unterzeichnete Abkommen zu einem deutlichen Rückgang der Geflüchteten, die in Hamburg ankamen.

Tab. 1: Ergebnisse der SWOT-Analyse

Ziel: Beteiligung und Dialog	Intern + Stärken/Positiv – Schwächen/Negativ		Extern + Chancen/Positiv – Gefahren/Negativ	
Städtische MitarbeiterInnen	+	Fachexpertise bei Rückfragen	+	Politischer Wille/ Interesse an Projekt
			+	Transparenz des Prüfprozesses
			–	Reduzieren von Wissenshierarchien innerhalb eines zweistündigen Workshops nur bedingt möglich
Diskussion TeilnehmerInnen	+	Offene Diskussion möglich, da keine (Live-)Streams und keine Aufzeichnung der Workshops	+	Bereitschaft der Verwaltung Lokalexpertise der BürgerInnen zu erfahren
	+	Sachliche Diskussion eines emotional aufgeladenen Themas	+	Einbezug der BürgerInnen in die Flächensuche in einem sehr frühen Stadium
	–	Zeitdruck und strikte Begrenzung der Projektlaufzeit	–	Keine Möglichkeit, erstes Prüfergebnis durch ZKF weiter zu diskutieren (z. B. online)
	–	Sehr unterschiedliche Anzahl an TeilnehmerInnen pro Bezirk	–	Workshopinhalte waren trotz medialer Aufmerksamkeit nur bedingt Gegenstand öffentlicher Diskussion
Ziel: Nutzung des CityScopes	Intern + Stärke/Positiv – Schwäche/Negativ		Extern + Chancen/Positiv – Gefahren/Negativ	
Daten	+	Diskussion auf Basis der bereitgestellten Informationen möglich	+	Daten im Transparenz-Portal vorhanden
	–	Notwendige Reduktion der dargestellten Informationen	+	Zusage der schnellen ersten Prüfung durch ZKF
	–	Risiko der suggestiven Darstellung von Informationen durch Wahl der Farben	–	Risiko der suggestiven Darstellung von Informationen der Diskussion durch vorherige Festlegung der Merkmale und Farben
Tool/ CityScope	+	Interaktives Tool und dynamischer Workshopablauf stärkt Beteiligung während Workshops	+	Komplexität der Flächensuche wird sichtbar
	+	Wissenschaftliche Weiterentwicklung von CityScopes	–	Übertragbarkeit abhängig von Datenverfügbarkeit
	–	Lokalexpertise wird nicht vor Ort abgeholt		

Es wird deutlich, wie sensibel der Aspekt der Vorstrukturierung und Bewertung von Daten für die Nutzung selbiger im Rahmen der Workshops war: Auch wenn WissenschaftlerInnen und FachexpertInnen auf sachlicher Grundlage durch vorgeschaltete

Workshops mit MitarbeiterInnen des ZKF und der Bezirke eine erste Bewertung der Daten (Einteilung in harte und weiche Merkmale) vorgenommen haben, so kann an diesem Punkt das Risiko der suggestiven Darstellung von Informationen und dadurch eine mögliche Beeinflussung der Diskussion kritisiert werden. Die Prämissen, die durch das Design festgelegt worden sind, konnten nicht mehr Gegenstand der Verhandlung während der Workshops sein. Bei einem langfristiger angelegten Beteiligungsverfahren wäre aus diesem Grund eine vorgeschaltete kollaborative Entwicklung der Bewertungskriterien von Flächenmerkmalen wünschenswert. Die Expertise der städtischen VertreterInnen könnte auf diese Weise in einen frühzeitigeren Dialog mit den Interessen und der Lokalexpertise der BürgerInnen treten, um subjektive Bewertungen zu vermeiden.

Die erstmalige Nutzung des Tools CityScope in einem Beteiligungsverfahren bestätigt, dass sich das CityScope eignet, um BürgerInnen mit der Politik und Verwaltung in einen Dialog zubringen. Durch die stufenweise Darstellung der komplexen Informationen war es auch Laien möglich, sachlich und konstruktiv über ein emotional aufgeladenes Thema zu diskutieren.

6   Fazit und Ausblick

Vor der Durchführung von FindingPlaces fand die Flächensuche in Abstimmung zwischen Politik und Verwaltung statt. Erst bei konkreten Planungen neuer Standorte wurden öffentliche Informationsveranstaltungen durchgeführt (Holtz, 2017).

Die Konzeption und Durchführung von FindingPlaces hat in einer politisch aufgeladenen Situation bezüglich der Flüchtlingsunterbringung in Hamburg Ende 2015 erfolgreich eine kollaborative Arbeitsweise prototypisch implementiert: BürgerInnen waren eingeladen, in einem begrenzten zeitlichen Rahmen als ExpertInnen ihres Stadtquartiers gemeinsam mit FachexpertInnen über Flächenpotenziale in ihrer Nachbarschaft zu diskutieren. Der dem Partizipationsbegriff innewohnende hierarchische Charakter der Beteiligung wurde damit bei FindingPlaces bewusst reduziert. Durch die Reduzierung des Wissensgefälles wurde eine Diskussion auf Augenhöhe mit einem gemeinsamen Ziel möglich, so dass hier von einer Kollaboration gesprochen werden kann.

Die Beschreibung und Reflektion des Projekts „FindingPlaces – Hamburg sucht Flächen für Flüchtlingsunterkünfte" zeigt, dass es als Prototyp für die Entwicklung weiterer kollaborativer Planungsprozesse betrachtet werden kann, die den Einsatz digitaler Technologie für die Stärkung dialogorientierter Planungspraxis nutzen. Die technische und methodische Grundlage des Projekts war das von der Changing Places Group am MIT

Media Lab entwickelte CityScope. Die Stärken von CityScopes – Entscheidungsunterstützung in Multi-Stakeholderprozessen – gab allen Beteiligten die Möglichkeit, an der Diskussion zum Thema Flüchtlingsunterbringungen in Hamburg teilzunehmen.

Die sachliche Diskussionsebene ist auf unterschiedliche Aspekte zurückzuführen: die professionelle Moderation der steg Hamburg[10], Diskussionen auf Basis des (neuen) Wissens durch die aufbereiteten und veranschaulichten Daten und bereits in der Planungsphase differenziert benannte, bestehenden Konflikte seitens der städtischen VertreterInnen, die in das Design des Projekts mit eingebracht worden waren. So wurde bei FindingPlaces der Dialog zwischen Fach- und Lokalexpertise zur Kernaufgabe, und die Lokalexpertise erfuhr in dem Projekt einen hohen Stellenwert. Zwar blieben die FachexpertInnen wichtiger Bestandteil des Projekts, indem sie ergänzende Informationen bieten konnten, dennoch lag das Interesse in dem spezifischen Wissen um örtliche Begebenheiten, die Fachexpertise nicht abdecken kann.

Auch wenn das Projekt FindingPlaces eine sehr spezifische Ausgangssituation und Fragestellung hat, so lässt sich doch aus dem Prozess eine Übertragbarkeit ableiten. Zum einen kann das Prinzip der Flächensuche auf unterschiedlichste Themenfelder angewendet werden (z. B. Flächensuche für neuen Wohnungsbau, Gewerbe- oder Freizeiteinrichtungen). Dabei können CityScopes sowohl Teil eines kollaborativen Prozesses mit BürgerInnen sein als auch als Diskussionsbasis für unterschiedliche Interessensgruppen dienen. Zum anderen zeigt sich, dass vorhandene Daten zur Reduktion von Wissensunterschieden aufgearbeitet werden können. Dabei kann durch die Datenvisualisierung, die Anwesenheit von FachexpertInnen und LokalexpertInnen sowie die interaktiven Möglichkeiten an CityScopes deutlich mehr Information situationsgenau bereitgestellt werden, als es in vielen anderen praktizierten Beteiligungsformen möglich ist.

---

[10] http://www.steg-hamburg.de/

Literaturverzeichnis

Denecke, M., Ganzert, A., Otto, I. & Stock, R. (Hrsg.) (2016). *ReClaiming Participation. Technology – Mediation – Collectivity*. Bielefeld: transcript.

FHH Freie und Hansestadt Hamburg (Hg.) (2015). *Die Digitalisierung der großen Stadt. Chancen für Wirtschaftskraft, Kommunikation und Dienstleistungen am Beispiel der hochschul- übergreifenden Digitalisierungsstrategie*. Hamburg.

FHH Freie und Hansestadt Hamburg (2013). *Hamburg gemeinsam gestalten. Bürgerbeteiligung und - information in der Stadtentwicklung*. URL: http://www.hamburg.de/contentblob/4126596/bf5 25e93e4ff197547a5fd2962934777/data/broschuere-buergerbeteiligung.pdf.

FHH Freie und Hansestadt Hamburg (2012). *Hamburgisches Transparenzgesetz*. URL: http://www.luewu.de/gvbl/2012/29.pdf.

FHH Freie und Hansestadt Hamburg (o. J.). *Wie gelangen Daten und Dokumente in das Transparenzportal?* URL: http://transparenz.hamburg.de/liefersystem/.

Gehl, J. (2015): *Städte für Menschen*. Berlin: Jovis.

Hadhrawi, M. & Larson, K. (2016). Illuminating LEGOs with Digital Information to Create Urban Data Observatory and Intervention Simulator. *Proceedings of the 2016 ACM Conference Companion Publication on Designing Interactive Systems*.

Hälker, N. & Ziemer, G. (2017). *CityScienceLab – Exploring the impact of digitization for the development of cities*. In Explorationen 2017/18. Forschung an der HCU. Hamburg

Holtz, T. (2017): *Flächensuche für Flüchtlingsunterkünfte*. Masterarbeit, HCU. Hamburg

Mensing, T. & Hälker, N. (2017). Dialog und Interaktion in der partizipatorischen Stadtplanung. In R. Bill, M. L. Zehner, A. Golnik, T. Lerche, J. Schröder & S. Seip (Hrsg.): *GeoForum MV 2017 – Mit Geoinformationen planen! Tagungsband zum 13. GeoForum MV*. Berlin. 49–54.

Nanz, P. & Fritsche, M. (2012). *Handbuch Bürgerbeteiligung Verfahren und Akteure, Chancen und Grenzen*. Bonn: Bundeszentrale für politische Bildung.

Senatsverwaltung für Stadtentwicklung und Umwelt (Hg.) (2011). *Handbuch zur Partizipation*. Berlin: Kulturbuch.

Terkessidis, M. (2015). *Kollaboration*. Berlin: Suhrkamp.

Wollny, V. & Paul, H. (2015). Die SWOT-Analyse: Herausforderungen der Nutzung in den Sozialwissenschaften. In: M. Niederberger & S. Wassermann (Hrsg.): *Methoden der Experten- und Stakeholdereinbindung in der sozialwissenschaftlichen Forschung* (S. 189–213). Wiesbaden: Springer VS.

Scholles, F. (2008). Die verbal-argumentative Bewertung. In D. Fürst & F. Scholles (Hrsg.): *Handbuch Theorien und Methoden der Raum- und Umweltplanung* (S. 503–515). Dortmund: Rohn.

Ziemer, G., Holtz, T. & Hovy, K. (2017). *FindingPlaces – Hamburg sucht Flächen für Flüchtlingsunterkünfte*. In Explorationen 2017/18. Forschung an der HCU. Hamburg.

Open-Source-Projekte zwischen Passion und Kalkül

Jan-Felix Schrape

Institut für Sozialwissenschaften
Universität Stuttgart

Zusammenfassung

Dieser Aufsatz gibt einen systematisierenden Überblick über Open-Source-Communities und ihre sozioökonomischen Kontexte. Zunächst erfolgt eine Rekonstruktion der Ausdifferenzierung quelloffener Softwareprojekte. Daran anknüpfend werden vier idealtypische Varianten derzeitiger Open-Source-Projekte voneinander abgegrenzt. Anschließend wird aus technik- soziologischer Sicht diskutiert, weshalb quelloffene Softwareprojekte ihre Formatierung als Gegenentwurf zur kommerziellen Produktion inzwischen verloren haben, aber im Unterschied zu früheren Spielarten der kollektiven Invention überlebensfähig geblieben sind.

1   Einleitung

‚Open' ist zu einem ubiquitären Beiwort der digitalen Moderne geworden – von ‚Open Science' über ‚Open Innovation' bis hin zu ‚Open Government'. Ein wesentlicher Ausgangspunkt für die Popularität des Offenheitsparadigmas liegt in dem raschen Bedeutungszuwachs von Open-Source-Projekten in der Softwareentwicklung, der in den Sozialwissenschaften angesichts klassischer Sichtweisen, die ‚intellectual property rights' als Treiber in Innovationsprozessen ansehen, zunächst mit Erstaunen zur Kenntnis genommen (Lessig, 1999) und danach als Beleg für die Emergenz eines neuen Produktionsmodells gedeutet wurde, das auf freiwilliger wie selbstgesteuerter Kollaboration beruht (Lakhani & von Hippel, 2003).

Insbesondere die durch Yochai Benkler popularisierte Vorstellung der ‚commons-based peer production' als technisch effektivierte „collaboration among large groups of individuals [...] without relying on either market pricing or managerial hierarchies to coordinate their common enterprise" (Benkler & Nissenbaum, 2006, S. 394) erfuhr intensive sozialwissenschaftliche Reflexion und wurde in den letzten Jahren durch Autoren wie Jeremy Rifkin (2014) auch auf angrenzende Kontexte wie die Herstellung materieller Güter ('Maker Economy') übertragen.

Gerade in der empirischen Beobachtung von Open-Source-Softwareprojekten zeigt sich allerdings inzwischen deutlich, dass führende IT-Konzerne mit steigender Relevanz der Vorhaben erheblichen Einfluss auf deren Anlage und Orientierung erlangen und dauerhaft aktive Projekte nicht durch intrinsisch motivierte Freiwillige getragen werden, sondern zu wesentlichen Teilen auf den Beiträgen angestellter Entwickler fußen. Im häufig als typisches Beispiel genannten Linux-Kernel-Projekt etwa wurden zuletzt über 85 Prozent der Aktualisierungen von Programmierern durchgeführt, „who are being paid for their work" (Corbet & Kroah-Hartman, 2016, S. 12). Angesichts dieser Verschränkungen reichen die nach wie vor verbreiteten oft eher pauschalen Verweise auf Open-Source-Communities als subversive Alternative zur proprietären (d. h. unternehmenseigenen) Entwicklung offenkundig nicht mehr aus.

Dieser Aufsatz verfolgt daher das Ziel, auf der Basis von aggregierten Marktdaten, Dokumentenauswertungen und Hintergrundgesprächen einen systematisierenden Überblick über Open-Source-Communities sowie ihre sozioökonomischen Kontexte zu entfalten. Darüber hinaus wird herausgearbeitet, weshalb quelloffene Softwareprojekte ihre Formatierung als Gegenentwurf zur kommerziellen Produktion mittlerweile weitgehend verloren haben, aber im Gegensatz zu früheren Spielarten der kollektiven Invention – also der gemeinschaftlichen Entwicklung neuer technologischer Strukturen – überlebensfähig geblieben sind.

2   Ausdifferenzierung quelloffener Softwareprojekte

Kurz nachdem quelloffene Softwareprojekte in den allgemeinen Aufmerksamkeitsbereich gerückt sind, wurde eine Reihe an Abhandlungen veröffentlicht, die erste Erklärungen für deren Erfolg lieferten und ihren strukturaufbrechenden Charakter betonten (z. B. Weber, 2000; Moody, 2002). Diese Texte haben sich freilich primär an Narrativen aus der Szene selbst orientiert und mit wenigen Ausnahmen (z. B. Lerner & Tirole, 2002) auf eine sozioökonomische Einordnung der betrachteten Projekte verzichtet. In der nachfolgenden Rekonstruktion zeigt sich indes, dass freie und proprietäre Softwareentwicklung seit jeher eng ineinandergreifen.

2.1 ‚Free Software' als Utopie

Die Herausbildung des *free software movements* in den 1980er Jahren lässt sich als eine Reaktion auf die zuvor angestoßene Kommodifizierung von Software verstehen: Während die ersten digitalen Computer in den 1950er Jahren in enger Kooperation zwischen Herstellern und Anwendern entwickelt und Programme noch nicht als von der Hardware unabhängige Güter wahrgenommen wurden, sondern „as a research tool to be developed and improved by all users" (Gulley & Lakhani, 2010, S. 6), wurde Software ab Ende der 1960er Jahre u.a. durch kartellrechtliche Verfahren zunehmend als separates Produkt sichtbar (Fisher et al., 1983).

Für die Entstehung einer eigenständigen Softwarebranche spielte zudem die Verbreitung von Minicomputern eine wichtige Rolle, die im Betrieb deutlich günstiger als Mainframe-Computer waren. Campusöffentlich erfahrbare Minicomputer, die oft von deren Herstellern direkt an die Institute gespendet wurden, boten an amerikanischen Universitäten einen Nährboden für informelle Projektgruppen, deren Mitglieder sich ‚hackers' nannten und mit ihren Arbeiten die Bais für die ab 1975 entstehende Amateur-Computing-Szene schufen. Das geteilte Problem der in diesen Kontexten entwickelten Architekturen lag jedoch in ihrer *mangelnden rechtlichen Absicherung*: Sie wurden als gemeinfreie Güter veröffentlicht und waren kaum vor Einzelaneignung geschützt. Das an Universitäten mitentwickelte Betriebssystem Unix etwa wurde durch AT&T ab 1983 – sobald es kartellrechtlich möglich war – kommodifiziert.

Eine Schwierigkeit, die vice versa für gewerbliche Softwareanbieter mit dieser Hobbyisten-Kultur einherging, bestand darin, dass Programme in diesen Kreisen zwar gerne weitergegeben, aber nur selten käuflich erworben wurden (Gates, 1976). Dementsprechend wurden Softwareprodukte in den frühen 1980er Jahren meist nur noch als nicht mehr veränderbare Binärdateien verkauft. Gleichzeitig erhöhten mehrere Gesetzesnovellen in den USA deren Schutz und Ausschließbarkeit. Als gesellschaftsethische Replik auf diese Schließungsprozesse kündigte der MIT-Mitarbeiter Richard Stallman (1983) im Usenet an, unter dem rekursiven Akronym GNU (‚GNU's Not Unix') ein freies Betriebssystem entwickeln zu wollen: „I consider that the golden rule requires that if I like a program I must share it with other people [...]. So [...], I have decided to put together a sufficient body of free software [...]."

Obgleich GNU als eigenständiges Betriebssystem bis heute nicht für den alltäglichen Einsatz geeignet ist, erwies sich Stallmans Projekt als Keimzelle für die freie Softwareentwicklung: 1985 gründete sich in seinem Kontext die Free Software Foundation, die seitdem das ‚movement' an freiwilligen Entwicklern juristisch und infrastrukturell unterstützt. Die bedeutsamste Neuerung bestand aber in der *Definition rechtlich belastbarerer Lizenzmodelle*, die wie die 1989 publizierte General Public License (GPL) erzwingen, dass auch Derivate freier Software stets frei bleiben müssen: „Each time you redistribute the Program [...], the recipient automatically receives a license from the original licensor to copy, distribute or modify the Program subject to these terms and conditions." (FSF, 1989) Ab 2001 waren Verstöße gegen die GPL Gegenstand mehrerer Gerichtsverfahren in Europa und den USA, wobei „the court of public opinion" im Usenet bzw. im Web für die Etablierung der in der GPL angelegten Reziprozitätsprinzipien ebenfalls eine tragende Rolle gespielt hat (O'Mahony, 2003, S. 1189).

Der Erfolg des GNU-Projektes an sich blieb aufgrund seines Zuschnitts auf kostenintensive Workstations und seiner ideologischen Konnotationen allerdings begrenzt. Auf beide Problemstellungen bot das Linux-Kernel-Projekt eine Antwort. Linux wurde 1991 durch den Studenten Linus Torvalds als freier Betriebssystemkern für die günstigeren Mikrocomputer vorgestellt und war daher für eine größere Zahl an Entwicklern attraktiv. Zudem zeichnete sich das Linux-Kernel-Projekt bzw. sein Gründer von vornherein durch eine deutlich liberalere Haltung als die Free Software Foundation aus: „This world would be a much better place if people had less ideology and a whole lot more 'I do this because it's fun [...]'." (Torvalds, 2002) Ein weiterer Grund für das Florieren der Linux-Kernel-Entwicklung bestand in der raschen *Verbreitung des World Wide Web* ab 1993, das sowohl den Zugriff auf als auch die Beteiligung an dem Projekt und dessen Koordination erleichtert hat. Nichtsdestotrotz blieb auch der Linux Kernel zunächst ein lediglich in Expertenkreisen bekanntes Vorhaben.

Dies änderte sich mit dem vielrezipierten Buch „The Cathedral and the Bazaar" (1999), das von dem Softwareentwickler Eric S. Raymond bereits 1997 als Essay vorgestellt worden war. Seine Kernthese lautete: Während in traditionellen Produktionsmodellen der Quellcode eines Programms nur für finale Versionen veröffentlicht wird und die Entwicklergruppen hierarchisch organisiert sind (*cathedral*), sei der Source Code in Projekten wie Linux oder Fetchmail stets einsehbar, ihre Gruppen seien horizontal strukturiert und geprägt durch modulare Selbstorganisation ohne zentrales Management (*bazaar*). Kritische Beobachter stellten allerdings früh fest, dass in beiden Fällen zwar viele Vorschläge aus der Community kamen, finale Änderungen aber nur durch jeweils eine Person freigeben wurden (Bezroukov, 1999).

2.2   ‚Open Source' als Methode

Im folgenden Jahrzehnt konnte sich die quelloffene Entwicklung als Methode zunehmend in der Softwarebranche durchsetzen, was sich primär auf drei Dynamiken zurückführen lässt.

Zum ersten lagerte eine wachsende Zahl an IT-Firmen die Entwicklung von Produkten in den quelloffenen Bereich aus, darunter Netscape Communications als ein besonders früher und aufsehenerregender Fall: Nachdem es absehbar erschien, dass Microsoft den Netscape Navigator durch den in Windows integrierten Internet Explorer aus dem Markt drängen würde, kündigte Netscape 1998 an, große Teile des Codes seines Browsers in das *quelloffene Projekt Mozilla* zu überführen, das bis zur Gründung der Mozilla Foundation 2003 von AOL/Netscape finanziell unterstützt wurde, und aus dem 2004 der Browser Firefox hervorging.

Zum zweiten kam Anfang 1998 eine Gruppe um Eric Raymond zu dem Schluss, dass sich der politisch belegte Begriff ‚Free Software' für die Verbreitung quelloffener Software als hinderlich erweisen könnte, schuf das *neue Label ‚Open Source'*, das die Überlegenheit des Entwicklungsmodells betonen sowie gesellschaftsethische Aspekte ausblenden sollte (Raymond, 1998), und gründete die Open Source Initiative. Allerdings unterstützt die Free Software Foundation diese Kursänderung bis heute nicht: „For the Open Source movement, non-free software is a suboptimal solution. For the Free Software movement, non-free software is a social problem and free software is the solution." (Stallman, 2002, S. 57)

Zu den Vermarktungsbemühungen der Open Source Initiative kamen zum dritten die durch den Dotcom-Boom beförderten *Börsenerfolge einiger ‚open source companies'* im Jahr 1999 hinzu, darunter die Linux-orientierten Hardwarehersteller VA Linux und Cobalt Networks sowie der Softwareanbieter Red Hat, der sich auf Linux-Architekturen für Firmen spezialisiert hat. Die Börsengänge dieser drei Unternehmen gehören zu den erfolgreichsten Debüts aller Zeiten und erregten eine entsprechend große mediale Aufmerksamkeit (z. B. Gelsi, 1999). Diese ineinandergreifenden Dynamiken führten im Verbund mit der weiteren Ausweitung des IT-Marktes zu einem raschen Wachstum freier Softwareprojekte und damit einhergehend unterlag die Open-Source-Entwicklung einer starken Diversifizierung (Tab. 1): Neben ‚Copyleft'-Lizenzen, die garantieren, dass auch Derivate freier Software stets unter gleichen Bedingungen distribuiert werden, sind Lizenzen getreten, welche die Einbindung freier Software in proprietäre Produkte gestatten, sofern diese Elemente offen bleiben (*weakly protective*), oder wieder die Publikation von Ableitungen unter restriktiveren Bedingungen erlauben (*permissive*). Diese Vielfalt erweiterte die strategischen Optionen für kommerzielle Stakeholder.

Tab. 1: Global meistgenutzte quelloffene Softwarelizenzen

	z. B. genutzt von	2017 (%)	2010 (%)	Ausrichtung	Publikation
GNU Public License 2.0	*Linux-Kernel,*	18	47	strongly protective	1991
MIT License	*jQuery*	32	6	permissive	1988
Apache License 2.0	*Android, Apache*	14	4	permissive	2004
GNU Public License 3.0	*GNU*	8	6	strongly protective	2007
BSD License 2.0 (3-clause)	*WebKit*	5	6	permissive	1999
Artistic License 1 / 2	*Perl*	4	9	permissive	2000/2006
GNU Lesser GPL 2.1 / 3.0	*VLC Player*	6	9	weakly protective	1999/2007

Datenquelle: Black Duck Knowledgebase (Stand: 2/2017).

Daneben lässt sich in zweierlei Hinsicht eine *Korporatisierung von Open-Source-Projekten* beobachten: Zum einen werden zentrale Vorhaben wie der Linux Kernel heute vorrangig durch korporative Spenden finanziert oder operieren wie WebKit (Apple) unter der Ägide kommerzieller Anbieter. Zum anderen speist sich die Entwicklerbasis großer Projekte zunehmend aus Firmenkontexten: Kolassa et al. (2014) kommen für den Linux Kernel und 5000 weitere Vorhaben zu dem Schluss, dass zwischen 2000 und 2011 über 50 Prozent aller Beiträge in der Kernarbeitszeit geleistet wurden; die Linux Foundation (Corbet et al., 2015) beobachtet, dass der Anteil unabhängiger Programmierer an der Kernel-Entwicklung (2009: 18 Prozent; 2014: 12 Prozent) gegenüber unternehmensaffiliierten Beiträgern stetig abnimmt.

2.3   ‚Open Source‘ als Innovationsstrategie

Insbesondere in der Unternehmensinformatik lässt sich „a widespread use of open-source technology" diagnostizieren (Driver 2014). Zudem kann Open-Source-Lösungen – auch aufgrund ihrer „inherent trialability" (Spinellis & Giannikas, 2012, S. 667) – im Bereich der basalen IT-Infrastrukturen Marktführerschaft zugesprochen werden (Tab. 2). Es verwundert daher nicht, dass heute alle großen IT-Konzerne in Open-Source-Projekte involviert sind.

    Microsoft – das Unternehmen, das Open Source lange als „intellectual-property destroyer" bezeichnete (Computerworld 3/2001, S. 78) – hat 2012 MS Open Technologies lanciert und seitdem das Framework .NET sowie viele weitere Komponenten unter freie

Lizenz gestellt (Microsoft, 2015). Welche genauen Anteile ihrer Entwicklungsausgaben marktführende Konzerne in Open-Source-Projekte investieren, lässt sich freilich kaum gesondert abschätzen, da quelloffene Elemente für zahlreiche herstellerspezifische Architekturen von Bedeutung sind. *Apples* Betriebssystempakete MacOS und iOS etwa basieren auf dem freien unixoiden Betriebssystem Darwin und tragen hunderte weitere Open-Source-Elemente mit sich.

Tab. 2: Geschätzte weltweite Marktanteile quelloffener Software (in %)

	Open Source	2010	2016	Mitbewerber	2010	2016
Betriebssystem Mobile Devices (b)	Android	11	70	Apple iOS Symbian/Nokia OS Blackberry	30 33 14	19 2 1
Webbrowser Desktop (c)	Mozilla Firefox	31	15	Google Chrome MS IE Apple Safari	14 47 5	63 10 5
Betriebssystem Server (d)	Linux	69	67	MS Windows	31	33
Webserver [aktive Sites] (e)	Apache Nginx	72 4	51 32	Microsoft IIS Google Servers	21 1	12 1
Web Content Management System (g)	WordPress Joomla	51 12	59 7	Blogger (Google) Bitrix	2 —	2 1

Datenquellen (Stand: 12/2016): (a) NetApplications; (b, c) StatCounter; (d, e, f) W3techs.

IBM investierte bereits zur Jahrtausendwende mehrere 100 Mio. US-Dollar in die Linux-Entwicklung, um Microsofts Dominanz im Enterprise-Bereich entgegenzusteuern und ein Servicegeschäft um quelloffene Software aufzubauen. Heute ist IBM in weit über 100 Open-Source-Projekte involviert, darunter die Cloud-Computing-Plattform OpenStack, an welcher auch Intel und Hewlett-Packard beteiligt sind. Deren Involvement resultiert jedoch nicht aus Idealismus, sondern aus Kalkül: „Such actions are comparable to giving away the razor (the code) to sell more razor blades (the related consulting services [...])" (Lerner, 2012, S. 43).

Eine spezielle Variante korporativen Open-Source-Engagements stellt die Entwicklung des mobilen Betriebssystems Android durch die Open Handset Alliance dar: Beworben als lupenreines Open-Source-Projekt, wird das Projekt de facto allein durch Google kontrolliert: Android-eigener Code steht unter permissiven Lizenzen, die Google in Kombination mit weiteren Rahmenbedingungen umfassende Steuerungsmöglichkeiten einräumen (Spreeuwenberg & Poell 2012). Mit der Lancierung von Android ging es Google vor allen Dingen darum, den nahtlosen Zugriff auf eigene Dienste auf möglichst vielen Geräten zu ermöglichen: Während Google 2007 ca. 99 Prozent seines

Umsatzes mit Werbung generierte, war der Verkauf digitaler Inhalte und Services 2015 für 10 Prozent des Umsatzes verantwortlich (Alphabet, 2016).

Überdies bildeten sich Ende der 1990er Jahre eine Reihe an *open source companies* heraus, die ihr Kernprodukt – den Softwarecode – kostenfrei abgaben und mit Supportleistungen ein Geschäft aufzubauen suchten. Mit Ausnahme des Linux-Distributors Red Hat, der früh mit führenden Hardwareanbietern kooperiert hat, sind die meisten dieser im Zuge des New-Economy-Hypes lancierten Firmen allerdings schnell wieder eingegangen. Zwar sind im Open-Source-Umfeld zuletzt erneut Startups entstanden; in ihrer Außendarstellung verzichten diese Firmen aber zumeist auf ‚Open Source' als Differenzierungsmerkmal (Bergquist et al., 2012).

Imagepflege ist allerdings nur einer der Gründe, warum führende IT-Konzerne als Sponsoren und Partner für ein breites Portfolio an Open-Source-Vorhaben auftreten. In vielen Fällen eröffnet ein finanzielles Engagement den investierenden Firmen überdies die Möglichkeit, die Ausrichtung der Projekte im Sinne ihrer Partikularinteressen mitzugestalten (etwa durch einen Sitz im Managing Board). Kombiniert mit ihrem Involvement in die Code-Entwicklung sichern sich die jeweiligen Unternehmen so signifikanten Einfluss auf relevante Vorhaben und tragen zugleich zu einer Erhöhung der Planungssicherheit in den Projekten bei.

3   Varianten quelloffener Softwareprojekte

In den letzten 15 Jahren ist quelloffene Software auf diese Weise zu einem integralen Bestandteil der IT-Branche geworden. Vor diesem Hintergrund hat sich ein breites Spektrum an verschiedenartigen Open-Source-Projekten herausgebildet. Dabei lassen sich entlang ihrer vorherrschenden Koordinationsweisen und dem Grad ihrer Unternehmensnähe gegenwärtig vier idealtypische Varianten unterscheiden (Tab. 3).

Korporativ geführte Kollaborationsprojekte zeichnen sich durch prägnante Hierarchisierungen auf der Arbeitsebene aus und erarbeiten häufig marktzentrale Produkte. In Android, WebKit (Rendering Engine) bzw. Fedora (Linux-Distribution) liegt die strategische Kontrolle des Projekts bei Google, Apple bzw. Red Hat; im Cloud-Computing-Projekt OpenStack haben große Sponsoren ebenfalls einen steuernden Einfluss. Eine solche korporative Kollaboration unter Open-Source-Lizenzmodellen trägt zur Überwindung zweier ‚knowledge sharing dilemmas' bei: Zum einen verhindern quelloffene Lizenzen die Einzelaneignung des Codes; zum anderen stellen sie sich Trittbrettfahrern entgegen, da in Open-Source-Projekten bleibt es nachvollziehbar, welche Firmen sich auf welche Elemente stützen und inwieweit sie an deren Entwicklung partizipieren (Henkel et al., 2014). Daneben bietet es sich in der Schöpfung von Softwareprodukten heute ohnehin oft an, auf existente quelloffene Elemente aufzubauen.

Tab. 3: Ausprägungen aktueller Open-Source-Projekte

	Korporativ geführte Kollaborations-Projekte z. B. Android, WebKit, OpenStack	Elitezentrierte Projekt-gemeinschaften z. B. Linux Kernel, Debian, Firefox	Heterarchisch angelegte Infrastruktur-vorhaben z. B. Apache HTTP, Eclipse, Joomla!	Egalitär ausgerichtete Peer Production Communities z. B. GNU CC, Arch Linux, KDE
Koordina-tion	hierarchisch	hierarchisch	horizontal – meritokratisch	horizontal – egalitär
Strategische Führung	Einzelunternehmen/ Firmenkonsortium	Projektgründer/ Projektleitung	Stiftungsvorstand/ Steuerungsgruppe	Steuerungskomitee/ Kernteam
Finanzier-ung	beteiligte Unternehmen	korporative Spenden/private Kleinspenden	primär Zuwendungen von Unternehmen	vorrangig private Kleinspenden
Teilnehmer-basis	Mitarbeiter aus den beteiligten Firmen	angestellte/ wenige freiwillige Entwickler	angestellte Entwickler und Firmenvertreter	vorrangig freiwillige Entwickler

Elitezentrierte Projektgemeinschaften stützen sich ebenfalls zu einem Gutteil auf die Beiträge unternehmensaffiliierter Entwickler; sie stehen aber nicht unter der Kontrolle eines gewerblichen Akteurs. Ihre Koordination erfolgt entlang ausdifferenzierter Entscheidungspyramiden bzw. einem „lieutenant system built around a chain of trust" (Kernel.Org, 2016), an deren Spitze oft ihr Gründer als ‚benevolent dictator' (z. B. Linux) oder ein langfristig installiertes Führungsteam (z. B. Mozilla) steht. All dies beschneidet die Spielräume der beteiligten Entwickler, wirkt aber auch einer Fragmentierung der Projekte entgegen. In Debian und Mozilla sind die Projektrichtlinien formal fixiert worden; im Linux-Kernel-Projekt haben sich indes lediglich „opaque governing norms" herausgebildet, die im Konfliktfall der proklamierten Offenheit der Projekte entgegenlaufen: „[...] without the law [...] those injured by or excluded from peer production processes have very limited recourse." (Kreiss et al., 2011, S. 252)

Heterarchisch angelegte Infrastrukturvorhaben, deren Produkte verbreiteten Einsatz unter der ‚sichtbaren' Oberfläche von IT-Architekturen erfahren, sind eng mit korporativen Kontexten verwoben, unterliegen aber nicht deren direkter Kontrolle: Entweder sie fußen (wie Eclipse) auf ehemals proprietären Architekturen oder sie waren (wie

Apache) durch ein rasantes organisches Wachstum gekennzeichnet, da sie Lösungen für zuvor nicht adressierte Bereiche boten (Greenstein & Nagle, 2014).

Heute werden Infrastrukturvorhaben primär von mittleren und großen IT-Firmen getragen, welche die Architekturen an ihre Anforderungen anpassen wollen (Westenholz, 2012). Ihre Communities werden aber nicht durch korporative Kernzirkel angeleitet, sondern operieren unter dem Dach von Stiftungen. Funktionsträger werden meritokratisch designiert; allerdings können sich angestellte Entwickler intensiver als Freizeitprogrammierer in das Projekt einbringen und eher Entscheidungspositionen erlangen.

Egalitär ausgerichtete Peer-Production-Communities schließlich dienen qua Eigendefinition der marktunabhängigen und gleichberechtigten Kollaboration unter Freiwilligen. Sie bilden allerdings – wie sich z. B. an der GNU Compiler Collection zeigen lässt – mit wachsender Größe in der Regel ebenfalls hierarchische Entscheidungsstrukturen sowie definierten Richtlinien heraus, welche die übergreifende Koordination erleichtern. Überschaubarere Projekte wie Arch (Linux-Distribution) oder jEdit (Editor) richten ihre Produkte auf spezifische Anspruchsgruppen aus, werden durch kleine Entwicklerteams getragen und konnten daher bislang auf die Ausbildung ausgeprägter sozialer Strukturierungen verzichten. Sobald freilich die Gemeinschaft wächst und sich ihre Interaktionen mit externen Akteuren erhöhen, werden offenbar jedoch trotz aller technischen Effektivierungen auch in gesellschaftsethisch ausgerichteten Vorhaben ‚kathedralartige' Koordinationsmuster notwendig (Corbet, 2015).

Der gemeinsame Nenner aller betrachteten Entwicklungsvorhaben besteht in den dahinterliegenden quelloffenen Lizenzmodellen, die ihre Produkte wirksam vor Proprietarisierung schützen. Mit „Rebel Code" (Moody, 2002) hat all dies gleichwohl nicht mehr viel gemein: Die Verschränkungen mit marktlichen Kontexten sind meist ausgeprägt, offener Quellcode mündet nicht unmittelbar in transparenteren Koordinationsmustern als anderswo und trotz der technisch erweiterten Austauschmöglichkeiten bilden sich mit zunehmender Größe der Projektgemeinschaften regelmäßig hierarchische Führungsstrukturen heraus. Zwar finden modulare und iterative Methoden auf operativer Ebene in allen diskutierten Vorhaben Anwendung. Welchen Schwerpunkten das Projekt folgt, definieren aber jeweils nur wenige Entscheidungsträger. Überdies verlieren korporative Akteure in Open-Source-Projekten keineswegs an Bedeutung, sondern bleiben als deren Initiatoren und Finanziers prominent im Spiel.

4 ,Open Source' als soziotechnisch verstetigte kollektive Invention

Die Annahme, dass die technischen Infrastrukturen des Internets für sich genommen einer „ossification of power" entgegenwirken (Benkler, 2013, S. 225), lässt sich in ihrer Radikalität insofern ebenso wenig halten wie das Postulat einer „networked information economy" (Benkler, 2006, S. 3), in der korporative Akteure schlechthin an Relevanz verlieren sollen. Aus (technik-)soziologischer Sicht lassen sich dafür zwei wesentliche Gründe herausstellen.

Erstens bilden die in den Projekten genutzten technischen Infrastrukturen zwar die handlungsorientierende Grundlage für die dortigen Arbeitsprozesse und effektivieren die projektinterne Koordination. Daraus resultiert aber *keine Marginalisierung sozialer Strukturierungsleistungen*: Auch in Open-Source-Communities bilden sich mit der Zeit kollektiv akzeptierte Regeln, Ziele und Leitorientierungen sowie abgestufte Entscheidungsstrukturen heraus. Erst diese voraussetzungsreichen sozialen Institutionalisierungsdynamiken führen dazu, dass ein quelloffenes Softwareprojekt als Einheit wahrgenommen wird und kollektive Handlungsfähigkeit entwickeln kann (Dolata & Schrape, 2016; O'Mahony & Ferraro, 2007).

Zweitens können korporative Akteure wie Unternehmen oder NGOs im Normalfall systematischer und verlässlicher als Gemeinschaften aus freiwilligen Beiträgern handeln, weil sie über *situationsübergreifend abrufbare Entscheidungsroutinen* verfügen und ihre Ressourcen losgelöst von den individuellen Präferenzen ihrer Mitglieder einsetzen können (Perrow, 1991). Dies zeigt sich auch in Open-Source-Communities: Unternehmen können ihre Handlungsmittel auf lange Sicht erwartungssicherer als individuelle Beiträger (z. B. Hobbyisten) in die Vorhaben einbringen, tragen so zur Erhöhung der Planungssicherheit in den Projektkontexten bei und verfügen dort dementsprechend oft über einen nicht zu unterschätzenden Einfluss.

Wie andere Nischeninnovationen auch wurden freie Softwareprojekte zunächst getragen „by small networks of dedicated actors, often outsiders" und unterlagen einer Professionalisierung und Aneignung durch etablierte Akteure, sobald sie für den allgemeinen Markt interessant wurden (Geels& Schot, 2007, S. 400). Im Unterschied zu früheren Episoden der „collective invention" (Allen, 1983), in denen Organisationen oder individuelle Akteure ihre Wissensbestände offen geteilt und so von „cumulative advance" profitiert haben, sind quelloffene Softwareprojekte indes auch über die Initialphase von Innovationsprozessen hinaus überlebensfähig geblieben (Osterloh & Rota, 2007), was sich auf folgende Faktoren zurückführen lässt:

- Zum einen haben sich in der freien Softwareentwicklung neben informellen Arbeits-konventionen früh *rechtlich belastbare Lizenzmodelle* herausgebildet, welche eine direkte Proprietarisierung der kollektiven Arbeitsresultate verhindern. Sie sind heute die elementare Geschäftsgrundlage aller Open-Source-Projekte und bieten einen in-stitutionellen Unterbau für die zielorientierte Kollaboration zwischen Einzelent-wicklern wie Unternehmen.

- Zum anderen haben die effektivierten Kommunikationsmöglichkeiten nicht nur die Überprüfung der Einhaltung dieser Bedingungen vereinfacht und den Zugang zu den Projekten sowie die Diffusion ihrer Produkte erheblich erleichtert, sondern durch eine *Verringerung der Transaktionskosten* auch zur Lösung eines branchenzentralen Problems beigetragen: der Koordination großer Projektkontexte mit verteilten Ent-wicklern (Brooks, 1975).

- Und schließlich haben sich Open-Source-Entwicklungsvorhaben in einer sich seit 30 Jahren beständig ausweitenden und durch äußerst kurze Innovationszyklen gepräg-ten Softwareindustrie als wichtige *Inkubatoren für neue Produktlinien und -plattfor-men* sowie branchenfundamentale Infrastrukturen erwiesen, auch da sich quelloffene Software ohne administrativen Aufwand durch die ausführenden Programmierer selbst erproben lässt.

‚Copyleft'-Lizenzen und ihre Ableitungen haben im Verbund mit den kommunikations-erleichternden Eigenschaften der Onlinetechnologien insofern den soziotechnischen Rahmen für eine *auf Dauer gestellte Form kollektiver Invention* aufgespannt, die zu-nächst in subversiven Nischen Anwendung fand, nach der Jahrtausendwende als ergän-zende Arbeitsmethode von der kommerziellen Softwareindustrie adaptiert wurde und heute zu einem festen Baustein der Innovationsstrategien aller etablierten IT-Anbieter geworden ist. Freie Lizenzmodelle bilden heute die rechtliche Basis von organisations-übergreifenden Projektkontexten, die als Kollaborationsschnittstellen und Inkubatoren nicht in Konkurrenz zu eingespielten Formen ökonomischer Produktion und Verwer-tung stehen, sondern diese ergänzen und erweitern.

Literaturverzeichnis

Allen, R. (1983). Collective Invention. *Journal of Economic Behavior & Organization*, 4(1), 1–24.

Alphabet Inc. (2016). *Form 10-K 2015*. Washington D.C.: United States Securities and Exchange Commission.

Benkler, Y. (2002). Coase's Penguin, or, Linux and ‚The Nature of the Firm'. *Yale Law Journal*, 112, 369–446.

Benkler, Y. (2006). *The Wealth of Networks: How Social Production Transforms Markets and Freedom*. New Haven: Yale University Press.

Benkler, Y. (2013). Practical Anarchism, Peer Mutualism, Market Power, and the Fallible State. *Politics & Society*, 41(2), 213–251.

Benkler, Y. & Nissenbaum, H. (2006). Commons-based Peer Production and Virtue. *Journal of Political Philosophy*, 14(4), 394–419.

Bergquist, M., Ljungberg, J. & Rolandsson, B. (2012). Justifying the Value of Open Source. *ECIS Proceedings*. URL: http://aisel.aisnet.org/ecis2012/122/ (5/2017).

Bezroukov, N. (1999). A Second Look at the Cathedral and the Bazaar. *First Monday*, 4(12). URL: http://firstmonday.org/article/view/708/618 (5/2017).

Brooks, F. (1975). *The Mythical Man-Month*. Reading: Addison-Wesley.

Corbet, J. (2015). Development Activity in LibreOffice and OpenOffice. *LWN.net* (3/25/2015). https://lwn.net/Articles/637735/ (5/2017).

Corbet, J. & Kroah-Hartman, G. (2016). *Linux Kernel Development Report*. San Francisco: The Linux Foundation.

Corbet, J., Kroah-Hartman, G., McPherson, A. (2009–2015). *Linux Kernel Development Report*. San Francisco: The Linux Foundation.

Dolata, U. & Schrape, J-F. (2016). Masses, Crowds, Communities, Movements: Collective Action in the Internet Age. *Social Movement Studies*, 15(1), 1–18.

Driver, M. (2014). *Within the Enterprise, Open Source Must Coexist in a Hybrid IT Portfolio*. Gartner Inc. Research Report. Stamford: Gartner Inc.

Fisher, F., McKie, J., Mancke, R. (1983). *IBM and the US Data Processing Industry: An Economic History*. Santa Barbara: Praeger.

Free Software Foundation (1989). *GNU General Public License (GPL) Version 1.0*. URL: http://www.gnu.org/licenses/old-licenses/gpl-1.0.en.html (5/2017).

Gates, Bill (1976): An Open Letter to Hobbyists. In: *Computer Notes* 1(9), 3.

Geels, F. & Schot, J. (2007). Typology of Sociotechnical Transition Pathways. *Research Policy*, 36(3), 399–417.

Gelsi, S. (1999). VA Linux Rockets 698%. In: *CBS Marketwatch* (12/10/1999). URL: http://www.cbs-news.com/news/va-linux-rockets-698/ (5/2017).

Greenstein, S. & Nagle, F. (2014). Digital Dark Matter and the Economic Contribution of Apache. *Research Policy*, 43(4), 623–631.

Gulley, N. & Lakhani, K. (2010). *The Determinants of Individual Performance and Collective Value in Private-collective Software Innovation*. Harvard Business School Technology & Operations Management Unit Working Paper 10/065.

Henkel, J., Schöberl, S. & Alexy, O. (2014). The Emergence of Openness: How and Why Firms Adopt Selective Revealing in Open Innovation. *Research Policy*, 43(5), 879–890.

Kolassa, C., Riehle, D., Riemer, P. & Schmidt, M. (2014). Paid vs. Volunteer Work in Open Source. *Proceedings 47th Hawaii Int. Conference on System Sciences*, 3286–3295.

Kranich, N. & Schement, J. (2008). Information Commons. *Annual Review of Information Science and Technology*, 42(1), 546–591.

Kreiss, D., Finn, M. & Turner, F. (2011). The Limits of Peer Production: Some Reminders from Max Weber for the Network Society. *New Media & Society*, 13(2), 243–259.

Lakhani, K. & Hippel, E. v. (2003): How Open Source Software Works. *Research Policy*, 32, 923–943.

Lerner, J. (2012). *The Architecture of Innovation*. Boston: Harvard Business Press.

Lerner, J. & Tirole, J. (2002). Some Simple Economics of Open Source. *Journal of Industrial Economics*, 50(2), 197–234.

Lessig, L. (1999). *CODE and Other Laws of Cyberspace*. New York: Basic Books.

Microsoft Corp. (2015). *Annual Report*. http://www.microsoft.com/investor/reports/ (5/2017).

Moody, G. (2002). *Rebel Code. The Inside Story of Linux and the Open Source Revolution*. New York: Basic Books.

Netscape Communications (1998). *Netscape Announces Mozilla.org*. Press Release (2/23/1998).

O'Mahony, S. (2003). Guarding the Commons. How Community Managed Software Projects Protect their Work. *Research Policy*, 32, 1179–1198.

O'Mahony, S. & Ferraro, F. (2007). The Emergence of Governance in an Open Source Community. *Academy of Management Journal*, 50(5), 1079–1106.

Osterloh, M. & Rota, S. (2007). Open Source Software Development: Just another Case of Collective Invention? *Research Policy*, 36, 157–171.

Perrow, C. (1991). A Society of Organizations. *Theory & Society*, 20, 725–762.

Raymond, E. (1998). *Goodbye, „free software"; Hello, „open source"*. Announcement (11/22/1998). URL: ftp://ftp.lab.unb.br/pub/computing/museum/esr/open-source.html (5/2017).

Raymond, E. (1999). *The Cathedral and the Bazaar*. Sebastopol: O'Reilly.

Rifkin, J. (2014). *The Zero Marginal Cost Society*. New York: Palgrave Macmillan.

Spinellis, D. & Giannikas, V. (2012). Organizational Adoption of Open Source Software. *Journal of Systems and Software*, 85(3), 666–682.

Spreeuwenberg, K. & Poell, T. (2012). Android and the Political Economy of the Mobile Internet. *First Monday*, 17(7). http://dx.doi.org/10.5210/fm.v17i7.4050 (5/2017)

Stallman, R. (1983). *New UNIX Implementation*. URL: http://bit.ly/1DSDoXW (5/2017).

Torvalds, L. (2002). Re: [PATCH] Remove Bitkeeper Documentation from Linux Tree. *Linux Kernel Mailinglist* (4/20/2002). URL: http://lwn.net/2002/0425/a/ideology-sucks.php3 (5/2017).

Weber, S. (2000). *The Political Economy of Open Source*. BRIE Working Paper 140. Berkeley: University of California.

Westenholz, Ann (Eds.) (2012). *The Janus Face of Commercial Open Source Software Communities*. Copenhagen: Copenhagen Business School Press.

Der "Co-Creation Square" – Ein konzeptioneller Rahmen zur Umsetzung von Co-Creation in der Praxis

Stefan Vorbach, Christiana Müller und Lukas Nadvornik

Institut für Unternehmungsführung und Organisation
Technische Universität Graz

Zusammenfassung

Obwohl das Co-Creation-Konzept bereits 2004 entwickelt wurde, sind heutzutage wenige anwendbare Tools bekannt. Co-Creation hat als theoretisches Konzept nun einen Reifegrad erreicht, bei dem neben der Weiterentwicklung der Theorie auch greifbare Anstrengungen zur Implementierung und Adaption in der Praxis entwickelt werden müssen. Obwohl einige Ansätze in der Literatur in diese Richtung gehen, bleiben diese aber ziemlich abstrakt und konzentrieren sich nur auf den Prozess der Wertentwicklung durch Co-Creation. Sie ignorieren zusätzlich notwendige Schritte zur Vorbereitung, Planung und Evaluierung von Co-Creation-Aktivitäten in Unternehmen. Aus diesen Gründen wurden im vorliegenden Kapitel in der Literatur bekannte Konzepte für die Co-Creation sowie Fälle erfolgreicher Implementierung in Unternehmen analysiert und Interviews mit Unternehmen, die erfolgreich Co-Creation-Aktivitäten implementiert haben, geführt. Auf dieser Basis wurde ein konzeptioneller Rahmen ("Co-Creation-Square") entwickelt. Dieser umfasst vier Bereiche mit praktischen Hilfestellungen für die Einführung von Co-Creation in Unternehmen.

1 Einführung

Erfolgreiche Unternehmen setzen heute sowohl auf die Zusammenarbeit mit Kunden als auch auf die Integration von Kunden in den Entwicklungsprozess. Die Kernidee von Co-Creation ist es, durch die Integration von Kunden bzw. Stakeholdern in Lern- und Innovationsprozesse einzigartige und von Kunden nachgefragte Produkte, Dienstleistungen und Erfahrungen zu generieren. Meinungsbildner sagen daher voraus, dass Co-

Creation sich in naher Zukunft zu einer primären Quelle für Wettbewerbsvorteile entwickeln wird (Gouillart, 2011). Anstelle einer Abschottung und Verteidigung einzigar-
tiger Fähigkeiten durch Isolation schaffen führende Firmen vielmehr entlang ihrer klassischen Wertschöpfungskette – beginnend bei der F&E über das Marketing bis hin zum
Verkauf – Anknüpfungspunkte für die Zusammenarbeit mit Kunden und anderen Stakeholdern im Unternehmensumfeld. Die Zusammenarbeit bei der Entwicklung von Produkten und Dienstleistungen in Form von Co-Creation erlaubt es den mitwirkenden Parteien, früher als üblich ein drohendes Marktversagen zu entdecken und darauf angemessen zu reagieren (Ashoka, 2014). Co-Creation wird folglich häufig im Umfeld von In-
novationsvorhaben eingesetzt.

Unternehmen auf der ganzen Welt liefern sich ein Wettrennen, um früher und schneller Neues in Form von Produkten, Dienstleistungen, Prozessen oder Technologien auf
den Markt zu bringen. Dabei entstehen auch neue Geschäftsmodelle und manchmal sogar neue Märkte. Co-Creation wird dabei zukünftig eine wesentliche Rolle im Wettbewerb einnehmen (Prahalad & Ramaswamy, 2004).

Co-Creation-Prozesse sind darüber hinaus dynamisch und komplex und somit her-
ausfordernder als geschlossene Innovationsprozesse. Unternehmen, die Co-Creation
einsetzen, sehen sich deshalb mit neuen Anforderungen konfrontiert, etwa mit der Notwendigkeit einer neuen, offenen Denkhaltung. Ähnliche Konzepte, wie Co-Production,
Open Innovation, Mass Customization oder User-Generated Content, betonen alle die
Bedeutung der Integration von unternehmensexternen Quellen in Innovations- und Entwicklungsprozesse. Damit zielen sie zwar in die gleiche Richtung, vergessen aber das
personalisierte Kundenerlebnis. Dieses zentrale Element von Co-Creation grenzt das
Konzept gegenüber anderen Ansätzen ab. In diesem Sinne kann Co-Creation aus Sicht
des Kunden verstanden werden als "co-constructing their own experiences" (Prahalad
& Ramaswamy, 2004b). Um dies zu erreichen, müssen Unternehmen ein experimentel-
les Umfeld schaffen, das ihnen diese Co-Creation-Erfahrungen in Zusammenarbeit mit
Kunden erlaubt (Prahalad & Ramaswamy, 2004c).

Obwohl das Konzept Co-Creation (DART-Modell) bereits 2004 von Prahalad und
Ramaswamy publiziert worden ist, wurden bislang in der Wissenschaft wenig Anstrengungen unternommen, um Umsetzungsmodelle oder fortgeschrittene Methoden und
Techniken zur Umsetzung zu entwickeln, die eine Anwendung des Konzepts in zuverlässiger, aber einfacher Weise ermöglichen. Marcos-Cuevas et al. (2016) haben neben
anderen (z. B. Vargo et al., 2008) deshalb jüngst festgestellt, dass "co-creation remains
a rather abstract concept without much empirical development and a limited body of

work illustrating its implementation in practice". Auch die von uns durchgeführte Literaturanalyse förderte zu Tage, dass noch immer große Unsicherheit in der Strukturierung von Co-Creation-Prozessen sowie ein Mangel an Konzepten zur konkreten Umsetzung existieren. Vor diesem Hintergrund ist es das erklärte Ziel des vorliegenden Kapitels, diese Lücke zwischen Theorie und Praxis zu schließen und Co-Creation-Praktiken leichter anwendbar zu gestalten. Fragen, die in diesem Zusammenhang beantwortet werden, sind:

- Wie können Unternehmen in einem kompetitiven Umfeld Co-Creation wirkungsvoll in ihre Entwicklungsprozesse integrieren?
- Welche Faktoren beeinflussen die erfolgreiche Implementierung von Co-Creation im Unternehmen?

Um die Forschungslücke zu schließen, wird zunächst eine ausführliche Literaturanalyse zu Definitionen und dem konzeptionellen Rahmen von Co-Creation durchgeführt, bevor eine zweiphasige empirische Studie anschließt: zuerst werden erfolgreiche Umsetzungen von Co-Creation in der Praxis analysiert bevor führende Unternehmen mittels Interviews nach den Gründen befragt werden. Aus beiden empirischen Ansätzen wird ein konzeptioneller Rahmen („Co-Creation-Square") abgeleitet, der Unternehmen als Leitfaden zum Umsetzung von Co-Creation dienen kann.

2 Literaturstudie

Eine von uns durchgeführte Analyse der Literatur umfasst drei verschiedene Bereiche: erstens werden Definitionen von Co-Creation gesucht und analysiert; zweitens wird das Co-Creation-Paradigma einem Review unterzogen und; drittens werden Beschreibungen für die praktische Implementierung von Co-Creation dargestellt.

2.1 Definitionen von Co-Creation

Naturgemäß finden sich in der Literatur vielfältige Definitionen zahlreicher Autoren (z. B. Prahalad & Ramaswamy, 2004; Sawhney et al. 2005; Roser et al., 2009; Pater, 2009; Ramaswamy & Gouillart, 2010; Piller, 2014; Ramaswamy & Ozcan, 2014). Trotz aller Unterschiede haben die Definitionen gemein, dass Co-Creation als Prozess gesehen wird, der einen aktiven Austausch mit Kunden ermöglicht, der eine neue Basis für Innovationen eröffnet, der von dem Unternehmen initiiert wird, der für Kunden und Unternehmen zu einer win-win-Situation führt und der schließlich eine stärkere und nachhaltigere Beziehung zwischen Kunden und Unternehmen ermöglicht.

Tabelle 1 gibt eine Übersicht zu bestehenden Definitionen und anwendbaren Konzepten, Methoden und Tools.

Tab. 1: Definitionen und Erklärungsansätze von Co-Creation

AUTOR	DEFINITION	MERKMALE
Prahalad & Ramaswamy (2004a)	Co-Creation are high-quality interactions that enable an individual customer to co-create unique experiences with the company are the key to unlocking new sources of competitive advantage. Value will have to be jointly created by both the firm and the customer.	• Qualitätsvolle Interaktion • Einzigartige Erfahrung • Gemeinsam geschaffener Wert
Sawhney et al. (2005)	Co-Creation is a customer centric perspective that enrolls the customer to be a partner in the innovation process. It facilitates a continuously on-going dialogue with the customer which focus lies on the social and experimental knowledge of customers, while having a direct as well as mediated interaction with prospect and potential customers.	• Kundenzentrierte Perspektive • Dialog mit dem Kunden
Roser et al. (2009)	Co-creation is an active, creative and social process based on collaboration between producers and users that is initiated by the firm to generate value for customers.	• Aktiver, kreativer und sozialer Prozess auf der Basis von Kollaboration • Initiiert durch das Unternehmen
Pater (2009)	Co-creation is the practice of collaborative product or service development: developers and stakeholders work together. Co-creation is a form of open innovation: ideas are shared, rather than kept to oneself; it is closely connected to 'user-generated content' and 'mass customization'.	• Kollaborative Produkt- und Dienstleistungsentwicklung • Eine Ausprägung von Open Innovation
Ramaswamy & Gouillart (2010)	Co-Creation creates value by constantly enhancing experiences for all stakeholders. Co-creation uses the initial strategic goal as a starting point and lets the full strategy emerge over time. Co-Creation achieves advantage through the increased engagement of stakeholders and by continually building new interactions and experiences, which lead to higher productivity, higher creativity, and lower costs and risks.	• Beständiger Aufbau von Interaktionen und Erfahrungen • Verstärktes Engagement von Stakeholdern
Stern (2011)	Co-creation involves working on new product and service ideas together with the customers who are going (you hope) to buy them. It turns "market research" into a far more dynamic and creative process.	• Entwicklung neuer Produkte oder Dienstleistungen zusammen mit Kunden
Piller et al. (2011) und Piller (2014)	Customer co-creation, in short, is open innovation with customers. It is a product (or service) development approach where users and customers are actively involved and take part in the design of a new offering. Customer co-creation denotes an active, creative and social collaboration process between producers (retailers) and customers (users), facilitated by the company.	• Open Innovation mit Kunden • Aktive, kreative und soziale Prozesse der Zusammenarbeit zwischen Produzenten und Konsumenten

Benson (2013)	Co-creation means involving a community outside the company in the ideation phase of the new product or service development. With co-creation, the participants are made aware that they are contributing towards the development of ideas and concepts. Through a series of steps, people are invited to contribute, evaluate, and refine ideas and concepts.	• Einbeziehung einer Community außerhalb des Unternehmens in der Ideenfindungsphase
Ostermann et al. (2013)	Co-creation is ultimately about increasing value through innovative dialogue and partnerships. Co-creation can make a significant impact on relationships across the entire value chain.	• Steigerung des Kundenwerts durch Kommunikation und Partnerschaft mit dem Kunden
Martini et al. (2014)	'Customer co-creation' defines an approach to innovation via which customers take an active part in designing new offerings.	• Aktive Rolle der Kunden bei der Entwicklung neuer Angebote
Ramaswamy & Ozcan (2014)	Co-creation is joint creation and evolution of value with the stakeholding individuals, intensified and enacted through platforms of engagements, virtualized and emergent from ecosystems of capabilities, and actualized and embodied in domains of experiences, expanding wealth, welfare and wellbeing.	• Gemeinsame Entwicklung mit interessierten Anspruchsgruppen

Tabelle 1 macht deutlich, dass das Co-Creation-Paradigma sehr breit gefasst wird, was unter anderem deshalb der Fall ist, da Co-Creation einerseits als theoretischer Erklärungsansatz und andererseits als konzeptioneller Rahmen gesehen wird, der mit Tools ausgestattet näher einer Umsetzung ist. Eine vergleichende Gegenüberstellung der Definition ergibt Übereinstimmung in fünf Punkten: Co-Creation ...

- erlaubt einen aktiven Austausch mit Kunden,
- eröffnet eine neue Basis für Innovationen,
- ist ein Prozess, der unternehmensseitig initiiert wird,
- ermöglicht eine win-win Situation für Kunden und Unternehmen und
- begründet eine starke und nachhaltige Beziehung zwischen Kunden und Unternehmen.

Abhängig von der Zielsetzung von Co-Creation variieren die Intensitäten der Partizipation von Kunden, der Innovation und der Beziehung zwischen Kunden und Unternehmen.

2.2   Das Co-Creation-Konzept

Eine systematische Literaturanalyse bringt verschiedene Strömungen von Co-Creation zu Tage, die schlussendlich in fünf verschiedene Zielrichtungen eingeteilt werden können: i) eine allgemeine Unternehmensführungsperspektive; ii) Produktentwicklung und

Innovation; iii) virtuelle Kundenumgebungen; iv) Dienstleistungen und Service-Dominant-Logic; und v) internationaler Markt und Unternehmertum (Seppä & Tanev, 2011). Eine weitere Analyse von Dalli (2014) und Galvagno und Dalli (2014) zeigt, dass Value Co-Creation in zwei Gruppen eingeteilt werden kann, nämlich die Theorie von Co-Creation betreffend und kollaborative Innovationen in der Neuproduktentwicklung. In beiden systematischen Literaturanalysen wurden aber keine konkreten Modelle für die praktische Anwendung von Co-Creation gefunden. Auch haben Forscher versucht, die Komplexität von Value Co-Creation zu reduzieren, um praktische Implikationen zu ermöglichen (Saarijärvi & Kannan, 2013). Seppä und Tanev (2011) beklagen, dass relativ wenige Untersuchungen zu Aktivitäten durchgeführt wurden, die den Co-Creation-Prozess unterstützen, obwohl die Literatur viele Beispiele von Firmen bereithält, die Co-Creation-Prinzipien angewandt haben. Der Mangel an Quellen, die ein Konzept zum Umgang mit Co-Creation-Prozessen entwickeln, ist erstaunlich, zumal die Literatur reich an Beschreibungen von Voraussetzungen und Anforderungen an Co-Creation-Aktivitäten ist (Payne et al., 2008).

Zentrale Fragen werden seit Jahren nicht beantwortet: Wie kann die große und unterschiedlichen Interessen folgende Anzahl an Teilnehmern auf lange Sicht motiviert werden? Wie können Risiken und der Wertbeitrag zu Innovationen unter den Beteiligten aufgeteilt werden? Wie kann die Komplexität des Systems gemanagt werden, ohne zu große Einschränkungen zu schaffen? Und wie können Informationsflüsse und Aktivitäten, die Unternehmensgrenzen überschreiten, sinnvoll gemanagt werden, wenn bislang keine Vertrauensbasis existiert und deshalb erst aufgebaut werden muss? (Kukkuru, 2011) Dies bringt uns zu der Schlussfolgerung, dass bisherige Forschungsaktivitäten auf dem Gebiet der Co-Creation noch keine ausreichenden Antworten auf die Frage nach den richtigen strukturellen Modellen und fortgeschrittenen Techniken gefunden haben. Auch kann ein Mangel an exakten aber einfachen Vorgehensweisen für die Anwendung von Co-Creation festgestellt werden. Meist werden in der Literatur nur zugrundeliegende Philosophien und Paradigmen vorgestellt, jedoch ohne Anwendungsbezug für praktische Problemstellungen.

Ungeachtet der Tatsache, dass die Co-Creation-Philosophie im Grunde keine Grenzen kennt, werden in der Praxis sehr wohl Grenzen erkennbar. Um Co-Creation wirkungsvoll einsetzen zu können, wird das Verständnis der dahinterliegenden Philosophie vorausgesetzt. Eine systematische und klare Struktur hilft bei Entwicklung einer Zusammenarbeit zwischen Kunden und Unternehmen. Weil Co-Creation-Prozesse massiv auf einem „learning by doing"-Ansatz aufbauen ist eine ausgeklügelte Evaluierungsphase dringend geboten.

2.3   Praktische Ansätze von Co-Creation

Eine Analyse der Forschungsaktivitäten zum Thema Co-Creation bringt einen Mangel an strukturellen Modellen und Prozessen sowie einen Mangel an fortgeschrittenen Techniken zum Vorschein. Es sind größtenteils Unternehmensberater gewesen, die das Konzept aufgegriffen und einen praxisnahen Ansatz abgeleitet haben. Wegen der Komplexität des Co-Creation-Prozesses (Saarijärvi & Kannan, 2013) ist es einleuchtend, dass hauptsächlich step-by-step-Leitfäden existieren. Wir haben jene Ansätze einer näheren Betrachtung unterzogen, die wir als erfolgversprechend einschätzen, und beschreiben diese nachfolgend in Tabelle 2.

Tab. 2: Praktische Ansätze von Co-Creation

ANSATZ	BESCHREIBUNG
DART Modell und die Wahlmöglichkeiten nach Prahalad und Ramaswamy	Das DART-Modell (die Abkürzung steht für: Dialogue, Accessibility, Risk-benefit, Transparency) repräsentiert, gemeinsam mit den 4 Wahlmöglichkeiten, das Initialmodell, wie ein Co-Creation-Prozess gestaltet werden kann. Das DART-Modell selbst beschreibt dabei das Zusammenspiel zwischen dem Co-Creation-Initiator und den Teilnehmern. Im Gegensatz dazu definiert die „Dimension of Choice", wie der Kunde mit dem Initiator interagiert. Das DART-Modell und die „Dimension of Choice" zusammengenommen und vorausgesetzt, dass der Prozess richtig durchgeführt wird, ermöglichen die Co-Creation-Erfahrung für den Kunden – ein Hinweis dafür, dass der Co-Creation-Prozess erfolgreich war.
Das Management von Co-Creation of Value nach Payne et al.	Payne et al. (2008) entwickelten ein Konzept, das in drei Workshops und zahlreichen Interviews mit Managern erarbeitet wurde. Das Ergebnis ist ein praxis-relevantes und robustes Konzept für eine prozessorientierte Co-Creation, welche drei wesentliche Komponenten besitzt: i) Prozesse, die auf die Generierung von Kundennutzen ausgerichtet sind, ii) Prozesse zur Generierung des Nutzens der Lieferanten, iii) Veränderungsprozesse.
Fünf Leitsätze für Co-Creation nach Pater	Pater, ein Partner bei Fronteer Strategy (ein Consulting Unternehmen in den Niederlanden), beschreibt in seiner Publikation aus 2009 drei Säulen (Pater, 2009): i) 4 Arten von Co-Creation ii) 5 Leitlinien zu den Prinzipien von Co-Creation, iii) 4 Bereiche des Nutzens von Co-Creation.
Das Management des Co-Creation-Mix nach Roser et al.	Roser, einer der Begründer der "London Research and Consulting Group", hat gemeinsam mit seinen Kollegen DeFillippi und Samson ein Literature Review durchgeführt um daraus 6 Dimensionen für ein Referenzmodell zur Synchronisation von Co-Creation in Bezug auf die Wertschöpfungskette abzuleiten (Roser et al. 2009): i) Co-Creator-Typ ii) Zweck iii) Ort iv) Vertraulichkeit v) Zeit und vi) Anreiz. Die Einbindung aller 6 Dimensionen führt zum Referenzmodell ("Co-Creation-Mix").
Sechs Tipps für ein Co-Creation-Projekt nach Lam	Lam, Senior Research Manager bei Vision Critical (eine cloud-basierte Plattform), beschreibt 6 grundlegende Aspekte, welche in Bezug auf die Co-Creation mit Kunden berücksichtigt werden müssen (Lam, 2013): i) Definiere klare, aber nicht zu einschränkende Ziele, ii) Sei vorbereitet auf Eventualitäten und Ausreißer, iii) Stelle den richtigen Mix an Personen an, iv) Biete die richtigen und geeigneten Anreize an, v) Involviere und nutze andere Stakeholder, und vi) Erstelle einen Masterplan für die Zeit nach dem Co-Creation-Projekt.

3   Methodik

Der empirische Teil des vorliegenden Kapitels basiert auf zwei unterschiedlichen Quellen. Einerseits wurde ein extensiver Literatur-Review über das Vorgehen bei Co-Creation und zu einer erfolgreichen Implementierung erarbeitet. Andererseits wurden Interviews durchgeführt, um die Anforderungen für die Entwicklung eines praxisorientierten Grundgerüsts (framework) zu erforschen.

Das Heranziehen dieser zwei verschiedenen Methoden zur Datengenerierung trägt dazu bei, ein umfassendes Verständnis zu den Prozessen und der praktischen Ausgestaltung zu erlangen. Inhaltlich stützt sich unser Beitrag auf drei Säulen:

- Erstens basiert die vorliegende Arbeit auf den Konzepten von Prahalad und Ramaswamy (2004a, 2004b, 2004c), Cooper (2006), Roser et al. (2009), Pater (2009), Ramaswamy und Gouillart (2010), Lam (2013), und dem Product Development Institute (2016). Diese Arbeiten dienten als Grundlage für die Entwicklung der Prozessschritte und Strukturen.

- Zweitens wurde die Literatur hinsichtlich der erfolgreichen Implementierung von Ansätzen zu Co-Creation in der Praxis gescreent. Als Ergebnis konnten Ansätze von Dell (Dell IdeaStorm), Volvo (Volvo XC90), Lego (Lego Mindstormes), Sumerset (Sumerset Houseboats), Xerox (Xerox and P&G Managed Print System), Apple (Apple´s App Store), und Local Motors (Local Motors Labs) identifiziert werden. Aus diesen Fallbeispielen konnten wertvolle Hinweise zur praktischen Ausgestaltung der Co-Creation und der erfolgreichen Implementierung gewonnen werden.

- Drittens wurden Interviews mit Unternehmen in Österreich aus unterschiedlichen Branchen durchgeführt, um ein eingehenderes Verständnis zu den Kundenanforderungen für unser Grundgerüst zu generieren. Interviews sind in diesem Zusammenhang eine gängige Methode der Datengenerierung, da sie sehr flexibel und passend für eine Reihe von Forschungsdesigns sind. Interviews sind „particularly suited for studying people´s understanding of the meanings in their lived world" (Kvale, 1996). Für das vorliegende Kapitel wurden Interviews auch deshalb herangezogen, um das Thema Co-Creation aus unterschiedlichen Blickwinkeln beleuchten zu können und verschiedene Ausprägungen in der Wahrnehmung zu Co-Creation zu verstehen. Um bestmögliche Ergebnisse zu erzielen, wurden die Interviews mit einem geringen Strukturierungsgrad durchgeführt.

Anschließend wurde eine thematische Inhaltsanalyse der Literatur und der empirischen Daten durchgeführt (Patton, 2002). Jene Textpassagen, die als repräsentativ für die relevanten Konzepte identifiziert wurden, wurden entsprechend gekennzeichnet. Daraus wurde ein auf grundsätzlichen Annahmen basierender Ansatz abgeleitet und ein erstes Konzept erarbeitet. Erkenntnisse der verschiedenen Quellen wurden zusammengefügt und mit dem vorliegenden Konzept zur Validierung abgeglichen.

Nach Analyse und Evaluation der drei Säulen wie oben beschrieben, wurde das eigene Grundgerüst entwickelt. Dieses Konzept basiert auf 4 gleichwertigen Phasen (Vorbereitung, Planung, Realisierung, Evaluierung) und verleiht dem Co-Creation-Paradigma verschiedene Facetten. Diese geben eine Handlungsanleitung für Nutzer, in dem sie die Herausforderungen von Co-Creation für eine erfolgreiche Anwendung herausstreichen. Als Ergebnis wird der Prozess der Co-Creation konkreter und greifbarer und somit auch besser anwendbar für Unternehmen.

4   Empirische Studien

Zur Generierung von Daten wurden zwei empirische Studien durchgeführt.

4.1   Studie I: Analyse von Best-Practice-Fallstudien

Seit Beginn der Einführung des Co-Creation-Paradigmas in der Literatur wurden zahlreiche einschlägige Fallstudien durchgeführt bzw. durchgeführte Studien mit dem Paradigma in Verbindung gebracht. Je nach Fall werden unterschiedliche Aspekte der Co-Creation-Methodik angesprochen, z. B. wird bei Co-Creation-Plattformen auf einen intensiven Dialog gesetzt während personalisierte Services Transparenz von Anbieterseite benötigen. Beispiele für Best-Practices sind:

- Dell IdeaStorm: Die Einbindung von Kunden in eine Plattform und das Betreiben eines aktiven Dialogs mit Kunden führt zu einer besseren Kundenerfahrung. Letzteres bildet eine gute Basis für den Innovationsprozess (Russo-Spena & Mele, 2012).
- Volvo XC90: Volvo Cars integriert die Zielkunden in den Entwicklungsprozess und bringt den Volvo XC90 erfolgreich auf den Markt (Roser et al., 2013).
- LEGO Mindstorms: LEGO unterstützt engagierte Kunden bei der Entwicklung eigener Lösungen, indem wesentliche Teile für die Eigenentwicklung bereitgestellt werden. Das schafft ein hohes Engagement der Kunden und eine wertvolle Co-Creation-Erfahrung für den Anwender. Der Fall zeigt auch, dass eine Plattform (z. B.

LEGO Mindstorms Webseite) nicht immer durch das Unternehmen kontrolliert werden muss (Ramaswamy & Ozcan, 2013).

- Sumerset Houseboats: Das Unternehmen entwickelt gemeinsam mit Kunden individuell gestaltete Hausboote. Die Integration von Kunden erfolgt tief im Entwicklungsprozess (Prahalad & Ramaswamy, 2004b).

- Xerox und P&G Management Print System: Xerox und P&G gehen im Jahr 2008 eine Partnerschaft zum Erreichen zweier Ziele ein: Erstens, um die Druckbranche effizienter und umweltfreundlicher zu gestalten und zweitens, um globale Prozesse und Strukturen zu vereinfachen (Roser et al., 2013).

- Apple´s App Store: Die Einführung eines zentralen Marktplatzes (App Store) für mobile Anwendungen erlaubt eine Kollaboration, wodurch externe Entwickler ihre eigenen Anwendungen verbreiten und verkaufen können. Apple stellt dazu das iOS Software Development Kit zur Verfügung (Bergvall-Kareborn & Howcroft, 2013).

- Local Motors Lab: Local Motors hat die Automobilproduktion durch Verwendung neuester Technologien revolutioniert, wie z. B. beim Rapid Prototyping mittels 3D-Druck. Kunden entwickeln zusammen mit den Ingenieuren von Local Motors kundenindividuelle Fahrzeuge. In Mikrofabriken wird die Arbeit beim Assemblieren der Autos zwischen Kunden und Mitarbeitern geteilt (Ramaswamy & Ozcan, 2013).

4.2   Studie II: Interviews

Um die Hintergründe von Co-Creation besser zu verstehen, wurden Interviews mit 6 Experten aus unterschiedlichen Branchen geführt. Alle Experten waren im Unternehmen hierarchisch hoch angesiedelt und mit den Entwicklungsprozessen vertraut. Die Branchenauswahl erfolgte nach hoher Innovationsleistung. Alle ausgewählten Firmen haben eine herausragende Position im Markt und betreiben Innovationen auch sehr intensiv im Tagesgeschäft. Die leitfadengestützten Interviews wurden persönlich im Zeitraum März/April 2016 durchgeführt und haben durchschnittlich 45 Minuten gedauert. Alle Interviews wurden aufgezeichnet und zu großen Teilen transkribiert.

Der Interviewleitfaden besteht aus 3 Blöcken: i) Kundenbedürfnisse, ii) Entwicklungsprozesse und deren Evaluation und iii) Co-Creation als Paradigma. Ergebnisse im Block Kundenbedürfnisse zeigen klar, dass die Zusammenarbeit mit Kunden essentiell für alle befragten Unternehmen ist. Unternehmen betrachten ihre Produkte als primären Kanal zur Wertvermittlung an den Kunden; der echte Wert liegt aber auch in der Stärkung der Kundenbeziehung. Produkte und Dienstleistungen werden auf Kunden indivi-

duell zugeschnitten. Alle Firmen schätzen sich als Kundenzentriert ein. Ein fortwähren-
der Dialog mit Kunden und der Zugang zu Kundeninformationen prägt die Kundenbeziehung. Alle Firmen nennen im Interview, dass sie laufend über Kundenbedürfnisse,
-anforderungen und -wünsche informiert seien. Sie betonen auch die Bedeutung einer
intensiven Projektabklärung zu Beginn der Zusammenarbeit. Erkenntnisse aus dem
zweiten Block Entwicklungsprozesse sind nicht so eindeutig. Während alle Experten
sich uneingeschränkt zur Kundenintegration in den Entwicklungsprozess bekennen,
scheinen Fragen des geistigen Eigentums und „single sourcing"-Problematiken Hemm-
nisse darzustellen. Im dritten Block Co-Creation kam klar zum Ausdruck, dass das Paradigma Co-Creation nicht bei den Befragten angekommen ist. Kein einziger Interviewpartner, die allesamt über jahrelange Entwicklungserfahrung verfügen, konnte ver-
tiefte Kenntnisse zu Co-Creation belegen.

Wir schließen daraus, dass Unternehmen zwar die Bedeutung der Kundenintegration
in Entwicklungsprozesse bewusst ist, dass sie auch mehrfach über solche Erfahrungen
berichten, dass sie aber das Paradigma Co-Creation damit nicht in Verbindung bringen.
Darauf angesprochen unterstreichen alle Interviewpartner die Notwendigkeit von Co-
Creation- Prozessen, starten und betreiben diese aber eher zufällig bzw. wenig systematisch. Sowohl die Literaturanalyse als auch die empirischen Befunde legen nahe, dass
das Thema Co-Creation bislang wenig systematische Entwicklungsarbeit hinsichtlich
der Vorgehensmodelle, der eingesetzten Methoden und der konzeptionellen Frame-
works erfahren hat. Auch der Transfer der existierenden Modelle und Methoden in die
betriebliche Praxis scheint mangels schneller und einfacher Lösungen schwierig zu sein.

5   Entwurf und Diskussion des konzeptionellen Frameworks

Die Anwendung des Co-Creation-Paradigmas beschäftigt sich weniger mit der Abarbei-
tung einer Folge von Aufgaben zur Erreichung eines bestimmten Zieles, sondern widmet
sich vielmehr dem Verständnis von dessen Philosophie und der Übertragung dieser Philosophie in einen mehr oder weniger strukturierten Prozess. Wie bereits zuvor ange-
merkt ist der Vorgang der Co-Creation dynamisch und wird von einer Vielzahl an Variablen beeinflusst. In diesem Kontext kann der Identifikation von Kernelementen des
Co-Creation-Paradigmas und deren korrekter Anwendung eine hohe Relevanz zugeschrieben werden. Das in Abbildung 1 illustrierte konzeptionelle Framework wurde erstellt, um die oben angeführte Forschungslücke zu schließen. Unsere Untersuchung des
Co-Creation-Paradigmas soll zu einem tiefen Verständnis führen. Dieses Wissen, in

Kombination mit dem Wissen aus den geführten Experteninterviews, wurde herangezogen, um besagtes konzeptionelles Framework zu entwickeln. Der „Co-Creation-Square" ist insbesondere an Personen und Unternehmen adressiert, welche zwar an Co-Creation und den damit verbundenen Vorteilen interessiert sind, jedoch keine Erfahrung hinsichtlich der praktischen Umsetzung von Co-Creation besitzen. Abbildung 1 visualisiert besagtes Framework des „Co-Creation-Square".

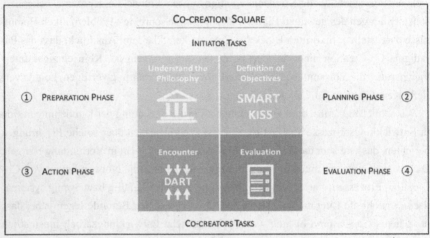

Abb. 1: Das konzeptionelle Framework des „Co-Creation Square"

Der Aufbau des „Co-Creation-Square" gliedert sich in 4 als gleich relevant anzusehende Phasen, welche verschiedene Gesichtspunkte des Co-Creation-Paradigmas beleuchten. Diese 4 Phasen sind: 1) Vorbereitungsphase (preparation phase); 2) Planungsphase (planning phase); 3) Realisierungsphase (action phase); 4) Evaluierungsphase (evaluation phase). Diese 4 Phasen markieren verschiedene Stufen, in denen eine bestimmte Aufgabe abzuschließen ist, bevor der Übergang in die nächste Stufe vollzogen werden kann. Aus Gründen der Einfachheit werden keine zusätzlichen „Gates" (wie diese beispielsweise beim Stage-Gate-Modell vorgesehen sind) eingeführt.

In ihrer Gesamtheit spiegeln die Phasen das Co-Creation-Paradigma wieder und bieten Nutzern einen Anhalt für die erfolgreiche Anwendung von Co-Creation. Die Phasen 1 und 2 richten sich insbesondere an den Initiator einer Co-Creation-Phase. Die Phasen 3 und 4 richten sich sowohl an den Initiator als auch den Co-Creator (Tab. 3).

Tab. 3: Phasen des „Co-Creation-Square"

	PHASE	BESCHREIBUNG
1	**Vorbereitungsphase**	Für die Anwendung von Co-Creation in einem Prozess ist es notwendig, die dahinterliegende Philosophie zu verstehen. Das Verständnis von Kernelementen bestimmt hierbei, wie Co-Creation-Anwärter Co-Creation praktisch umsetzen und ob der Co-Creation-Prozess erfolgreich sein wird.
2	**Planungsphase**	Nachdem der Initiator das Co-Creation-Paradigma verstanden hat, ist es essenziell, den Zweck und die Ziele eines anstehenden Co-Creation-Prozesses festzulegen. In diesem Zusammenhang empfiehlt es sich, Ziele so zu setzen, dass nachfolgende Phasen in der Lage sind zu evaluieren, ob diese Ziele verfehlt, erreicht oder sogar übertroffen wurden. Die Verwendung von Techniken wie „KISS" (Keep it Short and Simple) oder „SMART" (Specific, Measurable, Assignable, Realistic, Time-bound) kann dazu beitragen, Klarheit über Aufgaben zu schaffen und Verwirrung zu vermeiden.
3	**Realisierungsphase**	In dieser Phase öffnet sich der Co-Creation-Prozess zum ersten Mal, wodurch es Co-Creatoren von außerhalb einer Organisation möglich ist zu partizipieren. Es kommt zu einer Begegnung zwischen Co-Creatoren. Die Phase ist dominiert von der Schaffung und Aufrechterhaltung einer Beziehung zwischen den Co-Creatoren. Obwohl dies den Anschein hat, trivial zu sein, ist dies der kritischste Teil des Frameworks. Fehler in dieser Phase können zu einem kompletten Versagen des Co-Creation-Prozesses führen. Um dies zu vermeiden, wird nachdrücklich die Verwendung des DART-Modells empfohlen. Abhängig vom jeweiligen Zweck und dem individuellen Typ des Co-Creators gilt es verschiedene Punkte des DART-Modells hervorzuheben. So erfordern verschiedene Arten von Co-Creatoren eine spezifische Charakterisierung einzelner Elemente hinsichtlich des Dialogs, der Zugänglichkeit, des Nutzens, von Risiken und der Transparenz. Ziele, die in der Planungsphase gesetzt wurden, bestimmen die Ziele während der Kundeninteraktion. Die Kollaboration von Co-Creatoren soll derart organisiert werden, dass Teilnehmer sich offen artikulieren können. Des Weiteren ist es von entscheidender Bedeutung, Teilnehmern die gebotene Anerkennung sowie ausreichende Belohnungen entgegen zu bringen. Demgemäß ist Co-Creation nur bei entsprechender Motivation performant. Mögliche Anreize können beispielsweise die jeweilige Eigenwahrnehmung, die Zugehörigkeit zu einer Gruppe, Konsum (z.B. der Erste zu sein, der neue Produkte und Technologien testet), die Notwendigkeit einer Lösung, das Unterstützen bestimmter Zwecke sowie monetäre Anreize sein (Gaurav, 2014). Die Essenz des Co-Creation-Prozesses ist die „Co-Creation Erfahrung" der Teilnehmer. Es wird nachdrücklich empfohlen, konstant und kontinuierlich zu beobachten, ob diese Verbindungen sich als stark genug darstellen.
4	**Evaluierungsphase**	Der Prozess der Co-Creation kann zu einer Vielzahl an neuen und unerwarteten Ergebnissen führen, welche in Folge in Berichten zusammenzufassen sind. Die Verwendung dieser Berichte zur Evaluierung führt zu progressivem Lernen und zu einer Verbesserung der Qualität aktueller als auch zukünftiger Co-Creation-Projekte. Praktisches Wissen über die Organisation von Co-Creation-Prozessen kann als wesentlicher Vermögenswert für Unternehmen gesehen werden. Mit diesem Wissen können zukünftige Co-Creation-Prozesse potenziell eine höhere Leistungsfähigkeit aufweisen. Zudem steigt die Chance des Erfolgs der Co-Creation-Prozesse. Daher kann der „Co-Creation-Check" dazu verwendet werden, sowohl eine Zusammenfassung aller Co-Creation-Aktivitäten als auch eine gute Übersicht über die Prozesse zu schaffen.

6   Zusammenfassung

Die Zusammenführung der Literatur sowie empirischer Studien hat gezeigt, dass das Thema der Co-Creation-Modelle, -Konzepte, -Techniken, -Methoden oder -Frameworks noch wenig erforscht ist. Aufgrund des Fehlens anwendbarer Ansätze zur Co-Creation stellt sich die Übertragung von Co-Creation in die Besprechungsräume von Unternehmen als schwierig dar. In diesem Beitrag stellen wir einen „Co-Creation Square" vor, welcher zur Verkleinerung oder zumindest zur Wahrnehmung der fundamentalen Lücke zwischen Theorie und Praxis dienen soll. Obwohl der „Co-Creation-Square" auf empirischen Daten basiert, gilt es, das Konzept in naher Zukunft in der Praxis zu validieren.

Dem Trend folgend werden in der Praxis neue Fähigkeiten zur Co-Creation zur Anwendung kommen müssen. Folglich wird Co-Creation mehr umfassen als nur die Kundeneinbindung. Co-Creation birgt das Potenzial, nahezu alle internen und externen Interessensgruppen einer Unternehmung zu transformieren. Der Fokus von Co-Creation-Prozessen liegt nunmehr bei Entwicklungsprozessen. Zukünftige Co-Creation Prozesse werden möglicherweise auch Folgephasen, etwa die Produktionsphase und speziell die "After-Sales"-Phase beinhalten.

Literaturverzeichnis

Ashoka (2014). Why Co-Creation Is the Future for All of Us. *Forbes Magazine*. URL: http://www.forbes.com/sites/ashoka/2014/02/04/why-co-creation-is-the-future-for-allof-us/.

Benson, S. (2013). *Co-creation 101: How to use the crowd as an innovation partner to add value to your brand*. URL: https://www.visioncritical.com/cocreation-101/.

Bergvall-Kareborn, B. & Howcroft, D. (2013). The Apple business model: Crowdsourcing mobile applications. *Accounting Forum*, 37, 280–289.

Cooper, R.G. (2006). The seven principles of the latest Stage-Gate® method add up to a streamlined, new-product idea-to-launch process. *MM*, March/April.

Dalli, M. (2014). Theory of value co-creation: a systematic literature review. *Managing Service Quality*, 24(6), 634–683.

DeFillippi, R. & Roser, T. (2014). Aligning the co-creation project portfolio with company strategy. *Strategy & Leadership*, 42(1), 30–36.

Galvagno, M. & Dalli, D. (2014). Theory of value co-creation: a systematic literature review. *Managing Service Quality*, 24(6), 643–683.

Gaurav, B. (2014). How to plan and manage a project to co-create value with stakeholders. *Strategy & Leadership*, 42(2), 19–25.

Gouillart, F. (2011). Experience Co-creation. *Harvard Business Review*, April 2011, 10–13.

Kukkuru, M. (2011). Co-creation Is Today's Most Accepted Model for Innovation. *Forbes Magazine*, 19–21.

Kvale, S. (1996). *Interviews: an introduction to qualitative research interviewing*. London: Sage.

Lam, L. (2013). *6 tips for running a co-creation project*. URL: https://www.visioncritical.com/running-cocreation-projects/.

Marcos-Cuevas, J., Nätti, S., Palo, T. & Baumann, J. (2016). Value co-creation practices and capabilities: Sustained purposeful engagement across B2B systems. *Industrial Marketing Management*, 56, 97–107.

Martini, A., Massa, S. & Testa, S. (2014). Customer co-creation projects and social media: The case of Barilla of Italy. *Business Horizons*, 57(3), 425–434.

Ostermann, D., Billings, D. & Mollin, C. (2013). *Looking Ahead: Driving Co-creation in the auto industry*. URL: https://www.pwc.com/gx/en/automotive/industry-publications-and-thought-leadership/assets/pwc-looking-ahead-driving-co-creation-in-the-auto-industry-pdf.pdf.

Pater, M. (2009). Co-Creation' S 5 Guiding Principles or... what is successful co-creation made of? *Strategy*, April 2009.

Patton, M. (2002). *Qualitative research & evaluation methods*. Thousand Oaks: CA, Sage.

Payne, A.F., Storbacka, K. & Frow, P. (2008). Managing the co-creation of value. *Journal of the Academy of Marketing Science*, 36(1), 83–96.

Piller, F. (2014). *Customer Co-Creation*. URL: http://frankpiller.com/customer-co-creation.

Piller, F., Ihl, C. & Vossen, A. (2011). *A Typology of Customer Co-creation in the Innovation Process*. New forms of collaborative production and innovation: Economic, social, legal and technical characteristics and conditions. RWTH Aachen.

Prahalad, C.K. & Ramaswamy, V. (2004a). Co-creation experiences: The next practice in value creation. *Journal of Interactive Marketing*, 18(3), 5–14.

Prahalad, C.K. & Ramaswamy, V. (2004b). *The Future of Competition: Co-Creating Unique Value with Customers*. Boston: Harvard Business Review Press.

Prahalad, C.K. & Ramaswamy, V. (2004c). The future of competition. Lessons in excellence, 26(3 Part 1), 1–8.

Product Development Institute Inc. (2016). *Stage-Gate ® - Your Roadmap for New Product Development*. URL: http://www.prod-dev.com/stage-gate.php.

Ramaswamy, V. & Gouillart, F. (2010). Building the Co-Creative Enterprise. *Harvard Business Review*, 88(10), 100–109.

Ramaswamy, V. & Ozcan, K. (2013). Strategy and co-creation thinking. *Strategy & Leadership*, 41(6), 5–10.

Ramaswamy, V. & Ozcan, K. (2014). *The Co-Creation Paradigm*, Stanford: Stanford University Press.

Roser, T., DeFillippi, R. & Samson, A. (2013). Managing your co-creation mix: co-creation ventures in distinctive contexts. *European Business Review,* 25(1), 20–41.

Roser, T., Samson, A., Humphreys, P. & Cruz-Valdivieso, E. (2009). *Co-creation: New pathways to value. An overview.* Promise Corporation, URL: http://personal.lse.ac.uk/samsona/cocreation_report.pdf.

Russo-Spena, T. & Mele, C. (2012). "Five Co-s" in innovating: a practice-based view. *Journal of Service Management*, 23(4), 527–553.

Saarijärvi, H. & Kannan, K. (2013). Value co-creation: theoretical approaches and practical implications. *European Business Review*, 25(1), 6–19.

Sawhney, M., Verona, G. & Prandelli, E. (2005). Collaborating to create: The Internet as a platform for customer engagement in product innovation. *Journal of Interactive Marketing*, 19(4), 4–17.

Seppä, M. & Tanev, S. (2011). The Future of Co-Creation. *Technology Innovation Management*, March, 1–5.

Stern, S. (2011). A Co-creation Primer. *Harvard Business Review*, February 2011, 1–5.

Vargo, S.L., Maglio, P.P. & Akaka, M.A. (2008). On value and value co-creation: A service systems and service logic perspective. *European Management Journal*, 26(3), 145–152.

Kollaboration und Wettbewerb bei Ideenwettbewerben – eine Userperspektive

Manuel Moritz, Tobias Redlich und Jens Wulfsberg

Laboratorium Fertigungstechnik
Helmut-Schmidt-Universität Hamburg

Zusammenfassung

Durch die webbasierte Einbindung von und Zusammenarbeit mit unternehmensexternen Individuen während der Ideengenerierung und Produktentwicklung ergeben sich für Unternehmen neue Möglichkeiten, um ihre Wettbewerbsfähigkeit zu steigern. Insbesondere Ideenwettbewerbe sind unternehmensseitig ein vielversprechendes Instrument, um in kürzester Zeit und zu vergleichsweise geringen Kosten eine große Menge an kreativen und unkonventionellen Ideen zu einer bestimmten Problemstellung zu erhalten. Zugleich können Konsumenten, Hobby-Enthusiasten, Studenten etc. nunmehr Teil der (industriellen) Wertschöpfung von Unternehmen werden. In diesem Beitrag werden die Ergebnisse einer Umfrage unter den Teilnehmern der von Local Motors ausgerichteten *Airbus Cargo Drone Challenge* vorgestellt. Wir finden auch in diesem eher kompetitiv ausgerichteten Wettbewerb starke Anzeichen für kollaboratives Verhalten der Nutzer, was die These bestätigt, dass es auch auf individueller Ebene eine Form von "Ko-opetition" geben kann.

1   Einleitung

1.1   Das Zeitalter der Offenheit

In vielen Industrien erleben wir derzeit einen Paradigmenwechsel von traditionell eher geschlossenen Ansätzen hin zu offenen und kollaborativen Wertschöpfungsstrategien, die insbesondere durch die Entwicklung neuer Informations- und Kommunikationstechnologien ermöglicht wurde. (Enkel et al., 2009; Chesbrough, 2006; Moritz & Redlich, 2016; Redlich, 2011) In der sogenannten „Bottom-up-Ökonomie" (Redlich, 2011) finden wir neuartige Wertschöpfungsmuster vor, die zumindest einen gewissen Grad an

Offenheit erfordern, um externes Wissen zu integrieren und mit außenstehenden Akteuren zusammenarbeiten zu können. Neue Geschäftsmodelle und Organisationsformen entstehen, die etablierte Akteure zunehmend unter Druck setzen. (Willoughby, 2004; Huff et al., 2013) Im Hinblick auf Innovationsfähigkeit, Produktqualität und Effizienz eröffnen diese Ansätze große Potentiale für Unternehmen und übertreffen in vielen Fällen heute schon konventionelle Methoden. (von Hippel, 2005; Bahemia & Squire, 2010)

Doch entsteht auch für die unternehmensexternen Individuen ein Mehrwert durch die Mitwirkung an Wertschöpfungsprozessen. Sie engagieren sich, um neue Fähigkeiten zu erlangen und sich weiterzubilden, um Ideen zu entwickeln und sich darüber auszutauschen sowie Probleme zu lösen, sich mit anderen in Wettbewerben zu messen, aber auch, um ihre Dienste anzubieten und Geld zu verdienen. (Füller, 2010; Franke & Shah, 2003; Lakhani & Wolf, 2005)

Desweiteren beobachten wir eine Emanzipation von Konsumenten. Auch ohne Unternehmensbeteiligung ist es nunmehr möglich, gemeinsam mit Gleichgesinnten aus der ganzen Welt online Produkte zu entwickeln, diese anderen Menschen zur Nutzung freizugeben oder sie zur Verbesserung und Anpassung zu teilen (z. B. Open-Source-Bewegung) und diese schließlich lokal (z. B. in FabLabs) herzustellen. (von Krogh & von Hippel, 2006; Harhoff et al. 2003; Moritz et al., 2016)

1.2   Gemeinsam Wert schaffen

Im Bereich des Innovationsmanagements und der Produktentwicklung haben sich webbasierte Ideenwettbewerbe zu einem alternativen und effektiven Instrument entwickelt, das einen Mehrwehrt für beide Seiten, Unternehmen und User, bieten kann. Bei diesen Wettbewerben werden interessierte Menschen mit sehr unterschiedlichem Hintergrund aufgerufen, ihre Ideen und Lösungsansätze zu einer spezifischen Problemstellung auf einer Online-Plattform einzureichen. Unter allen Teilnehmenden werden ein oder mehrere Gewinner mit einem Geld- oder Sachpreis ausgezeichnet. Jedoch geht es den Teilnehmern dabei nicht nur darum, Preise bzw. Geld zu gewinnen und besser als andere zu sein. Vielmehr suchen sie auch den Austausch mit Gleichgesinnten und möchten gemeinsam Probleme lösen oder neue Ideen entwickeln, ähnlich einer sozialen Plattform. Nutzer geben sich Feedback zu Ideen und helfen sich gegenseitig, diese zu verbessern. In vielen Bereichen haben sich mit oder ohne Unternehmensbeteiligung Online-Communities entwickelt, in denen tausende Menschen gemeinsam an kommerziellen und gemeinnützigen Projekten arbeiten. (Franke & Shah, 2003; Bullinger et al., 2010)

1.3 Co-Creation bei Local Motors

Das US-amerikanische Technologie-Unternehmen Local Motors ist hierfür ein prominentes Beispiel: In Zusammenarbeit mit Auto- und Technik-Enthusiasten aus der ganzen Welt wurde innerhalb von zwei Jahren und zu einem Bruchteil der Kosten traditioneller Unternehmen ein neues Auto entwickelt. Exterieur, Chassis und andere Teile des Fahrzeugs resultierten dabei aus webbasierter Zusammenarbeit mit Usern, die sich freiwillig und zunächst ohne direkte monetäre Entlohnung dem Projekt angeschlossen und ihre Ideen in verschiedenen Design-Wettbewerben reichten. Die Anzahl an Nutzern, die auf der Plattform zusammenarbeiten, stieg seit 2007 auf mehr als 30.000 und die Projekte, die von Local Motors, Partnerunternehmen und den Nutzern selbst initiiert werden, decken eine große Bandbreite an Themenfeldern ab (z. B. urbane Mobilität, 3D-gedruckte Automobile, Elektromotorräder).

Darüber hinaus arbeitet Local Motors auch mit anderen Unternehmen zusammen, indem Wettbewerbe für Dritte auf der Online-Plattform organisiert und durchgeführt werden (z. B. *Urban Mobility Challenge, Domino's Pizza Ultimate Delivery Vehicle Challenge*). In diesem Fall agiert das Unternehmen als Intermediär zwischen dem „suchenden" Unternehmen, das ein Problem spezifiziert und die Rahmenbedingungen des Wettbewerbs vorgibt und den „Lösenden" innerhalb der Community.

1.4 Airbus Cargo Drone Challenge

Im April 2016 organisierte Local Motors einen weiteren Design-Wettbewerb, die sogenannte *Airbus Cargo Drone Challenge* (ACDC) in Partnerschaft mit Airbus Group. Interessierte Nutzer innerhalb und außerhalb der Plattform wurden eingeladen, Design-Konzepte für eine kommerzielle Drohne einzusenden. Es sollten bestimmte Kriterien hinsichtlich Design, Dimensionen, Gewicht, Belastbarkeit und Funktionsweise erfüllt werden, um die Aufgabe einer kurzfristigen Anlieferung von lebensrettenden medizinischen Medikamenten in Krisensituationen zu bewerkstelligen. Jeder Eintrag eines Users hat eine eigene Projektseite, auf der alle Informationen (Text, Design, Zeichnungen) des Konzeptes veröffentlicht werden und andere User das Konzept kommentieren können. Alle Einträge sind öffentlich einsehbar und unter Creative Commons (CC-BY-NC-SA) lizensiert. Nur die Gewinner übertragen die Eigentumsrechte an ihrer Idee an Local Motors und erhalten im Gegenzug das Preisgeld. Einreichungen waren vom 12. April bis 22. Mai 2016 (6 Wochen) möglich. Danach wurden die Beiträge auf Gültigkeit überprüft. Im Anschluss wurde der Abstimmungsprozess durchgeführt. Insgesamt konnten die Teilnehmer Geldpreise im Gesamtwert von 117.500 USD gewinnen, die in drei Kategorien ausgeschüttet wurden: 3 Hauptpreise vergeben durch Airbus-Manager, 3 Preise vergeben durch ein Expertengremium aus dem Bereich Logistik sowie 3 Community-Preise. Insgesamt wurden 425 Beiträge hochgeladen.

1.5   ACDC Userbefragung

Aufgrund des enormen sozioökonomischen Potentials ziehen Innovations- und Designwettbewerbe das Interesse diverser Forschungsfelder auf sich. Dennoch hat sich herausgestellt, dass es einen Mangel an quantitativer Forschung gibt. (Adamczyk et al., 2012) Aus diesem Grund wurde eine Studie in Form einer Nutzumfrage innerhalb der ACDC-Community durchgeführt, nachdem die Challenge beendet war. Angesichts der Fokussierung auf industrielles Design, Konstruktion und Berechnung und folglich hoher Anforderungen an die Teilnehmer ist dieser Wettbewerb aus Forschungssicht besonders interessant. Ziel der Studie war es, herauszufinden 1) wer die Nutzer sind, 2) warum sie teilgenommen haben und 3) wie das Verhalten während des Wettbewerbs war, um daraus Rückschlüsse auf das Umfeld der Community und des Wettbewerbs zu ziehen.

2   Theoretische Grundlagen

2.1   Co-Creation und Crowdsourcing

„Co-Creation" ist ein weitgefasster Begriff, der in der Wissenschaft auf unterschiedliche Weise definiert und interpretiert wird. (Prahalad, 2004; Tekic & Willoughby, 2016; Roser, 2009) Er ist eng verknüpft mit dem Open-Innovation-Ansatz, der die Öffnung des unternehmerischen Innovationsprozesses nach außen beschreibt. Allgemein versteht man unter Co-Creation einen kollaborativen Innovationsprozess zwischen einem Unternehmen und externen Individuen, die sich für ein bestimmtes Projekt, Unternehmen oder Technologie interessieren und die motiviert sind, gemeinsam mit Unternehmen Wertschöpfung zu betreiben. (Tekic & Willoughby, 2016)

Crowdsourcing kann als eine mögliche Form von Co-Creation angesehen werden, der sogenannten „Company-to-One-Co-Creation". (Tekic & Willoghby, 2016) Hierbei ist es das Ziel, externe Wissensquellen zu erschließen und mit einer heterogenen Gruppe von sogenannten „Solvern" zu interagieren, die, anonym und mit geringer Interaktion untereinander, Lösungen zu einer Problemstellung liefern, die die suchende Organisation („Seeker") in einem wettbewerbsähnlichen Setting vorgibt. (Howe, 2006)

In den meisten Fällen organisieren und managen unabhängige Intermediär-Plattformen diese (Innovations-, Ideen- oder Design-) Wettbewerbe und kümmern sich um die Kommunikation zwischen Unternehmen und Teilnehmenden (z. B. InnoCentive, Nine-Sigma). Der oder die Gewinner des Wettbewerbs erhalten ein Preisgeld als Belohnung. Ein großer Vorteil dieser Wettbewerbsform ist die große Bandbreite an Lösungsvorschlägen aus sehr verschiedenen Kontexten, aus denen die Unternehmen die für sie passende Lösung auswählen können. (Tekic & Willoughby, 2016; Boudreau & Lakhani, 2013)

Eine andere Form von Co-Creation stellt die „Company-to-Many-Co-Creation" dar. (Tekic & Willoughby, 2016) Organisationen interagieren hierbei verstärkt und langfristig mit einer (Online-) Community, bestehend aus gleichgesinnten Individuen und Fachspezialisten, welche gemeinsame Interessen oder Hobbies verfolgen (z. B. Local Motors, Dell, Linux, LEGO). Diese Communities können auch (potentielle) Kunden enthalten, allerdings ist es wahrscheinlicher, Studenten, Ingenieure, Designer, Unternehmer, Bastler oder Fans vorzufinden, die sich mit dem Unternehmen oder dessen Produkten identifizieren. Die Community ist in diesem Fall nicht nur eine Ressource, sondern ein wesentlicher Akteur im Wertschöpfungssystem des Unternehmens und beeinflusst durch Ideengenerierung, Qualitätssicherung und Feedback den Innovationsprozess maßgeblich. Das Verhältnis kann eher als eine Langzeitpartnerschaft beschrieben werden. Im Unterschied zur erstgenannten Form ermöglichen und forcieren Co-Creation-Plattformen gerade Kollaboration und Austausch zwischen Nutzern, die ihre Ideen veröffentlichen und diskutieren oder Verbesserungsvorschläge einreichen und Feedback geben. (Piller & West, 2012; Bogers & West, 2012)

2.2 Innovationswettbewerbe

Webbasierte Communities (Co-Creation-Plattformen), die eher kollaborativ geprägt sind, und (Crowdsourcing-)Wettbewerbe, die eher kompetitiv angelegt sind, werden von verschiedenen wissenschaftlichen Disziplinen untersucht. Dementsprechend gibt es einen umfangreichen Stand der Forschung zum optimalen Design von Wettbewerben (Preise, zeitl. Gestaltung etc.), zu den Teilnehmern (Motivation, Kommunikation etc.) und zu den Einreichungen selbst. Dennoch fehlt es an quantitativen Ergebnissen, da die meisten Forschungsarbeiten auf qualitativen Fallstudien basieren. (Adamczyk et al., 2010) Kollaboratives Verhalten in Online-Communities (Veröffentlichung von Ideen, Austausch von Wissen, Feedback) ist weit verbreitet (vgl. Open-Source Projekte). Doch auch bei konkurrenzorientierten Wettbewerben findet man durchaus auch kooperative

Verhaltensweisen in einer hybriden Konstellation (z. B. in Community-basierten Wettbewerben). (Franke & Shah, 2003; Harhoff et al., 2003; Füller, 2006) Allerdings werden bei einem klassischen Crowdsourcing-Wettbewerb die Beiträge nicht öffentlich gestellt, sondern privat an den Sponsor oder den „Seeker" transferiert, sodass eine Zusammenarbeit zwischen den Teilnehmenden kaum oder nicht möglich ist. Vielmehr führt die geringe Transparenz dazu, dass Teilnehmer ihrerseits Maßnahmen zum Schutz ihres geistigen Eigentums ergreifen (z. B. durch selective revealing). (Foege et al., 2016)

Die Einbindung von Individuen kann die Innovationsfähigkeit eines Unternehmens verbessern und zu innovativeren Ergebnissen führen als dies durch traditionelle Ansätze möglich ist. Entscheidend ist hierbei jedoch, einen Wettbewerb in geeigneter Weise zu gestalten. So spielen etwa Kommunikation, Motivation und Vertrauen eine zentrale Rolle. (Ebner et al., 2009) Bzgl. der Motivation zur Teilnahme haben mehrere Studien ergeben, dass die Menschen sich aus den verschiedensten Gründen in Online-Communities und Wettbewerben engagieren. Man findet sowohl intrinsische (z. B. Kuriosität, soziale Interaktion, Lernprozess) als auch extrinsische Faktoren vor (z. B. Geldpreise, Anerkennung, Reputation, Jobaussichten). (von Krogh et al., 2008; David & Shapiro, 2008; Ihl et al., 2010; Füller et al., 2010; Brabham, 2009) Dementsprechend müssen Belohnungs- und Anreizsysteme angepasst werden. (Boudreau et al., 2010) Füller et al. (2011) zeigten, dass für die Teilnehmer eines Design-Wettbewerbs das Erlebnis der Teilnahme ebenfalls ein wichtiger Faktor ist. Die Bereitstellung einer Co-Creation-Plattform ist daher eine notwendige Bedingung, um Nutzer für eine Teilnahme zu begeistern.

2.3 Wettbewerb und Kollaboration

Hutter et al. (2011) und Bullinger et al. (2010) zeigten, wie Wettbewerb und Kollaboration als Extrempole des individuellen Verhaltens zeitgleich bei einem Wettbewerb auftreten können, vergleichbar mit dem Konzept der „Co-opetition" auf Firmenebene. Unter „Communitition" versteht man folglich eine Wettbewerbskonstellation, in der die Teilnehmer einerseits konkurrieren, um ihr Können zu beweisen und die Challenge bzw. das Preisgeld zu gewinnen, in der aber andererseits während des Wettbewerbs soziale Interaktion und Kollaboration zwischen den Teilnehmern stattfindet, wenn etwa durch Kommentare Feedback und Vorschläge zur Verbesserung von Beiträgen der vermeintlichen Konkurrenten gegeben werden. Sogenannte „Communitators" (Teilnehmer, die sowohl sehr viele und sehr gute Beiträge einreichen als auch anderen Feedback geben) schnitten bei der Bewertung der Beiträge besser ab als andere Teilnehmer. Weiter wurde eine positive Korrelation zwischen kompetitiven und zeitgleich kollaborativen Verhaltensweisen und der Qualität der Beiträge gefunden. (Bullinger et al., 2010; Hutter et al., 2011) Es wird angenommen, dass auch der hier untersuchte Wettbewerb unter diese Kategorie fällt. Demnach wird erwartet, hinsichtlich Motivation und Verhalten der Teilnehmer sowohl kollaborative als auch kompetitive Elemente vorzufinden.

3   Methoden

Es wurde eine empirische Studie in Form einer Online-Umfrage in der ACDC-Community durchgeführt, nachdem die Challenge beendet war. Local Motors im Allgemeinen und die ACDC im Speziellen sind als Forschungsobjekt besonders interessant. Es handelt sich um eine Community, welche in einer Nischentechnologie operiert, die eher Hobby-Enthusiasten und Fachleute umfasst (Ingenieure, Designer, Unternehmer) als Konsumenten oder Kunden. Sie ist vergleichbar mit einer Open-Source-Hardware-Community, in denen User gemeinsam Probleme lösen und Produkte entwickeln. Tatsächlich wurden die meisten der Projekte auf der Local Motors-Plattform von Nutzern initiiert. Obwohl das Unternehmen auf der Plattform Wettbewerbe nach dem „Winner-Takes-All"- Prinzip durchführt, kann man dennoch ein sehr kollaboratives Umfeld vorfinden. Alle Beiträge, Projekte und Einträge aus der Challenge sind öffentlich zugänglich und eine Creative-Commons-Lizenz wird genutzt, um den Wissensaustausch zu fördern. Die Teilnehmenden können Beiträge kommentieren, Verbesserungsvorschläge hochladen und in Foren diskutieren. Die Community ist sowohl kollaborativ als auch kompetitiv ausgerichtet. Der Fragebogen enthielt überwiegend geschlossene Fragen, jedoch konnten die Befragten auch qualitative Kommentare hinzufügen, wenn sie die Option „Weiteres" wählten.

Die Umfrage war in drei Abschnitte unterteilt: Im ersten Teil wurden Hintergrundinformationen zu den Nutzern gesammelt (Geschlecht, Wohnort, Alter, Bildungsniveau, Beschäftigungsstatus, Einkommen, Beruf). Danach wurden Fragen zur Teilnahme auf der Plattform gestellt (vorherige Aktivitäten, Motivation, Gestaltung des Beitrags, Kommunikation, Zeitpunkt der Einreichung, Anerkennung, Kompensation). Des Weiteren wurde die allgemeine Zufriedenheit der Nutzer mit der ACDC und die Wahrnehmung der Beteiligung von Airbus abgefragt. Die Umfrage wurde mit Challenge-Teilnehmern im Vorfeld getestet. Nach einigen Anpassungen wurde die Datenerhebung zwischen 13. Juli und 12. September 2016 durchgeführt. Wir informierten die Nutzer durch einen

Beitrag im Forum der ACDC sowie durch persönliche Ansprache auf den Projektseiten. Durch dieses Vorgehen sollte eine Stichprobenverzerrung umgangen werden.

4 Stichprobe und Datenanalyse

Insgesamt wurden 425 Beiträge eingereicht, was der Grundgesamtheit entspricht (Annahme: Ein Beitrag pro Nutzer oder Team). 81 Nutzer nahmen an der Umfrage teil, wovon 74 auf alle Fragen antworteten, was einer Rückläuferquote von 19 % entspricht. Alle Teilnehmer an der Umfrage waren männlich; sie leben auf der ganzen Welt (Teilnehmer aus 25 Ländern), haben ein hohes Bildungsniveau (71 % haben einen wissenschaftlichen Abschluss (Bachelor, Master oder Promotion)) und sind relativ jung (75 % sind zwischen 18 und 39). Sie repräsentieren eine große Bandbreite an Einkommens- und Beschäftigungssituationen (41 % arbeiten Vollzeit, 19% sind selbstständig und 17 % Studenten). Die meisten der Teilnehmer verstehen sich als Ingenieure (Mehrfachnennung, 58 %) oder Designer (Mehrfachnennung, 59 %), gefolgt von Tüftlern (40 %) und Erfindern (41 %). Fast die Hälfte der Antwortenden ist zuvor nicht mit Local Motors in Verbindung getreten.

Die gesammelten Daten wurden auf Validität überprüft. Einige der Antwortmöglichkeiten wurden gruppiert und zusammengefasst, um die Aussagekraft zu erhöhen. Eine deskriptive Datenanalyse wurde mithilfe von IBM SPSS durchgeführt. Eine Schweigeverzerrung könnte die Ergebnisse geringfügig beeinflusst haben. Wir haben die Antworten überprüft und herausgefunden, dass dies am Ende der Umfrage auftrat. Fehlende Werte wurden fallweise ausgeschlossen. Selbstselektion könnte ebenfalls aufgetreten sein. Wir haben frühe und späte Antworten miteinander verglichen und keine gravierenden Unterschiede finden können.

5 Ergebnisse

5.1 Kollaboration unter Nutzern

Um mehr über die unterschiedlichen Ausprägungen kollaborativen Verhaltens unter den Teilnehmern der Challenge herauszufinden, wurden zunächst die Beiträge selbst betrachtet (Zeitpunkt der Einreichung, Erstellung des Beitrags). Wir wollten herausfinden, zu welchem Zeitpunkt die Nutzer ihre Beiträge erstmals einreichten und somit ihre Ideen für alle sichtbar veröffentlichten (Abb. 1). Die Beiträge konnten insgesamt über einen

Zeitraum von 6 Wochen hochgeladen werden. 30 % der Teilnehmer veröffentlichten ihren Beitrag erst am Tag der Deadline, was auf eine eher kompetitive Einstellung hindeutet. Allerdings haben 37 % der Teilnehmer ihre Beiträge in einer frühen Phase (Woche 1–4) veröffentlicht. Warum würden in einem ausschließlich konkurrenzorientierten Setting Teilnehmer ihre Ideen offenbaren, bevor sie müssen? Dieses Verhalten zeigt die Bereitschaft, Wissen zu teilen, Ideen auszutauschen und nach Feedback zu suchen.

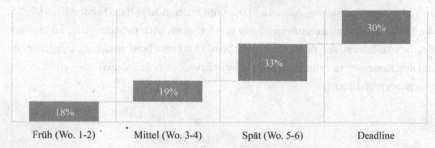

Abb. 1: Zeitpunkt der Einreichung (und somit Veröffentlichung) (N=78)

Ein weiteres Drittel der Nutzer reichte die Beiträge zwei Wochen vor Fristende ein. Teilnehmer möchten Ideen nicht zu früh offenbaren, wenn es sehr einfach ist, diese zu imitieren. Jedoch sind sie bereit, Wissen zu teilen, da man selbst auch von anderen Nutzern inspiriert werden könnte (Reziprozität). Eine Einreichung gegen Ende hingegen dient eher dem Schutz, da es für eine Imitation zu spät wäre.

Des Weiteren wurde überprüft, ob die Nutzer bei der Erstellung ihres Beitrags alleine gearbeitet oder auf die Unterstützung anderer User zurückgegriffen haben (Abb. 2). 10 % der Nutzer gaben an, ihren Beitrag mit Hilfe anderer User erstellt zu haben (z. B. CAD-Design, Berechnungen).

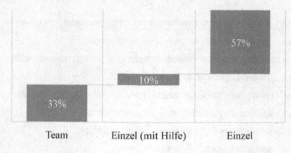

Abb. 2: Team- oder Einzelbeitrag (N=78)

Dies ist eine bemerkenswert hohe Zahl vor dem Hintergrund des „Winner-Takes-All"-Prinzips des Wettbewerbs. Warum helfen Nutzer anderen Teilnehmern, wenn dadurch die Wahrscheinlichkeit des eigenen Sieges sinkt? Ein Drittel aller Beiträge wurden in Teams eingereicht. Anschließend haben wir das Kommunikationsverhalten während des Wettbewerbs betrachtet (Abb. 3). Zwei Drittel der Befragten gaben an, andere Beiträge angesehen und Kommentare hinterlassen zu haben, um entweder ihren eigenen Beitrag zu verbessern (Inspiration, Austausch) oder um anderen zu helfen (Feedback). Mehr als die Hälfte der Nutzer kommentierte aus den letztgenannten Gründen. Hier können wir deutlich kollaboratives Verhalten beobachten. Die Teilnehmer helfen sich gegenseitig, um ihre Konzepte zu verbessern, unabhängig davon, ob man dadurch seine eigenen Siegeschancen verringert.

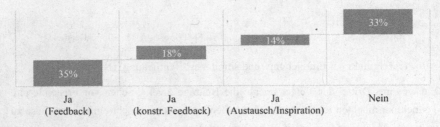

Abb. 3: Kommentierung anderer Beiträge (N=78)

Bei der Motivation zur Teilnahme finden wir sowohl intrinsische als auch extrinsische Elemente (Abb. 4) vor, wobei intrinsische Faktoren, die auf Kollaboration hindeuten, wichtiger erscheinen. Trotz des hohen Preisgeldes und der Tatsache, dass nur wenige gewinnen können, sind die wichtigsten Beweggründe Spaß, Lernen und der Wunsch, Probleme zu lösen.

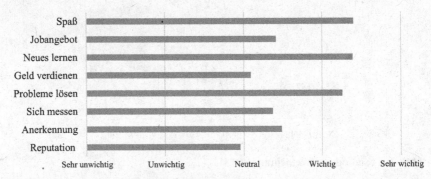

Abb. 4: Motivation zur Teilnahme (N=80)

Bzgl. der präferierten Kompensation bevorzugt die Hälfte der Befragten einen Geldpreis (Abb. 5). Folglich muss auch der Wunsch, die Challenge zu gewinnen eine große Rolle spielen. Dennoch äußerten einige Nutzer interessante Einblicke, die erneut auf ein eher kollaboratives Umfeld hindeuten. So forderten einige z. B. eine Belohnung für alle Teilnehmer („was ist mit denen, die nicht gewonnen haben"). Andere wiederum erwähnten, dass das Erlebnis der Teilnahme und der Lerneffekt eine ausreichende Kompensation waren („was ich gelernt habe, war Belohnung genug"). Obwohl diese Ausschnitte nur einige individuelle Meinungen darstellen, ist es dennoch interessant, zu erwähnen, dass es einigen Teilnehmern wichtig ist, auch die, die nicht gewonnen haben, zu berücksichtigen sowie, dass auch alternative Arten der Kompensation vorhanden sind.

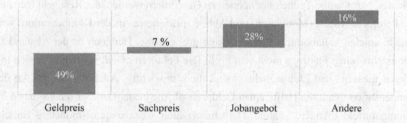

Abb. 5: Präferierte Arten der Kompensation (N=74)

Darüber hinaus wollten wir herausfinden, ob kooperatives Verhalten ein relevantes Kriterium bei der Abstimmung über den Community Prize ist (Abb. 6). Die Ergebnisse legen nahe, dass der Faktor nicht ganz so entscheidend ist, wie ideenbezogene Aspekte.

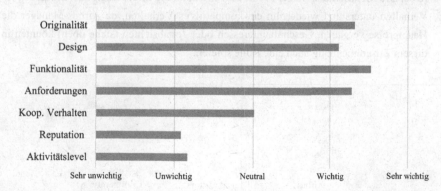

Abb. 6: Was ist bei der Bewertung anderer Beiträge wichtig? (N=74)

Dafür gibt es mehrere Erklärungsansätze: Entweder gehen die Nutzer davon aus, dass Kooperationsbereitschaft und kooperatives Verhalten bei allen Teilnehmern grundsätzlich vorhanden ist oder sie unterscheiden ganz bewusst zwischen Arbeitsphase, in der die Teilnehmer kooperieren, und Bewertungsphase, in der alle Beiträge gleichwertig behandelt werden, egal von wem sie stammen. Man kann zumindest schlussfolgern, dass alle Nutzer, kollaborativ oder nicht, gleichbehandelt werden. Das finale Design ist entscheidend.

5.2   Wettbewerb unter Nutzern

Die Challenge als solche ist auf Grund der Preisstruktur sehr wettbewerbsorientiert ausgerichtet. Nur wenige Teilnehmer können zu Gewinnern werden, der Rest geht leer aus. Wie bereits in Abb. 4 (Motivation) und Abb. 5 (präferierte Art der Kompensation) vorgestellt, spielen kollaborative Elemente eine große Rolle. Dennoch ist der Abstand zu eher extrinsischen Faktoren nicht sehr groß. Die Faktoren „Geld verdienen", „sich mit anderen messen" und „Job signaling" sind nicht unwichtig. Auch der bei der Art der Kompensation nennt die Hälfte einen Geldpreis als die beste. Darüber hinaus haben im Kommentarfeld „Andere" einige Teilnehmer auch weitere quasi-monetäre Entlohnungsformen angegeben, z. B. ein klares Geschäftsinteresse (z. B. „Kurzzeitverträge", „Lizensierung des Designs", „Kooperation mit Airbus").

Weiterhin wurden die Teilnehmer gefragt, wessen Anerkennung ihnen wichtig sei (Abb. 7). Airbus und die Community waren in dieser Hinsicht von besonderem Interesse. Die Mehrheit der Nutzer suchte die Anerkennung ihrer Arbeit bei Airbus. Dieses Verhalten unterstützt wiederrum ein kompetitives Verhalten, da Airbus-Manager die Hauptpreise vergaben. Geschäftsinteressen oder Jobabsichten (siehe oben) könnten in diesem Zusammenhang auch eine Rolle spielen.

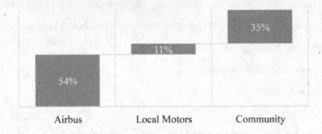

Abb. 7: Anerkennung der eigenen Leistung

6   Diskussion

Die Ergebnisse dieser Studie geben interessante Einblicke in die Bereiche Co-Creation im Allgemeinen und Community-basierte Wettbewerbe im Speziellen. Wir haben sowohl kollaborative als auch kompetitive Elemente hinsichtlich Einstellung und Verhalten der Nutzer in einer wettbewerbsorientierten Konfiguration vorgefunden, was das Konzept der „Communitition" unterstützt.

Viele User teilen Wissen, indem sie ihre Arbeit früh veröffentlichen und helfen einander, indem sie kommentieren und Feedback geben, wodurch sie wiederum die Beiträge der anderen Nutzer verbessern. Andere wiederum reichen ihren Beitrag sehr spät ein, sodass kein Austausch mehr möglich ist. Intrinsische Beweggründe erscheinen wichtiger als extrinsische, was jedoch nicht bedeutet, dass, einen Preis zu gewinnen und sich mit anderen zu messen, unwichtig ist. Bedeutet dies nun, dass „ko-opetitiv" angelegte Wettbewerbe erfolgversprechender sind als andere Formen? Zumindest kann man davon ausgehen, dass es nicht schadet und die Beiträge dadurch nicht schlechter werden. Es ist schwer zu sagen, ob ein Wettbewerb erfolgreich war oder nicht. Erfolgreich für wen? Für die Teilnehmer, für den Intermediär oder das suchende Unternehmen? Wie misst man Erfolg in diesem Kontext (Anzahl an Ideen, Originalität, Wertschöpfungspotential usw.)? Und was passiert mit den Ideen nach dem Wettbewerb?

Für die ACDC können wir festhalten, dass sie sowohl für Local Motors als auch für Airbus erfolgreich war. Mit 425 Beiträgen war die ACDC die erfolgreichste Challenge, die Local Motors bisher durchgeführt hat. Es ist jedoch zu hinterfragen, ob die „ko-opetitive" Auslegung dazu entscheidend beigetragen hat, wenn man berücksichtigt, dass Local Motors auch andere Wettbewerbe in ähnlicher Form in der Vergangenheit durchgeführt hat. Gründe könnten in diesem Fall die hohe Bekanntheit von Airbus oder die Produktkategorie sein (Dronen sind sehr beliebt in Hobby-Communities), ggf. aber auch die intensiven Marketinganstrengungen.

Aus Nutzerperspektive können auch einige Nachteile genannt werden. Viele Nutzer beklagten sich im Forum und bei der Umfrage, dass sie sich ausgenutzt fühlten und ihnen der Bewertungsprozess weder transparent noch fair erschien. Dies ist allerdings auf das Design des Wettbewerbs zurückzuführen. Nichtsdestoweniger haben 79 % der Nutzer die Frage, ob sie bereit wären, weiterhin mit Local Motors zusammenzuarbeiten, mit „Ja" beantwortet, was die These stützt, dass „ko-opetitive" Gestaltungselemente die Loyalität der Nutzer steigern können.

7 Ausblick

Die Ergebnisse dieser Studie liefern einen Beitrag zur Diskussion über das Konzept der „Communitition". Wir steuern eine Nutzerperspektive bei und haben herausgefunden, dass wir auch bzgl. Einstellung und Verhalten ein ko-opetitives Umfeld innerhalb eines Wettbewerbs finden können. Was das konkret für die Ausgestaltung von Wettbewerben und die Zusammenarbeit mit Online-Communities bedeutet, kann noch nicht abschließend bewertet werden. Wann ist es vorteilhaft, mit einer Community zusammenzuarbeiten oder eine eigene Fan-Community aufzubauen? Für welche Art von Lösungen sind vielleicht eher klassische Crowdsourcing-Wettbewerbe besser geeignet? Wann ist eine hybride Konstellation die beste Wahl? Es besteht weiterer Forschungsbedarf, um das Phänomen der „Communitition" vollständig zu erfassen, zu beschreiben und Handlungsempfehlungen abzuleiten. Zukünftige Studien sollten weitere Communities und Wettbewerbe untersuchen, um das Konzept besser zu verstehen. Dennoch wurde auch in dieser Studie deutlich, dass Co-Creation ein vielversprechender Ansatz innerhalb der Bottom-up-Ökonomie darstellt. Unternehmen und externe Akteure wollen und können erfolgreich gemeinsam Wertschöpfung betreiben und gemeinsam neue Produkte von höherer Novität und Qualität entwickeln. Um eine langfristige und nachhaltige Kooperation mit externen Akteuren aufzubauen und zu pflegen, ist es jedoch erforderlich, externe Akteure als relevante Stakeholder innerhalb des Wertschöpfungssystems zu verstehen und Erwartungen und Interessen zu berücksichtigen, sodass ein Mehrwert für beide Seiten entstehen kann. .

Literaturverzeichnis

Adamczyk, S. et al. (2012). Innovation Contests: A Review, Classification and Outlook. *Creativity and Innovation Management*, 21(4), 335–360.
Bahemia, H. & Squire, B. (2010). A contingent perspective of open innovation in new product development projects. *International Journal of Innovation Management*, 14(4), 603–27.
Bogers, M & West, J. (2012). Managing distributed innovation: strategic utilization of open and user innovation. *Creativity and Innovation Management*, 21(1), 61–75.
Boudreau, K. et al. (2010). The Effect of Increasing Competition and Uncertainty on Incentives and Extreme-Value Outcomes in Innovation Contests. *Harvard School Working Paper, No. 2008-6*.
Boudreau, K. J. & Lakhani, K. R. (2013). Using the crowd as an innovation partner. *Harvard Business Review*, April, 61–69.
Brabham, D. C. (2009). Moving the Crowd at Threatless: Motivations for Participation in a Crowdsourcing Application. *Annual Meeting of the Association for Eduction in Journalism and Mass Communication*, Boston.
Bullinger, A. C. et al. (2010). Community-Based Innovation Contests: Where Competition meets Cooperation. *Creativity and Innovation Management*, 19, 290–303.
Chesbrough, H. (2003). The era of open innovation. *MIT Sloan Management Review*, 44(3), 35–41.
Chesbrough, H. W. (2006): *Open Innovation. The New Imperative for Creating and Profiting from Technology*. Boston: Harvard Business School Publishing.
David, P. A. & Shapiro, J. S. (2008). Community-Based Production of Open Source Software: What Do We Know about the Developers Who Participate? *Innovtation Economics and Policy*, 20, 364–398.
Ebner et al. (2009). Community Enginerring for Innovations: The Ideas Competition as a Method to Nurture a Virtual Community for Innovations. *R&D Management*, 39, 342–356.
Enkel, E. et al. (2009). Open R&D and open innovation: exploring the phenomenon. *R&D Management*, 14(4), 311–316.
Foege, J. N. et al. (2016). What is mine is yours, or is it? Exploring solvers' value appropriation strategies in crowdsourcing contests. *R&D Mangement Conference* 2016.
Franke, N.; Shah, S. (2003). How Communities Support Innovative Activities: An Exploration of Assitance and Sharing Among End-Users. *Research Policy*, 32, 157–78.
Füller, J. (2006). Why Consumers Engage in Virtual New Product Development Initiated by Producers. *Advances in Consumer Research*, 33, 639–646.
Füller, J. (2010). Refining Virtual Co-Creation from a Consumer Perspective. *California Management Review*, 52(2), 98–122.
Füller, J. et al. (2010). Where do the Great Ideas Evolve? Exploring the Relationship between Network Position and Idea Quality. *R&D Management Conference*, Manchester.
Füller, J., et al. (2011). Why co-creation experience matters? Creative experience and its impact on the quantity and quality of creative contributions. *R&D Management*, 41, 259–273.
Harhoff, D. et al. (2003). Profiting from Voluntary Spillovers: How Users Benefit by Freely Revealing their Innovations. *Research Policy*, 32, 1753–69.
Hippel von, E. (2005). *Democratizing Innovation*. Cambridge: The MIT Press.
Howe, J. (2006). The Rise of Crowdsourcing. *Wired Magazine*, 14(6), 1–4.
Huff, A. S. et al. (2013). Introduction to open innovation. In: *Leading Open Innovation*, Cambridge: MIT Press.
Hutter, K. et al. (2011). Communitition: The tension between Competition and Collaboration in Community-Based Design Contest. *Creativity and Innovation Management*, 20(1), 3–21.
Ihl, C. et al. (2010). Motivations of Organizational Participation Behavior in Idea Contests. *10th European Academy of Management Conference*, Rome.
Lakhani, K. R. & Wolf, R. G. (2005). Why Hackers Do What They Do: Understanding Motivation and Effort in Free/Open Source Software Projects. In Feller et al., *Perspectives on Free and Open Source Software* (S. 3–22). Cambridge: MIT Press.

Moritz, M., Redlich, T., Grames, P. P. & Wulfsberg, J. P. (2016). Value creation in open-source hard-
    ware communities: Case study of Open Source Ecology. In D. Kocaoglu (Hrsg.), *Technology
    Management for Social Innovation*. Proceedings of the 25th Portland International Conference
    on Management of Engineering and Technology (PICMET 2016), Honolulu, USA (S.
    2368−2375).
Piller, F. T. et al. (2004). Customers as Co-Designers: A Framework for Open Innovation. *Proceedings
    of Congress of the International Federatoin of Scholarly Associations of Management*, Gothen-
    borg.
Piller, F.; West, J. (2014). Firms, users, and innovation. In H. Chesbrough et al., *New Frontiers in Open
    Innovation* (S. 29−49). Oxford: Oxford University Press.
Prahalad, C. K.; Ramaswamy, V. (2004). Co-creation experiences: the next practise in value creation.
    Journal of Interactive Marketing, 18(3), 5−14.
Redlich, T. (2011). *Wertschöpfung in der Bottom-up-Ökonomie*. Berlin: Springer.
Redlich, T.; Moritz, M. (2016). Bottom-up Economics: Foundations of a theory of distributed and open
    value creation. In J.-P. Ferdinand, U. Petschow &S. Dickel, *The decentralized and networked
    future of value creation* (S. 27−59). Berlin: Springer.
Roser, T. et al. (2009). *Co-Creation: new pathways to value − an overview*. London School of Econom-
    ics.
Tekic, A. & Willoughby, K. (2016). Co-Creation and open innovation: related but distinct concepts in
    innovation management. *Proceedings R&D Management Conference 2016*.
Von Krogh, G. et al. (2008). Open Source Softwares: What We Know (and Do Not Know) about Mo-
    tives to contribute. *DIME Working Papers on Intellectual Property Rights*, 38.
Von Krogh, G. & von Hippel, E. (2006). The Promise of Research on Open Source Software. *Manage-
    ment Science*, 52, 975–983.
Willoughby, K. (2004). The affordable resources strategy and the milieux embeddedness strategy as
    alternative approaches to facilitating innovation in a knowledge-intesive industry. *Journal of
    High Techonology Management Research*, 15(1), 91–121.
Winsor, J. (2005). *SPARK: Be more innovative through co-creation*. New York: Kaplan Business.
Wulfsberg, J. P., Redlich, T. & Bruhns, F. L. (2011). Open production: scientific foundation for co-
    creative product realization. *Production Engineering*, 5(2), 127–139.

Die Sharing Economy als Bestandteil der Wertschöpfung des Wirtschaftsstandortes Deutschland

Anja Herrmann-Fankhänel

Lehrstuhl für Innovationsforschung und Technologiemanagement
Technische Universität Chemnitz

Zusammenfassung

Wertschöpfung in Deutschland verändert sich aktuell aufgrund der technologie-gestützten Sharing Economy. Dieser Artikel liefert Erkenntnisse auf Basis einer explorativen Studie von 76 Onlineplattformen, welche der Sharing Economy in Deutschland zugedacht werden. Die Studie erbrachte eine Definition, übergreifende Merkmale sowie typische Umsetzungsszenarien: Peer-to-Peer Konsum (ohne traditionelle Wirtschaftsakteure); Business-to-Consumer (neue Absatzkanäle); Hybridformen, bei denen sich Peer-to-Peer und Business-to-Consumer mischen und unentgeltliches Austauschen und Erschließen neuer Interaktionsmöglichkeiten. Eine Rückbindung der Ergebnisse an die Ressourcenabhängigkeitstheorie ermöglicht eine Einbettung der Sharing Economy in ein Wirtschaftssystem. Anknüpfend lassen sich zukünftige Entwicklungsmöglichkeiten und Substitutionseffekte ableiten. Dabei wird deutlich, dass drei Ebenen einer Volkswirtschaft der Integration in Betrachtungen zu Wertschöpfungsänderungen bedürfen: gesamtdeutsche Wertschöpfung aufgrund Branchenumgestaltung und Neusortierung der Märkte; Wertschöpfung in Unternehmen aufgrund neuer Absatzkanäle und Wertschöpfung abseits Gewinnmaximierung und Expansion; sowie individuelle Wertschöpfung aufgrund von Akteuren zwischen Privat- und Geschäftstätigkeit als neue Größe.

1 Einleitung und Fokus

Die Sharing Economy (SE) (Botsman, 2013) oder auch die Ökonomie des Teilens (Deutschlandfunk, 2014) ist in der Wissenschaft, den Medien und bei Praktikern angekommen. Während letztere die Technologie und deren Anwendungen im Rahmen des Web 2.0 (Lackes & Siepermann, 2015) einsetzen, um Konsum nach ihren individuellen

Vorstellungen zu gestalten, versuchen die beiden anderen Gruppen, zu verstehen, was vor sich geht. Noch in 2013 prägten überwiegend die Medien das Verständnis der SE in Deutschland; mittlerweile zieht die Wissenschaft nach und korrigiert, bestätigt und erklärt, was und wie in diesem Rahmen stattfindet. Was die SE genau ist und was nicht, ist aktuell noch verschwommen (Botsman, 2013).

In 2013 wurde eine Zusammenstellung von über 70 Onlineplattformen (OP) vorgenommen, die deutlich macht, wie vielfältig die SE aus Sicht der Praxis ist und welche Konsumbereiche subsumiert werden: Autovermietungen, Kleider-Secondhand, Versicherungen, Bücher u. v. m. (Ortmann, 2013). Von wissenschaftlicher Seite betrachtet, sind es mangelnde, eindeutige Definitionen, unsaubere Grenzen zu z. B. Crowd-Konzepten (Gassmann, 2013) und alternativem Wirtschaften (Notz, 2011) sowie unterschiedliche Interpretationsschwerpunkte wie Zugang und Nutzung (Access) (Eckhardt & Bardhi, 2015), (kollaboratives) Verhalten (Belk, 2014a) oder soziale (Konsum-)Innovationen (Heinrichs & Grunenberg, 2012), die Unübersichtlichkeit und Verwirrung stiften, aber gleichzeitig einen multidisziplinären Zugang ermöglichen. Folglich besteht die Notwendigkeit einer Metabetrachtung und die Forderung nach logischer Strukturierung, um die Breite der Informationen für das Schaffen von Verständnis zu nutzen.

Ein sehr allgemeines Verständnis meint mit sharing, shared oder share economy eine moderne, technologie-gestützte Form von Konsum (Müller, 2015). Das bedeutet, dass Rechtsgeschäfte wie Kauf-, Miet-, Leih-, Schenkungs- oder Tauschverträge (Belk, 2014a) unter Verwendung des Web 2.0 geschlossen und abgewickelt werden (O'Reilly, 2005). Das kann ausschließlich zwischen Privatpersonen (PP) oder zwischen PP und Unternehmen und natürlich auch zwischen Geschäftspersonen (GP) stattfinden (Zervas et al., 2015). Der Austausch von Waren und Dienstleistungen aller Art im Rahmen der SE wird dabei aufgrund der interaktiven Anwendungsmöglichkeiten des Web 2.0 zum Interesse von Wissenschaftlern und Praktikern. Die SE stellt eine neuartige Verbindung von Konsum und Technologie dar, die aus Sicht der Wissenschaft als Konsum-Innovation (Hamari et al., 2015) diskutiert wird und in der Praxis Veränderungs-potenzial auf mehreren Ebenen zu schaffen scheint. Das webbasierte Mieten von Privatfahrzeugen durch PP ist dabei ein Beispiel für Konsuminnovationen.

Vertreter des alternativen Wirtschaftens sprechen von Möglichkeiten, Konsum mithilfe der Technologie weniger egoistisch und mehr auf solidarischen Prinzipien gestalten zu können (Voß, 2010). Unter dem Fokus einer Gemeinschaftsorientierung ermöglicht die SE eine vereinfachte Organisation kollektiven Verhaltens im Sinne von z. B. Lebensmittelnutzung und Vermeidung redundantem Eigentum (Belk, 2014a). Aus dem

Interessensbereich der lokalen Ökonomien werden Möglichkeiten für die bewusste Entscheidung für regionale Produkte usw. aufgezeigt (Belk, 2014b). Aus finanzieller Sicht werden Spar- und Einnahmequellen diskutiert (Sacks, 2013) und für traditionelle Unternehmen Bedrohungen durch unlauteren Wettbewerb argumentiert (Brühn et al., 2014). Und schließlich gibt es Gegner, die zur SE ausschließlich negative Folgen für das Wirtschaftssystem, Branchen und Unternehmen beleuchten (Cusumano, 2015) sowie Befürworter, die positive Effekte für alle Beteiligten herausstellen (Botsman & Rogers, 2010).

Was bleibt, ist eine Beliebtheit oder Anziehung technologie-gestützten Konsums, ungeachtet dessen, wie es aus unterschiedlichen Richtungen benannt wird und welche Zuschreibungen bzgl. Chancen und Risiken erfolgen. Daher ist es notwendig, zu untersuchen, was im Rahmen des breiten Phänomens SE vor sich geht, d. h. welche Rechtsgeschäfte geschlossen werden, wie Konsum organisiert und umgesetzt wird, ob typische Umsetzungsszenarien erkennbar sind, welche Gemeinsamkeiten sowie Unterschiede zu klassischem Konsum bestehen usw., um zu verstehen, welche Auswirkungen sie auf unsere Wirtschaft, die Branchen, Unternehmen und die Individuen hat. Und schließlich auch, um ihren Platz in der Wertschöpfung zu umreisen.

2 Methodologie und Vorgehen

Zur Beantwortung dieser Fragen wurde eine explorative Studie mit dem Ziel der Ableitung abstrahierter, allgemeingültiger Erkenntnisse zur SE in Deutschland unternommen (Kleemann et al., 2009). Die zuvor erwähnte Zusammenstellung von über 70 OP (z. B. Ebay, AirBnB, Frents) diente dabei als Ausgangsbasis für die Erforschung. Grounded Theory-gestützt wurde eine Textanalyse der Impressen und allgemeinen Geschäftsbedingungen (AGB) der OP durchgeführt. Wenn diese auf Deutsch zur Verfügung standen, wurden die Texte Bestandteil eines rekursiven Prozesses von Datenauswahl und Datenerhebung (Mayering, 2007), in welchem in erster Instanz Merkmale (Abstraktionsstufe I) zur SE gesammelt wurden. Impressen und ABG wurden gewählt, weil deren Aussagen per Gesetz definiert und folglich verbindlich sind und somit eine hohe Vergleichbarkeit und Zuverlässigkeit in der Anwendung unterstellt werden kann. Für die Sortierung der über 1.000 Merkmale wurden in zweiter Instanz Kategorien als übergeordnete Merkmalsgruppen gebildet (Lueger, 2007). Somit erfolgte eine Abstraktion aus den Merkmalen um generelle, allen OP innewohnenden Bestandteile (Abstraktionsstufe II) herauszustellen. Deren tatsächliche Ausprägungen je OP variiert folglich in der Tiefe der gefundenen Merkmale (Abstraktionsstufe I). Als dritter Schritt erfolgte eine logische Sortierung der Kategorien (z. B. Unternehmens-daten, Nutzende, Finanzflüsse) um eine Kernkategorie (Teilen), indem aufgezeigt wurde, welchen Teilbereich diese zur Kernkategorie erklären (Breuer, 2009). Dies erfolgte mittels der W-Fragen (Was, Wie, Wer usw.) und führte zu einer Verdichtung der Daten, sodass eine generalisierte Definition zur Deutschen SE (Abstraktionsstufe III) aufgestellt werden konnte. Dieses dreiteilige Vorgehen entspricht dabei einem typischen Prozess der Verallgemeinerung zur induktiven Herleitung einer Theorie auf Basis der Grounded Theory (Lueger, 2007). Mithilfe der Software MaxQDA wurde die Textanalyse durchgeführt, Abfragen und Ergebnisse gespeichert und der Verlauf der Datenerhebung genau dokumentiert (Kopp & Menez, 2005). Damit wurde sichergestellt, dass alle Daten jeder Zeit nachvollzogen werden können und ggf. auch erneut für weitere Forschungsfragen zur Verfügung stehen.

Ferner wurden die Erkenntnisse wie Konsumform (Kauf, Leihe u. Ä.), Nachfragen und Anbieter, Rechtsformen u. v. m. mittels der Ressourcenabhängigkeitstheorie (RAT) beleuchtet. Dies erfolgte als Rückbindung der Ergebnisse an die Annahmen der RAT. Im Zusammenhang mit Grounded Theory-geleiteten Forschungen wird eine Validierung empfohlen, um den Ergebnisgehalt zu fundieren (Breuer, 2009). D. h., dass die abgeleiteten, induktiv erschlossenen Erkenntnisse im Rahmen einer bestehenden Theorie zusätzlich überprüft werden. Die RAT wurde aufgrund des dynamischen und interaktiven Grundverständnisses zu Markt-, Branchen- und Wettbewerbsentwicklung ausgewählt.

3　Ergebnisse der unterschiedlichen Abstraktionsstufen der Textanalyse

Auf Basis der umfangreichen Datenerhebung aus über 70 Impressen- und AGB-Texten der OP und der erfolgten Induktion, lässt sich die deutsche SE wie folgt definieren: Die SE ist eine Ansammlung von OP, die als Unternehmen aller Rechtsformen organisiert sind. Zentrales Merkmal dabei ist das ‚Teilen‘, das den Interaktions- oder Austauschprozess innerhalb der OP bezeichnet. Das bedeutet, sie teilen im Sinne von (wieder-) verkaufen, handeln, leihen, mieten und schenken, wie diese Konsumformen nach der deutschen Gesetzgebung definiert sind. Geteilt wird zwischen PP sowie zwischen PP und Unternehmen. Objekte des Teilens können alle Produkte und Leistungen sowie Informationen, Wissen und Geld sein. In diesen Interaktions- oder Austauschprozessen werden verschiedene rechtlich definierbare Verträge geschlossen, die einerseits die Nutzung der OP und andererseits den Austausch zwischen Nutzenden regeln. Grundsätzlich stehen diese OP allen (geschäftsfähigen) Menschen offen, die in die Geschäfts- und Datenschutzbestimmungen einwilligen. Dies ist immer kostenlos, nicht aber das Teilen. Hier erhebt einerseits der OPB Gebühren, Provisionen, Preise usw. und andererseits gibt es auch oftmals Zahlflüsse zwischen den Nutzenden. Darüber hinaus nimmt der OPB auf viele Arten Einfluss auf den Austausch, wobei dieser neben seiner Funktion des Betreibens auch Nutzender der SEOP sein kann.

Die zweite Abstraktionsstufe zeigt wesentliche Bestandteile aller OP auf, die der SE zugedacht werden. Einige Merkmale der Abstraktionsstufe I werden im Folgenden strukturiert nach den Kategorien angeführt. Zugunsten der zielführenden Darstellung der Thematik wird nur ein kleiner Ausschnitt der Daten wiedergegeben.

3.1   Rolle der OP-Betreibenden

In 15 % der Fälle wurden OPB als Nutzende der Anbieterseite identifiziert, die keine weiteren Nutzenden als Anbieter, sondern ausschließlich Nutzende auf der Nachfrager- bzw. Konsumentenseite zulassen. Nur ein OPB erlaubt weiteren Nutzenden Anbieter auf der OP zu sein, obwohl dieser selbst Anbieter ist. 15 OP werden als „Service von" neben anderen Geschäftsaktivitäten geführt. Fünf OP werden durch bekannte deutsche Unternehmen wie Deutsche Telekom AG, DB Rent GmbH, Daimler AG und CITROËN DEUTSCHLAND GmbH geführt. Die Mehrheit der OP werden von OPB geführt, die nicht selbst Nutzender sind und somit ausschließlich auf Anbieter- und Nachfragenseite durch die Nutzenden gestaltet werden.

3.2   Nutzende

Über zwei Wege beteiligen sich PP, als OPB und Nutzende. Sieben OP sind private Initiativen, wie es sich aus deren Impressen entnehmen lässt. Die Mehrheit der OP ist zugängig für PP und GP als Nutzende. Bzgl. der GP lässt sich feststellen, dass 61 profitorientierte (PO) und drei non-profit Organisationen (NPO) sind, was aus deren im Impressum angegebenen Organisationsform abgeleitet wurde. Bei 15 OP dürfen sich ausschließlich PP als Nutzende registrieren. Drei weitere OP erlauben PP und GP nur in Ausnahmen.

3.3   Objekte des Teilens

Bei 21 OP wird das Teilen von Transportmitteln wie Autos und Fahrräder in Form von Mieten oder Leihen ermöglicht. 15 schaffen einen Marktplatz für das Tauschen von Produkten generell als Wiederverkauf, Leihe, Miete und Schenkung. 8 ermöglichen

Geldaustausch und 6 das Teilen von Übernachtungsmöglichkeiten. Bücher und Multi-media-Daten sind die Objekte des Teilens in 5 Fällen und bei vier OP ist der Austausch von Kleidung möglich. Das gemeinsame Nutzen von Arbeitsplätzen ist Fokus bei 3 OP und von Parkplätzen bei zwei als zeitlich begrenztes Mieten. 5 weiteren OP steht keine vergleichbare weitere OP hinsichtlich deren Objekte des Teilens gegenüber.

3.4 Teilen und Finanzflüsse

Fast 80 % der SEOP bieten die Möglichkeiten für Miete oder Leihe, sodass das Teilen bzw. gemeinschaftliche Nutzen bedeutet, dass es keine Eigentümeränderungen gibt (Fraiberger & Sundararajan, 2015). Eigentumsänderungen kommen in ca. 13 % der Fälle in Form von (Wieder-) Verkäufen und in ca. 3 % als Schenkung vor. Die verbleibenden ca. 4 % der SEOP, das sind ausschließlich welche, die einmalig bzgl. deren geteilten Objekte sind, lassen sich als Dienstleistungsvereinbarung oder individuelle Verträge einer gemeinsamen Nutzung des z. B. W-Lans einordnen. In vier Fällen konnten Hinweise aus den AGB generiert werden, dass unentgeltlich geteilt werden kann. In der Mehrheit der Fälle ist somit nicht bekannt, ob und in welchem Ausmaß Teilen unentgeltlich stattfindet.

3.5 Kategorienübergreifende Darstellung von Merkmalen

In einem weiteren Schritt wurden die Daten auch übergreifend hinsichtlich deren Merkmalshäufigkeit untersucht, was weitere Fakten zur SE in Deutschland verdeutlicht. So sind bei allen NPO die OPB in keinem Fall auch Nutzende, also Anbieter. Keine der „Service von" OP und der OP von bekannten Unternehmen ist als NPO konzipiert. Alle OP, deren Betreibenden exklusiver Anbieter sind, werden als NPO geführt. Darüber hinaus kann festgehalten werden, dass OP, die ausschließlich für PP zugängig sind, in 60 % der Fälle das Teilen von Transportmöglichkeiten (Auto, Fahrrad, Bus), in 20 % das Teilen von Geld und in 20 % das Leihen und Wiederverkaufen von Produkten ermöglichen. In keinem untersuchten Fall ermöglichen OP, bei denen der OPB auch exklusiver Anbieter ist, die Konsumformen Kauf und Schenkung.

4   Clusterung

Auf Basis von Gemeinsamkeiten und Unterschieden der Sharing Economy Onlineplattformen (SEOP) wurde eine Clusterung vorgenommen, um typische Umsetzungsszenarien aufzuzeigen. Dies erfolgte vor allem in Hinblick auf logischen Strukturierungen

sowie weiterführende Fragestellungen. Eine Clusterung ermöglichte dabei eine detail-
liertere Darstellung der typischen Umsetzungsszenarien sowie deren Anbindung an be-
stehendes Wissen. Aufgrund der Breite und der Tiefe der Daten lassen sich vielseitige
Cluster bilden. Im Interesse für eine erste Clusterung wurde der Schwerpunkt der Alternativen zu klassischem Konsum gewählt. Entsprechend der Häufigkeit der gewählten
Unterscheidungskriterien im Rahmen der Studie konnte in einem weiteren Schritt die
Verteilung der Typen innerhalb der SE aufgezeigt werden.

Innerhalb der Umsetzungsszenarien wurde bei einer ersten Betrachtung festgestellt,
dass sich diese eindeutig hinsichtlich deren OPB unterscheiden lassen: Sind die OPB
auch alleinige Anbieter von Waren oder Dienstleistungen auf der OP oder sind sie nicht
an den Rechtsgeschäften der OP beteiligt, weil diese ausschließlich durch die Nutzenden
gestaltet werden? Unter diesem Fokus können drei Typen beschrieben werden: OP, deren Betreibender auch alleiniger Anbieter ist (15,49 %, operator-supplied OP); OP, bei
denen Angebot und Nachfrage ausschließlich über die Nutzenden der OP gestaltet werden (78,87 %, user-supplied OP) und OP, bei denen OPB Anbieter sind, aber auch weitere Anbieter zugelassen werden (4,23 %, operator- and user-supplied OP).

Eine zweite Betrachtung ermöglicht, die Unterscheidung der Nutzenden nach PP und
GP. Welche Nutzergruppen sind auf einer OP erlaubt, PP oder GP bzw. beide Gruppen?
Diese Unterteilung brachte folgende Typen hervor: Operator-supplied OP erlauben bis
auf eine Ausnahme (1,41 %) immer PP sowie GP Nutzende ihrer OP zu sein (14,08 %).
User-supplied OP können in drei Typen unterteilt werden: ausschließlich für private
Nutzung (18,31 %), für PP und GP (57,75 %) sowie für PP und GP in Ausnahmefällen
(4,23 %). Die kleine Gruppe der OPB, die neben sich selbst weitere Anbieter erlauben,
erlauben sowohl PP als GP als Nutzende (4,23 %).

4.1   Interpretation der Typen

Operator-supplied OP, ungeachtet dessen, ob sie PP oder GP erlauben, sind Unternehmen, die ihre Waren oder Dienstleistungen über eine OP anbieten. Diese Sichtweise
wird dadurch untermauert, dass alle elf OP innerhalb dieser Gruppe eine profit-orientiert
Rechtsform aufweisen und nicht von PP organisiert werden. Auch die Tatsache, dass
auf allen OP dieser Gruppe das Eigentum der OPB (Autos, Fahrräder, Spielzeug, Busse,
Arbeitsplatz) zur Miete oder Leihe angeboten wird, stützt diese Annahme. Dieses Cluster wird als business-to-consumer (B2C) und business-to-business (B2B) Konsum
verstanden (Demary, 2015). Die user-supplied OP und deren Unterteilung nach der Beteiligung von PP und GP bringen weitere eindeutige Typen hervor. Sind user-supplied

OP ausschließlich für PP zugängig, bedeutet dies, dass PP beide Seiten der Rechtsge-schäfte ausgestalten. Dieser Typ wird daher als consumer-to-consumer (C2C) oder peer-to-peer (P2P) Konsum eingeordnet (Fraiberger & Sundararajan, 2015). Das große Clus-ter, welches user-supplied und offen für PP und GP (57,75 %) ist, umfasst Konsum der zu B2C, B2B oder P2P zuordenbar ist. Das Cluster wird als Hybridform eingestuft, bei welchem die tatsächlichen Anteile der einzelnen Konsumformen bislang unklar bleiben. In den drei Fällen, bei denen GP nur in Ausnahmefällen integriert werden, wird bei ge-nauer Betrachtung deutlich, dass hier P2P Konsum fokussiert wird, sodass die Anzahl der OP, die P2P Konsum ermöglichen, um drei steigt. Die OP, die operator- und user-supplied sind, lassen sich ebenfalls mithilfe der genauen Formulierung in den AGB in zwei Fällen der operator-supplied OP und in einem Fall den user-supplied OP für PP und GP zurechnen. Mit Hinblick auf eine Unterteilung nach den Konsumformen lassen sich im Wesentlichen drei Hauptformen deutlich machen: operator-supplied B2C und B2B Konsum (18,30 %), user-supplied P2P Konsum (22,54 %) und user-supplied P2P, B2C und B2B Konsum (59,16 %). Aufgrund des Fokus der Alternativen für Konsum wird deutlich, dass operator-supplied OP für Unternehmen eine Alternative zu klassi-schem Vertrieb, eine Alternative der Technikintegration und dessen Anwendung und eine Alternative zur Gestaltung des Leistungsprozesses darstellen.

Aus Konsumentensicht ist es klassischer Konsum zwischen Unternehmen und PP bzw. Unternehmen und Unternehmen. Alternativ gestaltet sich der Konsum im Bereich des P2P-Austausches auf OP. Hier wird sich bewusst von Unternehmen und GP distan-ziert bzw. diese über die AGB ausgeschlossen, um ausschließlich Konsum zwischen PP zu ermöglichen. Grundsätzlich steht dem nach dem deutschen Gesetz nichts entgegen. PP können beide Seiten (Angebot und Nachfrage oder Produktion und Konsum) über-nehmen (Heinrichs & Grunenberg, 2012). Das wird als Alternative für klassischen Kon-sum für Kunden und als Konkurrenz für Unternehmen verstanden.

Das größte Cluster mit ca. 60 % aller OP lässt weniger Deutlichkeit zu, weil nicht auf den ersten Blick hinsichtlich der Konsumformen unterschieden werden kann. Mithilfe der Daten, die im Rahmen der Studie erhoben wurden, lassen sich noch wenige weitere Anknüpfungspunkte für die Diskussion von Konsumalternativen im Rahmen der SE fin-den. Zwei OP ermöglichen unentgeltliches Verteilen oder auch Verschenken bzw. Wei-tergeben von noch nutzbaren Dingen bzw. Lebensmitteln. Die OP stellen dabei eine kostenlose Vertriebsmöglichkeit dar, die das Wegwerfen verhindern und Produkt-über-schuss und Produktbedarf zusammenbringen. Weil dies unentgeltlich erfolgt, wird es als Alternative verstanden. Darüber hinaus gibt es besondere Einzelfälle von OP ohne

Vergleichsbeispiele. Ihre Außergewöhnlichkeit spricht ebenfalls in dem Sinne für Alternativität, weil es klassische Konsummöglichkeiten gäbe, diese aber unrealistisch sind und erst das Web 2.0 und dessen Anwendung dies praktische möglich macht. Ca. 9 % der OP stellen damit unentgeltlichen oder nicht gewinnorientierten Konsum bzw. neue Interaktionsmöglichkeiten für den Konsum dar.

Zusammenfassend stellen OP in knapp einem Fünftel klassischen Konsum für Kunden, aber Alternativen für Unternehmen als Produzenten dar. In etwas weniger als einem Drittel übernehmen PP selbst beide Seiten des Konsums und agieren bewusst ohne geschäftliche/profit-orientierte Akteure. Unentgeltliche Formen werden ebenfalls über die OP ermöglicht sowie besondere Formen, sodass aus Konsumentensicht insgesamt etwas mehr als ein Drittel als Alternative für klassischen Konsum eingestuft werden. Ungefähr die Hälfte der OP sind eine Hybridform, auf denen alle Formen des Konsums (B2B, B2C und P2P, entgeltlich und unentgeltlich) umgesetzt werden. Diese Ausführungen stellen nur einen sehr kleinen Teil der Erkenntnisse dar, ebenso wie die folgende Ausführung der Interpretation der Erkenntnisse nur einen marginalen Teil der Gesamtarbeit wiedergeben.

5 Die Sharing Economy in der deutschen Wertschöpfung

Mithilfe der RAT kann beleuchtet werden, wie die SE und einzelne OP mit ihrer Umwelt, also dem Wirtschaftssystem, den Branchen, anderen Unternehmen und Kunden interagieren bzw. wie sie sich gegenseitig beeinflussen. Auf dieser Basis lassen sich auf der einen Seite die aufgestellte Theorie und abgeleitete Fakten beleuchten sowie fortführende Annahmen treffen und andererseits fundierte Ergebnisse aus anderen Studien integrieren, um die Wechselwirkungen zu erkennen und Folgen abzuleiten.

5.1 Die Theorie in Kürze

Die RAT von Pfeffer und Salancik (2003) beinhaltet eine systemische Sichtweise auf die Verbindung zwischen Organisationen und deren Umwelt, ein interaktives und dynamisches Verständnis der Akteure sowie die Vorstellungen zu individuellem Verhalten. Die RAT erklärt die Verbindung von Akteuren wie Individuen, Organisationen und Netzwerken (Grenzinger, 2008) mit einer sich ständig ändernden Umwelt und wie sie ihr Überleben durch Anpassungsverhalten absichern (Pfeffer & Salancik, 2003). Dabei sind Akteur und Umwelt durch Interaktionen verbunden (Nienhüser, 2008).

Jeder Akteur verfolgt in diesem System seine eigenen Ziele mithilfe individueller Handlungen. Die Teilnahme an Gruppen und das individuelle Verhalten sowie das soziale Interagieren des Einzelnen sind immer durch dessen Ziele bestimmt und unterliegt Abwägungsprozessen gegenüber einer Nichtteilnahme. Persönliche Beteiligung wird also immer dort eingebracht, wo das Individuum vermutet, am besten die eigenen Ziele zu verwirklichen. Organisationen wie Unternehmen oder OP müssen ihre Existenz durch innere Prozesse für Zugänge zu Ressourcen sichern, die sie aus der Umwelt erhalten (Weik & Lang, 2005). Ressourcen sind dabei z. B. Geld, Produkte, Dienstleistungen (Kempf, 2007). Ressourcenzugänge sind immer bestimmt durch Unsicherheit aufgrund von wirtschaftlichen, sozialen und kulturellen Veränderungen (Wolf, 2008). Alle Akteure, ungeachtet ob Einzelakteur oder Organisation, können auf Änderungen mit strukturellen, prozessualen und verhaltensbedingten Anpassungen reagieren wie z. B. Diversifikation oder Zusammenschlüssen (Grenzinger, 2008).

Zur Verdeutlichung der systemischen Annahmen der RAT soll beispielhaft ‚Technologie' als Umweltfaktor beleuchtet werden. Technologie und deren Anwendungen im Rahmen des Web 2.0 sind Ursache für die Vielfalt an Möglichkeiten für OP, also auch SEOP. Die Technologie ist daher nach der RAT ein Umweltfaktor, auf den Akteure innerhalb dieser Umwelt reagieren können oder nicht, um ihre Existenz zu erhalten und um Ressourcen sicherzustellen (Pfeffer & Salancik, 2003). Die Gesamtheit der SEOP ist demgemäß in erster Linie eine Anpassung an die sich ändernde Umwelt und in zweiter Linie auch Entwicklung bzw. Veränderung innerhalb der Umwelt, in der sich verschiedene Akteure (Individuen und Organisationen) befinden. Die SE kann damit als Faktor der Umwelt betrachtet werden, der sich auf alle Akteure wie Individuen, Unternehmen, Politik und Gesellschaft auswirkt. Sie ist somit selbst Quelle für Veränderungen, also das Entstehen neuer Unternehmen, neuen Konsums und neuen Werten. Dies soll im Folgenden für die Ebenen der Individuen, Unternehmen und des Wirtschaftssystems hinsichtlich der spezifischen Chancen kurz betrachtet werden.

5.2 Unternehmensebene

OP werden der SE zugedacht, die klassischen Konsum als B2C-Modell ermöglichen. Die Überschneidung mit der SE kommt zu Stande, da sie sich der Möglichkeiten des Web 2.0 und dessen Anwendungen bedienen, um ihre Angebote, ihre Produkte zu vertreiben (Fraiberger & Sundararajan, 2015). Dieses Umsetzungsszenarium kann als klassischer Konsum auf Basis der neuen Technologie verstanden werden. Bsp. sind hier Car-Sharing-Modelle (Eckhardt & Bardhi, 2015) und Coworking, die vorübergehende

Nutzung von ausgestatteten Arbeitsplätzen gegen Entgelt (Spinuzzi, 2012). Eine zweite Interpretationsmöglichkeit ist, dass diese OP eine neue Form von Unternehmen darstellen, die klassisch B2C-Konsum mithilfe der Technik und deren Anwendungen gestalten (Zervas et al., 2015). Eine dritte Perspektive ist, das Angebot der OP als eine Art neues Produkt bzw. neue Dienstleistung zu verstehen. Die Mehrheit mit über 75 % der untersuchten OP werden ausschließlich durch die Interaktion der Nutzenden gestaltet. Das wird als Bestätigung dafür gesehen, dass die deutschen SEOP durch OPB gestaltet werden, um anderen eine Möglichkeit für das Gestalten von Konsum zu schaffen, bei welchem dieser selbst nicht beteiligt ist (Hamari et al., 2015). Das neue Produkt ist daher ein neu erschaffener Marktplatz.

Im Bereich des P2P-Konsums (ca. 23 % aller OP) ermöglicht über die Hälfte das gemeinsame Nutzen von Transportmitteln, also dass PP anderen PP ihr Auto oder Fahrrad vorübergehend überlassen. Ein Drittel fokussiert GP-lose Geldgeschäfte und 15 % das Teilen von Produkten. Das Besondere ist, dass GP konsequent nicht in diesen Vorgängen des Teilens involviert sind und beide Seiten des Konsums, Angebot und Nachfrage, durch die PP ausgestaltet wird. Die Konsumformen selbst und dass sie ausschließlich durch PP umgesetzt werden, ist nicht neu. Neu sind vielmehr die Einfachheit und damit das mögliche Ausmaß, was aufgrund der Web 2.0-Anwendungen möglich wird (Eckhardt & Bardhi, 2015). Somit werden innerhalb der SE z. T. Marktplätze erschaffen, die GP konsequent aus den Vorgängen des Konsums ausschließen. Das bringt verschiedene Chancen (und Risiken) für die teilnehmenden Individuen bzw. Privatpersonen mit sich.

5.3 Individuen/Privatpersonen

Wie dargestellt, übernehmen PP die Seite der Konsumenten, wie klassisch üblich, aber ebenfalls die Seite der Produzenten, welche überwiegend die Seite der Unternehmen darstellt. Grundsätzlich steht dem laut deutscher Gesetzgebung, wie bereits erwähnt, nichts entgegen. Aber sind Nutzende, die permanent auf SEOP Produkte oder Dienstleistungen anbieten nicht eigentlich Unternehmer? Auch sie bekommen in den überwiegenden Fällen (ca. 97 %) eine finanzielle Gegenleistung, wie es Unternehmen und andere Organisationen oder GP erhalten. Dieses Problem wird bereits vielseitig diskutiert, vor allem hinsichtlich deren Besteuerung, Mindestlohn usw. (Brühn et al., 2014). Vielmehr ist aber aus Sicht der Autorin das Interessante, welche Chancen das für die Einzelperson mit sich bringt. Es wird davon ausgegangen, dass Nutzende inkrementell durch deren dauerhafte Interaktion auf SEOP zu Geschäftspersonen nach der Gesetzgebung werden. Sie könnten als neue Unternehmer verstanden werden.

Die Motive für eine Teilnahme in der SE sind nach einer Studie in Deutschland zu ca. 70 % finanzieller Natur (Latitude and Sharable Magazine, 2013). Werden OP fokussiert, auf denen Individuen Geld als Gegenleistung für angebotene Produkte und Dienstleistungen beziehen können, sind es ca. 80 % der SEOP, die dies ermöglichen. Unter den Umständen, dass dies zusätzliches Einkommen darstellt, kann das in erster Linie als eine finanzielle Verbesserung für die Nutzenden verstanden werden. Auch das Beziehen von Produkten über SEOP ermöglicht eine finanzielle Verbesserung, wenn Spareffekte greifen z. B. im Vergleich mit Neukauf oder der Miete bei einem Unternehmen (Heinrichs & Grunenberg, 2012). Die Mehrheit der analysierten OP bietet daher Möglichkeiten für positive finanzielle Effekte für Nutzende. An dieser Stelle ist somit weiterzuverfolgen, ob die SE überwiegend zu individueller, finanzieller Verbesserung führt, da eine Mehrheit der SEOP das Generieren von Geld bzw. Einsparen von Kosten ermöglicht.

Wenn SEOP Möglichkeiten bieten, neue oder zusätzliche Finanzmittel zu generieren, kann das bedeuten, dass dauerhaft ein Zusatzeinkommen eingeworben wird. Das kann dazu führen, dass Substitutionseffekte ggf. der klassischen Einkommensquelle Lohn und Gehalt aus angestellter Tätigkeit wirken. Aus Sicht der RAT kann dies als individuelle Präferenzentscheidung verstanden werden. Das bedeutet, dass PP die Freiheit haben, nach persönlichem Interesse bewusst SEOP für deren Generieren von Finanzmitteln zu wählen. Teilzeitmodelle und Kombinationen aus selbstständiger und abhängiger Arbeit könnten damit zunehmend Anwendung finden. Denkbar ist auch die komplett selbstständige bzw. unternehmerische Tätigkeit von mehr PP, die die Chancen der SE nutzen und ihren Lebensunterhalt ausschließlich damit finanzieren. Anknüpfbar sind hier somit z. B. die Ideen von veränderten Arbeits- und Lebensmodellen (Botsman, & Rogers, 2010). Allerdings muss dann festgehalten werden, dass aus PP dann u. U. GP werden.

5.4   Wirtschaftssystem

Nachdem nun die Ebenen Unternehmen und Individuen betrachtet wurden, lassen sich auch Auswirkungen im Bereich des gesellschaftlichen und wirtschaftlichen Gesamtsystems in Deutschland eruieren. Nach der RAT können OP als Orte verstanden werden, an denen sich Individuen beteiligen, um persönliche Ziele durch persönlich bestimmtes Verhalten zu erreichen. Da sie nach individuellen Präferenzen entscheiden, an welcher

Organisation (z. B. OP) sie teilnehmen, steht ihnen das ebenfalls im Bereich des Konsums frei. Daher können OP Substitute für klassische Konsum-Organisationen darstellen, wenn dies als persönliches Anpassungsverhalten an eine sich ändernde Umwelt nach der RAT verstanden wird. Übereinstimmend haben verschiedene Studien aus Amerika gezeigt, dass dabei Substitutionseffekte greifen. Für die Branchen Transport- und Übernachtungswesen konnte nachgewiesen werden, dass durch die wachsende Zahl an SEOP, die ausschließlich P2P-Konsum ermöglichen, die Teilnahme an klassischen Transportmöglichkeiten wie Taxis oder gleichfalls Hotelübernachtungen sinken (Zervas et al., 2015). Es ist daher anzunehmen, dass min. 23 % der SE-OP substituierend auf traditionellen Konsum wirkt und ggf. bis zu 50 % (Hybrid-Form der SE) zusätzlich dies ebenfalls ermöglichen, wenn innerhalb dieser SEOP hauptsächlich P2P-Konsum stattfindet. Im Rahmen der SE in Deutschland wäre folglich zu überprüfen, ob Substitutionseffekte von SEOP ggü. klassischen Anbietern erfolgen.

Im Zusammenhang mit dem Teilen von Produkten in P2P-OP wurde für Amerika des Weiteren gezeigt, dass Menschen mit geringerem Einkommen integriert werden, weswegen sich deren Wohl verbessert und der Konsum ausgeglichener ist. Daher kann für mehr Menschen ein größerer Lebensstandard erreicht werden (Fraiberger & Sundararajan, 2015). Somit könnte ein Anteil zwischen 20-50 % der OP der deutschen SE ggf. auch in Deutschland zu mehr Wohlstand des Einzelnen und zu ausgeglichenerem Konsum generell führen. Anknüpfend kann für weitere Forschungen folgende Annahme abgeleitet werden: Bis ca. 50 % der SEOP führen zur Verbesserung des Wohlstands und zu mehr Gleichheit in Konsums. Veränderungen von Normen und Werten lassen sich ebenfalls bzgl. der SE auf Basis der RAT ableiten: So beeinflusst die Teilnahme an OP, die sich auf alternative Konsumkonzepte fokussieren, deren Nutzende hinsichtlich deren Einstellung zu z. B. Nachhaltigkeit, Gemeinschaftlichkeit und Verantwortungsbewusstsein für Ressourcen (Hamari et al., 2015).

6   Fazit

Die Ergebnisse der durchgeführten Textanalyse sind die aus abstrahierten Merkmalen abgeleitete, weite Definition der deutschen SE sowie eine umfangreiche Sammlung an Fakten über die SE innerhalb verschiedener Kategorien. Die typischen Umsetzungs-szenarien und gebildeten Cluster stellen das zweite Ergebnis dar. Die Deutungsansätze der Erkenntnisse im Rahmen eines systemischen Verständnisses von Wirtschaft mithilfe der

RAT und der Anbindung an bereits bekannte Studien und deren Erkenntnisse sind Ergebnisse der weiterführenden Betrachtung der Fakten aus der durchgeführten Studie. In diesem Rahmen wurden ebenfalls Annahmen für weitere Forschungen aufgestellt. Vielerlei führte die absolvierte Studie zu fundierter Bestätigung bereits bestehender Annahmen bzw. eine Ergänzung von Erkenntnissen zur SE. Durch die Fokussierung am Alternativen im Bereich von Konsum zeigt sie auch neue Richtungen und Betrachtungsweisen auf. Vor allem sollte es zukünftig darum gehen, die tatsächlichen Konsumneuerungen in den Bereichen P2P, solidarische Prinzipien und kollaborativen Verhaltens zu erkennen und eine enge Definition von Teilen oder Sharing darauf basierend aufzustellen. Eine Basis dafür stellt die hier vorgeschlagene Unterscheidung nach den Clustern dar. Eine Fokussierung auf Umsetzungsszenarien innerhalb der SE in Deutschland, die nicht in erster Linie gewinnorientiert sind, Gemeinschaftswohl fördern wollen und kreative Lösungen für soziale Probleme finden, würde die gesellschaftlichen Chancen in den Vordergrund rücken. So könnten diese folglich gezielter diskutiert, konzipiert und umgesetzt werden. Mit dieser Unterscheidung sind die anderen zugeordneten OP ebenfalls konkreter abbildbar, als klassischer Konsum. Um diese OP trotzdem als Besonderheit in der Wertschöpfungskette anzuerkennen, dient die Technologieorientierung.

Ableitungen für die Wertschöpfung in Deutschland ergeben sich vor dem breiten Spektrum an Umsetzungsszenarien im Rahmen der SE aufgrund der interaktiven Möglichkeiten des Web 2.0. Sowohl für Individuen, die zusätzliche Gelder generieren, neue Lebensmodelle gestalten oder OP aufbauen, um Gemeinschaftsnutzen zu stiften, als auch für Unternehmen, die auf Grundlage der Technologie neue Absatzwege und neue Produkte (Marktplätze für Dritte) erschließen bzw. neue Unternehmensformen erschaffen. Aus einer systemischen Sicht auf ein Wirtschafts- und Gesellschaftssystem gestalten sich Veränderungen umfangreich, sodass es auch Auswirkungen wie Normänderungen und vielleicht ausgeglicheneren Wohlstand geben kann. Die vielen unklaren Begriffe und vielschichtigen Interpretationen von Wissenschaft und Medien machen dabei nach wie vor deutlich, dass noch ungeklärt ist, was die SE tatsächlich ist, wohin es sich entwickeln wird und dass ‚die Sharing Economy sich ihren Platz in der Wertschöpfung noch sucht'. Das bedeutet aber auch, dass sowohl die Wirtschaft als auch die Gesellschaft, also Individuen, Institutionen und Politik, sich daran beteiligen können, welchen Platz die SE bekommt.

Literaturverzeichnis

Belk, R. (2014a). You are what you can access. Sharing and collaborative consumption. *Journal of Business Research*, 67(8),1595–1600.

Belk, R. (2014b). Sharing versus pseudo-sharing in web 2.0. *Anthropologist,* 18(1), 7–23.

Botsman, R. (2013). *The sharing economy lacks a shared definition.* URL: http://www.fastcoexist.com/3022028/the-sharing-economy-lacks-a-shared-definition#6.

Botsman, R. & Rogers, R. (2010). *What's mine is yours. The rise of the collaborative consumption.* New York: Harper Collins Publisher.

Breuer, F. (2009). *Reflexive Grounded Theory. Eine Einführung für die Forschungspraxis.* Wiesbaden: Verlag für Sozialwissenschaften.

Brühn, T. et al. (2014). Die Modelle Uber und Airbnb: Unlauterer Wettbewerb oder eine neue Form der Sharing Economy? *Ifo Schnelldienst,* 67(21), 03–27.

Cusumano, M. A. (2015). How Traditional Firms Must Compete in the Sharing Economy. *Technology strategy and management Communications of the ACM,* 58(1), 32–34.

Demary, V. (2015). *Competition in the Sharing Economy.* IW Policy Paper 19/2015. Köln: Institut der Deutschen Wirtschaft.

Deutschlandfunk (2014). Sharing Economy. Fluch und Segen der Ökonomie des Teilens. URL: http://www.deutschlandfunk.de/sharing-economy-fluch-und-segen-der-oekonomie-des-teilens. 724.de.html?dram:article_id=303971.

Eckhardt, G.M. & Bardhi, F. (2015). *The Sharing Economy Isn't About Sharing at·All.* URL: https://hbr.org/2015/01/the-sharing-economy-isnt-about-sharing-at-all#.

Fraiberger, S. P. & Sundararajan, A. (2015). Peer-to-Peer Rental Markets in the Sharing Economy. *NYU Stern School of Business.* Research Paper.

Gassmann, O. (2013). Crowdsourcing. *Innovationsmanagement mit Schwarmintelligenz* (2.Auflage). München: Carl Hanser Verlag.

Grenzinger, S. (2008). Strategisches Ressourcen-Management. Die Perspektive des Ressource-Dependence-Ansatzes. Discussion Paper Nr. 18, Universität Flensburg.

Hamari, J., Sjöklint, M. & Ukkonen, A. (2015). The sharing economy: Why people participate in collaborative consumption. *Journal of the Association for Information Science and Technology.*

Heinrichs, H. & Grunenberg, H. (2012). *Sharing Economy. Auf dem Weg in eine neue Konsumkultur?* Lüneburg: Leuphana Universität.

Kempf, M. (2007). Strukturwandel und die Dynamik von Abhängigkeiten. Ein Theorieansatz und seine Illustration am deutschen Kabelnetzsektor. Wiesbaden: GWV Fachverlage GmbH.

Kleemann, F., Krähnke, U. & Matuschek, I. (2009). *Interpretative Sozialforschung. Eine praxisorientierte Einführung.* Wiesbaden: Verlag für Sozialwissenschaften.

Kopp, D. & Menez, R. (2005). Computergestützte Auswertung qualitativer Daten. Arbeiten mit MaxQDA anhand eines aktuellen Beispiels. Universität Tübingen, working paper.

Lackes, R. & M. Siepermann, M. (2015). *Web 2.0.* in Springer Gabler Verlag (Herausgeber). Gabler Wirtschaftslexikon. Web 2.0. URL: http://wirtschaftslexikon.gabler.de/Archiv/80667/web-2-0-v8.html.

Latitude and Sharable Magazine (2013). *The sharing economy.* URL: www.collaborativeconsumption.com/2013/03/18/study-the-new-sharing-economy-latitude/.

Lueger, M. (2007). Grounded Theory. In R. Buber, & H. H. Holzmüller, *Qualitative Marktforschung. Konzepte – Methoden – Analysen* (S. 189–205). Wiesbaden: Gabler Verlag.

Mayering, P. (2007). Generalisierung in qualitativer Forschung. *Forum qualitative Sozialforschung, 8* (3) Art. 26.

Müller, P. M. (2015). An economic analysis of online sharing systems' implication on social welfare. Innsbruck: research paper in progress.

Nienhüser, W. (2008). Resource dependence Theory. How well does it explain organizational behavior? *Management Revue,* 19(1+2), 9–32.

Notz, G. (2011). *Theorien alternativen Wirtschaftens. Fenster in eine andere Welt.* Stuttgart: Schmetterling Verlag.

O'Reilly, T. (2005). *What is Web 2.0 – design patterns and business models for the next generation of software*, URL: http://oreillynet.com/pub/a/oreilly/tim/news/2005/09/30/what-is-web-20.html.

Ortmann, Y. (2013). *Sharing Economy: Alle Konzepte und Plattformen auf einen Blick*. URL: http://www.deutsche-startups.de/?p=96565).

Pfeffer, J. & Salancik, G. R. (2003). *The external control of organizations. A resource dependence perspective* (2. Auflage). Stanford: University Press.

Sacks, D. (2013). *Thanks to the social web, you can now share anything with anyone anywhere in the world, is this the end of hyperconsumption?* URL: http://www.fastcompany.com/1747551/sharing-economy.

Spinuzzi, C. (2012). Working Alone Together Coworking as Emergent Collaborative Activity. *Journal of Business and Technical Communication*, 26(4), 399–441.

Voß, E. (2010). *Wegweiser Solidarische Ökonomie. Anders Wirtschaften ist möglich!* Verein zur Förderung der sozialpolitischen Arbeit.

Weik, E.& Lang, R. (2005). *Moderne Organisationstheorien 1. Handlungsorientierte Ansätze* (2. Auflage). Wiesbaden: Gabler Verlag.

Wolf, J. (2008). Organisation, Management, Unternehmensführung. Theorien, Praxisbeispiele und Kritik (3. Auflage). Wiesbaden: Gabler Verlag.

Zervas, G., Proserpio, D. & Byers, J. (2015). The Rise of the Sharing Economy: Estimating the Impact of Airbnb on the Hotel Industry. *Boston U. School of Management*. R

Nachhaltiges Produktmanagement durch die Kombination physischer und digitaler Produktlebenszyklen als Treiber für eine Kreislaufwirtschaft

Rupert J. Baumgartner

Institut für Systemwissenschaften, Innovations- und Nachhaltigkeitsforschung
Universität Graz

Zusammenfassung

Der sorgfältige Umgang mit Ressourcen und die Verminderung bzw. Vermeidung ökologischer Belastungen sowie negativer sozialer Auswirkungen ist von besonderer Bedeutung für die Gestaltung eines zukunftsfähigen und wettbewerbsfähigen Wirtschaftssystems. Dieses wird heute insbesondere mit dem Begriff „Circular Economy" assoziiert. Entscheidend für die Entwicklung einer Kreislaufwirtschaft ist die Gestaltung von Produkten und Dienstleistungen, die über den Lebenszyklus hinweg auf eine nachhaltige Kreislaufwirtschaft hin ausgerichtet sind und ökologischen und sozialen Prinzipien entsprechen. Dabei bietet die fortschreitende Digitalisierung große Chancen, da entlang der Wertschöpfungsketten und in Produkten selbst („Internet der Dinge") eine Vielzahl von Daten vorhanden sind bzw. ständig generiert werden, welche für ein nachhaltiges Produktmanagement in einer Kreislaufwirtschaft verwendet werden können.

1   Einleitung

Das Konzept der Kreislaufwirtschaft bzw. circular economy wurde in den letzten Jahren verstärkt von Akteuren aus Politik, Verwaltung, Gesellschaft und Wirtschaft diskutiert. Die Grundidee besteht darin, das derzeitige lineare Wirtschaftssystem, bei dem Rohstoffe aus der Ökosphäre entnommen und für die Produktion und Bereitstellung von Produkten, Dienstleistungen, Technologien und Infrastruktur verwendet werden und nach deren Nutzung als Abfälle bzw. Emissionen wieder an die Natur abgegeben werden, in ein Kreislaufsystem umzugestalten, in denen Produkte, Materialien und Stoffe so lange als möglich in der Anthropospähre im Kreislauf geführt und Energie möglichst effizient verwendet werden. Die Vertreter dieses Konzepts sehen viele Vorteile einer circular economy insbesondere hinsichtlich einer geringeren Umweltbelastung durch keine bzw. wesentlich weniger Abfälle und einer erhöhten Energie- und Ressourceneffizienz sowie soziale und ökonomische Vorteile durch eine Erhöhung des Arbeitsplatzangebotes und der Wertschöpfung.

Um die Vision einer Kreislaufwirtschaft realisieren zu können, bedarf es Produkten und Dienstleistungen, die für eine Kreislaufwirtschaft designt sind und deren Produktlebenszyklen auch entsprechend gestaltet und gemanagt werden mit dem Ziel, die Materialkreisläufe zu schließen und den Energiebedarf zu minimieren. Dieser Produktlebenszyklus folgt dem physischen Lebensweg eines einzelnen Produktes von der Rohstoffgewinnung über die Produktion, Distribution, Nutzung und Produktende, dieser wird daher als physischer Produktlebenszyklus bezeichnet. Wenn nun daher Materialien und Produkte möglichst lange im ökonomischen System verwendet werden sollen, d. h. deren Zirkularität maximiert werden soll, ist ein lebenszyklusweites nachhaltiges Produktmanagement erforderlich. Aufgaben für ein nachhaltiges Produktmanagement, das neben der Zirkularität auch ökologische und soziale Aspekte berücksichtigt, sind Produktdesign, Bewertung der Nachhaltigkeit und Zirkularität von Produkten, die Identifikation optimaler Reparatur-, Refurbishment- und Wiederverwendungsstrategien, sowie die Unterstützung der Entwicklung und Implementierung nachhaltiger und kreislauforientierter Geschäftsmodelle.

Im Rahmen der Produktgestaltung besteht die Aufgabe darin, Themen wie Reparierbarkeit, Upgrade-Möglichkeiten für Produkte oder Produktmodularität gemeinsam mit ökologischen und sozialen Aspekte in den Produktdesignprozess zu integrieren. Im Rahmen der Identifikation optimaler Kreislaufwirtschaftsstrategien geht es insbesondere darum, festzulegen, ob, wann und wie ein bestimmtes Produkt oder ein bestimmtes Material im gesellschaftlichen Metabolismus verbleiben soll.

Die digitale Revolution kann hierbei als ein sehr starker Treiber für eine Transformation zu einer Kreislaufwirtschaft und zu nachhaltigem Produktmanagement wirken. Der physische Produktlebenszyklus ist zumindest in einzelnen Teilen in unterschiedlichen Datensystemen von Unternehmen und Institutionen abgebildet. Zusätzlich werden mehr und mehr Daten durch einzelne Produkte während der Nutzungsphase generiert und gespeichert. Allerdings werden bislang diese Daten nicht vernetzt und für ein nachhaltiges Produktmanagement verwendet. Wenn es gelingt, diese unterschiedlichen Datenquellen zu vernetzen, kann ein digitaler Zwilling des physischen Produktlebenszyklus generiert werden. Dieser digitale Zwilling ermöglicht ein dynamisches Management des physischen Produktlebenszyklus durch die Bereitstellung aktueller und korrekter Daten, die eine Steuerung der Zirkularität bei einer Maximierung der Nachhaltigkeitsleistung von Produkten und Dienstleistungen ermöglichen. Im Rahmen dieses Beitrages wird das Konzept des nachhaltigen Produktmanagements, das auf der Verbindung des physischen mit dem digitalen Lebenszyklus (digitaler Zwilling) beruht, präsentiert.

2 Definition des Begriffs Kreislaufwirtschaft

Für den Begriff Kreislaufwirtschaft bzw. circular economy wurden verschiedene Definitionen durch politische und gesellschaftliche Akteure vorgelegt. Seitens der Europäischen Union wurde ein ambitionierter Plan in Form des „EU Aktionsplans für eine Kreislaufwirtschaft" mit dem Ziel veröffentlicht, eine Kreislaufschließung durch verbesserte Wiederverwendung und Wiederverwertung zu realisieren. Die im Rahmen dieses Aktionsplanes vorgeschlagenen Maßnahmen beziehen sich auf den gesamten physischen Produktlebenszyklus inklusive der Entwicklung von Märkten für Sekundärrohstoffe[1]. In einer Mitteilung der EU vom Juli 2014 (European Commission, 2014) wurde Kreislaufwirtschaft als Form des Wirtschaftens definiert, bei welcher der Wert von Produkten und Stoffen so lange wie möglich erhalten bleibt, Abfälle und Ressourcenverbrauch auf ein Mindestmaß beschränkt werden und die Ressourcen – nachdem ein Produkt sein Lebensende erreicht hat – in der Wirtschaft bleiben, um immer wieder verwendet zu werden und um weiterhin Wertschöpfung zu generieren.

Die Transformation zu einer Kreislaufwirtschaft stellt dabei das Kernelement der europäischen Politik zur Erhöhung der Ressourceneffizienz dar. Es ist zu beachten, dass Kreislaufwirtschaft mehr ist als eine verbesserte Form der Abfallwirtschaft, es beinhaltet auch Ansatzpunkte zur effizienteren und zielgerichteten Verwendung von Ressourcen, z. B. Leichtbau von Produkten, Lebensdauerverlängerung und Reparierbarkeit von Produkten, Verwendung nicht-toxischer und umweltfreundlicher Materialien oder die Entwicklung von Geschäftsmodellen, die auf sharing oder Produktdienstleistungssystemen basieren. Die Realisierung dieser Ansatzpunkte erfordert technische, organisatorische, gesellschaftliche und finanzielle Innovationen (European Environmental Agency, 2014).

---

[1] http://ec.europa.eu/environment/circular-economy/index_en.htm

Dabei ist der gesamte physische Produktlebenszyklus, beginnend von der Rohstoffgewinnung, dem Produktdesign, Produktion und Vertrieb bis hin zu Produktverwendung
und Produktlebensende (inkl. Reparatur, Wiederverwendung, Refurbishment, Recyc-
ling) von Interesse. Alle diese Stufen des Produktlebenszyklus sind miteinander verbunden und tragen zum gesamten Ressourcenverbrauch eines Produktes bei (European
Commission, 2015).

Die Ellen Mac Arthur Foundation hat die Diskussion über Circular Economy in Europa vorangetrieben und folgende Definition publiziert: *"Circular economy is one that
is restorative and regenerative by design, and which aims to keep products, components
and materials at their highest utility and value at all times, distinguishing between technical and biological cycles. ...a circular economy is a continuous positive development
cycle that preserves and enhances natural capital, optimizes resource yields, and mini-
mizes system risks by managing finite stocks and renewable flows. It works effectively
at every scale."* (Ellen MacArhur Foundation, 2012)

Hier wird eine Kreislaufwirtschaft als eine Form des Wirtschaftens beschrieben, die
eine höhere Resilienz aufweist, sich positiv auf die Ökosphäre auswirkt, positive gesellschaftliche Wirkungen aufweist und durch die Schließung der Stoffkreisläufe abfallfrei
ist. Dabei soll eine Kreislaufwirtschaft soweit als möglich auf erneuerbaren Ressourcen
basieren und insgesamt minimale negative Auswirkungen auf die Gesellschaft und die
Ökosphäre verursachen[2]. Unternehmen wie McKinsey oder Philips betonen bei der Verwendung des Begriffs circular economy die Wichtigkeit, den gesamten Produktlebenszyklus zu optimieren, um geschlossene Stoffkreisläufe zu erreichen (Zils, 2014). Zusätzlich geht es darum, das Wirtschaftswachstum vom Ressourcenverbrauch zu entkoppeln und dazu innovative Geschäftsmodelle für die Wiederverwendung von Produkten
zu ermöglichen (Koninklijke, 2017). In einer kürzlich veröffentlichten wissenschaftlichen Definition (Singh & Ordonez, 2016) wird Kreislaufwirtschaft wie folgt definiert:
*"...an economic strategy that suggests innovative ways to transform the current pre-
dominantly linear system of consumption into a circular one, while achieving economic
sustainability with much needed material savings. This is achieved by designing and
optimizing products to eliminate waste by enabling efficient reuse, disassembly and refurbishment. ...CE recognizes the important role of product design in disassembly, in-
spection, reassembly and eliminating the use of toxic chemicals."*

---

[2] http://www.circle-economy.com/circular-economy/

3 Nachhaltiges Produktmanagement

Bei einem nachhaltigen Produktmanagement wird der physische mit dem digitalen Produktlebenszyklus verschränkt. Es steht daher die gesamte Wertschöpfungskette inklusive der Nachproduktphase (after-life) und dem Produktdesign im Fokus. In Abbildung 1 ist ein vereinfachter Produktlebenszyklus dargestellt, wobei insbesondere die Aufgaben und Handlungsmöglichkeiten des fokalen Unternehmens und die erforderlichen Verschränkungen mit anderen Produktlebenszyklen in einer Kreislaufwirtschaft visualisiert sind.

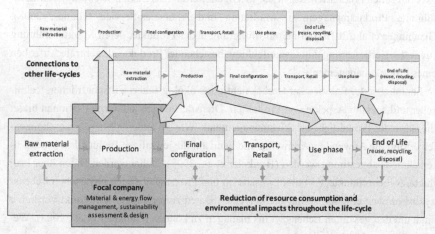

Abb. 1: Vernetzung unterschiedlicher Produktlebenszyklen als Basis einer Kreislaufwirtschaft

Nachhaltigkeitsbezogene Daten stellen dabei die Basis dar, um nun Verschränkungen zwischen sowie die Optimierung einzelner Produktlebenszyklen und damit ein nachhaltiges Produktmanagement zu ermöglichen. Aufgaben dieses nachhaltigen Produktmanagements sind ein nachhaltiges Produktdesign, eine nachhaltige Produktbewertung, eine nachhaltige Produktkennzeichnung sowie eine Implementierung kreislauforientierter Strategien. Diese kreislauforientierten Strategien umfassen die sogenannten „R-Strategien" reduce, reuse, refurbish, remanufacturing und reuse.

Es gibt zwei unterschiedliche Definitionen für den Begriff "Produktlebenszyklus", die beide für das Konzept des nachhaltigen Produktmanagements relevant sind. Im Bereich des Managements wird ein Produktlebenszyklus als Abfolge der Phasen Produktentwicklung, Markteinführung und Markterfolg definiert und beschreibt somit den öko-nomischen Produktlebenszyklus. In Umwelt- und Nachhaltigkeitsstudien wird hingegen der Begriff Produktlebenszyklus für den physischen Produktlebenszyklus verwendet, d. h. es wird der physische Lebensweg eines einzelnen Produktes nachvollzogen, wobei hingegen beim ökonomischen Produktlebenszyklus der Erfolg der Produkte über die Zeit verfolgt wird.

Produktmanagement wird definiert als das ganzheitliche Management eines Produk-tes, einer Produktlinie oder eines Produktportfolios und umfasst Aktivitäten entlang des ökonomischen Produktlebenszyklus: Ideengenerierung, Produktentwicklung, Marktein-führung, Produktmanagement, Marketing und Aftersales-Service (Haines, 2008). Glaubinger et al. (2015) definieren Initiierung neuer Produkte, deren Markteinführung sowie die Verbesserung und Instandhaltung bestehender Produkte als zentrale Aufgaben eines Produktmanagements.

Ein integrierter Rahmen zur Berücksichtigung ökologischer, wirtschaftlicher, techni-scher und sozialer Aspekte von Produkten, Dienstleistungen und Organisationen bildet die Basis des Produktlebenszyklusmanagements. Wie bei anderen Managementkonzep-ten erfolgt die Anwendung freiwillig und kann auf die jeweiligen Bedürfnisse eines Un-ternehmens abgestimmt werden (Hunkeler et al., 2003). Dabei werden Daten über Pro-dukte, Nebenprodukte, Abfälle, Emissionen und Prozesse über den physischen Lebens-zyklus hinweg erhoben, damit die korrekten Daten zum richtigen Zeitpunkt verfügbar sind, um den gesamten Lebenszyklus managen zu können (Hunkeler et al., 2003). We-sentlich ist es dabei, Produktlebenszyklusmanagement als System aufzufassen, bei dem Daten und Prozesswissen ausgetauscht werden; es ist somit ein informationsgetriebener Ansatz, der Personen, Prozesse, Aktivitäten und Technologien hinsichtlich aller pro-duktbezogenen Aspekte kombiniert. Somit könnten mit diesem System Produktdaten zentralisiert, Geschäftsprozesse standardisiert sowie Kommunikationsprozesse zwi-schen unterschiedlichen Produktentwicklungsteams optimiert werden, um kürzere Pro-duktentwicklungszeiten, bessere Produktqualitäten sowie kürzere time-to-market-Zei-ten zu erreichen (Silventoinen, 2012).

Die einzelnen Phasen eines physikalischen Produktlebenszyklus bis hin zum End-konsumenten werden mittels Supply Chain Management verbunden. Dieses dient der Steuerung der Produktströme entlang der Wertkette bis zur Nutzungsphase und beinhal-tet strategische Maßnahmen zur operativen und strategischen Koordination zwischen den einzelnen Unternehmen einer Wertschöpfungskette. Idealerweise stehen dabei die Kundenwünsche im Zentrum des Managements einer Wertschöpfungskette, da damit

Werte für die Kunden generiert und die Kundenzufriedenheit erhöht werden könnten (Mentzer et al., 2001). Nachhaltiges Wertkettenmanagement (bzw. sustainable supply chain management) wird seit dem Jahr 2008 intensiver diskutiert (Ahi & Searcy, 2013). Wesentliches Charakteristikum ist dabei die explizite Berücksichtigung ökologischer und sozialer Aspekte in Ergänzung zum ökonomischen Fokus klassischen Wertkettenmanagements (Seuring & Müller, 2008). Werden zusätzlich die Lebenszyklusphasen nach der Produktnutzung berücksichtigt, spricht man vom Closed Loop Supply Chain Management (Guide & van Wassenhove, 2009; Lebreton, 2007).

Durch die Kombination des ökonomischen mit dem ökologischen Produktlebenszyklus ergeben sich drei Lebenszyklusphasen: Beginning-of-life (BOL), Middle-of-life (MOL) and End-of-life (EOL) (Kiritsis et al., 2003). In der BOL-Phase wird ein Produkt konzipiert, entwickelt, getestet, produziert und auf den Markt gebracht. Es werden in dieser Phase viele unterschiedliche Methoden und Instrumente verwendet, um ein Produkt zu gestalten und die anschließende Produktionsplanung sowie die Produktion durchführen zu können. Diese Phase ist von besonderer Bedeutung für ein nachhaltiges Produktmanagement, da durch die Produktgestaltung das Ausmaß vieler Umweltauswirkungen des Produktes prinzipiell festgelegt werden. Ein Beispiel dafür ist die Auswahl der für ein Produkt verwendeten Materialien, die sowohl die Umweltauswirkungen in der Rohstoffgewinnung als auch der Produktion prinzipiell festlegen. Die MOL-Phase besteht aus der Distribution und der Nutzung des Produktes (inkl. Reparatur und Instandhaltung). In dieser Phase befindet sich das Produkt im Besitz von entweder dem Endverwender, dem Serviceprovider oder einem Reparatur- oder Logistikunternehmen (Terzi et al., 2010). In der EOL-Phase werden Produkte nach ihrer Nutzungsphase der Entsorgung bzw. der Wiederverwendung, evt. nach vorheriger Wiederaufbereitung, zugeführt (Kiritsis et al., 2003).

Zu Beginn des Produktlebenszyklus (BOL-Phase) sind sehr viele Daten in Informationssystemen vorhanden (z. B. computer-aided design/manufacturing (CAD/ CAM), Produktdatenmanagement (PDM) oder Wissensmanagement (KM)). In der Nutzungs- und Nachproduktphase nehmen die Datenverfügbarkeit und Datenvernetzung zwischen den Akteuren allerdings sehr stark ab, womit hier auch keine Rückkopplung zur BOL-Phase erfolgen kann – daher können diese beiden Phasen in der BOL-Phase nicht ausreichend berücksichtigt werden (Niemann et al., 2008), womit ein nachhaltiges und lebenszyklusweites Produktmanagement nicht realisiert werden kann. Diese Erfahrung deckt sich mit den Erkenntnissen aus der Literatur des nachhaltigen Wertkettenmanagements, dass von den vielen verschiedenen Instrumenten in diesem Bereich nur wenige von Praktikern in Entscheidungsprozessen Verwendung finden (Cetinkaya et al., 2011). Es gilt daher aus einer ganzheitlichen Perspektive heraus, Unternehmen einen praktikablen Ansatz zum Austausch nachhaltiger Daten entlang der Wertschöpfungskette anzubieten, die ein nachhaltiges Produktmanagement ermöglichen (Fritz et al., 2016).

Erste Ansätze zur Minimierung ökologischer und sozialer Auswirkungen (Hunkeler et al., 2003) wurden unter der Bezeichnung Sustainable Product Lifecycle Management (SPLM) entwickelt (Terzi et al., 2010; Hart et al., 2005). Dabei sind der Bedarf der notwendigen technischen, ökonomischen, ökologischen, sozialen und geographischen Daten zu spezifizieren, die Datenquellen zu identifizieren und die zu berücksichtigenden Lebenszyklusphasen festzulegen (Giaoutzi & Nijkamp, 1993). In Erweiterung dieser ersten Ansätze eines SPLM ist das in diesem Beitrag beschriebene nachhaltige Produktmanagement explizit auf die Kreislaufwirtschaft ausgerichtet, d. h. in Ergänzung zu ökologischen und sozialen Nachhaltigkeitsaspekten geht auch um das Ziel der Zirkularität. Dazu werden sowohl Nachhaltigkeitsprinzipien sowie die Ziele einer Kreislaufwirtschaft entlang des gesamten Produktlebenszyklus berücksichtigt und es wird durch die Schaffung des digitalen Zwillings der physische mit dem digitalen Produktlebenszyklus verschränkt. Die Definition von Nachhaltiger Entwicklung durch die Brundtland-Kommission stellt einen ethisch-normativen Standard dar (Brundtland, 1987). Es ist daher eine Konkretisierung des Nachhaltigkeitsbegriffes erforderlich. Der Framework for Strategic Development (FSSD) bietet mit den folgenden Nachhaltigkeitsprinzipien eine solche Konkretisierung des Nachhaltigkeitsbegriffes an (Broman & Robèrt, 2016):

"In a sustainable society, nature is not subject to systematically increasing …

1. … concentrations of substances extracted from the Earth's crust. This means limited extraction and safeguarding so that concentrations of lithospheric substances do not increase systematically in the atmosphere, the oceans, the soil or other parts of nature; e.g. fossil carbon and metals;

2. … concentrations of substances produced by society. This means conscious molecular design, limited production and safeguarding so that concentrations of societally produced molecules and nuclides do not increase systematically in the atmosphere, the oceans, the soil or other parts of nature; e.g. NOx and CFCs;

3. … degradation by physical means. This means that the area, thickness and quality of soils, the availability of fresh water, the biodiversity, and other aspects of biological productivity and resilience, are not systematically deteriorated by mismanagement, displacement or other forms of physical manipulation; e.g. over-harvesting of forests and over-fishing;

and people are not subject to structural obstacles to …

4. … health. This means that people are not exposed to social conditions that systematically undermine their possibilities to avoid injury and illness; physically, mentally or emotionally; e.g. dangerous working conditions or insufficient rest from work;

5. … influence. This means that people are not systematically hindered from participating in shaping the social systems they are part of; e.g. by suppression of free speech or neglect of opinions;

6. … competence. This means that people are not systematically hindered from learning and developing competence individually and together; e.g. by obstacles for education or insufficient possibilities for personal development;

7. … impartiality. This means that people are not systematically exposed to partial treatment; e.g. by discrimination or unfair selection to job positions;

8. … meaning-making. This means that people are not systematically hindered from creating individual meaning and co-creating common meaning; e.g. by suppression of cultural expression or obstacles to co-creation of purposeful conditions."

Diese Nachhaltigkeitsprinzipien können dazu verwendet werden, zu überprüfen, ob eine bestimmte Aktivität, eine Strategie oder ein System einen positiven Beitrag zu einer nachhaltigen Entwicklung leistet bzw. leisten kann. Die Kreislaufführung von Materialien, die Erhöhung der Ressourceneffizienz, die längere Nutzung von Komponenten und Produkten im Wirtschaftssystem, das kreislaufwirtschaftsgerechte Design von Produkten, die Entwicklung neuer kreislauforientierter Geschäftsmodelle sowie insgesamt ein an der Kreislaufwirtschaft orientiertes Systemdenken sind Ansätze und Maßnahmen, um eine Kreislaufwirtschaft zu realisieren. Alle diese Ansätze sind prinzipiell aus Nachhaltigkeitssicht als positiv zu bewerten, allerdings nur dann, wenn die dargestellten Nachhaltigkeitsprinzipien des FSSD dabei respektiert werden. Beispielsweise ist eine Erhöhung der Ressourceneffizienz für die Nachhaltigkeit insgesamt nur dann positiv, wenn es dadurch zu keiner Verletzung dieser Nachhaltigkeitsprinzipien z. B. durch einen Rebound-Effekt kommt.

Zwei Thesen beschreiben den Zusammenhang zwischen einer Kreislaufwirtschaft und einer nachhaltigen Entwicklung (Baumgartner, 2016):

These 1: Die Ziele und Prinzipien einer Kreislaufwirtschaft bzw. deren Realisierung können zu den Zielen einer nachhaltigen Entwicklung beitragen.

These 2: Die Nachhaltigkeitsprinzipien des Framework of Strategic Sustainable Development können zur Überprüfung verwendet werden, ob eine Kreislaufwirtschaft bzw.

die Aktivitäten und Strategien zu deren Realisierung zu einer nachhaltigen Entwicklung beitragen.

4   Datenmanagement und IKT-Unterstützung für ein nachhaltiges Produktmanagement

Da Informations- und Kommunikationstechnologien (IKT) eine sehr wichtige Rolle für ein nachhaltiges Produktmanagement spielen, ist die IKT-Architektur eines Unternehmens und dessen dynamische Anpassung an neue Technologien eine Voraussetzung für ein nachhaltiges Produktmanagement. Ein Beispiel für eine neue technologische Entwicklung ist das sogenannte Internet der Dinge (Internet of Things). Darunter wird die zunehmende Vernetzung von Produkten und Geräten verstanden. Dieses stellt einen Haupttreiber für die Realisierung eines nachhaltigen Produktmanagements dar, wie beispielsweise Kate Brandt (Head of Sustainability, Google Inc.) formuliert: *„Information is at the heart of ensuring that businesses around the world can make the right decisions to eradicate waste and use resources effectively. The Internet of Things, with its smart sensors and connected technologies, can play a key role in providing valuable data about things like energy use, under-utilized assets, and material flows to help make businesses more efficient. Their role in building a future with a more circular economy is critical and we are excited about the role of technology will play in realizing this vision"* (Morlet et al., 2016). IKT dient im Rahmen des nachhaltigen Produktmanagements dazu, entsprechende IT-Prozesse zur Verfügung zu stellen und Daten zu generieren, erheben, speichern, teilen oder anzuwenden sowie die Zusammenarbeit zwischen Akteuren und deren Systemen zu ermöglichen. Dazu wurden unterschiedliche Instrumente, Plattformen und Systeme entwickelt, die sich in zwei Kategorien unterteilen lassen: IKT Instrumente und Systeme (ICT tools and systems) sowie IKT Architekturen (ICT interoperability and architectures) (Terzi et al., 2010). Trotz des Fortschritts bei Systemen und Instrumenten wie computer-aided design (CAD), computer-aided manufacturing (CAM), computer-aided process planning (CAPP), product data management (PDM), enterprise resource planning (ERP) und Lifecycle Assessment (LCA) gibt es bei diesen noch Verbesserungsbedarf.

Diese werden häufig als add-on zu den Hauptprozessen in Produktionsunternehmen verwendet und können den Bedarf an einer Vernetzung über den gesamten Produktlebenszyklus hinweg nicht erfüllen, zudem behandeln sie jeweils auch nur einen Teilaspekt der Aufgaben eines nachhaltigen Produktmanagements.Die Basis eines dynamischen und nachhaltigen Produktmanagements basiert wie bereits dargestellt daher auf der Verknüpfung des physischen mit dem digitalen Produktlebenszyklusses ("digital twin"), dessen Grundlage ein Datenkonzept mit den Teilbereichen *Datenakquisition*, *Datenqualitätsmanagement* sowie *Dateninterpretation und -bewertung* bildet. Im Bereich der *Datenakquisition* geht es um die Definition von Datentypen und um Methoden zur Erhebung nachhaltigkeitsbezogener Daten. Diese umfassen sowohl qualitative als auch quantitative Daten von allen Akteuren entlang des Produktlebenszyklus, die aus unterschiedlichen Datensystemen kommen und sich auf ein gesamtes Unternehmen, einen Unternehmensteilbereich, eine Produktkategorie oder ein Produkt beziehen können.

Aufgabe des *Datenqualitätsmanagements* ist es, sicherzustellen, dass die erhobenen Daten so korrekt, aktuell und objektiv als möglich bzw. erforderlich sind. Zur Sicherstellung der Datenqualität können qualitative und quantitative Daten miteinander verglichen, ungewöhnliche Änderungen von Dateneinträgen im Zeitverlauf identifiziert oder Datenvergleiche ähnlicher Daten aus unterschiedlichen Quellen (Benchmarking) durchgeführt werden. Datenmining und Big-Data-Analyse können das Datenqualitätsmanagement durch die Identifikation von Korrelationen, Mustern oder Trends mittels Analyse großer Datenmengen unterstützen. Die gesammelten qualitätsgesicherten Daten werden im Rahmen der *Dateninterpretation und -bewertung* für das nachhaltige Produktmanagement verwendet. Dazu werden diese Daten als Basis für die Steuerung und Optimierung des Produktlebenszyklus aggregiert und es werden Kennzahlen (Key performance indicators (KPIs) zur Entscheidungsunterstützung definiert und verwendet. Ziel ist es dabei, die Aspekte der Nachhaltigkeit und Kreislaufwirtschaft auf Produktebene inklusive entsprechender Chancen und Risiken für Unternehmen darzustellen.

5   Herausforderungen nachhaltigen Produktmanagements

Zur Realisierung einer Kreislaufwirtschaft sind Änderungen im politischen System und im Wirtschaftssystem erforderlich, die Unternehmen unweigerlich vor neue Herausforderungen stellen werden. Unternehmen können dabei als Gestalter dieses Wandels zu einer Kreislaufwirtschaft agieren oder nur passiv auf die Veränderungen reagieren. Unternehmen sind von folgenden Herausforderungen betroffen (Baumgartner, 2016):

5.1　Die Herausforderung der inter-organisationalen Kooperation (inter-organizational management challenge):

In einer Kreislaufwirtschaft müssen Unternehmen mit anderen Unternehmen der eigenen oder anderen Wertschöpfungsketten und mit anderen Akteuren kooperieren, um Produkte bzw. Materialien wiederzuverwenden, zu reparieren, aufzuarbeiten oder zu recyceln. Dies geht über die übliche Kooperation innerhalb von Wertschöpfungsketten hinaus, da hier unterschiedliche Flüsse von Material, Energien und Produkten hinsichtlich Qualität, Zeit und Kosten koordiniert werden müssen.

5.2　Die Herausforderung der Wertgenerierung und -messung (*The value creation and performance measurement challenge*):

Im Rahmen einer Kreislaufwirtschaft gilt es, neben ökonomischen auch ökologische und soziale Werte zu schaffen. Unternehmen müssen die Balance zwischen Gewinn und Wettbewerbsfähigkeit sowie ökologischen und sozialen Zielen schaffen. Dies ist herausfordernd, da unterschiedliche Zeithorizonte und Zielkonflikte zwischen den einzelnen Zielen zu berücksichtigen sind.

5.3　Die Innovations- und Redesign-Herausforderung (*The innovation and redesign challenge*):

Die Realisierung einer Kreislaufwirtschaft erfordert neue Formen der Kooperation, neue Produkte, Dienstleistungen und Produkt-Dienstleistungssysteme sowie neue Geschäftsmodelle, die eine lebenszyklusweite Orientierung an den Zielen der Kreislaufführung und Nachhaltigkeit ermöglichen.

5.4　Die organisationskulturelle Herausforderung (*The cultural challenge*):

Die notwendige erweiterte Kooperation (1. Herausforderung), die Ausbalancierung von ökonomischen und sozialen bzw. ökologischen Zielen (2. Herausforderung) und die erforderlichen Innovationen (3. Herausforderung) sind nur dann zu erreichen, wenn die Organisationskultur offen für Innovation, Kooperation und Nachhaltigkeit ist.

6　Implikationen nachhaltigen Produktmanagements

Die Kombination von Erkenntnissen aus dem strategischen Management und dem Supply Chain Management mit den Grundlagen einer Kreislaufwirtschaft bietet eine

Lösung zum Umgang mit diesen Herausforderungen und führt zu folgenden Thesen (Baumgartner, 2016):

These 3: Ein Unternehmen, das eine Strategie der Kostenführerschaft verfolgt, wird nur jene kreislaufwirtschaftsorientierten Aktivitäten realisieren, die zu einer Kostensenkung beitragen.

These 4: Ein Unternehmen, das eine Strategie der Differenzierung verfolgt, wird nur jene kreislaufwirtschaftsorientierten Aktivitäten realisieren, die es ermöglichen, Produkte und Dienstleistungen mit einzigartigen Merkmalen den Kunden anzubieten. Dazu müssen diese kreislaufbezogenen Merkmale dem Kunden kommunizierbar sein.

These 5: Ein Unternehmen, das über besondere und einzigartige Kompetenzen und Fähigkeiten im Bereich der Kreislaufwirtschaft verfügt, kann entsprechend des sog. resource based view dauerhafte Wettbewerbsvorteile erreichen.

These 6: Aus Sicht der emergenten Strategien kann eine Unternehmensstrategie aus Handlungen und Vorgehensweisen heraus ohne zielgerichtete Vorabplanung entstehen. Die Entwicklung einer Kreislaufwirtschaft führt zu weiteren Möglichkeiten für die Entstehung emergenter Strategien, da neue Akteure, neue Politiken und neue Entwicklungen in Wirtschaft und Gesellschaft in Bezug auf die Kreislaufwirtschaft entstehen werden.

These 7: Unternehmen mit Erfahrungen und Kompetenzen im Bereich des Supply Chain Management können besser mit der Herausforderung der interorganisationalen Kooperation umgehen.

7   Schlussfolgerungen

Das Konzept der Kreislaufwirtschaft wird derzeit intensiv diskutiert und könnte das heutige Wirtschaftssystem fundamental verändern. Dazu ist die optimale Gestaltung und Steuerung von Produktlebenszyklen in Form eines nachhaltigen Produktmanagements von besonderer Wichtigkeit. Dieses kann durch den Einsatz von IKT, die die Verschränkung des physischen mit dem digitalen Produktlebenszyklus erlauben, realisiert werden. Dieser Beitrag widmete sich der Frage, welche Aspekte ein solches nachhaltiges Produktmanagement umfasst, welche Herausforderungen sich für Unternehmen durch die Einführung einer Kreislaufwirtschaft ergeben und wie diesen Herausforderungen begegnet werden kann.

Literaturverzeichnis

Ahi, P. & Searcy, C. (2013). A comparative literature analysis of definitions for green and sustainable supply chain management. *Journal of Cleaner Production*, 52, 329–341.

Baumgartner, R. (2016). *Circular Economy as a new business paradigm? Impacts on Sustainable Development and implications for companies.* Working paper, ISIS, University of Graz.

Broman, G. & Robèrt, K.-H. (2016). A framework for strategic sustainable development. *Journal of Cleaner Production*, 141, 17–31.

Brundtland, G. H. (1987). *Our common future.* World Commission for Environment and Development.

Cetinkaya, B. et al. (2011). *Sustainable Supply Chain Management: Practical Ideas for Moving Towards Best Practice*, Berlin: Springer.

Ellen MacArhur Foundation (2012). *Towards the Circular Economy 1: Economic and Business Rationale for an Accelerated Transition.* Ellen MacArhur Foundation.

European Commission (2014). *Towards a circular economy - A zero waste programme for Europe.* COM (2014) 398 final, July 2nd, 2014, Brussels.

European Commission (2015). *Roadmap: Circular economy strategy.* 4/2015 Brussels.

European Environmental Agency (2014). *Environmental Indicator Report 2014: Environmental Impacts of Production-Consumption Systems in Europe.* Copenhagen.

Fritz, M., Schöggl, J. & Baumgartner, R. (2016): Selected sustainability aspects for supply chain data exchange: Towards a supply chain-wide sustainability assessment. *Journal of Cleaner Production*, 141, 587–607.

Giaoutzi, M. & Nijkamp, P. (1993). Decision support models for regional sustainable development. Idershot: Avebury.

Glaubinger, K., Rabl, M., Swan, S. & Werani, T. (2015). Innovation and Product Management. A holistic and practical approach to uncertainty reduction. Berlin, Heidelberg: Springer.

Guide, V. D. R. & van Wassenhove, L. N. (2009). The evolution of closed-loop supply chain research. *Operations Research*, 57(1), 10–18.

Haines, S. (2008). *The product manager's desk reference.* Boston: McGraw Hill Professional.

Hart, A., Clift, R., Riddlestone, S. & Buntin, J. (2005). Use of Life Cycle Assessment to Develop Industrial Ecologies: A Case Study. *Process Safety and Environmental Protection*, 83(4),359–363.

Hunkeler D., Saur K., Stranddorf H., Rebitzer G., Schmidt W. P., Jensen A. A. & Christiansen K. (2003). *Life Cycle Management.* Brussels: SETAC.

Kiritsis, D. et al. (2003). Research issues on product lifecycle management and information tracking using smart embedded systems. *Advanced Engineering Informatics*, 17(3-4), 189–202.

Koninklijke Philips N.V. (2017) *Rethinking the future: Our transition towards a circular economy.* URL: www.philips.com/a-w/about/sustainability/sustainable-planet/circular-economy.html.

Singh, J. & Ordonez, I. (2016). Resource recovery from post-consumer waste: important lessons for the upcoming circular economy. *Journal of Cleaner Production*, 134, 342–353.

Lebreton, B. (2007). Strategic closed-loop supply chain management. Lecture notes in economics and mathematical systems. Berlin: Springer.

Mentzer, J. T., DeWitt, W., Keebler, J. S., Min, S., Nix, N. W., Smith, C. D. & Zacharia, Z. G. (2001). Defining Supply Chain Management. *Journal of Business Logistics*, 22(2), 1–25.

Morlet, A., Blériot, J., Opsomer, R., Linder, M., Henggeler, A., Bluhm, A. & Carrera, A. (2016). *Intelligent Assets: Unlocking the Circular Economy Potential.* Ellen MacArthur Foundation.

Niemann, S., Tichkiewitch, S. & Westkämper, E. (2008). *Design of sustainable product life cycles.* Berlin: Springer.

Seuring, S. & Müller, M. (2008). From a literature review to a conceptual framework for sustainable supply chain management. *Journal of Cleaner Production*, 16(15), 1699–1710.

Silventoinen, A. et al. (2011). *Towards future PLM maturity assessment dimensions.* In PLM11-8th International Conference on Product Lifecycle Management, IFIP Working Group, 5, 480–492.

Terzi, S., Bouras, A., Dutta, D. & Garetti, M. (2010). Product lifecycle management–from its history to its new role. *International Journal of Product Lifecycle Management*, 4, 360–389.

Zils, M. (2014) *Moving toward a circular economy.* McKinsey.

Kooperation -
Die Kunst gemeinsamen Vergnügens

Alessandro Merletti De Palo

Cooperacy

Übersetzt von Sissy-Ve Basmer-Birkenfeld
Helmut-Schmidt-Universität Hamburg

Zusammenfassung

Kooperation ist ein zentrales soziales Verhaltensphänomen menschlichen Lebens und Forschungsobjekt vieler Disziplinen. Das Verständnis zugrundeliegender semantischer Aspekte der Kooperationsinteraktion bildet eine Basis für die Wissenschaft der Kooperation. Auf Grundlage eines Reviews sowie einer semantischen Analyse wurde deshalb eine Klassifizierung von Wörtern in Bezug zu „Interaktion", ähnlich der Taxonomie der Sprechakte von Searle, vorgenommen. Die beobachteten Eigenschaften wurden Clustern zugeordnet, um die grundlegende semantische Struktur des Wortes „Kooperation" zu finden. Anschließend folgte durch den Vergleich einiger menschlicher Interaktionen mit dem Wort „Kooperation" und dessen unterschiedlicher Nutzung in der Literatur erneut eine Einordnung in die Cluster, um daraus die Voraussetzungen kooperativer Interaktionen abzuleiten. Das Ergebnis der Untersuchung ist, dass Kooperation als eine Handlung von Menschen verstanden werden kann, die zusammenarbeiten, um einen beiderseitigen Mehrwert zu schaffen, ohne dass dadurch wissentlich Dritte Nachteile erfahren.

1 Hintergrund

Im letzten Jahrhundert wurden verschiedene evolutionäre Ideen zum Altruismus vorgeschlagen zur Erklärung des Verhaltens, welches der Nachkommenschaftsbilanz (,*offspring payoff*') eines anderen Individuums zugutekommt, und deswegen diejenige des *Altruisten* reduziert. Eine kurze historische Übersichtstabelle zeigt die Anzahl der Theorien (Tab. 1), die entwickelt worden sind, um Altruismus entwicklungsgeschichtlich zu erklären.

Tab 1: Evolutionsbiologische Theorien zur Evolution von Altruismus/Kooperation

Autor	Jahr	Name	Methode
Darwin, Wallace	1858	Natürliche Selektion	Individuen sind tendenziell egoistisch, überleben und replizieren
Lorenz	1935 1963	„Altruismus für die Spezies"?	Individueller Akt für das Überleben der Spezies
Hamilton, Maynard, Smith, Price	1964	Verwandtschaftsselektion, inklusive Fitness	Natürliche Selektion erlaubt nur Altruismus gegenüber Verwandten
Haldane, Wynne-Edwards, Williams, Wilson	1932 1966	Gruppenreziprozität	Spezifische Verteilung von Individuen in Gruppen ermöglicht dem altruistischen Verhalten dominant zu werden
Trivers	1971	Reziproker Altruismus, direkte Reziprozität (und mehr)	Nicht-verwandtschaftlicher Altruismus nur, wenn A und B sich gegenseitig erkennen (und mehr)
Zahavi	1975	Handicap-basierter Altruismus, oder kostspieliges Signalisieren	A leistet sich Altruismus-Kosten, um C seinen größeren Wohlstand zu signalisieren
Alexander (Mauss? Malinowsky?)	1922 1987	Indirekte Reziprozität	A mit B, B mit C und C mit A, ähnlich wie in der „Schenkökonomie"
Kreps, Cooper et al, Gächter und Falk	1982 1996	Indirekte Reziprozität, reputationsbasiert	A mit B, C mit B aufgrund des Vorschlags von A
Nowak und May, Schelling	1971 1992	Räumliche Spiele, Netzwerkreziprozität	Reziprozität in Netzwerken oder durch Raumaneignung
Bowles, Gintis, Fehr, Boyd et al.[1]	1989 2002	Soziale Normen, starke Reziprozität, altruistische Bestrafung	A mit B, wenn B nicht erwidert, bestraft A altruistisch B zum Wohle aller
Roberts	1998	Kompetitiver Altruismus	A gewährt B anstatt C größeren Vorteil, um D seine Macht zu signalisieren

2   Menschliche Interaktionscluster

Nach einigen Jahren wandelte sich die Untersuchung der "Evolution des Altruismus" hin zu einer "Evolution der Kooperation". Der Unterschied zwischen Altruismus und Kooperation ist zum einen weitgefasst und zum anderen überlappend. Wir entschieden uns, dies vertiefend durch einen Vergleich aller im Wörterbuch erfassten Begriffe zu menschlicher Interaktion zu untersuchen. Dabei fanden wir signifikante Cluster (Diese

---

1 Bowles S., Gintis H., (2013). A Cooperative Species: Human Reciprocity and Its Evolution. Kommunikation (und Transparenz) wurden ebenso als regulativ anerkannt wie Bestrafung, s. Bochet et al. (2006) and Kollock (1998).

Begriffe[2] beschreiben oder beziehen sich direkt auf Aktivitäten, welche von zwei oder mehr Individuen durchgeführt werden. Die semantische Kategorisierung erinnert an zentrale Unterscheidungen in Searles Taxonomie der Sprechakte (Searle, 1969) und indirekter Sprechakte (Searle, 1975).)

1. NEUTRALE Interaktionen (treffen, beitreten) oder solche, welche zusammen durchgeführt werden können und ein Objekt, welches NICHT menschlich ist (kultivieren, bauen), sowie eine neutrale Bedeutung haben, ebenso wie das gleiche Wort „zusammen".

2. PLÄTZE und GRUPPEN, in welchem eine wechselseitige Aktivität angenommen wird: Stadion, Theater, Tempel, Büro, Fabrik, Akademie, Universität, Bevölkerung, Chor, Team, Arbeitsgruppe, Orchester, Familie, Arbeiter. Diese Begriffe haben die substantielle Funktion, die Diversität menschlicher Entscheidungen, Aktivitäten, Präferenzen und Beziehungen zu beschreiben.

3. AUSTAUSCH VON "BESITZ": Verteilen, verschenken, spenden, senden, nehmen, erstreben, erobern, plündern, fangen, stehlen, kaufen, verkaufen, tauschen, aber auch erwidern, etc. In grundlegenden Begriffen ausgedrückt: die Position von etwas bewegen, freiwillig oder nicht, vom Zugang des einen zum Zugang eines anderen (und umgekehrt in Auswechselungen). Wie in der Kommunikation, beinhalten sie einen „Sender" und einen „Empfänger". Ihr semantischer Aspekt bezieht sich auf die direkte Wirkung auf die Realität und nicht auf direkte Effekte auf die Teilnehmer. Analog zu Searle sind wir nahe an besitzbezogenen perlokutionären Handlungen, mit einer indirekten Nuance der lokutionären Ebene: wir sagen, wir „geben" oder „bekommen", jedoch sind Zugang, Nähe und in der Regel Speicherung einbezogen.

4. INFORMATIONSAUSTAUSCH: Verständnis, Kommunikation, sprechen, hören, informieren, lehren, erklären, ankündigen, alarmieren, enthüllen, beobachten, fragen, antworten, verneinen, bestätigen, streiten, ablehnen, diskutieren, nicken; die *pragmatische* Interpretationsabsicht von „WAHR". In dieser Kategorie gehen wir davon aus, dass die Absicht der Interaktion die Weitergabe wahrer Information ist. In gewissem Sinne Searles 'repräsentative' oder 'assertive' illokutionäre Handlungen.

---

[2] Die semantische Analyse wurde auf Englisch durchgeführt. Die dt. Übersetzung beinhaltet in einigen Fällen semantische Unterschiede. Demnach sei auf den Originalartikel verwiesen: Merletti de Palo, A. (2016): Cooperation: The Art of Mutual Enjoyment. In J. Wulfsberg, T. Redlich & M. Moritz: *Konferenzband 1. Interdisziplinäre Konferenz zur Zukunft der Wertschöpfung*. Hamburg, 277–284.

5. MANIPULATIVE INFORMATION: Lügen, schauspielern, verzerren, anpreisen, übertreiben, verstecken, fälschen, schwindeln, betrügen, hintergehen, täuschen, schädigen, beschwichtigen, überreden, ändern, die *pragmatische* Interpretationsabsicht von „FALSCH" oder teilweise falsch. In diesem Fall wandelt sich die Nachricht nach Absicht, substantiell durch den Sender, und korrespondiert nicht mit einer interpersonalen pragmatischen Interpretation von Wahrheit. In diesem Fall haben wir eine Nuance der 'direktiven' illokutionären Handlungen, wo lokutionäre und perlokutionäre Ebenen sich unterscheiden.

6. KONTROLLE ANDERER MENSCHEN: Bestellen, kommandieren, versorgen, dominieren, versklaven, erlauben, Erlaubnis erteilen, verbieten, delegieren, jemanden ziehen, jemanden drücken, bewegen, bewaffnen, jemanden vorbereiten, einstellen, autorisieren, übermitteln, ausliefern, rufen, abhängig, Unabhängigkeit, Revolution, Hinterziehung, Verteidigung, Scheidung, Tyrann, General, Präsident, Filmregisseur, Führer, Chef, 'Gott', Management, leiten, führen. Die Aktion von jemand anderem ist durch jemand anderen bestimmt. In gewissem Sinne die 'direktiven' illokutionären Handlungen bei Searle, wo lokutionäre und perlokutionäre Ebenen sich entsprechen.

7. ZUKUNFTSbezogene Interaktionen: Schulden, Guthaben, planen, versprechen, Vereinbarung, Entscheidung, Antrag, Hochzeit, anstacheln, warten. Die Interaktion bezieht sich auf die Zukunft, Vereinbarung und einhergehende Erwartung. In gewissem Sinne 'kommissive' illokutionäre Handlungen bei Searle.

8. EVALUATIONEN VERGANGENER Beziehungen oder Veranstaltungen als positive oder negative: Mögen, Wertschätzung, Liebe, Selbstvertrauen, Bewunderung, Vertrauen, glauben vs. nicht mögen, Aversion, hassen, ekeln, Misstrauen, Wut, Täuschung, Angst, Schuld. Sie repräsentieren die relationalen Teile der Interaktionsbegriffe. Es gibt keine tatsächlich konkrete Aktion, aber sie sind unzweifelhaft 'aktuell' oder vielmehr vergangene oder soeben geschehene menschliche Bewertung von jeder Interaktion. Sie könnten die Interaktion selbst modifizieren und ihre Interpretation und Evaluation. In gewissem Sinne die 'expressiven' illokutionären Handlungen bei Searle.

9. EFFEKTE, PHYSISCH und MENTAL von verwandten Interaktionen, mit positiven oder negativen Nuancen: Verbündet mit, relationale Unterstützung, Inklusion, Hilfe, Solidarität, Vermittlung, Füttern, Liebkosung, Umarmungen, Massage, Heilung, behandeln vs. verstoßen, Erniedrigung, Ausschluss, Anschuldigung, Boykott, konspirieren, parochiale Interessen, Gewalt, Töten, Krieg, Infektion, Genozid etc.
Wir sind wieder nah bei den "Effekten", verbunden mit perlokutionären Handlungen, wo illokutionäre und perlokutionäre Ebenen koinzidieren.

2.1 Anmerkungen zur Klassifikation

Die meisten Wörter sind eine Kombination von zwei oder mehr der Kategorien: enthüllen (Kommunikation von wahrer und manipulativer Information), ausnutzen (kontrollieren und bekommen), konvertieren (kontrollieren und Diversität), regeln (kontrollieren und Zukunft), beschämen (Bewertung und negativer Effekt), korrupt (Austausch und Kontrolle), anflehen (manipulative Information, bekommen, negatives Gefühl), sadistisch (positive Gefühle und negative physische Wirkung), Gier (negatives Gefühl und geben), gewinnen (positives Gefühl und negatives Gefühl), wünschen (Zukunft, geben und positiver Effekt), beklagen (negatives Gefühl und Information), abstimmen (Information, Zukunft und Kontrolle), spionieren (manipulative Information, bekommen), imitieren/kopieren/folgen (bekommen, Information, Diversität), beneiden (negatives Gefühl, Diversität), Fremdenfeindlichkeit (Diversität und negatives Gefühl) etc.

Unter den Kombinationen dürfen Harmonie, Ausgleich, Koordination und Kooperation eine neutrale Balance mit einem positiven Effekt auf Gefühle und Resultate repräsentieren. Sogar wenn Harmonie, Ausgleich, Koordination und Kooperation konzeptuell neutral sind, scheint es, als ob wir Menschen positive Gefühle an die Interpretation der Begriffe binden, wie die Überlappung zwischen den Begriffen Kooperation und Altruismus nahelegt (vgl. Mulder, 2006). Adjektive können sich auf Interaktion beziehen, sind jedoch Deskriptoren, nicht „Anzeiger" (nett/Freundlichkeit). Positive, neutrale oder negative Bewertung [+/=/-] oder Auswirkung sind letztendlich subjektiv, und die Subjektivität kann sogar über die Zeit variieren (Ich mag sie, Ich mag sie nicht mehr – Ich bin ein Masochist, Ich bin kein Masochist mehr). Da die vorherigen Cluster zum Teil rational und quantitativ in ihrer möglichen Messung sind, und zum Teil irrational und qualitativ, haben wir die semantischen Aspekte in zwei Gruppen geteilt. Die erste bezieht sich auf die realen (objektiven) Vorteile (Güter oder Besitztümer, Dienstleistungen, Information und entsprechende Zugänge), die zweite auf relationale, irrationale, emotionale, und präferenzbasierte (Erwartungen, Diversität). Eine andere Betrachtungsweise ist, dass die erste Gruppe hauptsächlich beobachtbar ist, ohne die persönlichen Präferenzen der Teilnehmer zu implizieren, während die zweite stattdessen auf individuellen Charakteristika und Präferenzkurven basiert. Natürlich ist das eine schwammige Unterscheidung und die Determinanten beeinflussen sich gegenseitig, jedoch ist es wichtig, ein Modell zu haben, welches nicht nur die extern beobachtbaren, sondern auch die subjektiven Präferenzen betrachtet. An dieser Stelle sei auf Tabelle 2 und 3 für die wesentlichen Unterschiede und Beziehungen der semantischen Cluster verwiesen.

2.2   Die Unterschiede

Die Unterschiede zwischen dem Begriff "Kooperation" und anderen Interaktionen sind in Tabelle 2 dargestellt. Überspringt man die neutralen Interaktionen (1. Cluster), können wir die Konditionen bezogen auf Kooperation zusammenfassen (s. Tab. 3). Als die evolutionsgeschichtliche Untersuchung von „Altruismus" zur Untersuchung von „Kooperation" wurde, wurde die Analyse hauptsächlich dazu genutzt, einen Vorteilsausgleich zu untersuchen und nicht nur die altruistische Interaktion (Axelrod, 1984, 2006). Das Wort Kooperation wurde nicht aus den vorhergehenden Bedeutungen herausgefiltert, sondern wird ein Sammelbegriff für viele andere in anderen Disziplinen. Sowohl in der Literatur (s. Tab.4) als auch in Presseartikeln wird der Begriff überlappend mit anderen Arten der Interaktion verwendet, welche andere Qualitäten besitzen und nicht mehr mit den grundlegenden genetischen Ursachen verbunden sind. Dagegen sind diese vielmehr auf unmittelbar menschliche Ursachen für das generierte Verhalten bezogen (für die Verschiedenheit zwischen den Ursachen s. Mayr, 1961; Tinbergen, 1963).

Tab. 2: Vergleich: Kooperation verglichen mit anderen menschlichen Interaktionen

Fälle	A	D	F	T	N	E	C	I	U	G	X
Kooperation											
Ökologische Aktivitäten											
Wahrsager											
Betrug											
Konfliktreiche Co-Arbeit											
Wucher											
Kompetitives Team											
Geheimgesellschaft											
Preisabsprache											
Politische Allianz											
Handel											
Arbeit für Geld											
Prostitution											
Manipulation											
Organisiertes Verbrechen											
Sklaverei											
Fanatismus											
Jemandem helfen											
Altruismus											
Fallendes Baby retten											

Grau=verpflichtend; Schwarz=verpflichtend ausbleibend; Weiß=nicht benötigt.

A=Partizipation an der Aktion.
D=Diversität respektierend (Cluster 2).
F=Freiheit (C.6), Zugang zu Dienstleistungen.
T=Vertrauen (C.7,8); Erwartungen.
N=Neutralität, keine externen Nachteile. (≈C.1)
E=Äquivalenz (C3): Güter, Geld, Besitztümer.
C=Pflege: Dienstleistungen. (C.9)
I=Transparenz, Zugang zu Information. (C.5)
U=Verständnis: Information und Codes. (C.4)
G=gemeinsames Ziel.
X=externe Vorteile.

Tab. 3: Bedingungen von Kooperation, bezogen auf vorherigen Vergleich und Klassifikation

Bedingung	Kontext	Vorteile	Qualität
Äquivalenz	Besitztümer (3. Cluster)	Real	Objektiv
Vertrauen	Zeitbasierte vorausschauende Evaluationen und Erwartungen (7., 8. Cluster)	Relational	Subjektiv
Pflege	Effekte, Dienstleistungen (9. Cluster)	Real	Subjektiv
Transparenz	Zugang zu unwandelbarer Information (5. Cluster)	„Real"	Objektiv
Freiheit	Zugang zu Dienstleistungen (6. Cluster)	„Real"	Objektiv
Verständnis	Information, Wissen, Symbolik, kulturelle Codes (4. Cl.)	„Real"	Subjektiv
Diversität	Identität und Präferenzen (2. Cluster)	Relational	Subjektiv

Tab. 4: Überlappende Kooperationsbedeutungen: Das Wort "Kooperation" hat in der Literatur sich überschneidende Bedeutungen

Thema	Zentrale unerfüllte Bedingung	Falsche und verwirrende Begriffe
Altruismus [Egoismus]	Äquivalenz: selbst [oder andere] reale Vorteile, Besitztümer.	Kooperation statt Altruismus oder Egoismus (Tyler, 2011)
Angst, Unzuverlässigkeit	Vertrauen: Erwartungen.	Kooperation statt manipulierte Verpflichtungen (Tyler, 2011)
Geheime Absprache, Opportunismus	Pflege: Neutralität, relationale Effekte.	Kooperation statt geheimer Absprache, Win-Win, Business (Axelrod, [1984], 2006)
Betrug	Transparenz: Vertrauen, Zugang zu Information.	Kooperation statt scheinbare Kollaboration (Franciosi, 2014)
Sklaverei/ Zwangsarbeit	Freiheit: Auswahl, Identität.	Kooperation statt Obligation (Tyler, 2011)
Konfliktreiche Kollaboration	Verständnis: Information, gemeinsame Codes, Koordination.	Kooperation statt generischer Kollaboration (Pruitt & Kimmel, 1977)
Fanatismus	Diversität: Vorbehalt verschiedener Perspektiven.	Kooperation statt Homologation (Page, 2007)

3 Ein Definitionsansatz

Aufgrund dieser Überlegungen haben wir einen mathematischen Ansatz entwickelt:

Beinhaltet die Kooperation eine bestimmte Interaktionszeit (t), kann dies als kontinuierlicher Prozess betrachtet werden. Wenn n>1 Individuen interagieren, bei i=1 zu n,

$$e_i(t)=b_i(t)+r_i(t)>0 \tag{1}$$

ist das absolute Vergnügen e für das Individuum i.

Wir gehen von Kooperation vielmehr als variable Größe anstatt eines performativen Konstruktes aus. Das durchschnittliche Vergnügen einer Gruppe wird deshalb

$$E_{avg}(t)=(\textstyle\sum_{i=1}^{n} e_i(t))/n. \text{ Mit } d(b_i(t),r_i(t))=\int_0^t f(b_i(s),r_i(s),E_{avg}(s))ds \tag{2}$$

Das Gruppenvergnügen E_{avg} wird kontinuierlich von dem individuellen Vergnügen beeinflusst. Wenn für jedes i=1 zu n,

$$e_{i,t} \approx E_{avg,t} > 0 \qquad\qquad (3)$$

und es keine externen Nachteile (extd<=0) gibt, dann kann die Interaktion als kooperativ definiert werden.

4   Was bedeutet menschliche Kooperation?

Kooperation ist eine *neutrale*, ausgeglichene Interaktion zwischen *diversen* (Page, 2007) Individuen, welche auf *Entscheidungsfreiheit* (Tyler, 2011), *Vertrauen* (Cotesta, 1998), *Pflege* (Woolly, 2010), *Transparenz* (Pruitt & Kimmel, 1977) und *Verständnis/gemeinsamen Codes* (Grice, 1975) basiert, und welche für jeden Teilnehmer ein *gemeinsames* und ergebnisunabhängiges Vergnügen generiert, in welchem die realen Vorteile nicht unabhängig von den relationalen Vorteilen sind. Der Begriff „Kooperation" wird in vielen sozialen und wissenschaftlichen Feldern (Biologie, Zoologie, Anthropologie, Philosophie, Soziologie, Psychologie, Management, Verhaltensökonomie, Politik, Internationale Beziehungen, Spieltheorie, Evolutionstheorie, Linguistik, Neurowissenschaft, Onkologie, Robotik, funktechnisches und drahtloses Netzwerk, computergestützte kooperative Arbeit etc.) verwendet. Der Begriff „Kooperation" umfasst verschiedene Arten der Interaktion, die sich in ihrer Bedeutung, den Werten und den Erwartungen, welche Menschen und Wissenschaftler mit dem Wort verbinden, unterscheiden können. Begriffe und Konzepte wie „Austausch", „geheime Absprache", „Kollaboration", „Kompromiss", „Kooperation", „Altruismus", „win-win-Dynamiken", „do-ut-des", „Reziprozität"…, werden austauschbar in Literatur und Umgangssprache verwendet [*siehe die meisten der Literaturreferenzen*]. Literatur- und Wörterbuchdefinitionen unterscheiden sich[3]. Darüber hinaus führen jene durch die vielen Begriffe generierten Aktivitäten (CNN, 2013) und Resultate (Franciosi, 2014) zu relevanter Verwirrung.

Berücksichtigt man, dass die Bedingungen der Kooperation (vgl. Tab. 2, 3) auf die zwei realen und relationalen Arten von Vorteilen bezogen werden können, können wir vereinfachen und schlagen eine kompakte Definition vor:

Kooperation ist neutrale Zusammenarbeit mit gemeinsamem Vergnügen.

---

[3] dictionary.com, Cambridge, Collins, Oxford, Merriam-Webster, Business and Psychology Dictionaries; Wikipedia (Dez. 2014); Tomasello (2009) nutzt die 2. Definition, um Kollaboration zu beschreiben.

Wobei sich „Vergnügen" auf beide Arten der realen und relationalen Vorteile bezieht: es bezieht sich auf emotionale und persönliche *Vergnügungen* und auf das *Vergnügen* von Essen, Waren, Dienstleistungen, Freiheitsgraden, Information, etc. Ebenso bezieht es sich auf Erkenntnisse der Verhaltens- (Tomasello, 2009) und Neurowissenschaften (Sanfey, 2003) zu Einstellung und Freude in Kooperation. "Neutral" bedeutet ohne Nachteile für Drittparteien, konträr zu dem, was in *geheimen Absprachen* geschieht. „Mit" anstatt „für" impliziert das Auftreten des Vergnügens am Beginn, in der Mitte und am Ende des Prozesses, und nicht lediglich als ein finales Resultat.

5 Diskussion

Kooperation ist eine Balance, bei der das approximative Ausmaß von "Egoismus" und "Altruismus", welches auf grundlegender genetischer Ebene nicht konsistent ist, jeweils ohne Ausschluss eines anderen und für jeden Teilnehmer ohne konfliktvolle Haltung zufriedengestellt wird (Hammerstein, 2003). Der Begriff menschlicher Kooperation ist komplexer als der evolutionsbiologische Begriff "Reziprozität", wobei letzterer in der simplen Korrespondenz zwischen realen Vorteilen begründet ist, während menschliche Interaktionen andere relationale Antriebe haben können, welche durch *extrinsische* (Opportunismus) oder *intrinsische* (persönlicher emotionaler Vorteil) Motivation getriggert werden können (Mulder, 2006). Die Definition verbindet ebenfalls die Konstrukte *icooperation* (selbstbezogene widersprüchliche Ziele) und *gcooperation* (gruppenbezogene gemeinsame Ziele) (Tuomela, 2000). Berücksichtigt man, dass in menschlichen Persönlichkeiten, Perspektiven (Page, 2007), und kognitiven Identitäten (Damasio, 1994) durch Diversität verschiedene Interpretationen eines „gemeinsamen Ziels" (Tuomela, 2000) generiert werden, können die zwei Konstrukte in einem einzelnen Konstrukt zusammengefasst werden, denn sogar, wenn das Ziel und die Vorteile gleich sind, hat jeder Teilnehmer weiterhin seine/ihre eigene Interpretation des Ziels. Aus dieser multiplen Perspektive, eines komplexen und systemischen Ansatzes, bietet Diversität eine Möglichkeit, entweder alternativ Kollaborationswirkung oder die Präsenz von Konflikten auszulösen, je nach Aggregation, Integration und Koordinationslevel (Surowiecki, 2004). Die Struktur der Umwelt, die Netzwerkinteraktionen und das soziale System sind deshalb von großer Wichtigkeit. Die Ideenselektion ist Teil des Prozesses, wie der Dialog, den eine Kooperation anstoßen kann, um die richtige Handlung unter vielen Ideen der Teilnehmer auszuwählen. In der Realität repräsentiert der Dialog einen Raum für virtuelle Experimente, bei denen die verschiedenen Diversitäten sich abwechselnd gegenseitig vergleichen, vielmehr auf der Suche nach Integration als nach Wettbewerb. Der Unterschied ist hier, dass es keinen Gewinner oder Verlierer gibt, selbst wenn kein klarer Konsens vorliegt. Verschiedene Methoden können angewendet werden, um erzwungene Konsensprozesse zu vermeiden. Die nicht-proportionalen Entscheidungsprozesse, welche in verschiedenen Demokratien verwendet werden, verringern das Diversitätslevel. Umwege und Experimente, finalisierte Räume, objektive Kriterien zur Evaluation der Ergebnisse, Kombination der Ideen, Austausch von Information, Suche nach gemeinsamen Werten und Koordination der Rollen könnten Beispiele sein, den schädigenden Grad des Wettbewerbs, wie er uns aktuell begegnet, zu transformieren. Wenn der Vergnügungsgrad positiv ausfällt (> 0) und durchschnittlich für jeden Teilnehmer gleich ist, dann kann die Konfrontation und die Integration von Ideen – selbst, wenn es in unserem individuellen Gehirn geschieht – als kooperativ betrachtet werden.

Der Übergang von einer Ära des Austausches von Gütern, Dienstleistungen und Räumen zu einer Ära basierend auf der unmittelbaren Transferier- und Transformierbarkeit kollektiv anerkannter Krediteinheiten führte zu einem großen Innovationsschub und globaler Kooperation, aber auch zu einer Akkumulation der Diversität menschlicher Interessen zur Bevorzugung des Erwerbes eines Gegenstandes mit der Bezeichnung "Geld". Die Rückgewinnung ausgleichender Wirtschaftspolitik, welche die Umverteilung von Reichtum beinhaltet, ist zwingend erforderlich und wird dringend und offensichtlich durch die Menschen nachgefragt. Diese soll den Wandel von einer intrinsischen, von persönlichem Wert bestimmter Motivation, sich am öffentlichen Gut zu beteiligen, zu einer extrinsischen, opportunistischen Motivation stoppen, welcher die gegenwärtigen unternehmerischen und sogar persönlichen Aktivitäten unter darauffolgendem Anstieg manipulativer Information formt und kontrolliert (Quattrociocchi, 2016). Das legt die Möglichkeit von Gestaltungsdemokratien (Design Democracies) nahe, die auf einer vorherigen Abstimmung über Ideen basieren und bei der die Menschen im Nachhinein, mit proportionalen Budgetinvestments, das Potential des Diversitäts-Theorems (Page, 2007) und kollektiver Intelligenz (Surowiecki, 2004) nutzen anstatt verkehrter und verzerrter Prozesse, die uns aktuell begegnen.

6   Ausblick

Neben einem detaillierteren und umfassenderen Artikel, welcher den evolutions-biologischen Hintergrund, spieltheoretische Experimente, neurowissenschaftliche Erkenntnisse und ökonomisch-mathematische Transpositionen unseres *kooperations-theoretischen* Modells einbezieht, könnten wir uns ein breites Spektrum der Anwendung vorstellen, welches von unseren kooperationsbezogenen Studien profitieren könnte:

- Eruierung neuer ökonomischer Indikatoren, die Möglichkeiten der Kooperationsdynamik erweitern können; viel mehr als jene, welche auf numerischer Performanz oder opportunistischem Austausch von Vorteilen basieren (University of Leicester, 2006);

- Etablierung neuer Dynamiken am Arbeitsplatz, welche Arbeit als Teil kooperativer und angenehmer Teamarbeit betrachten, nicht nur als performativer Weg zum finanziellen Vorteil; dieser Ansatz ist in Teilen bereits Forschungssubjekt (Tyler, 2011);

- Verständnis, wo die Dynamik von erwarteter Gegenseitigkeit oder Großzügigkeit tatsächlich geschieht, mit besonderer Berücksichtigung von Wohlfahrtsorganisationen (CNN, 2013) und der kooperativen Form von Unternehmen, manchmal als Instrument genutzt, um die Teilnehmer zu betrügen (Franciosi, 2014);

- unterentwickelte Bereiche dahingehend lehren oder überprüfen, wie man nicht konkurrieren oder um Ressourcen kämpfen muss und stattdessen für gemeinsames Vergnügen kooperieren kann (Ostrom, 1990);

- Methoden entwickeln, welche die Koordination verschiedenartiger inländischer Interaktionen zwischen sozialen Klassen ermöglichen (Pruitt & Kimmel, 1977);

- schließlich eine zufriedenere und glücklichere internationale Gemeinschaft, bessere Beziehungen zwischen Menschen und ihren Regierungen etablieren (Tyler, 2011), damit die Bevölkerung die Idee der Gegenseitigkeit (Ostrom, 1990) genießen kann, sowie um politische Probleme (Tyler, 2011) oder Krisen (Frieden, 2009) zu lösen.

„Seid umschlungen, Millionen!" (Schiller)

„Kooperative Strukturen sind zentral für die Existenz und die Aufrechterhaltung sozialer Institutionen, und somit der Gesellschaft." (Tuomela, 2000): tatsächlich „brauchen wir Theorien für Regenbogen" (Page, 2007).

„Das einzige Objekt, was die Menschheit erlösen wird, ist Kooperation." (Russell)

Der Autor möchte Ilario Tito, Maria Gisa Masia, Mostafa Rasoolimanesh, Candia Riga und Salvatore Zingale für Ihre Hilfe und Unterstützung danken.

Literaturverzeichnis

Axelrod, R. ([1984], 2006). *The Evolution of Cooperation*. New York: Perseus.

CNN, Tampa Bay Times, Center for investigative reporting (2013). URL: http://edition.cnn.com/2013/06/13/us/worst-charities/.

Cotesta, V. (1998). *Fiducia, cooperazione e solidarietà, strategie per il cambiamento sociale*. Napoli: Liguori.

Damasio, A. R. (1994). *Descartes' error: emotion, reason, and the human brain*. New York: Grosset/Putnam.

Franciosi, U. (2014). Interview about the red cooperatives and fake cooperatives in Italy. Interview, Radio Città del Capo.

Frieden, J. (2009). *The Crisis and Beyond: Prospects for International Economic Cooperation*. Policy Paper No 5, Politics, Economics and Global Governance: The European Dimensions.

Grice, H. P. (1975). *Logic and conversation – in Syntax and Semantics*. Vol. 3, Speech Acts. New York: Academic Press.

Mulder, L. B. et al. (2006). Undermining trust and cooperation: The paradox of sanctioning systems in social dilemmas. *Experimental Social Psychology Journal*, 42/2, 147–162.

Ostrom, E. (1990). *Governing the commons*. Cambridge: University Press.

Page, S. E. (2007). *The Difference, how the power of diversity creates better groups, firms, schools and societies*. Princeton: University Press.

Sanfey, A. G., Rilling, J. K., Aronson, J. A., Nystrom, L. E. & Cohen, J. D. (2003). *The Neural Basis of Economic Decision-Making in the Ultimatum Game*. Science, 300, 1755–1758.

Surowiecki, J. (2004). *The Wisdom of Crowds: Why the Many Are Smarter Than the Few and How Collective Wisdom Shapes Business, Economies, Societies and Nations*. New York: Random House.

Tomasello, M. (2009). *Why we cooperate*. Cambridge: The MIT Press.

Tuomela, R. (2000). *Cooperation, a philosophical study*. Dordrecht: Kluwer Academic Publishers.

Tyler, T. R. (2011). *Why people cooperate*. Princeton: University Press.

Woolly, A.W. et al. (2010). Evidence for a collective intelligence factor in the performance of Human Groups. Science, 330/6004, 686–688.

Hammerstein, P. (2003). *About relationships and emotions in cooperation* see chapter 1 of edited by Genetic and Cultural Evolution of Cooperation, from Dahlem Workshop Reports. Cambridge: The MIT press.

Pruitt & Kimmel. (1977). Twenty Years of Experimental Gaming: Critique, Synthesis, and Suggestions for the Future. *Annual Review of Psychology*, 28, 363–392.

Searle, J.R. (1969). *Speech acts: An essay in the philosophy of language*. Cambridge: University Press.

Searle, J.R. (1975). *Indirect speech acts*. Vol.3: Speech Acts, 59–82.

Quattrociocchi, W. & Vicini, A. (2016). *Misinformation, guida alla società dell'informazione e della credulità*. Milan: FrancoAngeli.

University of Leicester. (2006). *University of Leicester produces the first-ever 'world map of happiness'*. Press Release. Leicester. Retrieved 2014.

Printed in the United States
By Bookmasters